炼油装置操作指南丛书

加氢精制装置操作指南

艾中秋　编著

中国石化出版社

内 容 提 要

本书对加氢精制基础知识和工艺过程进行了比较全面的介绍，着重叙述了加氢精制装置的生产操作方法，涵盖了加氢技术的发展历程、工艺原理及催化剂、典型工艺流程、主要设备及防腐、开停工及正常操作、应急处理、操作优化等内容。

本书对加氢精制装置操作、维护与应急处理有一定的指导作用，可为装置的生产管理人员、技术人员在实际工作中提供参考，为操作人员在实际操作过程中提供技术支持，也可供其他炼油装置相关人员、有关院校的师生阅读和参考。

图书在版编目(CIP)数据

加氢精制装置操作指南／艾中秋编著．—北京：中国石化出版社，2023.8

(炼油装置操作指南丛书)

ISBN 978-7-5114-7193-2

Ⅰ．①加… Ⅱ．①艾… Ⅲ．①石油炼制-加氢精制-化工设备-指南 Ⅳ．①TE624.4-62

中国国家版本馆 CIP 数据核字(2023)第 143199 号

中国石化出版社出版发行

地址：北京市东城区安定门外大街 58 号

邮编：100011 电话：(010)57512500

发行部电话：(010)57512575

http://www.sinopec-press.com

E-mail：press@sinopec.com

北京艾普海德印刷有限公司印刷

全国各地新华书店经销

*

787 毫米×1092 毫米 16 开本 18 印张 446 千字

2023 年 9 月第 1 版　2023 年 9 月第 1 次印刷

定价：68.00 元

序

中国炼油技术经过多年的自主发展，已经在国际炼油领域占有一席之地。为了满足日益严格的环保要求，适应市场产品需求结构性变化，炼油工业不断进行油品清洁化质量升级，传统炼油向化工转型正在加速推进。加氢装置在炼油厂中处于关键地位，加氢精制装置对产品质量升级、生产清洁优质的油品调和组分具有重要作用。加氢精制催化剂、工艺以及工程技术也有助于实现石油资源高效绿色利用、生产环境友好型石油产品。因此，“全氢型”炼油厂在转型过程中备受关注。

艾中秋、于吉平等人长期从事加氢精制装置生产技术操作和管理工作，在阅读大量书籍文献以及百余套加氢精制装置的技术规程、操作方法和应急预案的基础上，结合自身多年的操作和管理经验进行系统性总结，并与理论知识相融合，在该领域形成了一些自己的认识和理解。同时，参考借鉴石油石化行业同类装置的相关经验，编写了《加氢精制装置操作指南》。

本书理论与实践并重，是对“炼油装置操作指南丛书”的有效补充和扩展，重点涵盖了汽油、煤油和柴油加氢的工艺原理、装置开停工操作、正常生产调整、应急处理、设备操作及腐蚀防护等方面的内容。希望本书的出版能够为从事加氢精制装置操作和管理的同行们提供有益的参考和指导。

前　言

随着环保工作越来越受到重视，我国的汽油和柴油质量标准也日益严格。加氢精制技术是石油炼制技术的重要组成部分，是改善和提高石油产品质量的主要手段之一。加氢精制能有效地使原料油中的含硫、氮、氧等非烃化合物氢解，使烯烃、芳烃选择性加氢饱和并能脱除金属和沥青质等杂质，具有处理原料广、液体收率高、产品质量好等优点。

本书以理论知识为基础，着眼于实际操作，重点介绍了加氢精制装置的生产操作方法，全书涵盖加氢技术的发展历程、工艺原理及催化剂、典型工艺流程、主要设备及防腐、开停工及正常操作、应急处理、操作优化等相关知识。对生产装置操作、事故应急处理有一定指导作用。

本书由艾中秋、于吉平、王哲、王卿、肖俊泉、胡佳、张学博等长期从事加氢精制工作的人员编写，正高级工程师周庆水同志指导本书策划并审订了全文。第一章“概述”由艾中秋、于吉平编写；第二章“加氢精制的工艺原理”由王哲、肖俊泉编写；第三章“加氢精制装置的流程和主要设备”由王哲、胡佳编写；第四章“加氢精制装置开、停工操作”由王卿、肖俊泉、艾中秋编写；第五章“加氢精制装置的正常操作”由王卿、于吉平编写；第六章“加氢装置的应急处理”由王卿、肖俊泉、艾中秋编写；第七章“加氢精制装置的操作优化”由张学博、于吉平编写。中国航天科技创新研究院李广、广西科技大学艾子彭分别参与了自动控制、动设备相关内容的资料收集整理和部分内容的编写工作。特别感谢中国石化集团公司首席专家聂红教授对本书出版提供的大力支持与帮助。

在编写过程中，参考和引用公开发表文献的同时，参考了中国石化、中国石油部分装置的工艺技术规程、操作法及应急预案等技术资料，以及石油化工管理干部学院加氢工艺培训班的加氢培训教材和课件。同时，本书也得到炼油行业许多从事加氢精制工作的同仁的支持和帮助，在此一并致以衷心的感谢！

本书以典型的加氢精制装置流程为基础进行编写，但不同加氢精制装置工艺流程、设备设施配置存在差异。受编著者业务水平所限，书中错误在所难免，恳请各位读者提出宝贵意见和建议。

目　　录

第一章 概 述

随着全球经济的快速发展，社会对石油产品的需求量不断增加，尤其是由于人类社会活动的增加，作为交通工具主要动力来源的汽、煤、柴油消耗量大幅增加。这些燃料在消耗过程中产生的排放物是导致环境污染的主要来源之一。因此，为了保护环境，减少有害气体的排放，作为生产清洁燃料的主要手段，催化加氢技术在石油加工过程中的地位越来越重要。

催化加氢是指在催化剂的作用下，原料与氢气进行催化反应的过程。在石油炼制行业中，催化加氢过程对于合理利用石油资源、改善产品质量、提高原油加工深度、提高轻质油收率以及减少大气污染都具有重要意义。

催化加氢可以按照加氢过程中原料转化率(大分子转化为小分子)的不同，分为加氢处理和加氢裂化两大类：一般转化率接近于0的过程叫作加氢精制；转化率小于10%的过程叫作加氢处理；转化率大于10%的过程称为加氢裂化。也有一种说法，把转化率介于10%～40%的过程称为缓和加氢裂化。

加氢精制是炼油厂提高油品质量的重要手段之一，其主要目的是脱除硫、氮、金属等杂质，提高汽油、柴油产品的质量；具有处理原料范围广、液体产品收率高、产品质量好等优点。按照原料来源的不同，加氢精制可以分为汽、煤、柴等馏分油加氢精制、蜡油加氢及渣油加氢。此外，还可以根据生产目的不同，将加氢精制分为重整预加氢、催化裂化原料的加氢处理、润滑油或白油加氢等。

第一节 加氢技术的发展历程

现代炼油工业的加氢技术(包括加氢工艺、催化剂和专用设备)是在第二次世界大战以前经典的煤和煤焦油高压催化加氢技术的基础上发展起来的。20世纪30～40年代，德国首次成功地实现了“煤的三段加氢”工业化，目的是将固体燃料转化为液体燃料。此后，在英国、法国和朝鲜也有实施。“煤加氢制取液体燃料”的成功证明了将低氢碳比的固体燃料在高压下加氢，使其转化为高氢碳比的液体燃料是可行的。但是，由于该项技术工艺复杂、投资大、生产成本高、缺乏竞争力而发展缓慢。

1949年，美国开发出的催化重整技术，除了可以生产大量高辛烷值汽油组分外，还副产大量廉价氢气，间接推动了石油加氢精制技术的发展，使加氢技术在工艺及催化剂方面都有了大幅提高。此后陆续实现了汽油、煤油、柴油等轻质馏分的加氢精制工业应用。

加氢精制装置1950年首次在炼油厂出现。20世纪60年代以后，随着经济的增长，对石油产品需求增加，而大量的二次加工油品需要通过精制来提高其安定性，由此导致加氢精制技术进入了快速发展阶段。20世纪70年代以来，随着美国、日本等国对含硫原油和高硫原油加工量的增加，不仅大量的直馏汽、煤、柴油等中间馏分需要进行加氢精制，作为催化裂化原料的重油和渣油也需要通过加氢的方法来实现脱硫、脱氮和芳烃饱和，相继出现了固定床重油加氢脱硫装置、固定床渣油加氢脱硫装置以及沸腾床渣油加氢高转化率加氢裂化装置。伴随着加氢工艺的发展，加氢催化剂开发也取得了长足的进步，先后出现了钼镍氧化铝、钨镍氧化铝、钼镍氧化硅-氧化铝、贵金属等类型的催化剂。

经过半个多世纪的发展，加氢技术“开枝散叶”，广泛应用于炼油行业的全流程之中，技术整体走向成熟。从目前炼油技术的发展来看，加氢技术作为重要的原料改良和产品清洁化手段，备受重视，加氢装置建设和技术开发明显加快。无论是加氢催化剂，还是加氢工艺流程及专用设备都有了长足的进步。在对环保要求越来越高的今天，加氢技术将成为21世纪的核心技术。

我国的加氢技术始于20世纪40年代，日本侵略者为了掠夺中国的燃料资源，曾在辽宁省抚顺市（现在的中国石油抚顺分公司石油三厂）建有煤液化工业加氢装置。受当时资源和条件的限制，主要是加工油母页岩经干馏得到的页岩油，目的产品为汽油和轻柴油，这一工艺主要采用硫化钼-活性炭催化剂和硫化钨催化剂。我国加氢精制技术在石油炼制过程中的应用始于1965年，首先应用于催化重整原料预加氢，其目的是脱除重整原料中微量的硫、氮、砷、铅及其他杂质，以防止铂重整催化剂中毒。为了适应催化重整工艺的发展，中国石化大连（抚顺）石油化工研究院（简称FRIPP）与当时的抚顺石油三厂合作，联合开发出工业上广为应用的MoO_3-CoO/Al_2O_3催化剂（代号3641）及MoO_3-NiO/Al_2O_3催化剂（代号3665）。这是我国第一代加氢精制催化剂，主要用于重整原料预加氢和重整生成油的后加氢，也曾应用于二次加工柴油的加氢精制过程，如焦化柴油加氢精制等装置。

自20世纪60年代以来，随着大庆、胜利等油田的相继开发，中国石化石油化工科学研究院（RIPP）、中国石化大连（抚顺）石油化工研究院等科研企业相继开发了具有自主知识产权的催化剂。至今，我国已全面掌握了加氢精制主要领域的各项技术，逐步形成具有中国品牌的高新技术，拥有自主知识产权和门类齐全、不断更新的多品种加氢精制催化剂，可以通过加氢精制，以适应国内外不同种类原油，生产满足市场需求的多种石油产品和石油化工原料。到2022年，我国大部分炼油企业加氢处理装置的加工能力超越原油的一次加工能力，已跻身世界先进行列。

第二节　汽、煤、柴加氢精制的作用

一、汽油加氢精制

加氢精制的原料包括直馏石脑油、催化汽油、焦化汽油、裂解汽油和凝析油等。根据原料来源的不同，加氢精制的作用和目标不尽相同。

直馏石脑油馏分一般经加氢预精制后，重组分作为催化重整原料，轻组分作为异构化装置原料。催化重整是利用石脑油生产芳烃和高辛烷值汽油组分的主要工艺过程，其副产的氢气是加氢装置用氢的重要来源，是现代炼油和石化工业行业的支柱技术之一。催化重整所用的贵金属催化剂对硫、氮化物十分敏感，包括硫、氮、氧、烯烃以及砷、铅、铜等，因此对原料中硫、氮等杂质的限值要求极其严格，例如双（多）金属催化剂要求进料中的S、N含量$<0.5\mu g/g$、As含量$<1ng/g$。而大部分石脑油原料中的S、N含量以及一些原料油中的As含量不符合此要求，特别是微量的砷化物将导致贵金属催化剂永久性中毒，因此必须对原料进行加氢预精制。

焦化汽油具有硫含量高、氮含量高、辛烷值低、不饱和烃胶质含量大、氧化安定性差等特点，通过加氢精制改善上述的这些性能后，可以作为调和汽油使用。但是随着人们对清洁汽油需求的增加，将焦化汽油加氢精制后作为汽油调和组分越来越不经济，现在焦化汽油通常经过不同深度加氢精制后作为重整原料，或作为乙烯裂解原料等。

催化裂化汽油的加氢精制主要目的是实现选择性的加氢脱硫，在实现超深度脱除汽油中硫杂质的前提下，减少烯烃加氢饱和，减少汽油辛烷值损失。

二、煤油加氢精制

煤油馏分的馏程为150~300℃。目前，世界大多数国家使用煤油馏分生产喷气燃料，所用原料的馏程一般为150~260℃。灯用煤油的质量要求相对较低，馏程范围一般为180~300℃。

喷气燃料最理想的组分是环烷烃及支链烷烃，它们都有良好的燃烧性、热安定性和低温流动性。芳烃的燃烧性能不好，而且含量高时对以聚合物弹性体为材料的密封件有负面影响；烯烃易氧化、聚合，生成胶质；硫化物是煤油馏分中常见的含量较高的非烃化合物，其含量过高时会对发动机燃烧室的清洁性产生影响；硫醇的存在会对飞机的零件产生腐蚀，并且会使油品产生臭味。因此，煤油加氢精制的作用主要是降低硫醇硫，以减少对设备元件的腐蚀和改善储存安全性，降低芳烃含量，从而减少对机械零件的损害。

灯用煤油加氢精制的作用主要是降低含硫量，脱除臭味，饱和部分芳烃以及改善其燃料性能，增加无烟火焰高度，减少灯芯上的积炭量。

三、柴油加氢精制

柴油加氢精制的目的是生产优质柴油或优质柴油的调和组分。柴油加氢精制的原料有多种来源，其中主要是焦化柴油、催化柴油、直馏柴油以及重油加氢装置副产的柴油。这些柴油馏分都不同程度地含有一些污染杂质和各种非理想组分，它们的存在会对柴油的使用性能产生很大的影响。

焦化柴油馏分的硫、氮含量都较高，溴价、实际胶质也明显高于催化裂化柴油的。氮化物的存在会影响油品的颜色和安定性，需要通过加氢精制实现脱硫、脱氮，使柴油产品的性质和储存安定性得到明显改善。

随着催化原料预处理的广泛实施，催化柴油中的硫、氮等杂质较以前大幅减少，但仍不能满足柴油产品指标要求。此外，由于催化柴油中含有一定数量的烯烃和较多的芳烃，其加氢精制的目的不仅是降低硫、氮的含量，改善其安定性，而且需要尽量多地饱和催化裂化柴油馏分中的双环、三环芳烃，实现提高柴油十六烷值的目的。

与焦化柴油和催化柴油相比，直馏柴油和重油加氢柴油进行加氢精制的目的相对单一，主要是脱除硫、氮等杂质，实现超低硫柴油生产的目的。

第二章　加氢精制的工艺原理

第一节　概　　述

加氢精制是在一定温度、压力、氢油比和空速条件下，将原料油和氢气充分混合后通过反应器内催化剂床层，在加氢精制催化剂的作用下，把油品中含硫、氮、氧等杂原子的非烃类化合物转化成为相应的烃类及易于除去的硫化氢、氨和水，同时饱和原料中的烯烃、芳烃等不饱和烃类。

加氢精制工艺的优点是适用的原料油来源广泛，产品灵活性大，液体产品收率高，产品质量好。无论是加工高硫原油的炼油厂，还是加工低硫原油的炼油厂，都广泛采用这种方法改善油品的质量。

加氢精制可以脱除原料中的硫、氮等杂质，还可以改善油品的颜色、储存安定性，生产出高质量的油品或合格的下游装置进料。

直馏汽油、煤油和轻柴油加氢精制的目的主要是脱除硫、氮等杂质，从而改善油品的气味、颜色和安定性；也有一些直馏煤油和轻柴油进行深度加氢，使芳烃变成环烷烃，提高喷气燃料的烟点和柴油的十六烷值，改善燃烧性能；直馏石脑油加氢精制后一般作为重整或乙烯裂解装置进料。

二次加工的汽柴油加氢精制的目的不尽相同；比如催化裂化柴油，含有相当多的硫、氮及不饱和烃类物质，油品质量差，安定性不好。加氢精制生产柴油时，不仅需要脱除杂质，还需要强调芳烃饱和深度，使产品的多环芳烃含量满足柴油池的指标要求。催化汽油加氢精制往往需要提高反应的选择性，在实现超深度脱硫的同时，尽量减少烯烃加氢饱和，避免辛烷值降低。

第二节　加氢精制反应过程的化学反应

加氢精制过程包含多种不同类型的化学反应，各类反应在反应过程中分别起着不同的作用。从化学角度来看，大体可以分成两大类：一类是氢直接参与的化学反应，另一类是在临氢条件下的化学反应。前者主要有加氢饱和、氢解，后者主要包括在临氢条件下的异构化反应等。

一、加氢脱硫反应

石油中的硫分布是不均匀的，它的含量随着馏分沸程的升高而增多。其中，汽油馏分的硫含量最低，而减压渣油的硫含量最高。对我国原油来说，约有70%的硫集中在减压渣油中。由于部分含硫化合物热不稳定，在蒸馏过程中易于分解，因此测得的各馏分的硫含量并不能完全代表原油中硫分布的原始状况，中馏分的硫含量有可能偏高，而重馏分的硫含量有可能偏低。

原料油中的各种硫化物，在加氢精制条件下，可以转化为 H_2S 和相应的烃类，烃类留在产品中，而 H_2S 从反应物中脱除。主要的反应如下：

$$RSH+H_2 \longrightarrow RH+H_2S$$

$$RSR'+2H_2 \longrightarrow RH+R'H+H_2S$$

$$RSSR'+3H_2 \longrightarrow RH+R'H+2H_2S$$

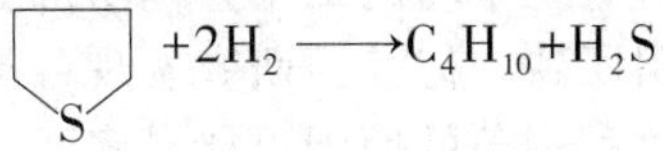

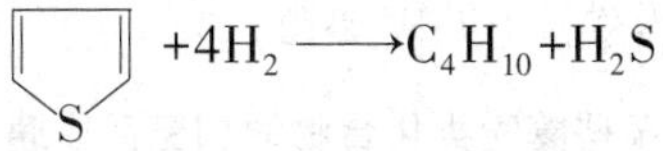

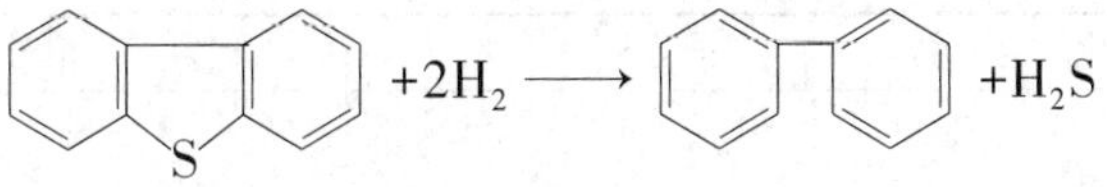

硫醇、硫醚及二硫化物的加氢脱硫反应历程比较简单。硫醇中的 C—S 键断裂的同时加氢生成烷烃及 H_2S。硫醚在加氢时先生成硫醇，然后进一步脱硫。二硫化物在加氢条件下首先发生 S—S 键断裂反应生成硫醇，进而再脱硫。

噻吩及其衍生物由于其中硫杂环的芳香性难以氢解，导致石油馏分中的噻吩硫要比非噻吩硫难脱除得多。这类含硫化合物的反应历程也比较复杂。

噻吩的加氢脱硫反应可能有以下两个途径：

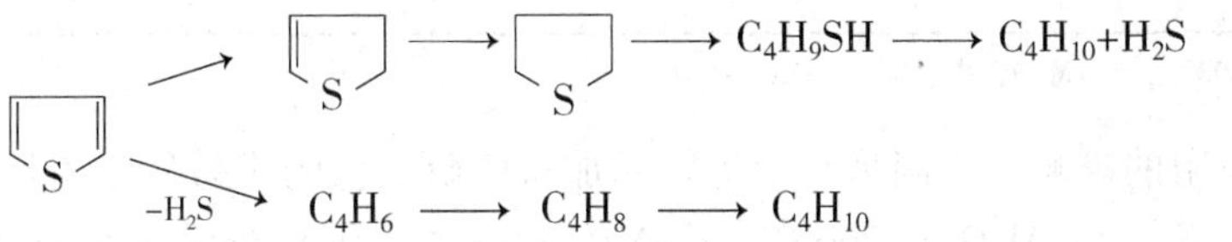

一个途径是在硫杂环上的双键加氢饱和，然后再开环脱硫生成烷烃；另一个途径是先开环脱硫生成二烯烃，随后二烯烃再加氢成烷烃。一般认为，这两种途径同时存在。

噻吩的加氢脱硫反应是通过加氢和氢解两条途径平行进行的。由于硫化氢对 C—S 键氢解有强抑制作用而对加氢影响不大，因此可以认为，加氢和氢解是在催化剂的不同活性中心进行的。

苯并噻吩的加氢脱硫比噻吩困难些，它的反应历程也有两个：

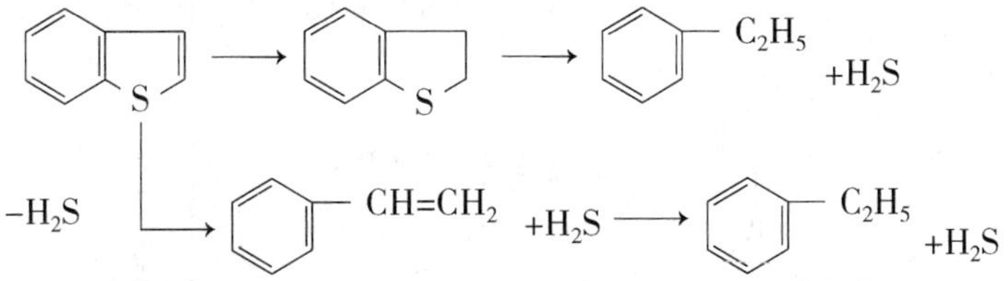

石油馏分中各类含硫化合物的 C—S 键是比较容易断裂的，其键能比 C—C 键或 C—N 键的键能小许多(见表 2-1)。因此，在加氢过程中，一般含硫化合物中的 C—S 键先行断开而生成相应的烃类和 H_2S。

表 2-1　各种键的键能

键	C—H	C—C	C═C	C—N	C═N	C—S	N—H	S—H
键能/(kJ/mol)	413	348	614	305	615	272	391	367

含硫化合物的加氢反应活性与其分子结构有着密切的关系。不同类型的含硫化合物的加氢反应活性按以下顺序依次增大：

噻吩<四氢噻吩≈硫醚<二硫化物<硫醇

噻吩类含硫化合物的反应活性是最低的，而且随着其中环烷环和芳香环数目的增加，其加氢反应活性逐渐降低。因此，含有三个环的二苯并噻吩加氢脱硫的反应难度最大。一般认为，这种现象可能是存在空间位阻所致。但是，研究发现，当缩合环的数目继续增加时，加氢脱硫活性反而有所回升。导致这种现象的原因可能是多元芳香环在加氢之后，氢化芳香环皱起，减弱了对硫原子的空间阻碍效应(见表 2-2)。

表 2-2　某些噻吩类化合物的加氢反应速率常数

化　合　物	相对反应速率常数
噻吩 	100
苯并噻吩 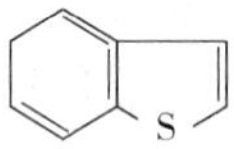	58.7
二苯并噻吩 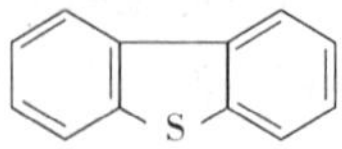	4.4
苯(*b*)萘(2，3-*d*)并噻吩 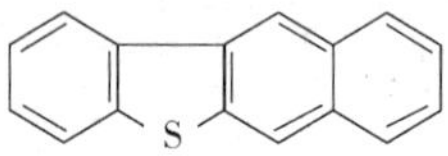	11.4

注：反应条件 300℃，7.1MPa，催化剂 Co-Mo/Al_2O_3。

由于空间位阻的影响，不同噻吩衍生物的加氢脱硫反应的难易程度还与取代基的位置有关。在催化剂为 Ni-Mo/Al_2O_3及 360℃、2.9MPa 反应条件下，按反应速率常数的大小分组，可将这些含硫化合物分为 4 组(见表 2-3)。

表 2-3　取代基位置对加氢脱硫反应速率的影响

组别	化合物结构		相对反应速率常数
Ⅰ	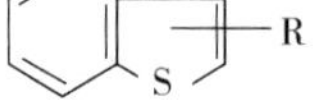	2-位或 7-位无取代基	1
Ⅱ	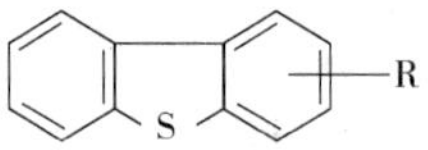	4-位或 6-位无取代基	0.23
Ⅲ	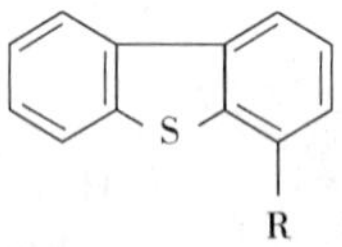	4-位有一个取代基	0.08
Ⅳ	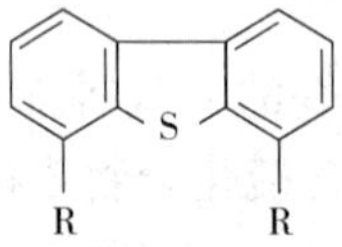	4-位及 6-位均有取代基	0.0028

注：苯并噻吩的取代位编号为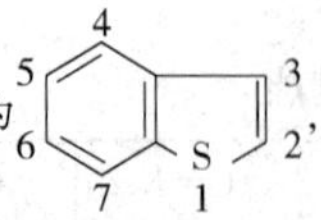，二苯并噻吩的取代位编号为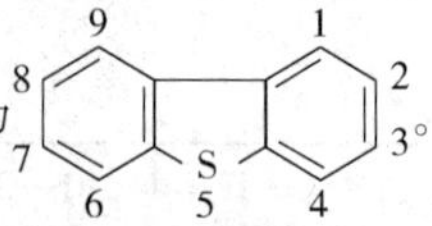。

反应条件：催化剂 Ni-Mo/Al_2O_3，360℃，氢压 2.9MPa。

二、加氢脱氮反应

石油中的氮含量要比硫含量低，通常在0.05%~0.5%范围内，很少有超过0.7%的。我国大多数原油的含氮量为0.1%~0.5%。目前，在我国已发现的原油中，氮含量最高的是辽河油区的高升原油，达0.73%。石油中的氮含量是随馏分沸程的升高而增加的，但其分布比硫更不均匀，约有90%的氮集中在减压渣油中。

石油中的含氮化合物大部分是杂环化合物，非杂环氮化物主要是脂肪族胺类和数量甚少的腈类，相对容易脱除。石油馏分中的杂环氮化物包括五元环和六元环，最常见的有吡啶、喹啉、吡咯、吲哚、咔唑及其衍生物。氮化物的分布与原料馏程有很大的相关性。当馏分变重时，一方面氮化物含量增加，另一方面多环杂环氮化物大量出现。

氮化物按其氮原子在分子中是否有孤对电子而分为碱性氮化物和非碱性氮化物两大类。对多数原油而言，其碱性氮含量占总氮含量的1/4~1/3，但对馏分油而言，这一规律不再适用；在较轻馏分中的氮主要是碱性氮，而在较重的馏分及渣油中的氮则主要是非碱性氮。由于碱性氮化物(一些胺类、二氢吲哚类和六元环杂环氮化物)的氮杂原子存在自由的孤对电子，这类氮化物更容易吸附在酸性活性中心，因此对含酸性活性中心的催化剂的毒性更大。但是，碱性氮化物与非碱性氮化物之间并非有不可逾越的界限，在反应过程中非碱性氮化物可能会转变为碱性氮化物。

含氮化合物对油品的稳定性有着较大影响，并且在燃烧时会排放出NO_x污染环境。研究表明，中性氮化物对柴油颜色影响最大，并且氮化物的存在对柴油馏分颜色稳定性也有较大影响。因此，对煤油、柴油而言，在加氢精制过程中需要尽量脱除含氮化合物。

在加氢精制过程中，含氮化合物在氢气作用下转化为NH_3和相应的烃类，从而把氮脱除。主要的反应表示如下：

胺类加氢反应：$R-NH_2+H_2 \longrightarrow RH+NH_3+Q$

苯胺加氢反应：

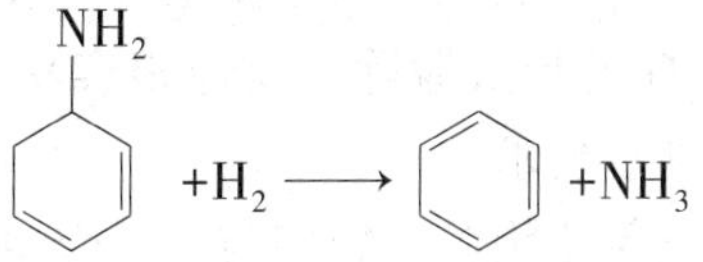

吡啶加氢反应：

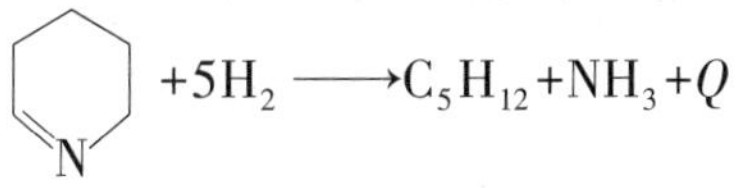

喹啉加氢反应：

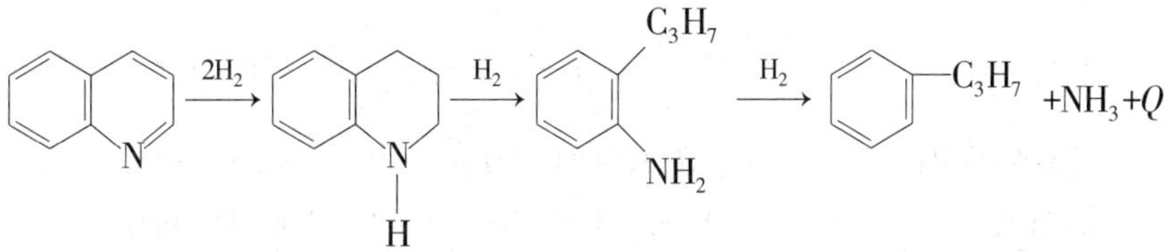

在碱性氮化物中，芳环对其加氢脱氮反应活性的影响见表2-4。从表中的数据可以看出，这些碱性氮化物加氢脱氮反应速度常数的差别不大(在一个数量级以内)，其中喹啉脱氮速度最高，随着芳环的增加脱氮速度略有下降。这意味着，所有这些化合物的空间位阻效应是相同的。由此推论，这些氮化物的脱氮反应机理不太可能是通过氮原子的端点吸附进行的，而是通过芳环π键吸附进行的。

表 2-4　芳环对碱性氮化物加氢脱氮反应活性的影响①

化合物	结构式	拟一级反应速度常数/[L/(g·s)]
喹啉	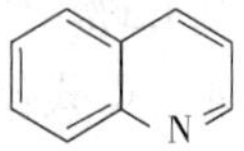	9.39×10^{-4}
10-氮杂蒽	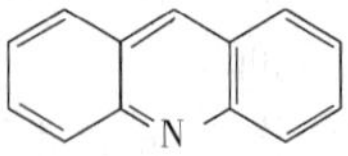	6.56×10^{-4}
苯并(a)10-氮杂蒽	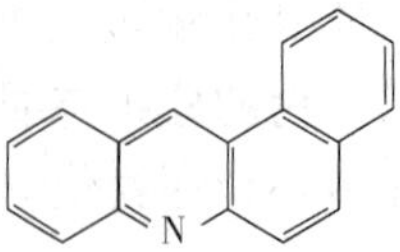	5.72×10^{-4}
苯并(a)10-氮杂蒽	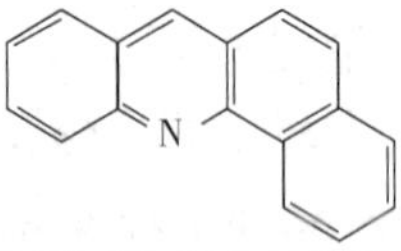	4.03×10^{-4}

①反应条件：反应温度为 376℃，压力为 13.3MPa，催化剂为 Ni-Mo/Al_2O_3，用白油做溶剂。

三、加氢脱氧反应

石油中的氧是以有机化合物的形式存在的，天然原油的氧含量一般不超过 2%，同一种原油中各馏分的氧含量随馏程的增加而增加，渣油的氧含量有可能超过 8%。

从元素组成来看，石油的氧含量不高，由于分析困难，极少有准确的数据。石油产品规格中没有规定含氧量的指标，但是油品的酸碱性、腐蚀性等指标都与含氧化合物有关。

油品含氧化合物的存在不但影响产品质量，而且使进一步加工产生困难或造成设备腐蚀。因此，含氧化合物需要加氢脱除。油品中含氧化合物主要是一些羧酸类及酚类、酮等化合物。羧酸很容易被加氢饱和，直接以 H_2O 的形式脱除，反应很容易进行，对催化剂的加氢性能要求不高，一般精制型催化剂均能满足要求。

原料油中主要的含氧化合物有酚类、过氧化物等。它们与氢反应生成相应的烃和水，从而把氧脱除，主要反应表示如下：

苯酚加氢
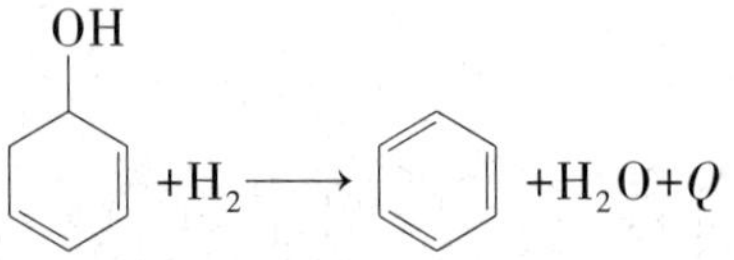

过氧化物加氢　$R-COOH+3H_2 \longrightarrow RCH_3+2H_2O+Q$

酮加氢　$R-COR'+2H_2 \longrightarrow R''H+R'H+H_2O+Q$

在工业加氢装置生产过程中，S、N 和 O 是同时脱除的，因此必然会存在脱硫、脱氮和脱氧之间的相互影响。脱硫对脱氮有促进作用，在加氢反应过程中脱氮反应速度的提高对整个加氢过程都有重要作用，这是因为含氮化合物的吸附会使催化剂表面中毒。实验结果表明，氮化物的存在会影响脱氧反应速度。因为氮化物的存在会导致活化氢从催化剂表面活性中心脱除，从而使脱氧反应速率下降。因此，为保持高的脱氧反应速度，必须持续提供活化氢。反应原料中存在一定量的硫化物，可以防止催化剂表面过度还原或硫离子为氧离子所取代，即在反应体系中需要保持足够浓度的 H_2S。另外，为了达到高度脱氧和脱氮，应避免热力学平衡的限制，因此必须保持足够高的氢分压。

在接近工业操作条件下，比较加氢脱硫(HDS)、加氢脱氮(HDN)和加氢脱硫氧(HDO)反应的相对速度具有实际意义。加氢处理过程中 HDS、HDN 和 HDO 反应速度顺序为：HDS>HDN>HDO。

四、芳烃加氢饱和反应

天然石油和合成油的中间馏分芳烃，大体上可以分成四种类型：单环芳烃、双环芳烃、三环芳烃和多环芳烃。其中，多环芳烃是指四环或四环以上的芳烃，它们主要存在于高沸点(>350℃)的石油馏分中，其他三类芳烃是中间馏分油的重要组分。由于甲苯等单环芳烃具有一定的毒性，影响人类的健康，芳烃对喷气燃料和柴油产品质量也有一定影响，世界各国的汽、煤、柴油的产品规格都对芳烃含量十分严格地限定指标要求。

一般多环芳烃比相应的单环芳烃更容易加氢饱和，在相对缓和的加氢反应条件下即可完成。因此，在加氢处理的柴油中，单环芳烃(如烷基苯、苯并环己烷和苯并二环己烷)的数量远大于二环芳烃和三环芳烃。在加氢精制过程中，稠环芳烃会发生部分加氢饱和反应，使得柴油产品的十六烷值提高。

芳烃中的芳香环十分稳定，很难直接发生开环反应。在一般条件下，带有烷基侧链的芳烃只在侧链连接处断裂，而芳香环则保持不变。大分子的稠环及多环芳烃只有在芳香环加氢饱和后才能进一步发生裂化反应。由于加氢精制的反应条件一般比较缓和，所以这类反应的转化率较低。

表 2-5 中给出了不同来源的中间馏分油中芳烃的含量和类型。可以看出，催化裂化柴油中的芳烃高达 70%，而直馏柴油中的芳烃含量相对低一些。如果将催化柴油分成两部分，则 290℃以前馏分中主要含单环芳烃，290℃以后馏分中主要含双环芳烃和三环芳烃。

表 2-5　不同来源柴油馏分中的芳烃类型　　%

芳烃类型	直馏柴油	催化柴油	轻催化柴油(干点<290℃)	重催化柴油(初馏点>290℃)
馏和烃	74.0	29.0	25.2	58.4
总芳烃	26.0	70.2	74.8	41.6
单环芳烃	16.8	11.2	29.0	0.1
双环芳烃	8.8	49.5	45.8	32.0
三环芳烃	0.4	9.5	0	9.5
极性物质	0	0.8	0	0.8

芳烃加氢饱和反应如下：

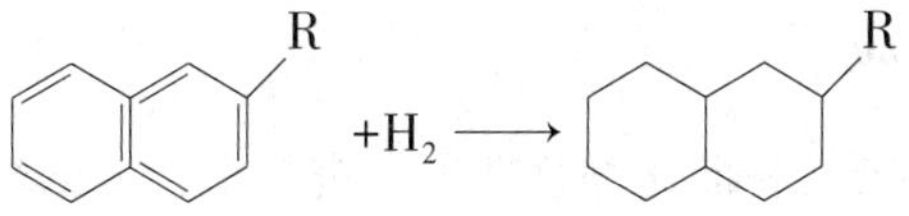

五、烯烃加氢饱和反应

直馏馏分中烯烃含量相对较少。烯烃主要存在于二次加工的石油馏分中，比如催化裂化汽油(烯烃达 50%~60%)，焦化汽柴油、热裂化汽油中均含有分子大小不同的单烯烃和双烯烃。富含烯烃的油品直接接触大气时，极易与氧气发生反应，形成胶质。在加氢反应过程中，也会因反应过于剧烈，导致床层温升过高，在催化剂上形成积炭，覆盖加氢催化剂的活性中心，使得催化剂活性降低。因此，烯烃加氢反应对馏分油加氢来说是十分重要的。另外，催化裂化汽油是目前车用汽油馏分的重要调和组分，在西方占车用汽油的30%~40%(质)，在中国占70%~80%(质)，而国外车用汽油产品中烯烃含量限制在6%~18%(质)，所以催化裂化汽油加氢脱烯烃的反应在生产清洁燃料中显得尤为重要。烯烃加氢过程没有脱硫、脱氮反应历程那么复杂。烯烃加氢反应式如下：

$$R—CH═CH_2+H_2\longrightarrow RCH_2—CH_3$$

$$R—CH═CH—CH═CH_2+2H_2\longrightarrow RCH_3CH_2CH_2—CH_3$$

这些反应进行的难易顺序是：二烯烃饱和>单烯烃饱和。

烯烃的加氢速度很快，不需要很高的反应温度。对于烯烃加氢而言，相对分子质量愈小，愈容易加氢反应，正构烯烃比异构烯烃易于加氢。在加氢反应过程中，烯烃加氢饱和是最容易进行的反应，双烯在低于100℃的温度下即被加氢饱和。

烯烃加氢反应过程主要是双键(三键)的加氢，有时也伴随着异构反应，并且是强放热过程，单烯烃加氢饱和平均反应热为-120kJ/mol，按消耗1kg氢计，烯烃加氢反应热为59kJ，芳烃为35kJ。对于不饱和烃含量高的油品加氢，要注意反应器床层温度的控制。

六、加氢脱金属反应

石油中含有多种微量金属，这些金属可以分成两大类：一类是水溶性无机盐，主要是钠、钾、镁、钙的氯化物和硫酸盐，它们存在于原油乳化液的水相中，这类金属原则上可以在脱盐过程中脱除；另一类以油溶性有机金属化合物或其复合物、脂肪酸盐或胶体悬浮物形态存在于油中，例如钒、镍、铜以及部分铁。这些金属与硫、氮、氧等杂原子以化合物或络合状态存在。由于石油生成的条件不同，不同原油中的金属含量差别很大，一般为几十到几百微克/克。从石油加工的角度来看，对二次加工过程和产品性质影响较大的组分主要是镍和钒。镍和钒的化合物主要有卟啉化合物和非卟啉化合物两大类，这两类化合物都是油溶性的，它们主要存在于渣油中。

在加氢过程中，杂原子因转化为硫化氢、氨、水等化合物而被除去。原料油中以有机化合物形式存在的金属元素不能转化为气态的氢化物而沉积在催化剂的表面，随着运转周期的延长而向床层深处移动。当金属硫化物沉积到催化剂颗粒内部时，将产生两方面的副作用：一是使催化剂活性中心中毒；二是使催化剂微孔堵塞，限制反应物向微孔内扩散，从而导致表观反应活性降低。金属硫化物沉积在催化剂颗粒外表面，将使催化剂床层空隙率降低，最终导致床层压差升高，需要停工撇头处理，更换催化剂。

七、加氢裂化反应

加氢裂化反应是在氢气和催化剂存在下，进料中较大的烃类分子变成小分子的反应。在加氢精制条件下，发生加氢裂化反应的程度较轻微；随着装置运行时间延长，需要提高反应温度以补偿催化剂活性。随运行时间延长，加氢裂化和热裂化反应的程度逐渐变得显著。在加氢精制过程中，要尽量限制上述这类裂化反应的发生。除选用适宜的加氢催化剂外，应根据实际情况尽可能降低反应温度。

以烷烃和烯烃为例，典型加氢裂化反应式为：

$$C_nH_{2n+2}+H_2 \longrightarrow C_mH_{2m+2}+C_{n-m}H_{2(n-m)+2}+Q$$

$$C_nH_{2n}+2H_2 \longrightarrow C_mH_{2m+2}+C_{n-m}H_{2(n-m)+2}+Q$$

第三节　加氢精制的催化剂

一、概述

催化剂是一种能够改变化学反应速度而其本身的物理化学性质在化学反应前后都没有改变的物质，它对反应施加的作用称为催化作用。

催化剂之所以能改变反应速率是因为催化剂使反应改变了历程，从而改变了反应的活化能。催化剂一般具有以下几个特征：

（1）催化剂与反应物作用，生产中间产物，从而改变反应的途径，使反应变得较容易，加快反应速度。

（2）催化剂的作用是缩短达到反应平衡的时间，不能改变化学反应的平衡状态。

（3）催化剂具有选择性，某一种催化剂只能加快某一类反应。

（4）催化剂只能加快热力学上可能进行的化学反应，而不能加速热力学上无法进行的反应。

根据催化剂与反应物所处的状态不同，催化作用可分为均相催化和多相催化。当催化剂和反应物不在同一相时称为多相催化。大多数多相催化的催化剂是固体，反应物是液体或气体。在加氢精制过程中，催化剂是固体，而反应物是气、液相。

原料在催化剂表面进行的反应是气固两相接触反应，原料油在反应前需先吸热升温，然后扩散到催化剂表面进行反应。总体上看，原料分子在催化剂表面完成的反应过程可分为 7 个步骤，具体步骤如下：

第一步，反应物通过催化剂颗粒外表面的膜扩散到催化剂外表面。

第二步，反应物自催化剂外表面向内表面扩散。

第三步，反应物在催化剂内表面吸附。

第四步，反应物在催化剂内表面进行化学反应。

第五步，产物从催化剂内表面脱附下来。

第六步，产物自催化剂内表面扩散到催化剂外表面。

第七步，产物自催化剂外表面通过膜扩散到外部。

以上 7 个步骤可归纳为两类过程。第一步、第二步、第六步、第七步属于扩散过程，其中有外扩散(第一步和第七步)与内扩散(第二步和第六步)之分。第三步、第四步、第五步涉及化学键的变化，属于化学过程的范畴，称为表面过程式化学动力学过程。

多相催化反应过程中的各个步骤是依次进行的，其总的速率取决于这些步骤的相互关系。在稳态条件下，总速率与各步速率相同。

在这些步骤中，如果其中某一步骤与其他各步相比速率特别慢时，则整个反应的总速率就取决于它而成为“控制步骤”。

从图 2-1 可见，在固体催化剂中，起重要作用的是它的内外表面，而不是它的体相。

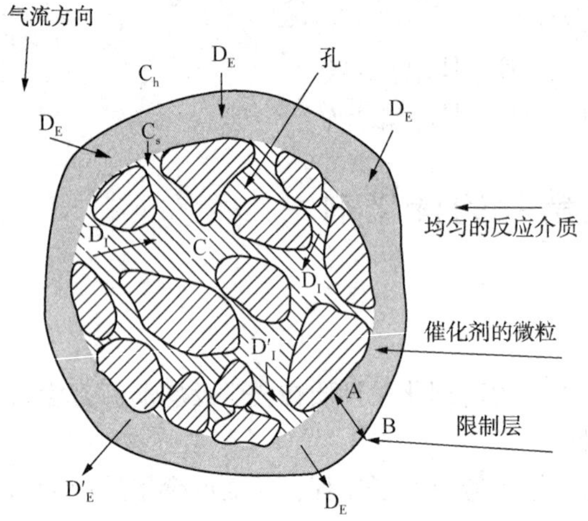

图 2-1 多相催化的扩散过程

D_I—反应物在颗粒内的扩散；D'_I—生成物在颗粒内的扩散；
D_E—反应物在颗粒外的扩散；D'_E—生成物在颗粒外的扩散；
C_h—反应物在均匀相中的浓度；C_s—反应物在外表面的浓度；
C—孔隙内的浓度。
浅色区为固定扩散层，其厚度 AB 取决于流动的类型以及反应介质的搅拌状况(AB 的厚度在 0.01~0.1mm)

也就是说，催化剂的活性与它的本征活性和比表面积有关，但是只有高的本征活性(每平方米催化剂表面的固有活性)和比表面积是不够的，还需要反应物能够迅速到达具有活性的催化剂表面，并且生成物能迅速离开它，以便使催化剂活性表面连续不断地有反应物进行反应，达到最大的表面利用率。而内扩散比外扩散复杂，根据催化剂孔的直径大小而按不同的机理进行。当催化剂本征活性愈高、扩散愈慢、催化剂颗粒直径愈大时，即使催化剂的活性组分(或称活性表面活性位)的活性很高，但如果催化剂的载体孔径及孔分布不佳，那么催化剂的活性实际利用率将有所下降。所以说，为催化剂提供孔容、比表面积及孔分布的载体性质不同，所制备出的催化剂的物性也会存在较大差异，即使负载的活性金属组分种类和数量完全一样，也会带来催化活性的变化。

二、加氢精制催化剂

加氢精制催化剂在加氢精制工艺过程中起着核心的作用。加氢精制装置的投资、操作费用、产品质量等都和催化剂的性质有关。加氢精制催化剂在很大程度上决定着加氢精制技术的水平。

(一) 加氢精制催化剂的组成

加氢精制催化剂由金属组分(活性组分)、载体和助催化剂组成。

催化剂的性能主要依赖于催化剂载体(其中包括载体形状、挤条成型、酸性等)和活性组分(活性组分的种类、加入方法、加入数量、助剂等)。在工业生产中，影响催化剂选择的因素有很多，在选用时许多因素常常相互制约，十分复杂，同时催化剂的选用与反应器内构件的设计还有着密切关系。

在馏分油加氢精制过程中，所发生的化学反应在不同油品中有一定的差异，但是对加氢精制催化剂的性能要求基本相同，只是有时侧重于脱硫活性，有时侧重于脱芳、脱氮活性。

1. 活性组分

加氢精制催化剂的主金属是催化加氢活性的主要来源，加氢功能主要由活性金属组分来提供，也称主催化剂。它们主要是元素周期表中ⅥB 族或Ⅷ族中几种金属，其中活性最好的有ⅥB 族中的钨、钼、铬，Ⅷ族中的铁、钴、镍和贵金属铂、钯。但是这些金属单独存在时，其催化活性都不高，而两者同时存在时相互协作，表现出很高的催化活性。所以，目前加氢精制催化剂几乎都是由一种ⅥB 族金属与一种Ⅷ族金属的二元活性组分所构成的。金属的种类和数量以及担载的方法都对催化剂的活性产生显著的影响。

催化剂具有活性的必要条件是，催化剂必须能够吸附反应物，这种吸附一般是化学吸附。吸附后，反应物分子与催化剂表面原子之间形成吸附化学键，组成表面络合物。与原反应分子相比，受吸附键的强烈影响，其结构变化较大，状态更为活跃，而使反应活化能降低很多，从而加快了反应速度。化学吸附后反应分子和催化剂表面之间形成的化学键强弱，由吸附热大小来表示，吸附热大，说明化学键强，吸附热小，说明化学键弱。

加氢催化剂常用的ⅥB族和Ⅷ族金属硫化物的活性顺序如表2-6所示。

表2-6　不同金属硫化物的活性

反应类型	活性顺序
芳烃和烯烃的加氢	纯硫化物：Mo>W>>Ni>Co
	最佳组合：Ni-W>Ni-Mo>Co-Mo>Co-W
加氢脱硫	纯硫化物：Mo>W>Ni>Co
	最佳组合：Co-Mo>Ni-Mo>Ni-W>Co-W
加氢脱氮	纯硫化物：Mo>W>Ni>Co
	最佳组合：Ni-W≥Ni-Mo>Co-Mo>Co-W

自从加氢处理催化剂首次在德国工业装置上用于煤焦油高压加氢精制以来，加氢处理催化剂的主要活性金属组分没有变化，所采用的主要活性金属组分为非贵金属Ni、Co、Mo、W。迄今为止，主要活性金属组分仍是由这四种非贵金属之间的各种比例匹配而组成的。随着现代分析仪器的进步，人们逐渐对这些活性金属之间或与载体之间形成的许多加氢活性相反物种有了深入认识，选择最佳的组合种类，达到最佳的活性水平。由表2-6可见，对于脱氮和芳烃及烯烃加氢反应来说，Ni-W和Ni-Mo为较好选择，对于脱硫来说，Co-Mo活性组分为好。不过根据深度脱硫（产品中S<30μg/g）反应机理分析，采用Ni-W或Ni-Mo活性金属会比Co-Mo要好。

加氢活性组分的种类选定后，它在载体上的负载总量对加氢催化剂的活性有一定影响，中国石油化工科学研究院（RIPP）曾经对Ni-W系催化剂的金属总量与吡啶加氢脱氮（HDN）活性的关联进行了研究，得到以下结果。

图2-2中的曲线表明，HDN活性随着活性金属总量的增加而增大，达到某一数值后，HDN活性达到最大值，如果继续提高金属总量，反而引起HDN活性下降。这可能是由于过多金属沉积后会引起载体孔口堵塞，从而造成反应物分子难以达到微孔内部活性中心，降低了催化活性。因此，提高活性组分的含量，是存在一定限度的。当金属含量增加到一定程度后，若再增加，其活性提高的幅度减少，催化剂成本却增加得较多，不利于降低生产成本。目前，加氢精制催化剂活性组分的含量一般为15%~35%。

2. 助剂

为了改善加氢精制催化剂某些方面的性能，如活性、选择性、稳定性等，在制备过程中，常常添加一些助剂。大多数助剂是金属或金属化合物，也有非金属元素。一些助剂本身的活性并不高，但是与活性组分搭配后却能发挥良好作用。有的助剂能够使促进副反应的活性中心丧失作用，从而提高催化剂的选择性。还有的能使催化剂的结构稳定，从而提高催化剂的稳定性。助剂的作用主要体现在以下两个方面。

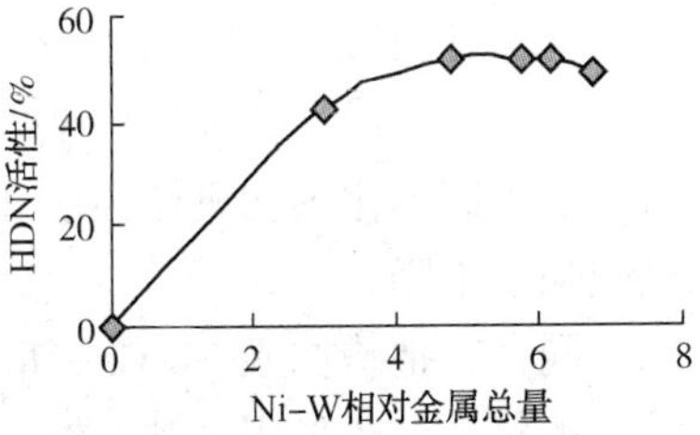

图2-2　加氢精制催化剂活性与金属总量的关系

（1）调变性助剂。改变主活性金属在催化反应过程中生成的副产物对主反应产生的抑制作用而选用一种不同电负性的元素作为助剂，解决副产物对主活性组分的催化反应的抑制作用，称为调变性助剂。比如，在以 Ni、Pt、Pd 等金属制成的催化剂中添加 W、Cr、Ag 等助剂，可以防止加氢反应过程中生成的 H_2S 对其构成的中毒作用。

（2）结构性助剂。在催化剂制备过程中加入一种助剂组分可以保持主催化剂的高分散性，在使用催化剂过程中起到减少活性组分晶粒长大和表面积下降的作用，这种助剂称为结构性助剂。根据加氢催化剂的基础研究结果，助剂 Ni、Co 加入 Mo、W 主活性组分中，能够形成新的 CoMo-S 或 NiW-S 活性相，而大大提高单金属 MoS_x、WS_x 的活性。

表 2-7 列举了一些助催化剂的作用。

表 2-7　某些助催化剂的作用

催化剂	助催化剂	添加效应
MoO_3	碱和碱土金属	活性下降
MoO_3	Cr_2O_3、Al_2O_3	加氢活性增强
MoS_2	Cr	芳构化活性增强
MoS_2-Si-Al	Pd	芳构化活性增强
Co-Mo-Al_2O_3	碱金属	可调节烯烃加氢和环烷脱氢的活性
WS_2-Al_2O_3	NiS	加氢活性增强

助催化剂可以是元素状态加入，也可以是化合物状态加入，大多数的助催化剂是金属或金属化合物，也有用非金属（如氯、氟、磷）的。

在 WS_2-Al_2O_3加氢精制催化剂中加入 NiS，可以使催化剂的活性超过纯 WS_2，但 NiS 单独作为加氢催化剂时，其加氢活性很差。电子显微镜和 X 射线研究表明，WS_2的结晶是致密的聚团，而 WS_2-Al_2O_3的结晶比较松散。由此判断，NiS 的加入使正常的 WS_2结构受到破坏，生成了松散的结晶结构。这样，加入 NiS 使催化剂的有效表面积增加，从而提高了催化剂的加氢活性。

为了提高催化剂的脱硫、脱氮能力，一些催化剂中加有磷的组分。如柴油加氢 Mo-Ni 催化剂中加入磷后，焦化柴油脱硫、脱氮能力和烯烃饱和能力都有明显的增加。

催化剂上加磷的作用，目前有三种看法：一是认为用磷酸配制浸渍液时，磷酸能促进金属盐溶解，使浸渍液浓度高而不产生沉淀，从而得到高金属含量、高活性的催化剂；二是认为在制备载体时加磷酸或磷酸盐，可以控制孔分布，减少积炭；三是认为加磷可防止镍与 Al_2O_3在催化剂焙烧过程中生成无活性的尖晶石，也就是说，使磷进入 Al_2O_3的晶格中，抑制了尖晶石的生成，使镍更好地发挥作用。据介绍，催化剂含磷量在 1%～5%较好，其量适当，能提高催化剂的机械强度和稳定性；如果磷过量，却会抑制金属活性组分的作用，并使机械强度下降。

同样，把磷加入 Ni-Co-Mo 加氢精制催化剂中，能显著提高催化剂的活性和稳定性。

近年来，还采用了铼、锰、钛、锗、镧和铈等金属作为助催化剂。例如，美国环球油品公司 Mo-Ni-SiO_2-Al_2O_3加氢催化剂中加入 0.2%的铼，脱硫率为 97.1%，脱氮率为 96.5%，而组成相同不加铼的催化剂脱硫率为 94.1%，脱氮率只有 82%。这些助催化剂的作用虽然不完全相同，但都有比较好的效果。有人预测，助催化剂的作用有可能使加氢催化剂的活性实现飞跃。

助催化剂的添加量对催化剂的活性也会产生影响。通常助催化剂的添加量都不大，当添加量超过某个适宜范围时，往往得不到预期的效果。同一种助催化剂与不同的活性组分配伍时会得到不同的效果。

3. 载体

馏分油加氢催化剂的载体主要是担载活性金属组分，保证催化剂的机械强度，并通过载体的物性和表面性质以及与活性金属组分的相互作用，对催化剂活性产生重要的影响，有时甚至起着十分关键的作用。

与助催化剂一样，载体也对催化剂的性能有着一定影响。加氢精制催化剂的载体因其所具有的物理性质特点，在加氢精制工艺过程中也能够影响催化剂的活性、孔隙率、机械强度等使用性能。虽然相对于活性金属，载体对催化剂活性的影响要小得多，但在超低硫燃料的生产过程中，对相同的活性金属体系而言，载体对反应性能尤其是活性稳定性的影响越来越明显。

目前可供加氢精制催化剂选用的载体有 Al_2O_3、含 SiO_2 的 Al_2O_3、TiO_2、含分子筛的 Al_2O_3、活性炭等，但最常见的是 Al_2O_3 和含少量 SiO_2 的 Al_2O_3。近年来，TiO_2 作为载体已有一定发展趋势。

根据馏分油汽、煤、柴油的分子大小，需考虑扩散对反应速度的限制因素。一般，载体的物性要根据催化反应需求的活性来调节，通常采用添加组分或改变制造时气氛或温度等来控制。

加氢催化剂常用的载体有中性载体和酸性载体两种。加氢精制催化剂基本上采用中性的无定形 Al_2O_3 作为载体。中性载体(如 γ-Al_2O_3)本身的裂解活性不高，用它制成的加氢催化剂表现出较强的加氢活性和较弱的裂解活性。γ-Al_2O_3 是一种多孔性材料，具有高的表面积和理想的孔结构，可以提高金属组分和助剂的分散程度。Al_2O_3 中包含着大小不同的孔，不同 Al_2O_3 的孔径分布也是不同的，可以通过改变制备条件加以控制，比如：在成胶、洗涤、干燥、挤出成型、焙烧等过程中，人们可以按照化学反应过程中对载体物性的要求来进行调节。

国内外对加氢催化剂形状的研究一直比较活跃，固定床用的加氢催化剂的颗粒大小和形状的选择是人们对活性和压降权衡的结果，只有既能满足床层压降小又能使活性最大化的尺寸和形状才是最为理想的选择。

异形形状具有如下优点：高的加氢活性、高的机械强度、低的床层压降、快的内扩散速度、高的床层孔隙率。

目前工业上采用的加氢精制催化剂的牌号在100种以上，它们的金属活性组分主要由Mo、W与Ni、Co两大类四组分构成，载体主要由 Al_2O_3、SiO_2-Al_2O_3 或分子筛-Al_2O_3 等组成。

(二) 加氢精制催化剂的评价标准和选择依据

加氢精制催化剂的主要物化性质指标包括金属组成、载体组成、杂质含量、堆积密度、压碎强度、孔容、表面积、孔分布、平均孔径和最可几孔径、外形、尺寸和粒度分布、灼烧减重等。催化剂的使用性能包括活性、选择性、稳定性、机械强度、再生性能、安全性等。

上述各种指标反映出催化剂的适用范围，并会对加氢装置选择催化剂的经济性产生影响。

在工业实施过程中，需要根据原料油种类和构成性质、目的产品质量和分布要求、装置压力等级、氢油体积比、体积空速等条件，选择适宜的加氢工艺和催化剂。对于二次加工柴油和终馏点较高的直馏柴油，要求脱硫的深度较高，需要在较高压力、空速较低的条件下操作，一般选择 Mo-Ni、W-Ni 或 W-Mo-Ni 型催化剂；对于以直馏柴油为主的原料，脱硫深度要求不太高的装置，应选择中、低等级的操作压力(低于 6.0MPa)，体积空速适当提高的反应条件，多选择 Mo-Co 型催化剂。确定适宜的催化剂和最佳的工艺操作条件，可以在满足产品质量和分布要求的同时，最大限度地减少副反应的发生，降低装置氢气消耗，提高经济效益。

1. 催化剂活性

加氢精制催化剂活性是判断催化剂优劣的主要指标，不同金属组成的催化剂加氢脱硫、脱氮、脱芳性能有着较大的差别。

表 2-8 是对不同活性金属 Co-Mo、Ni-W 和 Pt 负载在 Al_2O_3 载体上用直馏柴油(220~380℃)为原料，进行加氢实验的结果。数据表明：在实验条件下，Ni-W/Al_2O_3 催化剂不但芳烃饱和、加氢脱氮活性高，且对难脱硫化物具有高的活性，显示出高加氢脱硫功能，甚至超过了贵金属 Pt 剂，也优于工业上常用的 Co-Mo 剂。这一结果与表 2-6 总结的活性金属与脱硫性能的规律顺序相反，表明金属组成不是影响脱硫性能的唯一因素，不同的催化剂制备条件的不同也会对不同活性金属制备的催化剂脱硫性能产生影响。

表 2-9 是对不同活性组分催化剂的脱氮活性比较的实验数据。结果表明，Co-Mo 催化剂对胜利直馏柴油和催化柴油的加氢脱硫活性没有显示出优势，Mo-Ni、W-Ni 催化剂加氢脱硫活性相当，但是其脱氮活性顺序仍是 W-Ni>Mo-Ni>Mo-Co。

表 2-8 活性组分和载体对加氢脱硫活性影响

催化剂	产品 S/(μg/g)	HDS 转化率/%	难脱硫化物转化率/%
Pt/Al_2O_3	180	77	59
Co-Mo/Al_2O_3	140	82	68
Ni-W/Al_2O_3	70	91	84

操作条件：6.0MPa，340℃，4.2h^{-1}。原料：S 含量 760μg/g，N 含量 60μg/g。

表 2-9 不同活性组分催化剂的脱氮活性比较

催化剂	胜利直馏柴油		胜利催化柴油	
	RVA	RWA	RVA	RWA
S16Mo-Ni	100	100	100	100
C761Mo-Co	63.0	63.6	63.6	45.0
C822Mo-Ni	117.9	102.0	104.8	90.7
W-Ni	193.0	144.5	207.5	155

注：RVA 表示按体积空速计算的相对脱氮活性，RWA 表示按重量空速计算的相对脱氮活性。

总之，催化剂的加氢活性和元素的化学特性有着密切关系，不同种类活性金属组分对加氢活性有着不同影响，只有选择最佳的组合种类，才能达到最佳的活性水平。

2. 催化剂的稳定性

即使催化剂活性很高，但是如果稳定性不好，催化剂活性不能维持在较高的活性范围或遇到操作波动，催化剂的活性就会有很大损失，这种催化剂是没有实用性的。因此，催化剂活性的稳定性是影响催化剂使用性能的重要因素。

在一般加氢精制过程中，催化剂的失活是一个缓慢过程，其稳定活性期是相当长的。催化剂的活性随着催化剂上积炭量的增加很快维持在一个稳定的水平，只有在末期催化剂上积炭突然增加至15%~20%时，此时催化剂的活性才会迅速下降。因此，要保持催化剂活性的稳定性，必须防止催化剂上迅速增加积炭量，防止重金属(如Fe、Ni、V、Ca等)的沉积。后者在馏分油中含量极少，因而主要是防止催化剂迅速结焦而失活。

3. 催化剂机械强度

加氢催化剂主要应用在固定床反应器中，在一般情况下，它应承受催化剂在运输时受到的撞击作用，装填时在一定高度下落催化剂之间的碰撞，还承受着装置紧急事故泄压时催化剂床层大量气体流动引起的床层压差而传递给催化剂颗粒的压强。因此，催化剂承受压碎强度的能力在某种程度上对实际工业运转来说比催化剂的活性更为重要。一般压碎强度以单颗催化剂或单位长度催化剂条上所承受外界压力使之破碎或断裂时的作用力来表示，比如N/颗、N/mm。通常，机械强度有一最佳值，球形催化剂的机械强度一般为4.5~10N/颗，条形催化剂的机械强度一般为12~25N/mm。研究发现，不同性质的氢氧化铝所制备的相同直径的载体，在挤出条件都相同时，压碎强度有很大差别。异形条的强度总是高于圆柱形的强度。

对于相同氢氧化铝粉采用不同挤出成型条件，载体γ-Al_2O_3的强度也是不相同的。要想提高催化剂的强度，也就是提高载体的强度，必须在挤条条件、形状及原料粉性质的选择上着手，同时还需要考虑催化活性及生产成本的影响。

4. 催化剂再生性能

加氢精制催化剂在工业装置上运转，当积炭量达15%以上或活性快速降低时需进行再生，再生后催化剂活性应得到恢复。再生方式对催化剂活性恢复有着较大影响，例如器内再生时可采用水蒸气再生和氮气再生，前者活性恢复达80%~85%，而后者一般能达到90%~95%。这主要是因为，水蒸气在高温下可使活性金属组分晶粒长大，直接影响加氢精制催化剂再生后的活性。因此，加氢精制催化剂都要具有好的再生性能。

(三)催化剂的失活与再生

加氢精制催化剂经过长期的使用，由于积炭、金属沉积或活性组分状态的变化，催化剂的活性将逐渐下降，以致无法满足生产要求。为了充分利用催化剂，这时必须对失活催化剂进行再生，使其恢复活性。

1. 催化剂的失活

随着加氢装置运转时间的延长，催化剂的活性会逐渐下降。引起加氢催化剂失活的原因包括生焦积炭、金属沉积中毒和活化中心结焦老化等。催化剂的失活，可以分成两种情况：一种是暂时性失活，可以通过再生的方法恢复其活性；另一种是永久性失活，是无法恢复活性的。

1）暂时性失活

生焦积炭失活是催化剂失活的主要原因，它可以通过再生来恢复催化剂活性。加氢精制过程往往伴随着聚合、缩合等副反应，特别是当加工含有较多的烯烃、二烯烃、稠环芳烃和胶质沥青质的原料时更会如此，这些副反应生成的积炭逐渐沉积于催化剂表面，覆盖其活性中心，从而导致催化剂活性的下降。其具体原因是，易生炭化合物在酸性中心强烈吸附，并且由于焦炭积累，堵塞孔道，使反应物不能接近活性中心而发生强吸附，大大降低了催化剂的表面利用率。

在反应初期，积炭量开始迅速增加，催化剂的活性下降也很迅速。随着时间的延长，积炭量接近稳定，催化剂活性也进入稳定期。反应后期，由于过多的积炭堵塞了催化剂的孔道，活性下降太多，需要提高温度来进行补偿。经过长期运转，催化剂表面积炭越来越多，出现了即使在满负荷操作时，在催化剂的允许提温范围内，提温对提高催化剂的反应活性已无明显影响，产品质量难以达到要求；当出现反应温升减小、耗氢量降低等现象时，说明催化剂已经失活。一般来说，当加氢精制催化剂上的积炭达 10%～15%(质)时，就需要再生。另外，如果是预加氢催化剂，硫、氮重金属含量等难以达到重整原料要求时，也应该进行催化剂的再生。

2）永久性失活

金属元素沉积在催化剂上，是促成催化剂永久失活的原因。常见的使催化剂中毒的金属有镍、钒、砷、钠、铁、铜、锌、铅等。痕量重金属的存在也会导致催化剂永久失活，缩短装置运行周期。加氢原料重金属含量可通过控制 95%馏出点或干点来达到。

铅中毒主要发生在重整原料预加氢步骤。原料油中混有含铅汽油，易造成加氢催化剂铅中毒。钠、锌、钙等碱金属或碱土金属使催化剂中毒的原因是，其对催化剂酸性中心具有中和作用，从而损害了裂解活性。在加氢过程中，这些金属的化合物很快发生氢解，沉积在催化剂上，其沉积速度超过镍、钒等金属。这些沉积的金属分布在催化剂颗粒之间和催化剂孔口，减少了催化剂床层空隙率而堵塞催化剂孔口，降低了催化剂活性，使床层压降上升。

铁、镍、钒等重金属有机物在临氢条件下发生氢解，生成的金属以硫化物形式沉积于催化剂孔口和表面，造成催化剂失活，并导致床层压降上升，引起加氢催化剂的永久性中毒。在铁、镍、钒三者中，铁的沉积速度最快，镍的沉积速度最慢。

磷、砷对加氢催化剂也有着不可忽视的影响。砷对加氢脱硫催化剂有中毒作用。实验表明，含砷 1.2%(质)的催化剂，再生后脱氮活性仅为新鲜催化剂的 70%，脱硫活性约为新鲜催化剂的 90%。含磷化合物在加氢条件下生成 PH_3 引起中毒，使得催化剂活性下降。

硅主要来自焦化汽油。为了降低焦化塔顶部泡沫层的高度，在焦化塔中注入硅酮消泡剂，所以在焦化汽油加氢脱硫时会有硅化合物沉积在加氢催化剂上。硅在加氢条件下会生成一些容易挥发的硅化物，在床层中迁移而穿透床层。从加氢脱硫活性来讲，催化剂上沉积 3%～5% SiO_2 时，就能封闭活性中心，使催化剂失活。

2. 催化剂的再生

加氢催化剂的再生是以含氧气体在适当的条件下，烧去催化剂表面的积炭和硫化物，以恢复催化剂的活性。目前，工业上使用的催化剂再生方法有器内再生和器外再生两种。

1）器内再生

器内再生是催化剂在加氢装置的反应器中不卸出，直接采用含氧气体介质对催化剂进行烧焦再生。器内再生的方法是：在惰性气体按正常工艺流程循环的情况下，将空气逐步加入反应炉入口，通过控制空气加入量和反应器的升温速度对催化剂进行再生。由于再生后的催化剂活性较低，停工时间较长，再生条件难控制，再生时产生的有害气体污染环境和腐蚀设备，再生操作人员技术不熟练等，这种方法已经用得较少。

水蒸气-空气再生的方法是最早使用的一种器内再生方法，工艺简单，易于操作。

氮气-空气器内再生是水蒸气-空气再生法的一种改进，它用加热的循环氮气代替蒸汽，消除了水蒸气-空气再生中的许多不利因素，特别是克服了催化剂接触大量水蒸气而导致的老化，减少了再生过程对催化剂的影响，提高了再生后催化剂的活性。

2）器外再生

器外再生是指将失活催化剂卸出反应器，送到专门的催化剂再生工厂进行再生。器外再生与器内再生相比有许多优点：

（1）装置停工时间短。采用器外再生技术，在装置停工后，可采用专用卸剂设备快速卸剂，再装填好事前准备好的催化剂，从而节省时间。

（2）可以准确控制再生条件。器外再生在专用设备上进行，通过优化工艺条件，催化剂烧焦过程可以精确控制，再生均匀，产品质量稳定，效率高。

（3）再生前后都经过筛分，去除了粉末、破碎瓷球等机械杂质，器外再生催化剂重复使用时催化剂活性恢复较好，床层压降较低。

（4）再生效果好，质量有保证。器外再生为待生剂和再生剂的各种分析提供了方便。分析待生催化剂样品的硫、炭、游离烃含量等，有利于制定最佳的再生步骤和工艺条件。

（5）安全，污染少。器内再生时，产生的腐蚀性物质容易造成加氢设备的损坏，生成的污染物有害于环境。器外再生在专用设备里进行，有完善的排放设施，可大大减少再生过程的有害影响。

3）催化剂的重生

目前市场上部分柴油加氢精制催化剂由于采用了络合浸渍的制备技术，在完成常规的烧炭后，不能使催化剂活性得到完全恢复。因此，对这一类型的加氢精制催化剂，其再生过程还需要对烧炭后的催化剂进行重生。重生是使用醇类或酸类络合剂浸渍烧炭后的催化剂，然后通过低温干燥脱除多余的水分。一般通过重生后的催化剂上的碳含量来控制络合剂的负载量，以确保重生的效果。由于催化剂重生阶段操作相对复杂，一般需要由专业的厂家，采用器外再生技术完成催化剂再生。

4）再生催化剂性能的评定标准

对于再生催化剂的性能评定，一般可通过用新鲜催化剂做参比剂在实验室进行小试来评价其活性恢复程度。

催化剂再生后，在重新投入使用前，需要测定活性金属含量、助剂含量，催化剂上炭、硫等杂质含量，催化剂比表面积、孔容、孔径、颗粒大小分布以及压碎强度、堆比等物理化学表征参数，检查再生催化剂上的活性金属聚集状况，并与实验室再生剂、新鲜催化剂进行比较，以综合评价其性能。

在再生催化剂投入运行后，可通过床层压降、初活反应温度、脱硫率、脱氮率来衡量其性能水平。

三、国内外加氢催化剂的发展

由于不断出台的新的环保法规对燃料油的产品质量要求不断提高，市场对加氢精制催化剂的性能提出了更高要求。世界范围内各炼油技术研究机构通过不懈努力，使得加氢精制催化剂不断更新换代。国外平均 5~10 年推出一代新产品，我国加氢精制催化剂的更新速度也不相上下。但是，随着产品质量标准已经基本达到极致，加氢精制催化剂发展的总趋势是，活性水平的提高幅度越来越小。

表 2-10 是目前国内外一些知名研究机构最新开发的柴油加氢催化剂所用的技术平台及活性金属类型。

表 2-10　国内外主要催化剂供应商提供的加氢精制催化剂

公司名称	技术平台	Mo-Co 催化剂	Mo-Ni 催化剂	命名规律
石油化工科学研究院	Rocket 技术	RS-2000 RS-2200 RS-3200	RS-2100 RS-3100	RS-××××，其中第一位数字为代，第二位数字为活性金属(0 为 Ni-Mo-W，1 为 Mo-Ni，2 为 Co-Mo)，第三位数字为是否优化或修饰，第四位数字尚未启用
Albemarle	STARS 技术	KF-757 KF-767 KF-770	KF-848 KF-860 KF-868	7××为 Co-Mo 8××为 Ni-Mo
Criterion	CENTINEL GOLD 和 ASCENT 技术	DC-2118 DC-2318 DC-2531	DN-3310 DN-3330 DN-3636	DC 为 Co-Mo DN 为 Ni-Mo
Topsoe	BRIM™技术	TK-570 TK-576 TK-578	TK-559 TK-575 TK-607 TK-609	末位为偶数代表 Co-Mo 末位为奇数代表 Ni-Mo
Axens	ACE™ Impulse™	HR-626 HR-1246	HR-648 HR-1248	末位数字 6 为 Co-Mo 末位数字 8 为 Ni-Mo
FRIPP	RASS 技术	FHUDS-3 FHUDS-5 FHUDS-7	FHUDS-6 FHUDS-8 FHUDS-10 FTX	末位为奇数代表 Co-Mo 末位为偶数代表 Ni-Mo FTX 为体相剂

第四节　汽(煤、柴)油加氢精制典型工艺简介及特点

一、汽油馏分的加氢精制

汽油馏分的加氢精制根据原料来源不同，可以分为直馏汽油(重整原料)加氢、焦化汽油加氢、催化汽油加氢、裂解汽油加氢等。

（一）重整原料的加氢精制

催化重整是以石脑油生产芳烃和高辛烷值汽油组分的主要工艺过程，其副产的氢气是加氢装置用氢的重要来源。因此，它是现代炼油和石化工业的重要技术之一。由于催化重整所用的贵金属催化剂对硫化物、氮化物的中毒作用十分敏感，因此对原料中硫、氮等杂质的限值要求极其严格。例如双(多)金属催化剂要求进料中的 S、N 含量<0.5μg/g、As 含量<1ng/g。而大部分石脑油原料中的 S、N 含量以及一些原料油中的 As 含量不符合此要求，因此必须对原料进行加氢预精制。

重整装置开始是使用单铂催化剂，操作压力为 2.4MPa 左右，发展为双(多)金属重整后，操作压力降低，在预加氢系统无增压压缩机和循环压缩机的情况下，要求预加氢的反应压力也随之下降。为此需要开发高活性的预加氢催化剂，在低压、高空速条件下操作，以达到良好的精制效果。精制后的油品可以满足重整原料油的质量要求。

现代炼油厂对重整预加氢技术的主要要求如下：

(1) 催化剂脱硫、脱氮活性高；

(2) 工艺条件具有高空速($6\sim10h^{-1}$)、低氢油比($<100m^3/m^3$)、低压力($<2.5MPa$)等特点；

(3) 催化剂具有良好的稳定性，能够在高空速条件下连续运转 4 年以上。

目前，国内工业上广泛应用的催化剂有 RIPP 开发的 RS-1、RS-20、RS-40，以及 FRIPP 开发的 481-3 和 FDS-4A 等。

表 2-11 列出了一组 RIPP 开发的 $Ni\text{-}W/Al_2O_3$ 催化剂在低压、高空速下的精制效果，产品质量符合重整的要求。

表 2-11　低压预加氢精制效果

催化剂	$Ni\text{-}W/Al_2O_3$催化剂	
预加氢操作条件		
反应器压力/MPa	1.2	
反应温度/℃	260	
体积空速/h^{-1}	10	
氢油比(体)	90	
杂质分析	精制前	精制后
S/(mg/kg)	239	<0.5
N/(mg/kg)	0.9	<0.5
As/(mg/kg)	256	<1

随着我国炼油结构调整，重整装置越来越多地受到重视。炼厂均面临着重整原料来源紧张的局面，因此需要扩大重整原料的来源，掺炼部分含硫、含氮及其他杂质均较高的二次加工石脑油。在预加氢系统不变的情况下，要达到以上目的，重要的手段是开发更高活性的预加氢催化剂，以满足生产的要求。表 2-12 列出了一组 RIPP 开发的 $Ni\text{-}W/Al_2O_3$ 催化剂对掺炼部分焦化汽油的精制效果，产品质量符合重整进料的要求。

表 2-12 掺炼二次加工石脑油的预加氢精制效果

催化剂	$Ni-W/Al_2O_3$催化剂	
预加氢操作条件		
反应器压力/MPa	2.0	
反应温度/℃	300	
体积空速/h^{-1}	8	
氢油比(体)	200	
原料油	管输直馏石脑油+25%加氢后焦化汽油	
杂质分析	精制前	精制后
S/(mg/kg)	110	<0.5
N/(mg/kg)	32.0	<0.5

也有些炼油厂将催化裂化汽油分馏成轻、重馏分，重汽油馏分加氢精制，脱除其中的硫、氮，饱和其中的烯烃，生产合格的重整进料，从而与直馏汽油混合用作重整进料，再通过重整工艺生产低硫、低烯烃、高辛烷值的汽油调和组分，这是一条值得探索的途径。这样既降低了汽油池的烯烃含量，同时也增加了高辛烷值汽油组分。催化重汽油加氢作为重整原料，适合于现有重整装置和/或加氢装置有余量的企业，具有投资省、见效快的特点。

总之，为了满足催化重整工艺的发展要求，石脑油预加氢的工艺技术将得到快速发展。

（二）催化裂化汽油的加氢精制

自 20 世纪 90 年代以来，世界各国的汽油标准相继发生了较大的变化。欧洲大多数国家于 2005 年前后要求汽油硫含量降至 50mg/kg 以下(欧Ⅳ标准)，2009 年降至 10mg/kg(欧Ⅴ标准)。我国 2008 年在北京率先执行汽油硫含量小于 50mg/kg 的欧Ⅳ汽油标准。GB 17930—2013 要求从 2014 年 1 月 1 日起全面实施国Ⅳ汽油指标，从 2017 年 1 月 1 日起全面实施国Ⅴ汽油指标。车用燃料燃烧时，其中的硫生成的 SO_x 除了对大气造成污染外，还会使车载催化转换器中所用三效催化剂中毒，降低其转化效率，从而增加汽车排放。另外，汽油中的烯烃和芳烃的大气反应活性强，在太阳紫外线照射下易发生光化学反应，生成以臭氧为主的化学烟雾。因此汽油挥发进入大气时，造成的危害较大。一些国家对汽油中的烯烃和芳烃(特别是苯)含量也提出了限值要求。然而由于烯烃和芳烃是高辛烷值组分，因而目前不同国家对汽油中烯烃和芳烃限值的规定，仍有较大差别。

我国汽油产品构成中催化裂化汽油组分占汽油总量的 75%~80%。催化裂化汽油组分对汽油产品中硫含量的贡献率达 80%~98%。汽油中的烯烃几乎全部来源于催化裂化汽油。因此，要降低汽油中的硫、烯烃含量，实际上就是要降低催化裂化汽油中的硫、烯烃含量。

与国外一些国家的催化裂化汽油相比，国内的催化裂化汽油也有明显的特点。国外催化裂化汽油的烯烃含量一般为 25%左右，芳烃含量为 25%~35%，而我国 FCC 汽油的烯烃含量一般在 40%以上，芳烃含量为 15%~25%。究其原因，主要是我国催化裂化加工的原料较重，所采用的催化裂化操作条件和催化剂有利于增强重油转化能力，但氢转移能力较弱，导致催化裂化汽油中的烯烃含量较高。虽然目前在催化裂化降烯烃技术方面有较大的进展，但有些炼油厂 FCC 汽油组分中的烯烃含量仍较高。

催化裂化汽油中的烃类为正构烷烃、异构烷烃、烯烃、环烷烃和芳烃。在一般的加氢处理过程中，正构烷烃、异构烷烃和环烷烃不会发生明显的变化，芳烃虽然可能会发生加氢饱和反应，但反应活性相对较低，而烯烃反应性能较强，容易加氢饱和成相应的烷烃结构。由于烯烃比相应结构的烷烃辛烷值高得多，因而汽油中的烯烃被加氢饱和后，将导致汽油辛烷值显著降低。FCC 汽油加氢脱硫技术的关键就在于，在降低硫含量的同时，能否避免由于烯烃的饱和而造成辛烷值的显著降低。

1. RSDS 技术

RSDS 技术是中国石化石油化工科学研究院在 2001 年开发的催化裂化汽油选择性加氢脱硫技术。

催化裂化汽油中硫、烯烃、芳烃的分布特点是烯烃主要集中在轻馏分中，芳烃则主要集中在重馏分中；硫主要集中在重馏分中，并以噻吩类硫化物为主，硫醇硫主要集中在轻馏分中。因此，将烯烃含量高、硫含量较低，且含有较多硫醇硫的 FCC 汽油轻馏分分割出来，采用碱精制方法处理，而只将剩余的重汽油馏分进行加氢处理，不但可以实现较高的脱硫率，而且可以降低烯烃加氢饱和率，减少辛烷值损失。

FCC 汽油重馏分硫含量高，并主要以噻吩类硫为主，采用传统碱精制的方法无法大幅度脱除硫化物，因而，对此段馏分进行加氢脱硫极为必要。重馏分中烯烃含量相对较少，对辛烷值的贡献更多来自芳烃。当采用较缓和的条件对重馏分进行选择性加氢脱硫时，一方面，FCC 汽油的大部分硫得以脱除；另一方面，因加氢条件缓和、加氢催化剂具有较高的选择性，芳烃几乎不饱和，烯烃也得到最大限度的保留，因而辛烷值损失最小。

据此开发的催化裂化汽油选择性加氢脱硫(RSDS)技术包括：

(1) 据产品目标和原料性质进行催化裂化汽油馏分切割；

(2) 轻馏分采用碱抽提精制脱除硫醇；

(3) 重馏分进行选择性加氢脱硫，在脱除重馏分中有机硫的同时，使烯烃加氢饱和率达到最小，减少辛烷值损失。其示意流程见图 2-3。

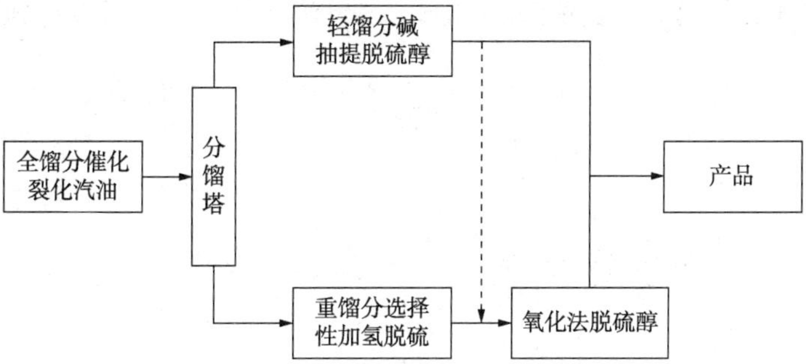

图 2-3　RSDS 技术流程示意图

重馏分选择性加氢脱硫的核心是，采用高性能的 RSDS 系列加氢催化剂，该催化剂具备高的加氢脱硫活性、低的烯烃饱和活性和低的芳烃饱和活性。在相同脱硫率下，RSDS-1 催化剂加氢精制产品的 RON 损失只有传统加氢脱硫催化剂加氢精制的 50%左右。

至今，RSDS 技术已经开发到第三代，该技术适用于各种 FCC 汽油的脱硫，其特点如下：采用专有催化剂，在低压、高空速下操作，总脱硫率约达 85%，烯烃饱和率低，RON 损失低于 2 个单位，化学氢耗低(质量百分数<0.2%)，液收高(C_{5+}收率达到 100%)。

2. OCT-M 技术

OCT-M 技术是由中国石化大连(抚顺)石油化工研究院针对我国一些高硫和高烯烃含量 FCC 汽油而开发的选择性加氢脱硫技术，主要特征在于加氢脱硫催化剂的选择性。该技术是在适宜的切割温度下，将 FCC 汽油切割为 LCN($<C_7$ 馏分)和 HCN($>C_7$ 馏分)；采用专门开发的高选择性加氢脱硫催化剂体系(FGH-20/FGH-11)，在较缓和的工艺条件下，对高硫含量的 HCN 进行加氢处理；加氢处理后 HCN 产物与切割出的 LCN 混合后再送到无碱脱臭装置，进行下一步脱硫处理，得到低硫、低烯烃和低硫醇含量(<10mg/kg)清洁汽油产品。原则流程见图 2-4。

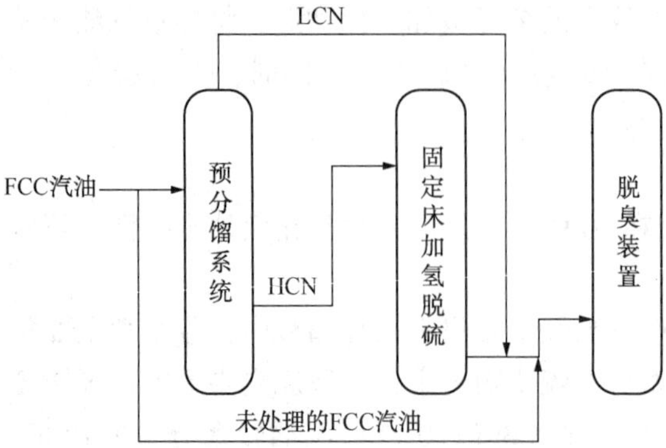

图 2-4　OCT-M 技术原则流程

在反应温度 240~300℃、压力 1.6~3.2MPa、空速 3.0~5.0h^{-1}、氢油体积比(300∶1)~(500∶1)的条件下，可以使 FCC 汽油的总脱硫率达到 85%~90%，烯烃饱和率为 15%~25%，RON 损失小于 2 个单位，抗爆指数损失小于 1.5 个单位，液收大于 98%。

3. Prime-G^+技术

Prime-G^+技术是 Axens 公司开发的 FCC 汽油选择性脱硫技术。该技术可用于 FCC 汽油加氢脱硫，也适用于蒸汽裂解汽油、轻组分直馏汽油或焦化汽油的加工。Prime-G^+技术典型流程见图 2-5。按照此流程，FCC 全馏分汽油(FRCN)首先进入第一反应器(选择性加氢反应器 SHU)，在缓和的工艺条件下，二烯烃被选择性地加氢，变为单烯烃，硫醇和较轻的硫化物被转化为较重的硫化物，同时还发生单烯烃双键位移的异构化反应。第一反应器流出物随后在分馏塔中被分成轻石脑油(LCN)和重石脑油(HCN)。HCN 被送入第二反应器(主反应器)，在双催化剂的作用下，实现深度 HDS。二反流出物经稳定后，得到超低硫汽油。

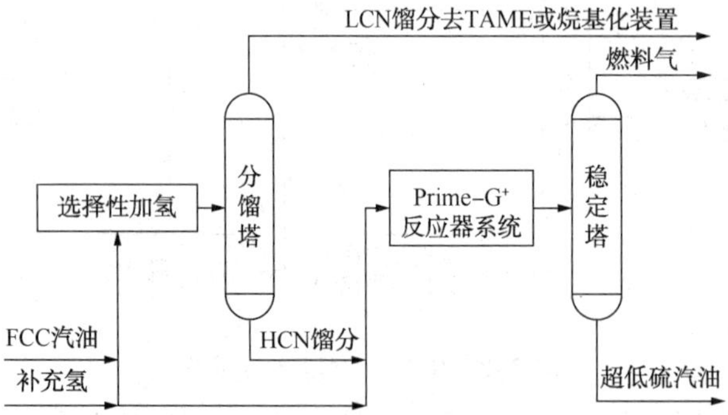

图 2-5　Prime-G^+技术流程

在该工艺流程中，SHU 和分馏塔又称为第一段加氢，主反应器之后称为第二段加氢。这种两段加氢工艺流程的好处是该工艺采用Ⅱ段反应器分别脱除大部分含硫化合物和进行二次补充脱硫的方案，除了能够确保汽油的脱硫率外，还可以提前脱除会使催化剂结焦的双烯，延长了装置的操作周期。

Prime-G⁺技术有如下特点：

（1）在 SHU 反应器中并不发生硫化物的氢解反应，而仅仅发生硫醇和轻硫化物转化为较重(分子量较大)硫化物的反应。因此，反应器中没有硫化氢产生，但几乎全部轻的硫醇及轻的硫化物都发生了转化。与原料油相比，一段加氢的产物中二烯烃、硫醇、轻硫化物含量显著降低，而硫含量及溴价变化不大，这说明加氢反应具有很高的选择性。辛烷值稍有增加，可能是烯烃双键的异构所致。所得轻石脑油硫及二烯烃含量很低，可作为醚化、烷基化的原料或汽油组分。

（2）通过第一段加氢使二烯烃饱和，可避免其在第二段加氢反应器中的聚合，从而延长运行周期。

（3）第二段加氢采用特定的操作条件和催化剂，在达到深度脱硫的情况下，烯烃饱和率小，辛烷值损失少，另外也不发生芳烃饱和及加氢裂化反应，因而氢耗小。

（4）第二段加氢采用两种催化剂。前端催化剂主要进行脱硫反应，它对难脱除硫化物具有很高的脱硫活性，而烯烃饱和活性低。末端催化剂几乎没有烯烃饱和活性，主要起补充脱硫并避免重新生成硫醇的作用。所得产品硫含量很低，辛烷值损失小。

（5）该工艺对原料的适应性强，产品硫含量低。原料硫含量可为100~4000mg/kg，烯烃含量可为15%~45%。产品硫含量低于10mg/kg。

工业应用表明，该工艺能够将汽油中的硫从2100mg/kg 降至50mg/kg 以下，而抗爆指数只损失1~1.5个单位。该技术适用范围宽：原料硫含量为100~4000mg/kg，烯烃含量为15%~45%(体积)。

Prime-G⁺技术是迄今为止应用最为广泛的催化汽油选择性加氢脱硫技术之一。

4. RIDOS 技术

RIDOS 是 RIPP 开发的催化裂化汽油加氢脱硫异构降烯烃技术，该技术的基本化学原理是在加氢脱硫和部分烯烃饱和的同时，使正构的烷烃和烯烃发生异构化反应和相对分子量适当变小的反应，从而部分补偿由于烯烃饱和而造成的辛烷值损失，使产品汽油辛烷值降到最小。

FCC 汽油中存在较大量的直链烯烃和大量单甲基支链烷烃和烯烃。如果在加氢脱硫的过程中，同时能够使这些烯烃和烷烃异构化成单甲基或多甲基的烃类，就可以使其辛烷值升高。但是单靠异构化反应是不能完全弥补因烯烃饱和而造成的辛烷值损失的。因而还需要发生其他有助于提高产品汽油辛烷值的反应，如分子量适当变小的反应。因为低碳烃的辛烷值显著高于高碳烃的。

根据以上分析，RIPP 开发了 RIDOS 技术，该技术的示意流程见图2-6。按照此流程，根据原料需要将汽油馏分切割；轻馏分采用碱抽提精制脱除硫醇；重馏分则进行加氢脱硫、脱氮、降烯烃和辛烷值恢复。重馏分加氢装置同普通的汽油加氢装置非常接近。反应器底产物经过高压分离器分离后，进入汽油稳定塔进行分馏，其中所含的 C_3~C_4从中分离出来，以保证产品蒸气压。精制汽油从稳定塔底部流出，与脱除硫醇后的轻馏分汽油按一定比例混合，即成为装置的目的产品 RIDOS 汽油，送出装置。由于反应为放热反应，所以反应全程对热量需求很小。

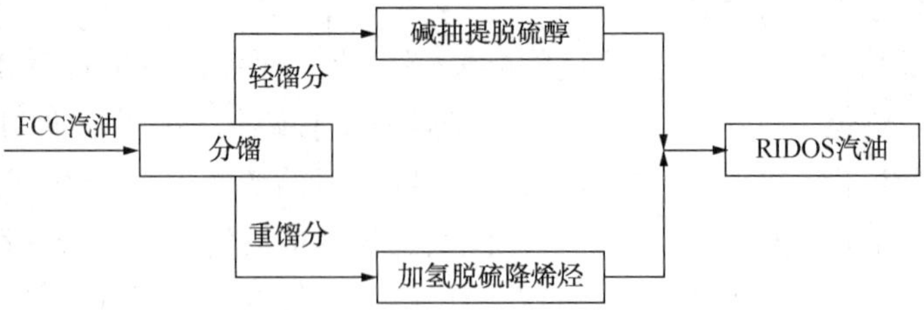

图 2-6　RIDOS 流程示意图

RIDOS 技术特点如下：

（1）适应各种 FCC 汽油原料；

（2）采用专有催化剂和优化的流程，总脱硫率可达约 90%，总烯烃饱和率约为 60%，产品硫含量低于 15~160μg/g；

（3）产品汽油的辛烷值降低很少，而且通过改变反应条件可以调整其变化水平。

5. SCANfining 技术

ExxonMobil 公司开发的 SCANfining 催化汽油选择性加氢脱硫技术于 1998 年工业化。其示意流程见图 2-7，流程图中包括循环氢的脱硫化氢和脱氨设施。该工艺采用常规加氢处理过程的工艺构型，利用优化选择的工艺条件和新型高选择性的催化剂 RT-225，达到减少辛烷值损失和降低氢耗的目的。RT-225 催化剂是该公司与 AKZO Nobel 联合开发并专门设计的产品，其特点是具有高的 HDS/HYD 比，以及高的加氢脱硫活性和稳定性。该技术可用于处理全馏分(FCCN)、中间馏分(ICN)和重馏分(HCN)。

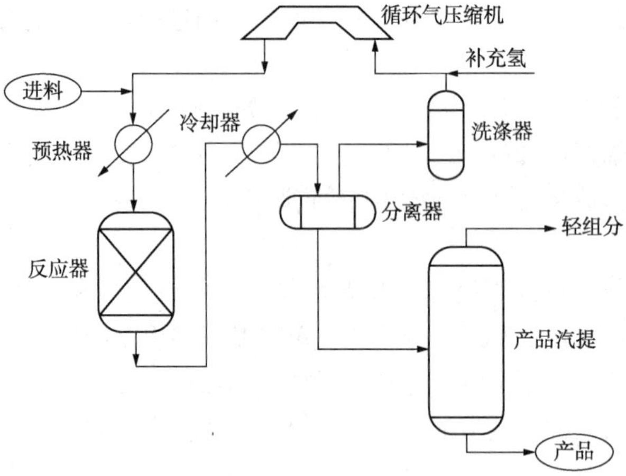

图 2-7　SCANfining 技术流程示意图

根据对第一代 SCANfining(SCANfining Ⅰ)技术中硫醇生成的进一步认识，以及对预测方法的改进，开发了第二代 SCANfining(SCANfining Ⅱ)技术。SCANfining Ⅱ技术可用于生产硫含量小于 10μg/g 的低硫汽油，且辛烷值损失仅为 SCANfining Ⅰ技术的一半左右，但其投资相应增加 30%~40%。目前在建或在运行装置超过 30 套，总生产能力达到 110 万桶/天。表 2-13 列出了 SCANfining Ⅱ技术加工 4 种不同全馏分的效果。可以看出，硫含量为 808~3340μg/g 的催化汽油经过加工后，产品硫含量为 8~16μg/g，脱硫率大于 99%，抗爆指数损失为 1.1~3.8 个单位。

表 2-13　SCANfining Ⅱ工艺典型结果

项　目	A	B	C	D
原料性质				
硫含量/(μg/g)	3340	2874	2062	808
溴价/(gBr/100g)	51	38	34	53
FIA 族组成/%				
饱和烃	29.7	28.8	27.4	36.9
烯烃	32.8	23.0	20.7	34.9
芳烃	37.5	48.2	51.9	28.2
产品性质				
硫含量/(μg/g)	8	12	16	9
脱硫率/%	99.8	99.6	99.2	98.9
烯烃饱和率/%	48	45	34	33
抗爆指数损失	3.8	2.3	1.1	2.4

由此可见，尽管 SCANfining Ⅱ技术可用于不同全馏分的加氢脱硫，以生产低硫汽油，但当原料中硫含量、烯烃含量较高，而要求产品硫含量较低时，尤其是当要求产品中硫含量小于 10μg/g 时，产品辛烷值损失仍然较大。ExxonMobil 公司认为，将 SCANfining 技术与 EXOMER 脱硫醇技术组合生产硫含量低于 10μg/g 的低硫汽油，将更加经济有效。

6. CDHydro/CDHDS 技术

催化蒸馏是一种将催化反应过程与蒸馏分离过程耦合在同一塔内进行的新化工单元操作，最早开发于 20 世纪 70 年代，用于甲醇与异丁烯醚化合成甲基叔丁基醚(MTBE)的过程，后经 CDTECH 发展，将催化蒸馏技术用于催化汽油脱硫。催化裂化汽油选择性加氢脱硫的催化蒸馏技术在世界范围内得到广泛应用，目前至少有 20 套装置在运转和建设中。典型流程如图 2-8 所示。

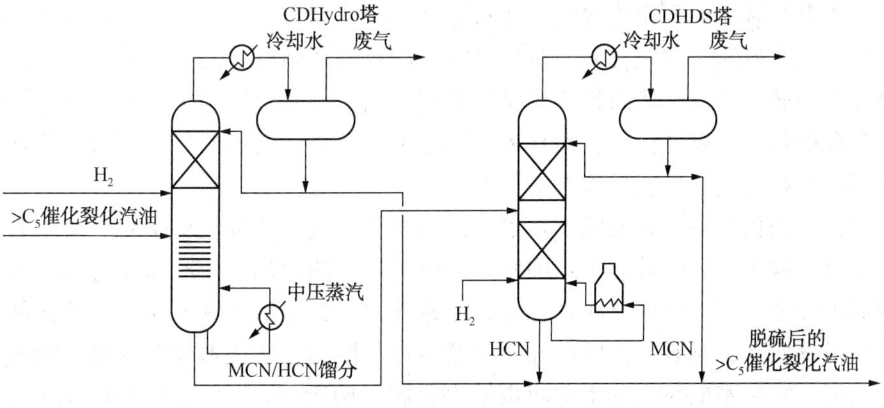

图 2-8　CDHydro/CDHDS 技术流程图

工艺流程中第一段为 CDHydro 塔，用于脱除轻馏分中的硫醇和二烯烃。在塔中发生的主要反应有二烯烃与硫醇反应生成更重的硫醚、二烯烃加氢，也可能还发生单烯烃的异构化反应，另外还可能发生少量的单烯烃加氢反应。塔顶出料为 C_5 及更轻馏分或 C_6 及更轻馏分，可直接作为汽油调和组分或烷基化、醚化原料。C_{6+}或者C_{7+}的塔底产品进入第二段CDHDS塔，进行选择加氢脱硫。大部分汽油产品从塔顶馏出，塔底为低硫的重汽油馏分。两个催化蒸馏塔反应段典型反应条件见表2-14。

表2-14　催化蒸馏塔反应条件

项　目	CDHydro塔	CDHDS塔
总压/MPa	0~1.7	0.17~0.2
氢分压/MPa	0.0007~0.49(推荐0.003~0.35)	0.0007~1.11(推荐0.1~0.35)
反应区温度/℃	54~132	204~371
氢油比/(Nm^3/m^3)	—	45~450
体积空速/h^{-1}	—	2~5

催化蒸馏技术用于催化汽油脱硫具有如下特点：

（1）低的总压和氢分压。

（2）蒸馏塔反应器内存在温度梯度，提供了反应较高的选择性。

（3）通过调节反应压力和进料流量，可以控制产品分布。

（4）塔内回流有利于延长催化剂寿命。

为提高催化汽油产品脱硫率，CDTECH对工艺流程进行了改进，提出的CDHDS+即是在CDHydro/CDHDS工艺流程的基础上将CDHDS塔顶产品再经一个固定床反应器加氢处理，以脱除剩余的硫和再生成的硫醇，进一步降低产品的硫含量。该反应器的反应条件很缓和，烯烃饱和率很小。目前，CDTECH的催化蒸馏技术已扩展用于煤柴油馏分的加氢脱硫。

二、航煤馏分的加氢精制

硫醇是航煤中的有害杂质，油品中的少量硫醇会使油品发出臭味，它对飞机材料有腐蚀作用，并且影响航煤的热安定性。直馏航煤中硫醇含量常常超标，特别是加工高含硫的中东原油，直馏航煤中的硫醇性硫含量会更高。

目前，从直馏航煤中脱除硫醇的方法有多种，如非临氢工艺技术等，它们虽然投资及操作成本较低，但原料的适应性较差，对环境有不同程度的污染。而通常的加氢精制技术可以脱除硫醇，改善航煤质量，然而投资及操作费用较高。同时，航煤中保留适量的硫化物能起到对镍铬合金材料的抗烧蚀作用，而且天然存在的硫化物与航煤馏分的配伍性较好，其适量地存在对保护燃料抗烧蚀性能是很有必要的。

中国石化石油化工科学研究院开发了直馏航煤临氢脱硫醇RHSS技术。该技术主要用于直馏航煤馏分的脱硫醇、脱酸、少量的脱硫和改善产品的颜色，使产品保持直馏馏分的主要性质，因而更经济。该技术的新颖性在于，研制开发了低温活性高的脱硫醇催化剂，从而使得整个反应条件缓和，突破了传统的加氢工艺条件。因而，该技术投资及操作费用低，且原料的适应性强。实验室的研究和工业应用结果表明，RHSS技术不仅能加工高硫中东直馏航煤馏分，而且对国内很多直馏航煤馏分有较好的适应性。在临氢缓和工艺条件下(240~300℃、0.7~1.3MPa、3~4h^{-1}、氢油体积比30~50)，可将直馏航煤馏分中高达180mg/kg的硫醇降低至小于10mg/kg，同时油品的酸值和颜色也得到改善。工业应用结果表明，RHSS技术稳定性好，可满足工业装置的长周期运转。

三、柴油馏分的加氢精制

随着环保条例要求越来越严，运输燃料的规格也变得越来越严格。对柴油来说，最主要的是硫含量显著减少。例如，在欧洲的柴油规格中，硫含量指标在 10 多年的时间内发生了 4 次大的改变，欧洲 1996 年实施 S 含量<500mg/kg 的规格，2000 年进一步降低至 S 含量<350mg/kg，2005 年要求硫含量<50mg/kg，2009 年要求硫含量<10mg/kg，见表 2-15。我国的柴油产品指标的变化历程见表 2-16。可见，生产低硫、低芳烃、高十六烷值的清洁柴油必将是 21 世纪的主流。

表 2-15　欧洲柴油标准

实施时间	1996 年	2000 年	2005 年	2009 年
汽车排放标准	欧Ⅱ	欧Ⅲ	欧Ⅳ	欧Ⅴ
密度(15℃)/(kg/m³)	820~860	820~845	820~845	820~845
硫含量/(μg/g)	≯500	≯350	≯50	≯10
十六烷值	≮49	≮51	≮51	≮51
十六烷指数	≮46	≮46	≮46	≮46
多环芳烃含量/%	—	≯11	≯11	≯11
T95/℃	≯370	≯360	≯360	≯360

表 2-16　我国的柴油产品质量标准变化

项　目		质量指标			实验方法
标准		国Ⅳ	国Ⅴ	国Ⅵ	
开始实施日期		2015.1.1	2017.1.1	2019.1.1	
氧化安定性/(mg/100mL)	不大于	2.5			SH/T 0175
硫含量/(mg/kg)	不大于	50	10	10	SH/T 0689
酸度/(mgKOH/100mL)	不大于	7			GB/T 258
10%蒸余物残炭/%(质)	不大于	0.3			GB/T 17144
灰分/%(质)	不大于	0.01			GB/T 508
铜片腐蚀(50℃，3h)/级	不大于	1			GB/T 5096
润滑性					
校正磨痕直径(60℃)/μm	不大于	460			SH/T 0765
多环芳烃含量/%(质)	不大于	11	11	7	SH/T 0806
十六烷值	不小于	49	51	51	GB/T 386
十六烷指数	不小于	46			SH/T 0694
馏程/℃					GB/T 6536
50%馏出温度	不高于	300			
90%馏出温度	不高于	355			
95%馏出温度	不高于	365			
密度/(20℃)/(kg/m³)		810~850			GB/T 1884、GB/T 1885
脂肪酸甲酯含量/%(体)	不大于	1.0			NB/SH/T 0916

1. Akzo Nobel 公司的 UD-HDS 工艺

UD-HDS 工艺是 Akzo Nobel 公司开发的生产低硫或超低硫柴油的工艺。该工艺采用单段、单个反应器工艺流程。反应器有多个床层，并采用了专利内构件以提高物流分配效率。UD-HDS 工艺采用 Akzo 公司的 STARS(KF757 和 KF848)或 NEBULA 催化剂。如果原料为高硫直馏柴油或掺部分裂化柴油馏分，采用 KF757 催化剂较好；如果原料的氮含量较高，选择 KF848 催化剂较好。该工艺的操作压力为 3.0~8.0MPa，反应温度为 300~400℃，体积空速为 0.5~2.0h^{-1}。该技术要求对循环氢进行脱硫化氢处理，以使反应达到超深度脱硫的效果。

如果选择适宜的工艺条件、催化剂和反应器内构件，UD-HDS 技术对提高十六烷值和减少多环芳烃也有一定效果。UD-HDS 技术也可以与其他二次加工工艺，如加氢裂化(Akzo 公司的 HDHDC 工艺)、加氢脱芳烃(Akzo 公司的 HDAr 工艺)和脱蜡(Akzo-Fina 公司的 CFI 或 ExxonMobil 公司的 MIDW 工艺)等工艺组合。在这些组合工艺中，UD-HDS 作为组合工艺的预处理单元。如 UD-HDS 与 HDHDC 组合可以大幅度降低柴油密度、芳烃含量，提高十六烷值以及降低柴油产品的馏程 T_{95}点；UD-HDS 与 HDAr 组合无须在高压下就可生产低硫低芳烃柴油；UD-HDS 与脱蜡工艺组合可以生产超低硫的低倾点柴油。

2. Axens 公司的 Prime-D 工艺

Prime-D 技术是 Axens 公司生产超低硫柴油、降低柴油芳烃含量、提高柴油十六烷值等技术的集成。Prime-D 技术是一个集催化剂选择、内构件优化、先进控制于一体的工艺技术。使用该技术可以生产出超低硫柴油和低硫低芳烃柴油。

Prime-D 柴油加氢脱硫过程加工的原料比较广泛，能加工直馏馏分油，也能加工裂化馏分油。产品硫含量为：如果是深度加氢脱硫，低于 500mg/kg；如果是一段超深度加氢脱硫，低于 30mg/kg。采用两段技术还可以降低多环芳烃和提高十六烷值。典型操作条件为：总压 3.0~5.0MPa；反应温度 340~360℃；空速 2~0.5h^{-1}。

3. 中国石化石油化工科学研究院的 RTS 技术

RTS 技术以高硫直馏柴油为原料，采用专用非贵金属加氢处理催化剂，将原料的超深度脱硫放在两个反应区进行，原料高空速通过第一反应区完成深度脱硫，第一反应区的产物高空速通过第二反应区完成超深度脱硫。两个反应区的催化剂可以相同，也可以不同，但两个反应区的操作条件大不相同。RTS 技术流程示意图见图 2-9。

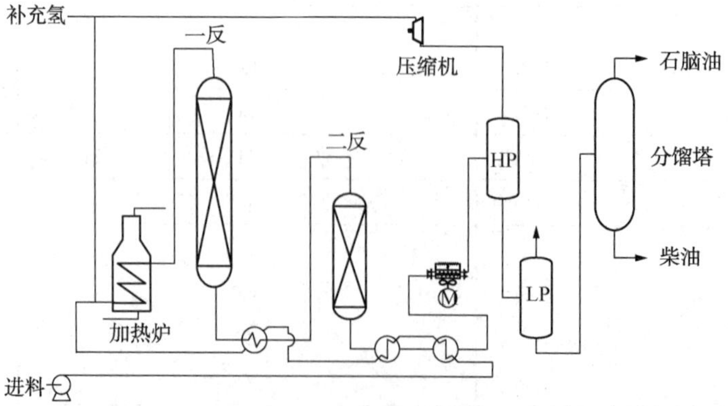

图 2-9　RTS 技术流程图

表2-17表明，在比常规加氢精制工艺的空速高80%的高空速条件下，采用RTS技术可以生产硫含量小于30mg/kg的超低硫柴油。

表2-17 RTS技术与常规加氢精制工艺的比较

项　目	原料油	RTS	常规加氢脱硫
工艺条件			
氢分压/MPa		4.8	4.8
体积空速/h^{-1}		基准×1.8	基准
油品性质			
密度(20℃)/(g/cm^3)	0.8424	0.8179	0.8228
硫含量/(mg/kg)	12500	23	23
色度(D1500)	1.0	0	0

4. Topsoe公司的两段加氢处理技术

Topsoe公司开发了两段加氢处理技术和相关的催化剂。开发的高活性脱硫、脱氮催化剂用于第一段，贵金属脱芳烃催化剂用于第二段，在低压、两段工艺下达到深度脱硫和脱芳烃的效果。第一反应器装填Ni-Mo催化剂(TK-555或TK-573)，脱除大部分硫、氮。一反产物含有大量的硫化氢和氨，它们在一个中间汽提罐中被汽提脱除。汽提尾气经过氨洗提纯后一部分作为柴油中间汽提罐的汽提氢气，一部分随汽提柴油进入第二反应段。第二段采用的催化剂为贵金属催化剂(TK-907或TK-915)，用于脱芳烃。第二段加氢处理的生成油在一个汽提塔中再经蒸汽汽提，去除反应过程中生成并溶解于生成油中的硫、气体和石脑油，得到最终的柴油产品。

5. Synsat工艺

Synsat工艺是由Criterion催化剂公司的SynCat加氢催化剂与ABB Lummus Crest公司开发的Acrosat反应系统结合而成的。Synsat工艺突出特点是，既有并流式催化剂床层，又有逆流式催化剂床层，并流式催化剂床层装填的是普通的硫化态金属催化剂；逆流式催化剂床层可以装填常规催化剂，也可以装填SynCat贵金属催化剂。SynCat催化剂是一种贵金属沸石催化剂，有高抗硫和抗氮中毒能力，同时SynCat催化剂在较高的温度下也可以使更多芳烃饱和，能够减少热力学平衡的限制，有利于高温下的超深度脱硫。

通常反应压力为5.3~6.3MPa，反应温度为316~382℃，可以加工直馏柴油和裂化柴油的混合原料，如原料相对密度为0.8529，含硫1%(质)，含芳烃30%。产品柴油收率和性质如表2-18。

表2-18 产品柴油收率及性质

比较项目	加氢脱硫型	芳烃饱和型
收率	质量收率/体积收率	质量收率/体积收率
C_4及C_4以下	1.02/—	1.13/—
石脑油	0.09/0.10	1.31/1.45
柴油	99.35/100.76	98.87/102.99
合计(对原料油)	100.46/100.86	101.31/104.44

续表

比较项目	加氢脱硫型	芳烃饱和型
柴油性质		
相对密度	0.8408	0.8198
硫/(mg/kg)	<500	10
芳烃/%(体)	25	10

6. 连续液相加氢技术

为克服传统滴流床技术在投资和能耗上的不足，Process Dynamics 公司开发了 IsoTherming 液相加氢技术。液相反应器中，催化剂床层浸泡在液相混合物料中，床层上部是补充氢占据的气相空间，反应耗氢由循环油溶解氢提供；由于取消了循环氢系统，故与滴流床加氢技术相比，装置建设投资与操作费用都得以降低。

鉴于液相加氢所具投资和能耗优势，中国石化石油化工科学研究院和中国石化工程建设有限公司于 2011 年合作，成功开发了具有中国石化自主知识产权的连续液相加氢技术，之后以此为核心不断改进完善，最终形成了绿色低成本柴油质量升级技术，实现了清洁柴油的低成本生产，为炼油企业带来良好的经济效益。

连续液相加氢工艺原理见图 2-10。原料油先与补充氢混合，再与来自循环油泵的循环油混合，一起自下而上流经上流式反应器。原料油和氢气在催化剂的作用下，进行脱硫、脱氮等加氢反应。从反应器顶部流出的反应产物直接进入热高压分离器进行气液分离。热高压分离器可根据情况(取决于原料油硫含量的高低及产品脱硫指标的要求)装备传质元件或汽提氢气，以更高效地脱除循环油中溶解的硫化氢。从热高压分离器顶部流出的物流为少量的反应生成气，由于其流量远低于传统滴流床的循环氢流量，因此装置可以取消循环氢系统。从热高压分离器底部流出的油相分成两路，一路经循环油泵升压后作为循环油返回反应器入口，另一路作为反应生成油送入后续的反应产物分离设施。

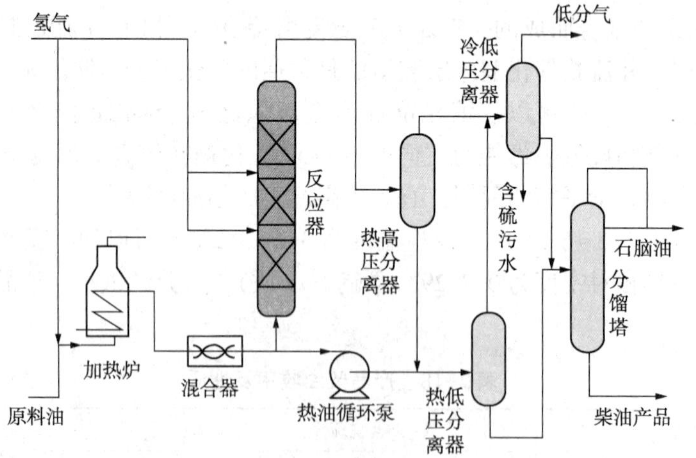

图 2-10 连续液相加氢工艺流程示意图

由于返回反应器的循环油中溶解的氢气为饱和状态，另有补充氢气从反应器上游及反应器床层间补入，适度过量的氢气在反应器内以微气泡形式存在。因此，连续液相加氢反应器中并不是纯液相，而是液相为连续相、气相为分散相的形态。适度过量的氢气是指满足反应化学耗氢以外过量20~30氢油比的氢气。因此，连续液相加氢技术外排氢气量极少，可以取消循环氢系统。只要控制热高压分离器顶部操作压力稳定，外排少量的气相反应生成的混合气，并保持一定的循环油量，则上流式反应器内可以形成液相为连续相、气相为分散相的流型，从而维持反应器平稳操作。

当加工硫含量较高的原料油时，采用连续液相加氢反应器将原料中的硫化物脱除至50μg/g左右，避免溶解在油中的硫化氢对超深度脱硫的抑制而造成反应器操作苛刻度高。在连续液相加氢反应系统下游串联一台滴流床反应-分离器，将液相加氢的生成油与30~50氢油比的氢气一同自下而上经过滴流床反应-分离器，溶解在油中的硫化氢80%以上释放到气相中，大幅削弱了对超深度加氢脱硫反应的抑制作用，能够在高空速、低氢油比的缓和条件下完成剩余的难脱除硫化物的超深度脱除。工艺流程示意图如图2-11所示。

连续液相加氢(SLHT技术)装置的工艺特点如下：

(1) 为适应液相为连续相、气相为分散相的特点，采用上流式反应器。

(2) 反应器流出物不经换热直接进入热高压汽提分离器。

(3) 热高压汽提分离器底设置循环油泵。

(4) 根据实际加工原料及产品的需要，循环油可采用热氢气汽提。

(5) 循环油和补充氢气均分床层注入反应器。

(6) 催化剂使用湿法硫化。

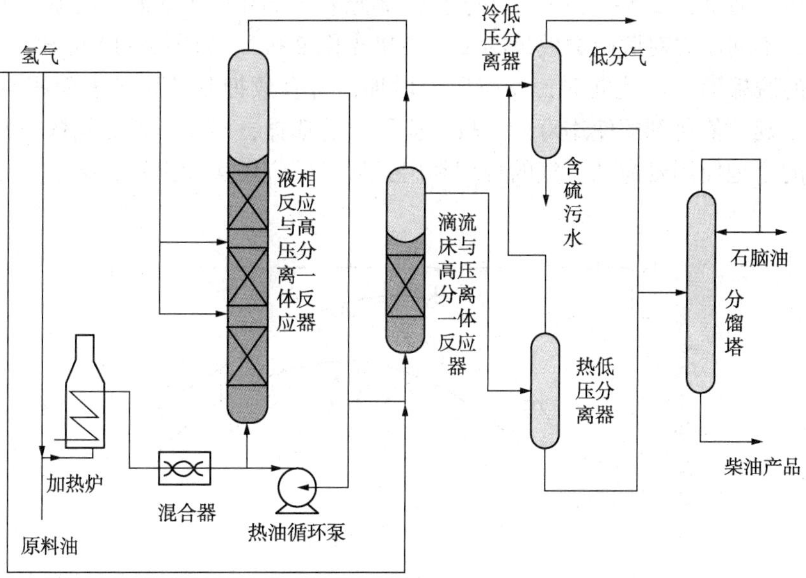

图2-11　连续液相与低氢油比滴流床加氢组合工艺流程示意图

第五节　影响馏分油加氢过程的主要因素

影响石油馏分加氢过程的主要因素有反应压力、反应温度、空速、氢油比、原料的性质和催化剂等。

一、反应压力(包括氢油比)

反应压力的影响是通过氢分压来体现的。系统中的氢分压决定于操作压力、氢油比、循环氢纯度以及原料的汽化率。

提高氢分压，有利于加氢反应的进行，加快反应速度。氢分压取决于反应系统压力和氢纯度，氢分压提高对催化反应有益。提高氢分压一方面可抑制结焦反应，降低催化剂失活速率；另一方面可提高 S、N 和金属等杂质的脱除率，同时促进稠环芳烃加氢饱和反应。因此，应当在设备和操作允许的范围内，尽量提高反应系统的氢分压。

对于含硫化合物的加氢脱硫和烯烃的加氢饱和反应，在压力不太高时就有较高的平衡转化率。例如，噻吩在 500~700K 范围内的加氢反应，压力提高至 1.0MPa 时，噻吩加氢脱硫的平衡转化率可达到 99%。因此在较高的反应压力下，加氢精制的反应深度不受化学热力学控制。汽油在氢分压为 2.5~3.0MPa 压力下加氢精制时，反应深度不受热力学平衡控制，而取决于反应速度和反应时间。汽油在加氢精制条件下一般处于气相，提高压力使汽油的停留时间延长，从而提高了汽油的精制深度。氢分压高于 3.0MPa 时，催化剂表面的氢浓度已达到饱和状态，如操作压力不变，通过提高氢油比来提高氢分压则精制程度下降，因为此时的原料油分压有所降低。

反应压力影响产品质量，它根据原料油性质和催化剂的要求来确定。一般直馏航煤馏分的精制反应压力通常在 2.5~3.2MPa。对于直馏航煤馏分的加氢精制脱硫醇，在不同的反应温度条件下，不同压力对脱硫醇效果的影响结果见图 2-12。由图 2-12 可知，操作压力低，有利于产物的脱硫醇。与此同时，反应压力增加，可有效抑制催化剂表面积炭前身物的形成，更有利于延长催化剂的使用寿命。故反应压力的选择，不仅考虑加氢精制的需要，更应考虑催化剂的合理使用寿命和氢气的合理利用，从工厂应用实际出发，结合实际条件而加以综合考虑。

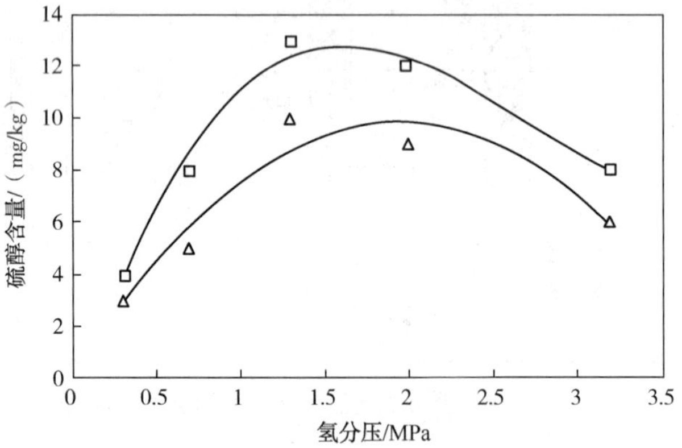

图 2-12　操作压力对脱硫醇效果的影响

压力对柴油馏分油(200~350℃)加氢精制的影响要复杂一些。柴油馏分油在加氢精制条件下可能是气相，也可能是气液混相。在处于气相时，提高反应压力使反应时间延长，从而提高了精制深度。

从表 2-19 可以看出，提高反应压力使精制深度增大，对加氢脱硫反应和脱氮反应都有促进作用，但对两者的影响程度不同。提高反应压力，脱氮率显著提高，而对脱硫率影响较小，这是由于脱氮反应速度较低、脱硫速度较高，在较低的压力时已有足够的反应时间。对于精制氮含量较高的原料，为了保证达到一定的脱氮率而不得不提高压力或降低空速。如果其他条件不变，将反应压力提高到某个值时，反应系统会出现液相，再继续提高压力，则加氢精制的效果反而变坏。有液相存在时，氢通过液膜向催化剂表面扩散的速度往往是影响反应速度的控制因素。这个扩散速度与氢分压成正比，而随着催化剂表面液层厚度的增加而降低。因此，在出现液相之后，提高反应压力会使催化剂表面的液层加厚，从而降低反应速度。如果压力不变，通过采用提高氢油比来提高氢分压，则加氢精制的深度会出现一个最大值，如图 2-13 所示。

表 2-19　反应压力对焦化柴油加氢精制的影响

项　目	原料油	生成油	
		7.0MPa	3.0MPa
密度(20℃)/(g/mL)	0.8366	0.8106	—
总氮/(μg/g)	1562	418	914
碱氮/(μg/g)	1116	409	911
硫/%(质)	0.945	0.006	0.01
胶质/(mg/100mL)	413	2.2	4.6
溴价/[g(溴)/100g(油)]	46.3	3.07	6.01
脱碱氮率/%(质)	—	61.4	14.2
脱硫率/%(质)	—	99.1	99.1

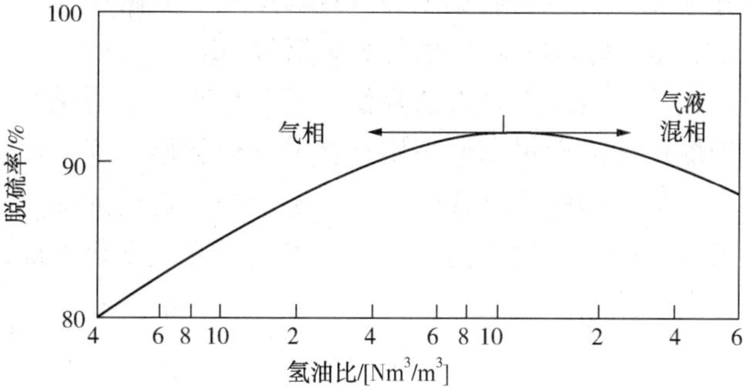

图 2-13　氢油比对直馏柴油加氢脱硫的影响

出现这种现象的原因是：在原料完全汽化之前，提高氢分压有利于原料汽化，而使催化剂表面的液膜减小，同时也有利于氢在催化剂表面的扩散。因此，在原料完全汽化以前，在总压不变时，提高氢分压有利于提高反应速度。在完全汽化后提高氢分压，会使原料分压降低，从而降低反应速度。由此可见，为了使柴油加氢精制达到最佳效果，应选择刚刚完全汽化时的氢分压。

大于 350℃的重馏分在加氢精制条件下，经常处于气液混相，所以提高氢分压可以显著提高反应速度，从而提高精制效果。但是由于这种反应条件所要求的设备投资较高，较少采用。

芳烃加氢的转化率随反应压力升高显著提高。提高反应压力不仅能提高芳烃转化率，还能显著提高反应速度。

在工业加氢过程中，反应压力不仅是一个操作因素，而且关系到工业装置的设备投资和能量消耗。

二、反应温度

加氢反应为放热反应，从热力学角度来看，提高温度对放热反应是不利的，但是从动力学角度来看，提高温度能加快反应速度。由于在加氢精制的常用温度下，硫化物、氮化物的氢解属于不可逆反应，不受热力学平衡的限制，反应速度随温度的升高而加快，所以提高反应温度，可以促进加氢反应，提高加氢精制的深度，使生成油中的杂质含量减少。但温度过高，容易产生过多的裂化反应，增加催化剂的积炭，降低产品的液收率，甚至增加产品中的烯烃含量。对于硫、氮杂环化合物，由于受环加氢平衡的限制，在不同压力下存在极限反应温度，当超过这一极限反应温度时，脱硫或脱氮率开始下降。

工业上希望有较高的反应速度，但反应温度的提高受某些反应的热力学限制，加氢装置的反应温度与装置的能耗以及氢气的耗量有直接关系，最佳的反应温度应是使产品性质达到要求的最低温度。因此，在实际应用中，应根据原料性质和产品要求等条件来选择适宜的反应温度。

在常用的压力范围内，加氢精制的反应温度一般不超过420℃，超过此温度会发生较多的裂化反应和脱氢反应。重整原料加氢采用较高的反应温度（400~420℃）不会影响产品质量。对于直馏航煤馏分，加氢精制反应温度一般为260~340℃。如果反应温度过高，则反应所产生的H_2S会与少量烯烃再作用生成硫醇，反而不能提高脱硫效率。因此，要根据原料油的性质选择合适的反应温度，为了避免预加氢过程中发生裂解反应，一般控制床层最高温度不超过400℃。柴油加氢精制的反应温度也不应超过420℃，因为反应温度的升高会发生单环和双环环烷烃的脱氢反应而使十六烷值降低，同时加剧加氢裂化而增加氢耗。

在生产初期，由于催化剂活性很高而采用较低的反应起始温度，以后在加氢过程中由于催化剂有表面积炭生成，催化剂的活性逐渐下降。随着失活程度的加剧，为了保持所需的反应深度和反应速度，需将反应温度逐步提高。一旦提高反应温度仍不能改善产品质量，就应将催化剂进行再生或更换。

三、空速

空速是指单位时间里通过单位催化剂的原料油的量，它反映了装置的处理能力。空速有两种表达形式，一种是体积空速，另一种是重量空速。

工业上希望采用较高的空速，但是空速受到反应速度的制约。根据催化剂的活性，原料性质和反应深度不同，空速的波动范围较大，从0.5~1.0h^{-1}不等。重质油料和二次加工中得到的油料在加氢处理时要采用较低的空速。在加氢精制过程中，在给定的温度下降低空速，烯烃饱和率、脱硫率和脱氮率都会有所提高。

一般重整料预加氢的空速为2.0~10.0h^{-1}；直馏煤油馏分加氢的空速为2.0~4.0h^{-1}；柴油馏分加氢精制的空速为1.2~3.0h^{-1}。空速的增加，一般会加快催化剂表面积炭速度。尤其是氮含量高的原料油，在高空速下，由于氮化物在催化剂表面优先吸附、积累缩合成积炭前身物，将加剧催化剂的活性衰退。

允许空速越高表示催化剂活性越高，装置处理能力越大，但是空速不能无限制提高。对于给定的加氢装置，进料量增加时空速增大。空速大意味着单位时间里通过催化剂的原料多，原料在催化剂上的停留时间短，反应深度浅。相反，空速小意味着反应时间长。降低空速对提高反应的转化率是有利的，但是较低的空速意味着在相同处理量的情况下需要的催化剂数量较多，反应器体积较大，在经济上是不合理的。因此，工业上空速的选择要根据装置的投资、催化剂的活性、原料性质、产品要求等各方面综合确定。

四、氢油比

氢油比是单位时间里进入反应器的气体量与原料油量的比值。

提高氢油比，反应器内氢分压上升，参与反应的氢分子数增加，有利于提高反应深度，有助于抑制加氢缩合反应，使催化剂表面积炭下降，维持催化剂的活性，延长催化剂的使用周期。但是氢油比过高，会使得循环氢压缩机和气液分离系统的负荷增大，能量消耗增多，动力消耗增大，操作费用增加，因此要根据具体情况选择适宜的氢油比。此外，加氢过程是放热反应，大量的循环氢可以提高反应系统的热容量，从而减小反应温度变化的幅度。进入反应器的气体由新氢和循环氢构成，为保证反应器内催化剂床层出口有较高的氢分压，设计的循环氢流量通常比新氢流量高 3 倍以上。

氢油比主要决定于原料油和催化剂的性质。在压力、空速一定时，氢油比影响反应物与生成物的汽化率、氢分压，以及反应物与催化剂的实际接触时间。增加氢油比的最终结果有可能使转化率增加，但也有可能相反，使转化率下降。对于气相反应，氢油比过大，将降低反应物的分压，从而抵消氢分压增加对转化率的影响，以致降低最终转化率。同时，增加氢油比，也有利于减缓催化剂表面积炭速度，延长催化剂的寿命。但增加氢油比，循环氢用量增加，将增加氢耗与能耗。因此需要综合分析，才能选择合适的氢油比。现在，一般直馏航煤馏分加氢精制工业应用装置的氢油体积比在 150~300Nm^3/m^3。

五、催化剂性质

催化剂是影响加氢反应最关键的因素，直接影响到产品质量。加氢工艺条件如压力、温度、氢油比、原料油和新氢的组成在很大程度上取决于加氢过程中所选用催化剂的性能。选用好的催化剂不但可以降低工艺苛刻程度，而且有助于降低加工成本和提高经济效益。

六、原料油性质

原料性质对加氢精制反应有着较大的影响，溴价高，含硫、氮、氧高及干点高的原料油，温升大，要求精制条件苛刻。对有机硫化物、氧化物和氮化物的精制，硫最容易脱除而氮较难脱除，其中碱性氮更难脱除。

硫化物加氢的容易程度：硫醇>硫醚，环状>链状。

同类硫化物加氢的容易程度：分子量小>分子量大。

烯烃加氢的容易程度：分子量小>分子量大。

烯烃比多环芳烃容易加氢，芳烃的环越多越易加氢，但在一般加氢条件下，单环芳烃加氢几乎不可能。氮经过加氢生成铵盐，低温时铵盐将结晶析出。为了防止铵盐在低温时结晶析出堵塞设备和管路，需在反应生成气空冷前注入软化水，将产物中铵盐溶解。

七、过剩氢量和循环比

对液相加氢工艺来说，过剩氢量和循环比也会对反应效果产生较大影响。

过剩氢量的大小关系到加氢反应与反应压力。过剩的氢气可起到保护催化剂表面的作用，在一定范围内可防止油料在催化剂表面缩合结焦，但过剩氢气太多会造成液相不连续，影响装置稳定运行。该技术要求装置控制反应器出口气相过剩氢约为0.1%(质)。

循环比的大小或循环油量的大小直接关系到混氢油在催化剂上的停留时间以及分布，循环比=循环油量(t/h)/进料量(t/h)。循环油量的增加可以有效带走反应热量，降低床层温升。必要时，循环油经热氢气汽提，有助于稀释反应物流杂质。但过大的循环比会使系统的压降增大，油品和催化剂接触时间缩短，从而导致反应深度下降，循环泵负荷增大，动力消耗增大。

第三章　加氢精制装置的流程和主要设备

第一节　汽煤柴油加氢装置工艺流程

相对于加氢裂化或渣油加氢工艺，汽煤柴油的加氢精制技术流程相对简单。一般采用原料单段一次通过的流程，主要可以分为反应系统、分馏系统、循环氢脱硫(部分有)系统，及公用工程系统等。

一、汽油和煤油加氢装置流程

对于直馏汽油和喷气燃料加氢装置，由于其应用条件缓和、氢耗低，可以根据工业应用实际，采用氢气一次通过或具有循环氢系统的氢气循环流程。以喷气燃料加氢精制装置为例，氢气循环流程见图 3-1、图 3-2。

对于一次通过的流程，氢气来自 2.0~3.0MPa 的氢气管网，经流量控制器后与原料油混合，再换热、加热到反应所需要的温度，进入加氢反应器。反应后的产物换热后进入气液分离器，氢气由分离器的顶部排出。由于反应过程中氢耗低、氢纯度变化小，反应后的尾氢可以排至 1.0~1.2MPa 的氢气管网继续使用，也可以排入具有相近入口压力压缩机的入口，进行重复使用。其优点是装置内不设循环氢压缩机，装置能耗较低。但是，由于其补充氢来自管网，对新氢管网压力、氢气量等有一定要求。

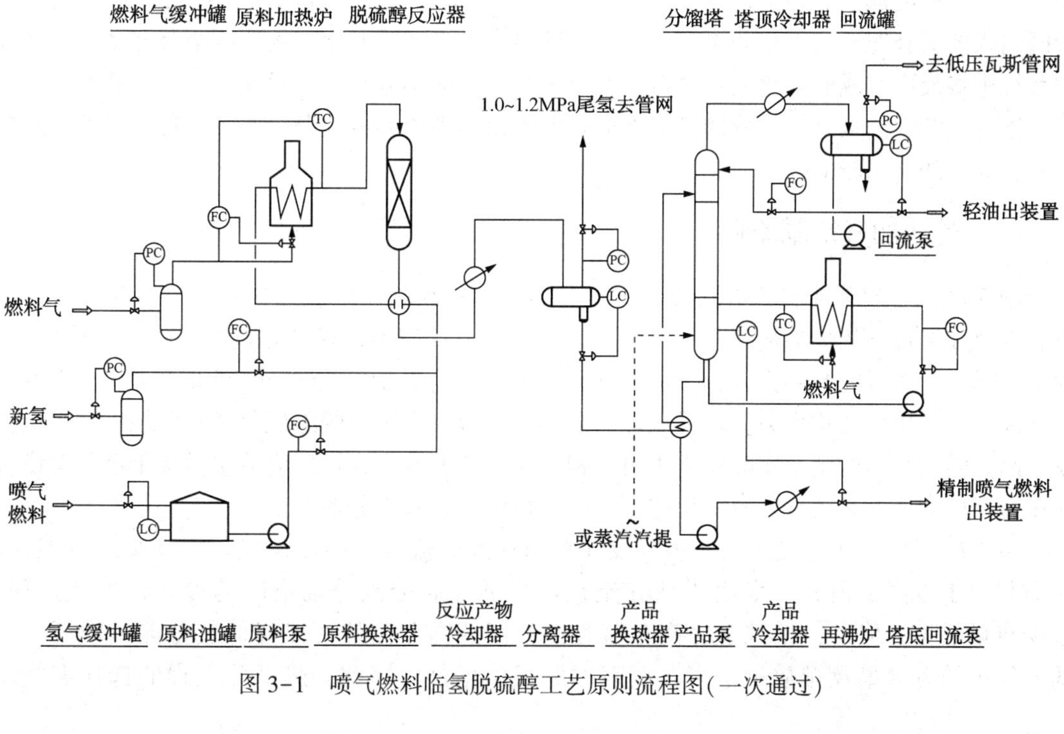

图 3-1　喷气燃料临氢脱硫醇工艺原则流程图(一次通过)

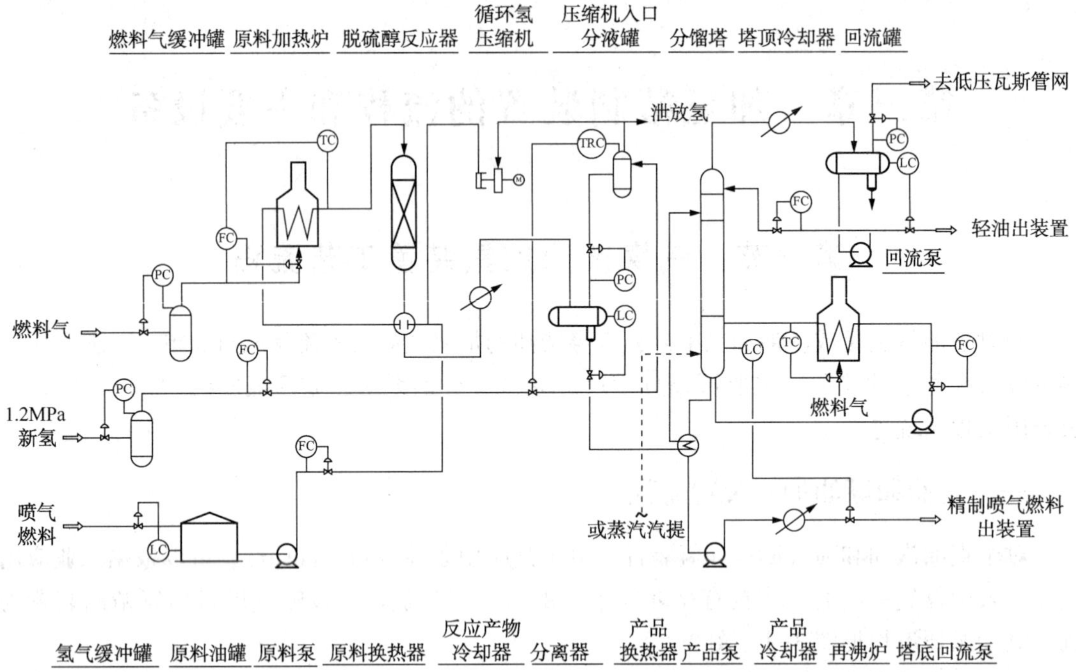

图 3-2　喷气燃料临氢脱硫醇工艺原则流程图(氢气循环)

对于氢气循环流程，氢气来自1.0~1.2MPa 的氢气管网或其他加氢装置的外排氢气，氢气经缓冲罐进入循环压缩机的入口。经循环压缩机后氢气与原料油混合，再换热、加热到反应所需要的温度，进入加氢反应器。反应后的产物换热后进入气液分离器，氢气由分离器的顶部排出，进入氢气缓冲罐经循环压缩机循环使用。由于反应过程中氢耗低、氢纯度变化小，当氢气纯度低于85%(质)时，可以从高分外排部分氢气，同时从1.0~1.2MPa 的氢气管网引入新氢补充至氢气缓冲罐，保证氢气的纯度不降低。液体产物自压至分馏系统，在分馏系统中将反应生成的硫化氢和原料油及氢气中带来的小分子烃类脱除，使得产品的银片腐蚀、铜片腐蚀、闪点合格。分馏塔底部的热源可由再沸炉或再沸器提供。这种流程的优点在于对补充氢的要求较低。

二、柴油加氢精制流程

图3-3是常规柴油加氢精制流程示意。加氢原料经缓冲罐、进料泵增压后与循环氢混合，混氢油经过加热炉加热到预定温度后，进入加氢反应器，在催化剂的作用下发生脱硫、脱氮、烯烃及芳烃的饱和反应；反应产物经换热后，进入高压分离器(低压分离器)进行气液分离；分离出的气相作为循环氢循环；液相进入分馏系统，脱除硫化氢及轻烃后，得到精制产品。需要指出的是，实际流程中可能根据生产需要改变为：反应器包括多个催化剂床层或多台反应器串联、硫化氢脱除设施、部分炉后混氢、双塔分馏等情况。

在反应部分，部分柴油加氢装置设计采用热高分流程以回收反应热，减少装置能耗。因为相对于冷高分而言，采用热高分流程可以减少高分到分馏塔间的冷却、加热过程，减少热量损失。但是，相对于冷高分流程，采用热高分虽然可以降低装置能量消耗，但低分气中的氢含量及排放量增多，氢气回收成本增加。因此，热高分流程的选择需要综合考虑确定。一般认为，喷气燃料及汽油加氢采用热高分的意义不大。图 3-4 是典型的热高分流程示意。

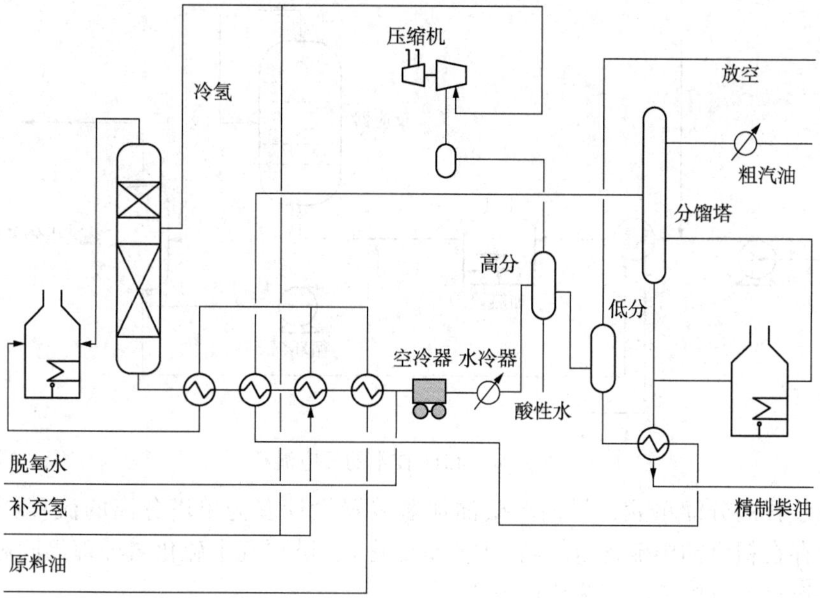

图 3-3　常规柴油加氢精制工艺原则

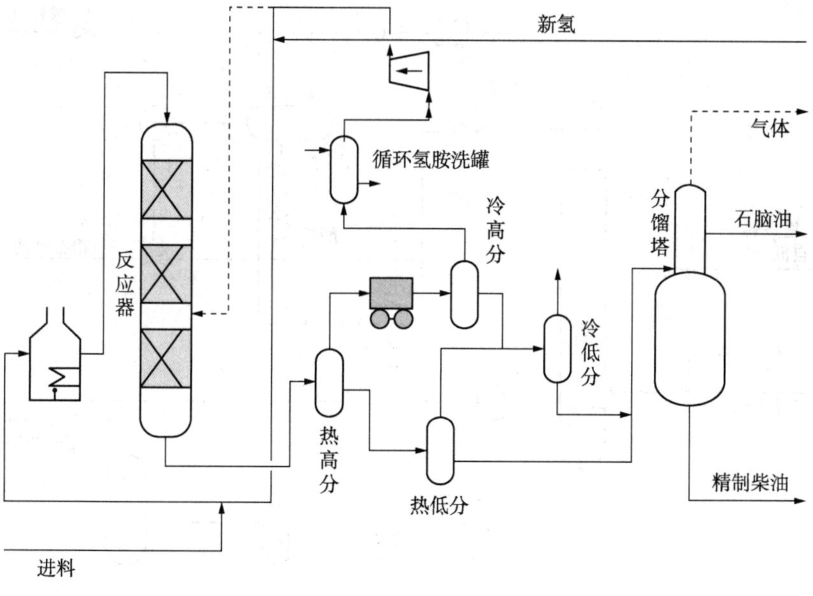

图 3-4　常规柴油加氢精制工艺流程(热高分)

加氢精制反应器有上进下出、下进上出等流程。中国石化石油化工科学研究院和中国石化工程建设有限公司联合开发的连续液相加氢技术(SLHT)采用上行式反应器。该反应器内反应物流的气、液两相自下而上流过催化剂床层，介质流动方向与气体扩散方向一致，最大限度地减少了气体在反应器内局部累积的可能性，有利于将少量的氢气分布均匀，并且该反应器压降小，节约能耗。SLHT 技术的反应流程见图 3-5。

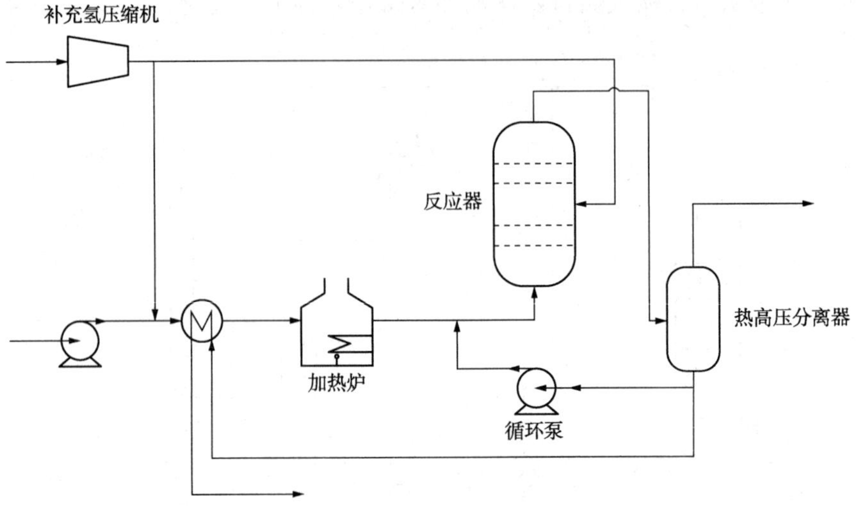

图 3-5 SLHT 技术的反应流程

对加氢装置的分馏单元，早期的柴油加氢装置设计多为单塔分离的流程(见图 3-6)。但是该流程存在粗汽油中硫含量较高(主要是硫化)、塔顶气中硫化氢处理等问题难以解决。所以近年来设计的分馏流程多为双塔流程。

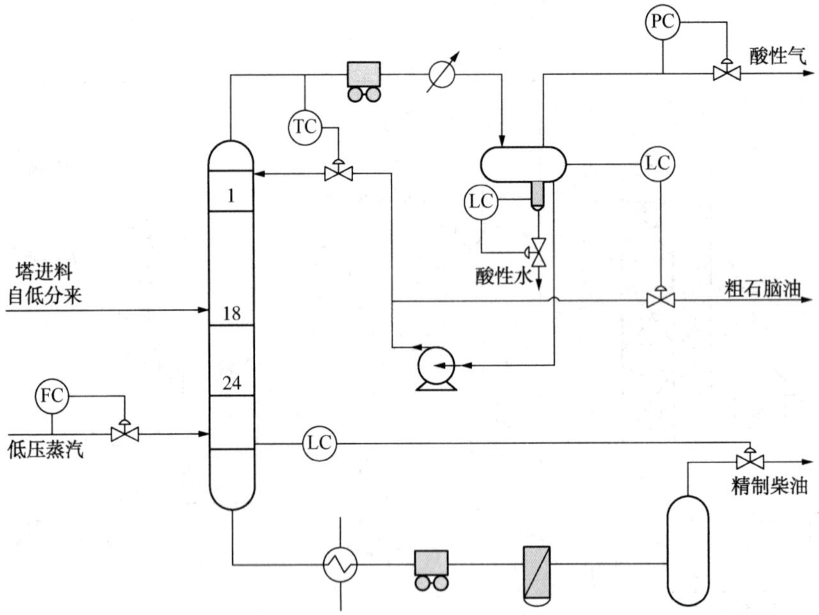

图 3-6 柴油加氢装置单塔分离流程

双塔分离的流程设计，目前多采用先汽提再分馏的模式设计(见图 3-7)。一般认为，对直馏柴油等放热量较低的反应，采用分馏塔底设置再沸炉的模式操作；而放热量较大的反应，可以考虑双汽提塔的形式操作，分馏塔不设置再沸炉，采用反应流出物提供的热量加热进塔物流，使其满足分馏塔进料温度的要求。也有研究认为，再沸炉方案具有更强的适应性和操作灵活性。与蒸汽汽提方案相比，再沸炉方案的投资小，能耗略有增加，而柴油产品质量好(没有精制柴油带水的现象)。当反应器总温升低于45℃时，多选择重沸炉方案。还有一种双塔分馏流程采用汽油稳定流程：自反应部分来的低分油依次与反应流出物、精制柴油换热后，进入产品分馏塔(或蒸汽汽提塔)；塔顶油气经换热冷却后进入产品分馏塔顶回流罐，进行气、油、水分离。闪蒸出的气体与稳定塔顶气合并后送至尾气脱硫装置；含硫污水闪蒸后送至装置外；油相(粗汽油)升压后分成两路，一路作为塔顶回流，另一路进汽油稳定塔。塔底油冷却后作为精制柴油送出装置。这种流程的优点是降低投资，操作简单，但塔底柴油中水含量往往存在超标的问题，需要增加脱水设施(真空脱水+聚集器)才能确保精制柴油的水含量合格。

粗汽油稳定塔采用塔顶全回流的模式操作，塔顶气去脱硫装置；塔底油冷却至40℃后作为稳定汽油产品送出装置。分馏流程的选择需要考虑反应热、产品质量要求、产品分布等因素的影响。

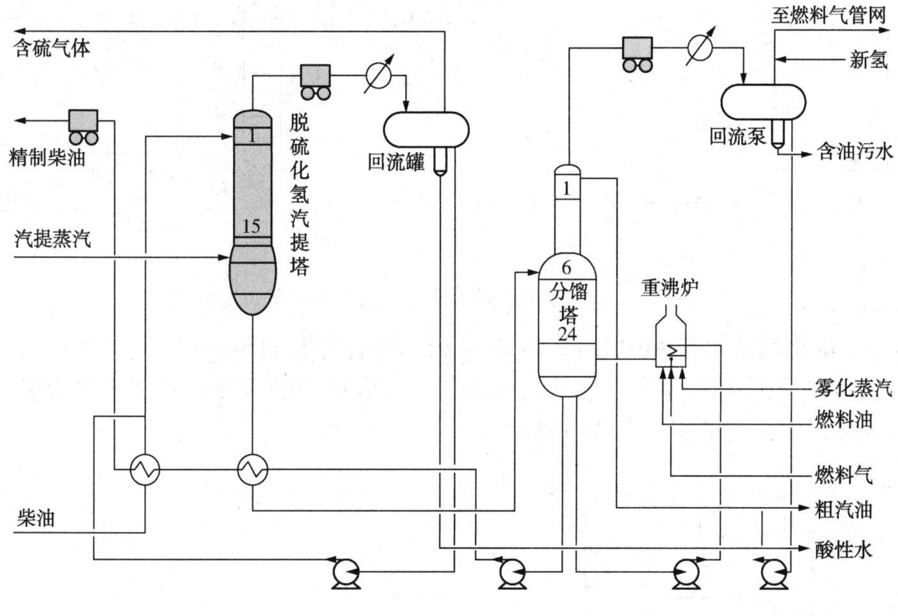

图3-7　柴油加氢装置双塔分离流程

三、特定工艺的加氢精制工艺流程

除常规的加氢精制流程外，还有几类依托于加氢工艺的加氢精制流程。

首先是Topsoe公司开发的两段加氢处理技术和相关的催化剂。由于采用了贵金属脱芳烃催化剂，该技术采用两段加氢流程。图3-8是Topsoe两段工艺流程示意图。该流程在串联的两台反应器之间需要增设一台高压汽提罐。第一反应器装填Ni-Mo催化剂(TK-555或TK-573)，脱除大部分硫、氮。一反产物含有大量的硫化氢和氨，它们在高压汽提罐中被汽提脱除，汽提尾气经过胺洗提纯后，一部分作为柴油中间汽提罐的汽提氢气，一部分随汽提柴油进入第二段反应器。第二段采用的催化剂为贵金属催化剂(TK-907或TK-915)，在相对低的压力下实现深度脱芳烃。第二段加氢处理的生成油进入分馏系统，去除反应过程中生成并溶解于生成油中的硫、气体和石脑油，得到最终的柴油产品。

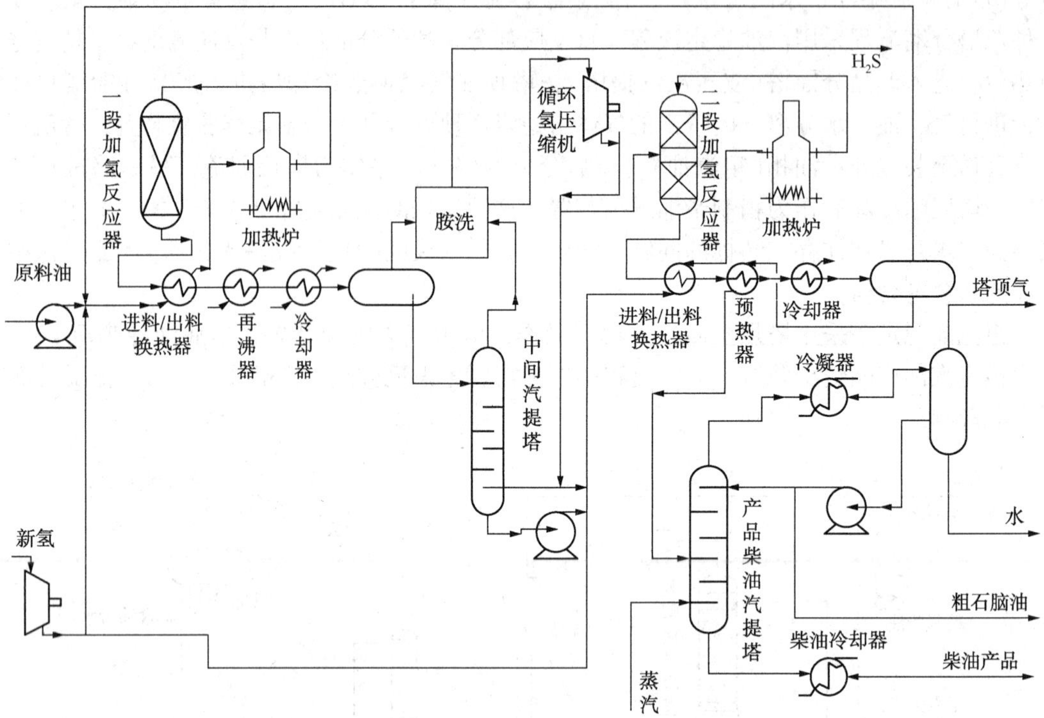

图 3-8　Topsoe 公司柴油两段加氢脱芳烃工艺装置流程

Criterion 催化剂公司与 ABB Lummus Crest 公司联合开发的 Synsat 工艺，采用 synCat 加氢催化剂和 Acrosat 反应系统结合。该工艺特点是，反应系统既有并流式催化剂床层，又有逆流式催化剂床层，工艺流程如图 3-9 所示。

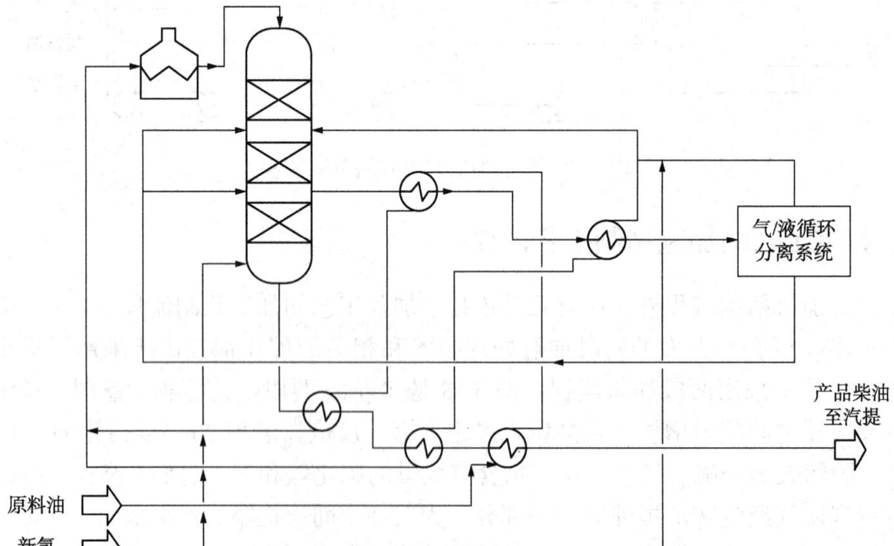

图 3-9　Synsat 技术工艺装置

该工艺在催化剂床层间有一抽出口，抽出的上段反应产物经冷却后进行气液分离，并循环回反应器用于控制温度。在反应器下段，一部分补充氢进入反应器底部，此段反应器内气液逆流接触，同时提高下段的氢分压。该工艺使得温度和氢分压得到优化分布，从而可以达到深度脱硫和脱芳的目的。

第二节　加氢装置主要设备及腐蚀

加氢装置设备主要分为动设备及静设备。动设备包括各类油泵、氢气压缩机等设备；静设备包括储罐、反应器、塔器等。此外，加氢装置中含有大量仪器仪表，在装置运行过程中起到监测、监控的目的。设备和仪表运行好坏可能影响装置操作及运行安全。

一、加氢反应器

加氢反应器是加氢装置的核心设备，汽柴油加氢精制装置一般采用固定床反应器。由于加氢反应器操作于高温高压临氢环境下，且进入反应器内的物料往往含有硫和氮等杂质，将与氢反应分别形成具有腐蚀性的硫化氢和氮化物。另外，由于加氢反应是个放热反应，在反应过程中，其反应热较大(630~840kJ/kg)，会使床层温度升高，但又不应出现局部过热现象。如此苛刻的使用条件给设计、制造带来了很大难度。

固定床反应器是指在反应过程中，反应物为流动状态的气体和液体，穿过固定不动的催化剂床层。在固定床反应器中，催化剂是静止不动的。

固定床反应器按照反应物的流动状态又分为鼓泡式、滴流式和径向式反应，俗称鼓泡床、滴流床和径向床反应器。反应器属压力容器，其选材一般根据其操作条件、介质的腐蚀率和材料的经济性等综合因素而定。

1. 器壁形式

1）冷壁和热壁形式

加氢反应器按其结构特征可分为冷壁反应器和热壁反应器。冷壁反应器是在设备内壁设置非金属隔热层，有些并在隔热层内衬不锈钢套。由于有内隔热层，可使反应器的设计壁温降至300℃以下，因而就可以选用15CrMoR或碳钢，内壁也不用堆焊不锈钢了，从而大大降低制造难度。国内20世纪60-70年代制造的反应器多为这种结构。但由于冷壁反应器的隔热层占据内壳空间，减少了反应器容积的利用率，浪费了材料。另外，冷壁反应器内的非金属隔热层在介质的冲刷下，或在温度的变化中易损坏，操作一段时间可能就需要修理或更换，且施工和修理费用较高。如果在操作时衬里脱落，衬里脱落处及其附近的反应器器壁温度就会超过设计温度。从反应器外部来看，该处的变色漆就会变色，由此造成了反应器的不安全隐患，严重时甚至造成装置的被迫停车。

热壁加氢反应器的器壁直接与介质接触，器壁温度与操作温度(420℃左右)基本一致，所以被称为热壁反应器。虽然热壁加氢反应器的制造难度较大，一次性投资较高，但它可以保证长周期安全运行，目前已在国际上普遍采用。随着我国冶金工业的发展，通过消化吸收国外技术和国内自行研制开发，热壁加氢反应器的制造技术日臻成熟。

2）锻焊和板焊式

由于反应器直径的不同或操作压力不同，强度计算得到的器壁厚度也就不同。一般来说，直径小、操作压力低的反应器器壁较薄，而直径大、操作压力高的反应器器壁较厚。鉴于国内制造厂的卷板能力，器壁厚度在 120mm 以内时，反应器壳体就可用钢板卷制，然后焊接成圆筒壳，以这种方式制造的反应器被称为板焊式反应器。而当壁厚超过 120mm 时，受卷板机能力限制，壳体就难以卷制了，这时壳体就是由水压机锻制成型的。锻制的筒节没有纵焊缝，而只有两个圆筒节之间的环焊缝。锻制的圆筒壳内外表面机械加工到设计尺寸，再在内壁堆焊上不锈钢防腐层的反应器被称为锻焊式反应器。

板焊式反应器比锻焊式反应器制造难度小，节省材料，制造工序少，但其制造有时会受制造厂卷板机能力的限制。锻焊式反应器制造难度较大，工序多而复杂。因锻造壳体时先锻出毛坯，而毛坯需要留有余量，在机加工时再将此余量加工掉，所以锻焊式反应器的机械加工工时多，材料的利用率比板焊式反应器的低。尤其是壁厚小于 100mm 的反应器，若采用锻焊形式就不太经济。因此，在卷板机能力允许的情况下，应尽量采用板焊式结构。

3）防腐层

反应器基体一般采用 Cr-Mo 钢制造，这仅考虑了材料抗高温氢腐蚀，而没有考虑到H_2S的腐蚀。为了抵抗高温 H_2S 的腐蚀，就必须在反应器壳体基材上附加不锈钢防腐层。在一般情况下，反应器内部均采用堆焊不锈钢作为防腐层。堆焊层一般为双层，与 Cr-Mo 钢直接接触的为过渡层，材料为 E309L 型不锈钢；在过渡层之上与介质直接接触的为表层，材料为 E347 型不锈钢。E309L 堆焊层是为了在 2.25Cr-1Mo 钢与 E347 堆焊层之间获得具有较高韧性的过渡层，以阻止表面裂纹向母材扩展。E347 堆焊层则是为了能有效抵抗 H_2S 的腐蚀。E347 是一种抗腐蚀性能较强的含铌不锈钢材料。

2. 内构件

1）入口扩散器

入口扩散器是介质进入反应器遇到的第一个部件，其作用是：将进来的介质扩散到反应器的整个截面上；消除气、液介质对顶分配盘的垂直冲击，为分配盘的稳定工作创造条件；通过扰动促使气液两相混合，从而起到预分配的作用。

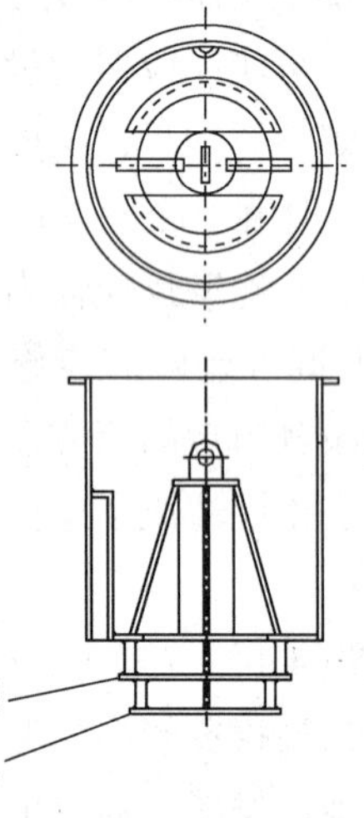

图 3-10　入口扩散器

入口扩散器安装时应注意：进料方向应垂直于入口扩散器的两条开孔；水平挡板上的开孔应垂直于板面；根据液体及沉积物量来确定长槽孔的大小、数量和位置。

入口扩散器是一种双层多孔板结构，两层孔板上的开孔大小和疏密程度是不同的。反应介质在上部锥形体整流后，经两层孔的节流、碰撞后被扩散到整个反应器截面上。这种扩散器应用效果良好，目前国内设计的加氢反应器大多采用这种形式。图 3-10 为入口扩散器示意图。

2）汽液分配器

在催化剂床层采用分配盘，是为了均布反应介质，改善其流动状况，实现与催化剂颗粒的良好接触，进而达到径向和轴向的均匀分布，充分发挥催化剂的作用。分配盘由塔盘板和在该板上均布的分配器组成。目前，国内外所用的分配器按其作用机理大致可分为溢流型和喷射型两类或二者兼有的综合型。分配器有多种形式，如长短管分配器、斜口管分配器、V 形缺口盒分配器、泡帽分配器等，如图 3-11 所示。

汽液分配器安装时应注意：保证分配盘上不漏液，可采用有关填料垫密，安装后充水 100mm 高，在 5min 内液位降低小于 25mm 为合格。控制安装水平度，对于喷射型，包括制造公差和梁于荷载作用下的挠度在内可按±5mm 控制；对于溢流型，要求还应稍严。此外，还要考虑到检修的工况，其支承件至少同时要满足常温下承受 120kg 集中荷载的要求。

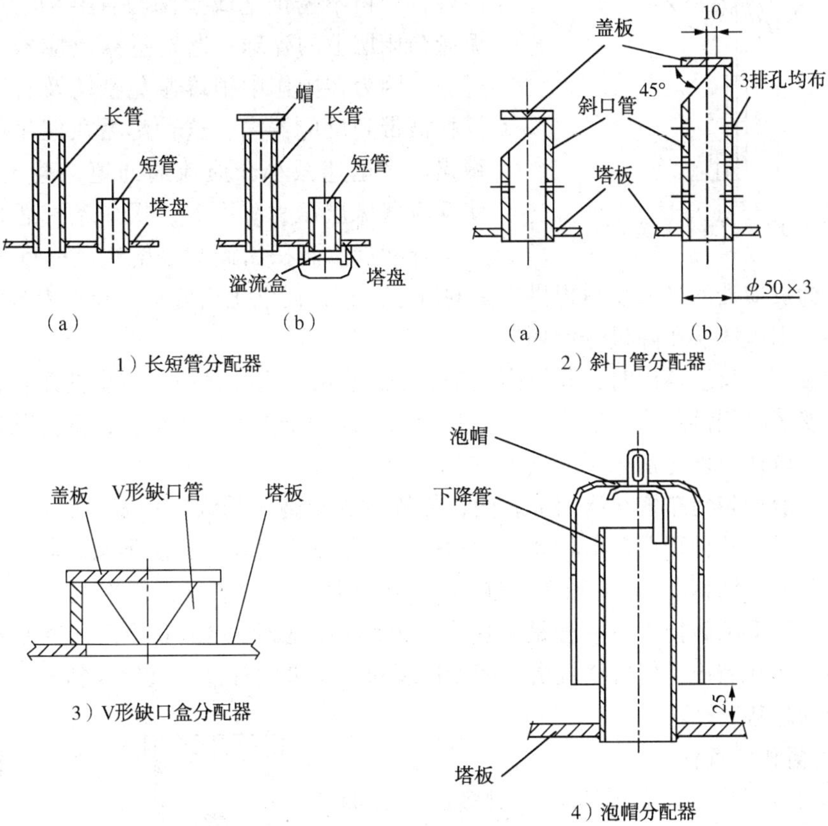

图 3-11　四种分配器详图

从使用情况来看，长短管分配器为气液相分路分配，其液相的局部分布可能不均匀，而溢流盒的流体分布略有改善。斜口管分配器因气液两相流垂直碰撞而造成粉碎并有吹散作用，从而有利于气液两相混合与均匀分布。V 形缺口盒分配器的工作机理与前者相仿，但着重利用气体对液体的吹散作用。泡帽分配器的外形类似泡帽塔盘，泡帽的圆柱面上均匀地开有数个平行于母线的齿缝；下降管置于泡帽里面，其上端与泡帽之间留有适当间隙，其下端与塔盘板相连。当塔盘上液面高于泡帽下缘时，分配器就进入工作状态。从齿缝进入的高速气流，在泡帽与下降管之间的环形空间内产生强烈的抽吸作用，致使液体被冲碎成液滴，并被上升气流所携带而进入下降管，进行气液分配。从分配机理上分析，泡帽分配器的功能较为完善。其液体下溢的主要动力是气流的抽吸，从而摆脱了以液面为主要溢流动力的分配器。近年来，由我国自行设计制造的加氢反应器多采用这种泡帽分配器。

为了更好地将进入下降管的液体破碎成液滴，并将液体的流动方向由垂直改变为斜向

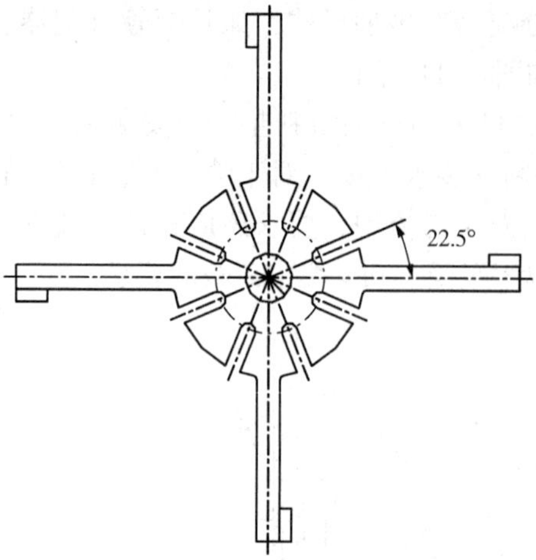

图 3-12　破碎器示意图

下，造成进一步的扩散，研究人员经过多年的研究，又在泡帽下面增加了破碎器，将它焊接在泡帽下降管的下面，其中一种形式如图 3-12 所示。从使用情况来看，效果良好。

3）积垢篮

积垢篮置于加氢反应器催化剂床层的顶部，是由各种规格不锈钢金属丝网与骨架构成的篮筐。积垢篮与床层上的瓷球一起对进入反应器的介质进行过滤。因为在操作中很难避免系统及管道中的锈垢污物被带到反应器内，这种污垢在催化剂床层表面积累，将迅速减小介质流通通道，甚至造成阻塞，使反应器床层压力降上升，操作条件恶化，甚至会压垮分配盘。而积垢篮则是解决这一问题的有效措施之一，它为反应器的进入物料提供更多的流通面积，使催化剂床层可聚集更多的锈垢和沉积物，而不致引起床层压降过分增加。

积垢篮在装入反应器内时，其篮内应是空的，在装填催化剂时一定要注意：积垢篮按三角形排列，安装时用链条将其连在一起，并栓到上面的分配器支撑梁上，其拴紧链条要有足够的长度裕量以适应催化剂床层的下沉(按下沉 5%考虑)。

积垢篮一般均匀地布置在床层上表面，篮周围充填适量的大颗粒瓷球，以增加透气性。目前工程上应用的几种积垢篮形状和尺寸相似，只是制作材料和方法不同。其中一种是在不锈钢骨架外蒙上不锈钢丝网[见图 3-13(a)]，优点是过滤效果好，价格便宜；其缺点是丝网强度差，易变形和破损。另一种是采用楔形网结构[见图 3-13(b)]，其过滤效果好，强度高，不易变形和破损，但价格较贵。随着原料过滤精度的提高，近年来新建的加氢装置有取消积垢篮的趋势。

4）冷氢箱和冷氢管

烃类的加氢反应属于放热反应，对多床层的加氢反应器来说，油气和氢气在上一床层反应后温度将升高。为了下一床层继续有效反应的需要，必须在两床层间引入冷氢气来控制温度。将冷氢气引入反应器内部并加以散布的管子称为冷氢管。冷氢加入系统的作用和要求是：均匀、稳定地供给足够的冷氢量；必须使冷氢与热反应物充分混合，在进入下一床层时有均匀的温度和物料分布。

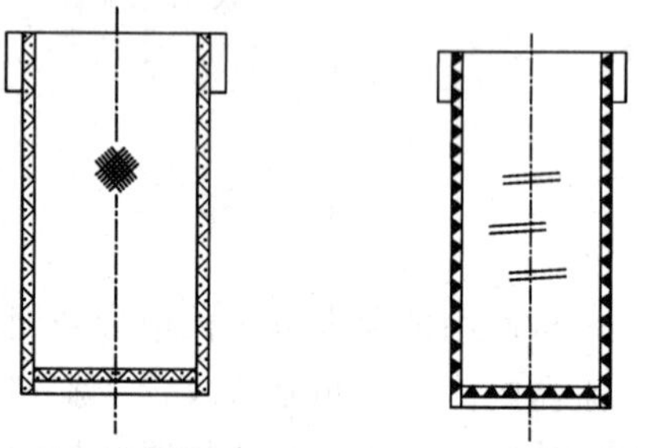

(a)丝网积垢篮　　(b)楔形网积垢篮

图 3-13　积垢篮示意图

冷氢管按形式分直插式、树枝状形式和环形结构，详见图 3-14。对于直径较小的反应器，采用结构简单、便于安装的直插式结构即可。对于直径较大的反应器，直插式冷氢管打入的冷氢与上层反应后的油气混合效果不好，直接影响了冷氢箱的再混合效果，这时就应采用树枝状形式或环形结构。树枝状或环形冷氢管上均匀地开有数个小孔，冷氢气从小孔中喷出，均匀地喷在反应器的整个截面上，加大了冷氢气与热油气的接触面积，起到了预混合的效果。

冷氢箱实为混合箱和预分配盘的组合体，它是加氢反应器内的热反应物与冷氢气进行混合及热量交换的场所。其作用是将上床层流下来的反应产物与冷氢管注入的冷氢在箱内进行充分混合，以吸收反应热，降低反应温度，满足下一催化剂床层的反应要求，避免反应器超温。冷氢箱的第一层为挡板盘，挡板上开有节流孔。由冷氢管出来的冷氢与上一床层反应后的油气在挡板盘上先预混合，然后由节流孔进入冷氢箱。进入冷氢箱的冷氢气和上床层下来的热油气经过反复折流混合，流向冷氢箱的第二层——筛板盘，在筛板盘上再次折流强化混合效果，再做分配。筛板盘下有时还有一层泡帽分配盘对预分配后的油气做最终的分配。

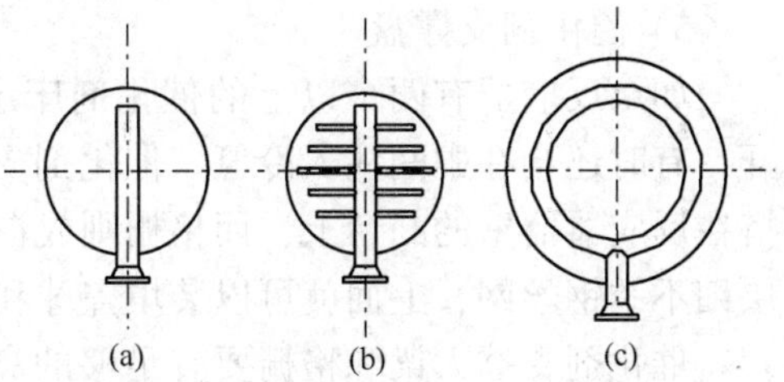

图 3-14　三种冷氢管结构简图

常规冷氢箱结构简图见图 3-15(a)。近年来，国内又开发出了多种新型的冷氢箱，其中之一如图 3-15(b)所示。第一层同样为一层挡板盘，不同的是两个节流孔相距 180°且位于器壁边缘，节流孔下分别有两个半圈流道。半圈流道切向插入中间圆形混合箱，中间圆形混合箱底部有中间开有节流孔的挡板盘。再次混合后的混氢油就由中间孔滴落到达下层的筛板盘，进行预分配。半圈流道的设计是为了延长油气与冷氢在流道内的混合时间，提高混合效果。因装填催化剂的要求，所有挡板盘应为可拆卸式结构，并应保证密封，不得有泄漏。

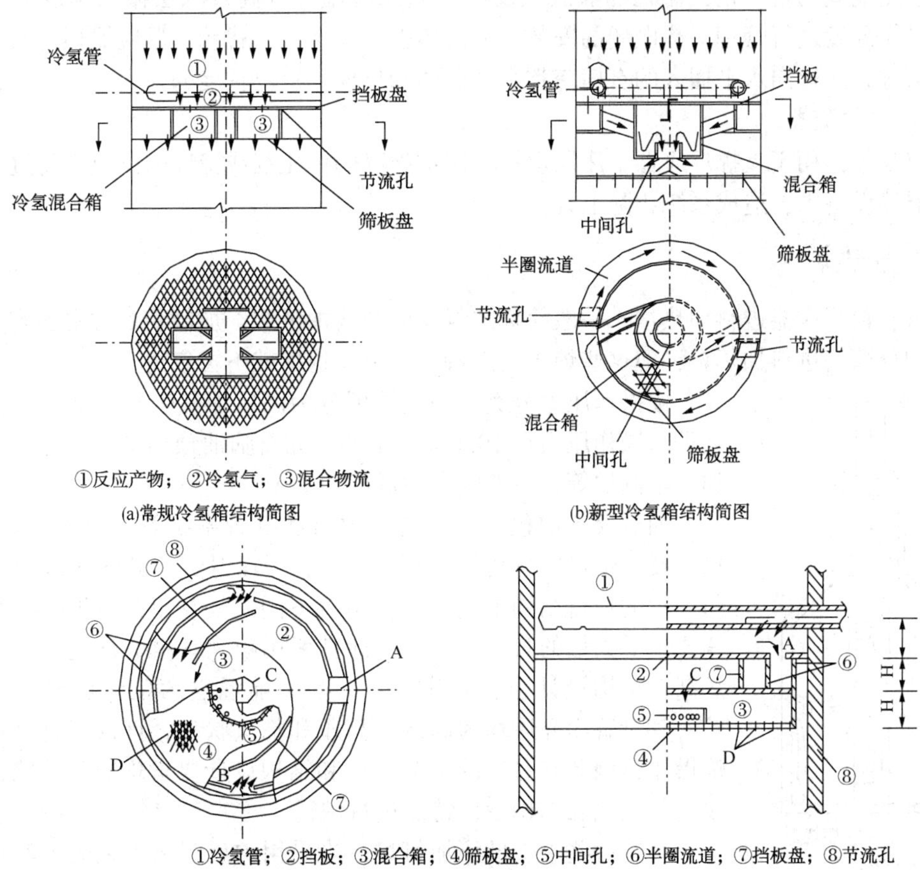

图 3-15　冷氢箱结构图

5）催化剂支撑盘

如果反应器有两个以上的催化剂床层，上层催化剂就需要支撑，使两个催化剂床层分开，有时还会在中间注入冷氢。催化剂支撑盘由 T 形大梁、格栅和丝网组成。大梁的两边搭在反应器器壁的凸台上，而格栅则放在大梁和凸台上。格栅上平铺一层粗不锈钢丝网和一层细不锈钢丝网，上面就可以装填瓷球和催化剂了。

催化剂支撑大梁和格栅要有足够的高温强度和刚度，即在 420℃ 高温下弯曲变形较小，且具有一定的抗腐蚀性能。因此，大梁、格栅和丝网的材质一般均为不锈钢。设计人员一般应考虑催化剂支撑盘上催化剂和瓷球的重量、催化剂支撑盘本身的重量、床层压力降和操作液重等载荷，计算得出支撑大梁和格栅的结构尺寸。此外，格栅与大梁以及器壁凸台间的缝隙应塞满柔性石墨填料，以防催化剂从此缝隙中泄漏，阻塞下层分配盘。

应当指出，加氢反应器中各内构件的工作是互相关联的，入口扩散器工作不佳，会导致分配盘工作的恶化；积垢篮设计不当，将直接影响催化剂床层中的流体分布和压力降；冷氢系统的分配和混合效果，决定着下一床层的正常操作。因此，一台成功的加氢反应器，必须统筹考虑其内构件。实践表明，反应器内合理采用高效内构件，会大大提高生产效率，延长操作周期。

6）热电偶

配置热电偶的目的是，监视加氢放热反应引起床层温度升高及床层截面温度分布状况等，对操作温度进行管理。热电偶的安装有从筒体上径向插入方式和从反应器顶封头上垂直方向插入方式。径向水平插入的有横跨整个截面的和仅插入一定长度的。

7）出口收集器

出口收集器用于支撑反应器下床层填料，避免破碎的催化剂或瓷球随反应产物进入后续的换热器等设备中，造成系统压降上升。

二、加热炉

加氢装置反应器进料加热炉，一般简称加氢反应炉或加氢炉。加氢装置常常还有其他加热炉，如分馏塔进料加热炉，但这些炉子均无特殊要求，这里就不再叙述。

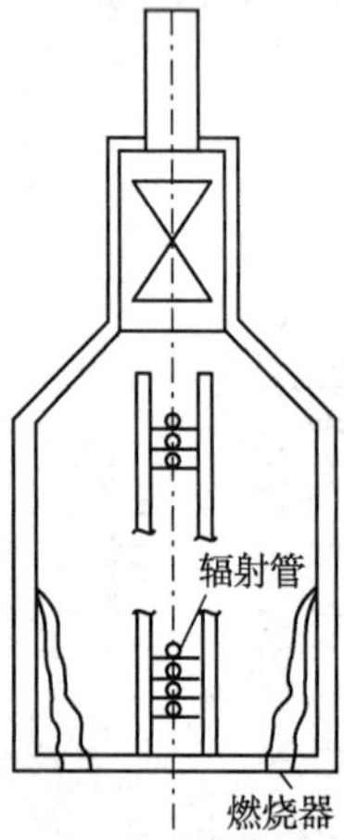

图 3-16　单排卧管双面辐射炉示意图

按操作压力分类，加氢炉可分为高压加氢炉和中低压加氢炉两大类。操作压力在 10MPa 以下的，如石脑油预加氢炉，煤油、柴油加氢精制炉等，一般叫作中低压加氢炉。

加氢反应炉包括钢结构、炉衬和盘管系统等。根据外观不同，加氢反应炉可以分为圆炉和方炉（双面辐射炉，见图 3-16）。方炉与圆炉的炉衬结构不太一样，主要不同之处在于，方炉辐射室两侧墙要承受火焰的直接冲刷，因此其所用耐火材料的理化指标要比圆炉高，结构设计也比较讲究。一般炉前混氢的反应炉或氢气加热炉，其盘管内介质均为高温、高压和临氢状态，且盘管直接接触火焰操作，因此其盘管的工艺设计和结构设计要求均非常严格。这里仅就其工艺和结构设计特点进行叙述。

对于一些中、低压加氢炉，当采用炉后混氢工艺时，其炉管材质一般选用价格不高的铬-钼钢或碳钢，因此大都选用对流-辐射型圆筒炉。

对于高压加氢反应炉，由于其操作条件十分苛刻，因此早期的加氢反应炉都设计成纯对流炉，避免盘管受火焰直接加热。例如，当时石油三厂和大庆炼化厂早期建设的加氢裂化炉就是纯对流炉。纯对流炉无论是炉子热效率，还是管材利用率都非常低，很不经济。随着技术的不断发展，自20世纪70年代以来，高压加氢反应炉逐渐改用辐射-对流型或纯辐射型炉型。

高压加氢反应炉除纯氢气加热炉外，管内被加热介质一般都是氢气加重质油(如减压渣油、常压重油等)或润滑油原料油。无论是为了避免结焦，延长操作周期，提高合金炉管的使用寿命，还是避免裂解而影响产品品质，都要求加热过程十分均匀，最高热强度不能超过某一较低的限制值，以免局部过热而迅速裂解和结焦甚至烧穿炉管。从这一点来看，采用纯对流炉是有利的，也是安全的。但纯对流炉前面几排炉管(烟气入口)的热强度如果符合要求，则后面的炉管热强度却因烟气温度下降而显得太低。这样要完成一定的传热量，势必造成炉管总传热面积增加。另外，为了保证足够高的烟气流速，单根炉管又不能设计得很长，因此弯头数量需要大增。这两个因素都会使管内介质压降大大增加，不仅增加了氢压机和原料泵的能耗，甚至给氢压机和原料泵的选择带来困难，或者使加热炉上游的设备压力等级升级。再者，重油加氢加热炉的炉管材质都很昂贵，管壁又很厚，采用纯对流炉显然是很不经济的。

圆筒炉和立管立式炉的最大缺点是，所有炉管均要通过一个高温区(一般在离炉底2~3m高度范围内)，这对特别容易结焦的高压加氢加热炉来说是极大的威胁。另外，这两种炉型都是立管，而高压加氢加热炉炉管内是气-液两相流，立管内要保证其流型符合要求比较困难。一旦出现“滑脱”、气-液分离等现象，局部过热、结焦和烧穿炉管等问题随之而来。国外某炼油厂的重油加氢加热炉采用双面辐射立管立式炉，长期以来一直未达到设计的平均热强度，而且严重结焦和烧坏炉管的事故曾多次发生。

采用卧管立式炉比立管立式炉和圆筒炉可减少局部过热、结焦等现象发生，但它毕竟还是单面辐射，炉管总长度长而压降大；炉管表面积不能充分利用来传热，管材浪费大，不经济等问题仍然不能完全得到解决。

不言而喻，理想的炉型是单排卧管双面辐射炉型，它可以在最高热强度不超限的情况下，得到较高的平均热强度，缩短炉管总长度和减少弯头数量，从而得到最小的压降。这一点对高压加氢加热炉具有很重要的意义：因为为了保证管内流型符合要求，高压加氢加热炉的管内流速就不能低，单位水力长度上的压降自然很大。这样一来，缩短炉管总长度和减少弯头数量，将成为大幅度减少压降的主要手段。这一点与流速较低的加热炉相比，是不一样的。卧管可以使管内介质在较宽流速范围内获得良好流型，双面辐射可以保证管内介质受热均匀，这些可有效避免炉管内结焦，保证长周期安全运行，也可延长价格昂贵的合金炉管的使用寿命。

三、高压换热器

在炼油厂中使用的换热器，其形式很多，但用于高温高压含有氢和硫化氢介质场合的换热器形式并不多。这是由于随着装置的大型化，所需换热器的尺寸也越来越大，换热器的密封问题也越来越难解决。另外，在这类装置上通常所加工或处理的物料中都含有腐蚀性介质，换热器需要定期抽芯进行内部检查，这就要求管束的拆装要比较容易和方便。对于在炼油厂中使用较为普遍的大法兰型换热器，虽具有结构简单等优点，却难以满足上面的要求。特别是大型化后，这种形式换热器的紧固螺栓将很大，给紧固和拆卸带来相当大的困难，既不便维修，又难以保证不发生泄漏。同时，管壳程的大法兰、螺栓也变大、变厚，既不易加工，又使金属耗量增加，从而使得制造成本上涨。所以，近年来，在加氢裂化和加氢脱硫装置中使用较多的是螺纹环锁紧式和密封盖板封焊式两种特殊的高压换热器，且以前者使用得更多。

（一）螺纹锁紧环式密封结构高压换热器

螺纹锁紧环式密封结构高压换热器最早是由美国 CHEVRON 公司和日本千代公司共同开发研究成功的，我国现已有多套加氢装置使用这种换热器。此换热器的管束多采用 U 形管式，它的独特结构在于管箱部分。

1. 螺栓锁紧环式换热器的优点

（1）密封性好。这是由本身的特殊结构所决定的。在管箱中由内压引起的轴向力通过管箱盖和螺纹锁紧环传递给管箱壳体承受。它不像普通法兰型换热器，普通法兰型换热器的法兰螺栓载荷由两部分组成：一是流体静压力产生的轴向力使法兰分开，需克服此种端面载荷；二是为保证密封性，应在垫片或接触面上维持足够的压紧力，因此所需螺栓大，紧固困难，密封可达性相对较差。而螺纹锁紧环式密封结构的螺栓只需提供给垫片密封所需的压紧力，流体静压力产生的轴向力通过螺纹锁紧环传到了管箱壳体上，由管箱壳体承受，所以螺栓小，便于拧紧，很容易达到密封效果。

这种结构因管箱与壳体是锻成或焊成一体的，既可消除像大法兰型换热器在大法兰处最易泄漏的弊病，又因它在抽芯清洗或检修时，不必移动管箱和壳体，因而可以将换热器开口接管直接与管线焊接，减少了这些部位的泄漏点。

（2）拆装方便。螺纹锁紧环式换热器拆装可在短时间内完成，因为它的螺栓很小，很容易操作。同时，拆装管束时，不需移动壳体，可节省许多劳力和时间。而且在拆装的时候，是利用专门设计的拆装架，使拆装作业可顺利进行。一般，从拆卸、检查到重装，这种换热器所需的时间要比法兰型的少三分之一以上。

（3）金属用量少。由于螺纹锁紧环式换热器管箱和壳体是一体型，省去了包括管壳程大法兰在内的许多法兰与大螺栓，又因在壳体上没有带颈的大法兰，其开口接管就可尽量靠近管板。这样，在普通法兰型换热器上靠近管板端死区不能有效利用的传热管面积，在螺纹锁紧环式换热器可以充分发挥传热作用，大约可有效利用的管子长度为 500mm。它对于一台内径 1000mm、传热管长 6000mm 的换热器，就相当于增加 8% 数量的传热管。上述种种，可使这种结构换热器的单位换热面积所耗金属的重量大幅下降。

（4）结构紧凑，占地面积小。当然，这种换热器的结构比较复杂，其公差与配合的要求比较严格。

2. 设计、使用中应注意的问题

（1）由于它的结构复杂，在设计中务必进行仔细计算。无论在何种使用情况下，都不应使管箱密封性能发生失效。特别是当管箱壳体为铬-钼钢或碳钢材料，而内件采用奥氏体不锈钢材质时，在高温下会产生很大的热效力。这时对内件的变形量和刚性的计算更显重要，要避免在结构比较薄弱的重要部位发生集中的塑性变形。另外，为防止管箱端部的大螺纹发生变形，要充分考虑和控制此部分的受力情况，通过计算(包括应力分析)并根据实验或经验来确定管箱端部有足够的补强量。

(2) 一定要保证管箱端部的螺纹啮合有足够的高度，以不小于6mm为宜。另外，在设计和制造中，在充分考虑螺纹锁紧环和管箱盖之间的径向热膨胀影响条件下，应使它们之间的径向间隙尽可能小，以制约螺纹锁紧环的弯矩，从而阻止螺纹啮合高度的变化。

(3) 在管束的拆装过程中，一定要使用专门的工夹具，以保护好管箱大螺纹。

(4) 在检修中，发现有关零件变形较大或损伤时，一定要及时更换。

(5) 综合此种换热器的优缺点，若用于压力较低的场合，经济上会不尽合理，一般以用于10.0MPa以上压力为宜。压力越高，设备费用越省，特别是当管壳程的压力很高，且二者间的差压又很小时，而管束部分又按差压设计的话，则这种结构的经济性比起普通大法兰型换热器就更为显著。

(二) 密封盖板封焊式换热器

密封盖板封焊式换热器的管箱与壳体主体结构也和螺纹锁紧环式换热器一样，为整体型。它的特点是，管箱部分的密封是依靠在盖板的外圆周上施行密封焊来实现的。此种换热器密封性能可靠，且结构简单，制造设备金属耗量比螺纹环锁紧式换热器还少，同时具有像螺纹锁紧环式换热器那样管箱与壳体为一体型设备的各种优点。这种换热器的主要缺点是，当需要对管束进行抽芯检查或清洗时，首先要将换热器密封盖板外圆周上的封焊焊肉打磨掉，才能打开盖板完成这一作业，然后重新安装时再进行封焊。而换热器在整个使用过程中不可避免地会进行多次管束抽查、清洗或更换，因而也就需要在密封盖板处多次进行打磨焊肉和重焊的作业。这对于高温高压设备来说是不理想的。

(三) 换热器的双壳程设计

在加氢装置中，管外膜传热系数往往是换热器传热的控制因素，这是因为管程侧的结构容易实现多程流动，能够提高流速，而壳程则难以实现多程流动。从流体结垢、结焦方面来考虑，也要求换热器壳侧流体具有一定的流速。为达到这一要求，国内某些加氢装置在换热流程的安排上，就不得不采用个数较多、壳体直径较小的换热器串联。如果管程的条件合理，当壳程的流量较小时，即使采用最小折流板间距，流速仍然很低，致使壳程一侧成为控制热阻。如果壳程可利用的压降很大，可考虑采用双壳程结构。另外，由于压降与管道的长度成正比，与流速的平方成正比，当流量不变时，采用双壳程壳侧压力降比单壳程增加6~8倍，因此，必须合理调整壳程压降。从经济成本来考虑，在同样热负荷下，采用个数较多、直径较小的换热器，要比采用个数较少、直径较大的换热器总造价高得多，而且配管复杂，占地空间增大。为了解决这一问题，最好采用双壳程换热器。采用双壳程换热器时，可使壳侧介质由原单壳程的一半并流、一半逆流变成纯逆流，温差校正系数接近于1，提高了1效温差；同时在壳径不变的前提下，使壳程流速提高了1倍，因而使总传热系数得以提高；尤其对于由管外膜传热系数起控制因素的场合，其传热效率还要进一步提高。因此有理由认为，使用双壳程换热器，既可以提高换热效率，又可以减少换热面积；占地面积的减小、材料消耗的降低、经济效益的显著，使进行双壳程U型管换热器的研究显得非常必要。

尽管双壳程换热器有许多优点，但必须在适当的场合下使用。概括起来，双壳程换热器适用于以下情况：

(1) 壳程为控制热阻的一侧，流速低，需要强化壳程传热的。

(2) 壳程可利用的压降较大的。

(3) 温差校正系数较小，需要提高有效温差的。

(4) 个数较多、直径较小的换热器串联，需减少个数并提高有效温差的。

(5) 设备投资高、经济效益显著的。

四、高压空冷器

加氢装置用高压空冷器的管束大多数是由丝堵式矩形管箱和双金属轧制翅片管组成的。以前的加氢装置用高压空冷器很多为集合管形式，在集合管和翅片管的连接处，容易产生冲蚀以及因振动而产生的疲劳破坏。关键是在操作过程中，该部位的开裂等问题难以处理，往往会迫使装置停工。丝堵式矩形管箱形式避免了集合管式高压空冷器的上述弊病，而且在操作过程中一旦发生泄漏，通过打开的丝堵可以很安全地进行堵管处理，不会影响整个装置的运行。

丝堵式矩形管箱高压空冷器的制造难度较大，需要专用内角焊机、深小孔焊机以及专用探伤工具。

（一）高压空冷器主要结构

1. 管箱结构

高压空冷器采用的管箱结构一般有丝堵式管箱和集合式管箱。集合式管箱因对管束内腔的清扫很困难，所以对于介质较脏或操作中管内易结垢或堵塞的场合不宜采用，一般以丝堵式管箱使用居多。丝堵式管箱，早期曾采用过锻造式结构，它具有使用安全裕度大、制造和使用中的无损检测工作量少的优点，但它也存在制造加工难度大和金属耗量较大的缺点。随着焊接技术的进步，当今多采用板焊式丝堵管箱。

2. 翅片管形式

翅片管的形式有多种，可根据高压空冷器的入口温度（一般在120～205℃）和使用环境与要求等来选择。

（二）高压空冷器的主要损伤

高压空冷器过去曾发生过的突出损伤问题是管子的腐蚀穿孔。这是由于来自反应器流出物中的硫化氢和氨发生反应生成了硫化氢铵（NH_4HS），在一定温度条件下会出现铵盐在空冷管内结晶的倾向，导致管子内结垢和堵塞现象。为了防止此现象发生，通常要在其上游直接注水予以冲洗。但是，水的注入在空冷器中则形成水溶液状态，这就可能引起管子的快速腐蚀。所以反应流出物对空冷器管束的腐蚀是此类空冷器在设计、使用中最值得注意的问题。依据不同的使用条件，在国外，此类空冷器管子材料有采用碳钢和SUS430、蒙乃尔与ALLOY800合金钢的。

为了尽量减轻碳钢管子受腐蚀的程度，延长其使用寿命，还可以从结构设计、配管布置上采用如下措施：

(1) 采用管箱结构，以避免在空冷器管束上使用弯头（或U型管）；

(2) 在管箱上的所有管子的入口端加约0.8mm厚不锈钢衬套；

(3) 对于多片管束组成的空冷器，其空冷器入口物流应采取对称平衡的分配方式进行配管布置，以利流体分配均匀；

(4) 在空冷器的上游注水，以防铵盐沉积，并且注水量应使高压分离器水中 NH_4HS 的浓度不超过 8%。

五、高压分离器

加氢装置可同时有热高压分离器和冷高压分离器，也可只有冷高压分离器。热高压分离器的操作温度高达 200℃以上，尤其在装置紧急卸压时，热高压分离器内的介质温度在短时间内更高。在这个工况下，高温含氢和 H_2S 的介质同样会对器壁产生氢腐蚀和 H_2S 腐蚀。所以，热高压分离器的选材原则就与加氢反应器的选材原则相同。从安装方式来看，高分有立式和卧式之分。卧式又有平卧和斜卧两种。斜卧高分的倾斜度，以分离液面所处的容器的对角线形成最大的椭圆面积为好，一般与地面 8°~12°放置。目前，立式高分由于占地面积小而得到普遍应用。但立式高分由于不如卧式高分那样有利于油、水、气的分离，因此在冷高分设计时，应对内部构件进行特殊考虑，以满足工艺需要。

立式热高分和卧式冷高分的内部构件比较简单，通常仅在气相或气体出口处设置丝网除沫器。而立式冷高分除在气相设置丝网除沫器外，为使液相中的油和水在比较小的分离空间内能较快地沉降分离，通常在液相部分设置丝网聚液器，以利于缩小分离空间，减小高分体积，降低设备吨位，减少设备投资。聚液器的厚度和采用的丝网可根据需要捕集的微小液珠和允许压降的大小来确定，一般取其厚度为 200~300mm。丝网一般可采用普通型气液分离器所使用的过滤网，丝网的密度约 $150kg/m^3$，比表面积约 $280m^2/m^3$，空隙率约 98%。

冷高压分离器的操作温度一般均在 120℃以下。在这一温度下，氢气不会对器壁造成氢腐蚀，因此不必考虑采用抗氢材料。在低温下，介质中的水汽就会凝结成水，H_2S 溶入水中就形成了湿 H_2S。而低温湿 H_2S 对器壁的腐蚀包含应力腐蚀形式。在操作中器壁与湿 H_2S 介质长期接触，在一些高应力区就有可能产生微裂纹，并快速扩展直至穿透整个器壁。装置操作介质含 H_2S 越多，也就是湿 H_2S 浓度越大，低温湿 H_2S 对器壁造成的腐蚀就越严重。一般来说，H_2S 含量低于 50mg/kg 就可以不考虑湿 H_2S 腐蚀。器壁选材原则上应以强度低的一般碳钢为宜，但当操作压力较高时，用一般碳钢制作器壁，容器壁厚就会非常厚(大于 100mm)。这时就要选择强度较高的碳锰钢，同时要求设备制造完毕后进行消除应力热处理。

近年来，一些与低温湿 H_2S 接触的设备开裂事故频频发生。国外研究发现，它们主要是由氢诱导裂纹(HIC/SOHIC)而引起的。研究结果表明，仅靠焊后热处理来避免湿 H_2S 应力腐蚀是不够的。国外专利商和轧钢厂已研制出了新一代抗湿 H_2S 腐蚀用钢。经过几年的努力，国内某钢厂也开发了 16MnR(HIC)钢板，可以满足加氢装置中一些重要设备(如冷高压分离器、冷低压分离器等)用钢板的需要。

六、自动反冲洗过滤器

加氢原料油中杂质含量的多少直接关系到反应器催化剂床层压力降的上升程度。没有过滤好的原料油进入反应器后就会造成催化剂床层的阻塞。因此，加氢原料油过滤效果对反应器正常操作的影响已越来越为人们所重视。早期的加氢装置通常采用两台手动切换式的原料油过滤器，其结构简单。在一个大罐中安装几十根过滤管，当过滤管被堵塞，进出口压降达到一定数值时，这台过滤罐就要停止工作，原料就要被切换到另一个完全相同的过滤罐中进行过滤。而停止工作的过滤芯就要用蒸汽反吹扫，甚至由人工拆卸并在罐外进行清洗或更换。这种过滤器过滤效果一般，堵塞后的过滤元件难以清洗，一般用于介质相对洁净的加氢精制装置。近年来，国内的加氢装置开始普遍采用带自动反冲洗的过滤器。

自动反冲洗过滤器采用强度和过滤效果较好的楔形金属丝网或陶瓷滤芯作为过滤元件，与手动切换式的原料油过滤器相比，省去了手工操作和清洗工作，同时提高了过滤的精度和操作效率。

七、压缩机

在加氢装置中主要有两种压缩机。一种是将新鲜氢气加压输送到反应器系统中，用以补充反应所耗的氢气，这种压缩机称为补充氢压缩机。由于这种压缩机的进出口压差比较大，流量相对较小，一般都使用往复式压缩机。另一种压缩机称为循环氢压缩机，其作用是将循环气压缩、冷却后，再送回反应器系统中，以维持反应器氢分压。由于这种压缩机在系统中是循环做功，其出入口压差即为系统中的压降。相对来说，其流量较大，压差较小，一般都使用离心式压缩机。只有处理量小的装置，才使用往复式压缩机作为循环氢压缩机。

（一）往复式压缩机

往复式压缩机由机身（曲轴箱）、曲轴、连杆、十字头、中间连接体、气缸、活塞、活塞杆、压力填料、气阀及卸荷器等部件组成，如图 3-17 所示。

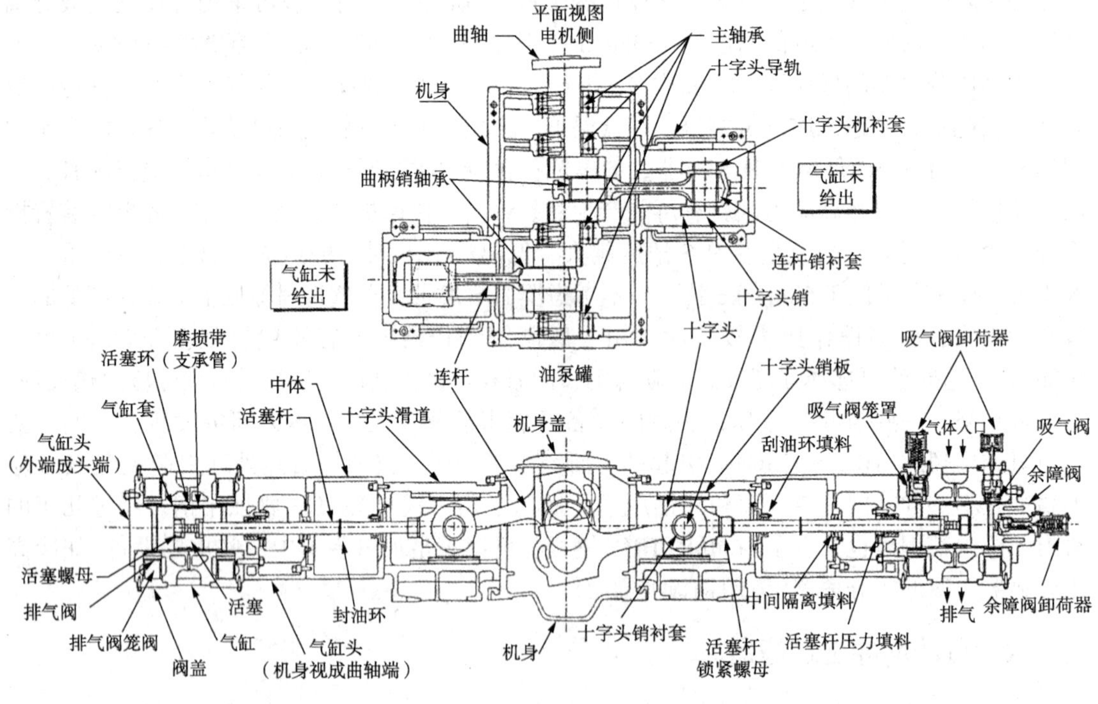

图 3-17　往复式压缩机剖面图

在压缩机系统中还包括每级气缸进出口的缓冲罐、级间冷却器和分液罐，以及机身润滑油站、气缸和填料的注油器等部件。

1. 主要材质与结构

机身一般由高牌号的铸铁整体浇铸而成。为了提高加工精度，将其毛坯置于高精度的座标镗床中一次加工完成。国外设计的压缩机机身在驱动端使用双轴承结构，为的是可以承受单支承(外侧轴承)电机转子作用在机身上的外力。采用这种结构的目的是，减少曲轴与电机转子连接偏差(不同心度)所产生的不均衡力。

曲轴(见图3-18)与电机大多采用刚性法兰连接，大型压缩机的曲轴采用高强度的合金钢锻造，小型的则采用普通碳钢锻造。曲轴经热处理消除应力，轴颈和曲拐部分经过精密磨削与抛光。为了保证质量，加工后的曲轴要经过超声和着色探伤检查，以确保其内部和表面无缺陷。在某些压缩机的曲轴上加配重，可以减少活塞作用在曲轴上的不平衡力。

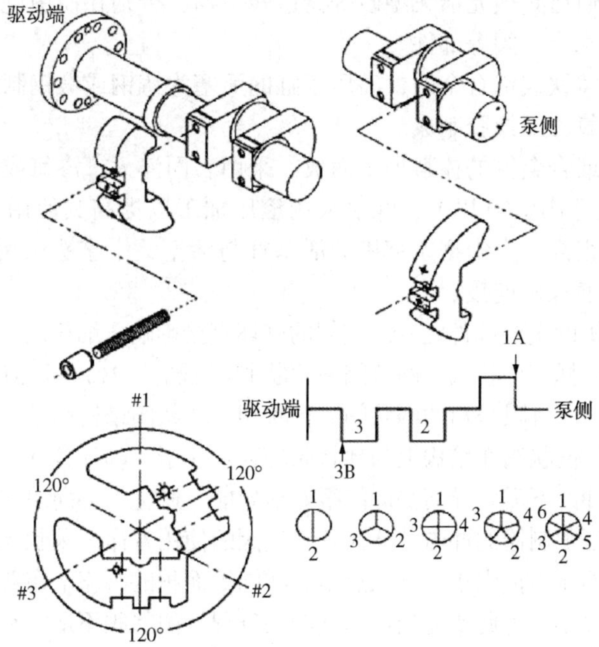

图 3-18　压缩机曲轴

连杆一般采用模锻制造，其材质与曲轴大体相同，结构断面呈工字形(见图3-19)。模锻成本较高。

中小型压缩机的十字头一般采用灰铸铁铸成，大型的采用铸钢或球墨铸铁(见图3-20)。

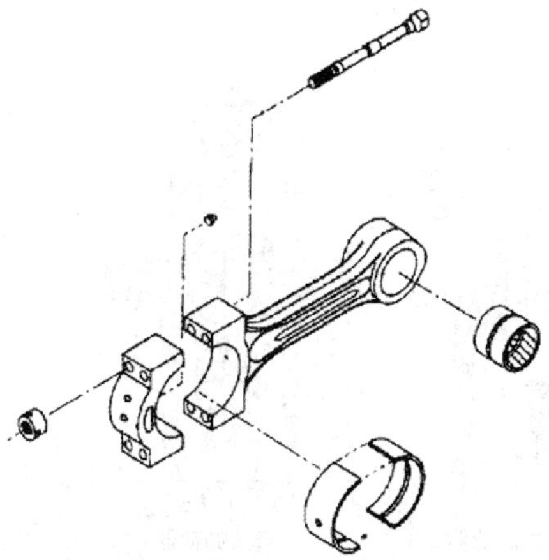

图 3-19　连杆

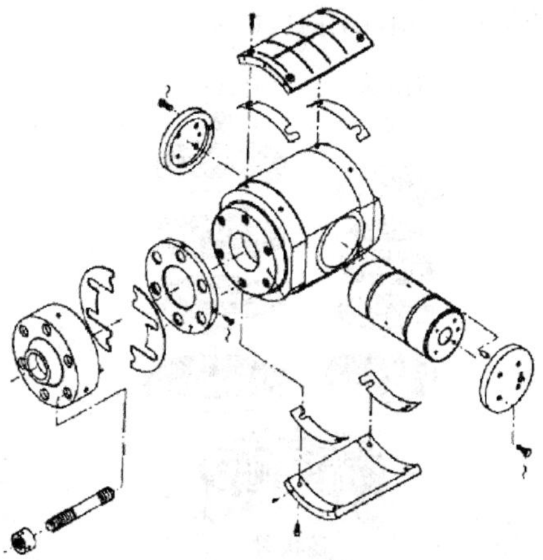

图 3-20　十字头

十字头滑动部分是可更换的铸铁滑履，其上覆盖了一层耐磨的巴氏合金。主轴承的轴瓦和连杆大头轴瓦一般采用碳钢制成，表面敷设薄层巴氏合金。有的轴瓦则用铝合金制成，其上敷设了一层很薄的巴氏合金，这种称为薄壁瓦的轴承不但耐磨损并且可以承受很高的应力，延长使用寿命。连杆小头轴瓦用加铅青铜制成。

主轴承、连杆和十字头都与油孔相通，依靠机身润滑系统提供压力润滑。

低压气缸一般由铸铁制成，中压气缸用铸钢或球墨铸铁浇铸，而高压气缸则采用碳钢锻造。铸造气缸的气体通道必须光洁无型砂等铸造残留物，否则在使用过程中，这些残留物会进入气缸中而损坏活塞、气阀等部件。

活塞有采用球墨铸铁或铝合金的，高压气缸的活塞为铸钢或锻钢制成，活塞环和支承环均由填充石墨的聚四氟乙烯橡胶制成。

活塞杆用高碳钢或合金钢的棒料加工而成，采用表面淬火、渗氮或喷涂硬质合金等加工工艺使其表面硬度达到 HRC50 以上，螺纹采用滚压加工以提高其使用寿命。此外，活塞杆的表面光洁度也要求很高。大中型压缩机的活塞杆与活塞、十字头采用液压胀紧螺栓连接，小型的则用热装或普通螺栓连接。

进排气阀是压缩机的重要部件之一，它们的好坏直接影响压缩机的工作性能。在氢气压缩机上有三种气阀可供选择：环状阀、网状阀和菌状阀(见图 3-21)。目前，大多数国内氢压机都选用上海贺尔碧格气阀有限公司的网状阀或环状阀。环状阀结构简单，流通面积大，适用于在中低压范围内使用。网状阀在结构上与环状阀的区别在于，阀片各环连在一起，呈网状，并有缓冲片，阀片与缓冲片不需要导向块即能很好地导向，避免了导向块与阀片之间的摩擦。缓冲片可减小阀片对升程限制器的冲击，从而延长气阀的使用寿命。菌状阀的结构特点是，流通阻力小，即流过气阀的压力损失小；其缺点是，在同等面积的阀座上布置的菌状阀的流通面积相对于上述两种阀片要小，为此要适当提高气阀的升程。菌状阀不适宜在高压和超高压场合下使用，但在实际使用中，由于该阀芯部分存在应力集中问题，尤其在高压差中应用容易断裂，现取消了伞形结构改为直通形，称为 MAGNET 阀。环状阀和网状阀的阀片用不锈钢制成或采用塑料阀片。塑料阀片质轻，强度大，耐冲击寿命长，密封性能好。菌状阀芯和 MAGNET 阀芯也是用高强度的塑料制成的，弹簧则用 17-4PH 的沉淀硬化不锈钢钢丝制作。

调节压缩机流量的卸荷器(见图 3-22)大多是用电磁阀控制压缩风操纵的，如压缩介质需要防氧的，就采用氮气。

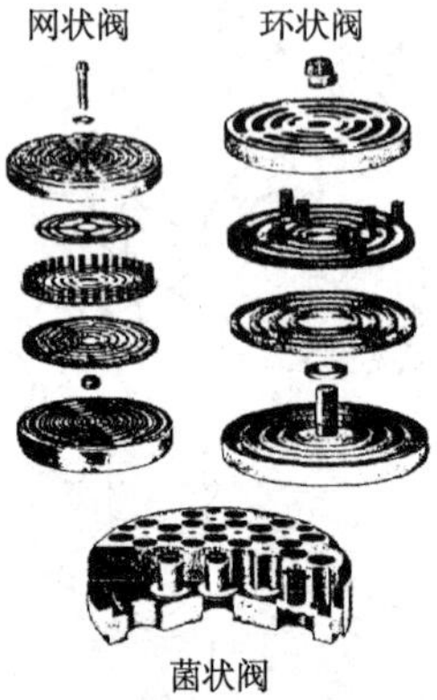

图 3-21　气阀

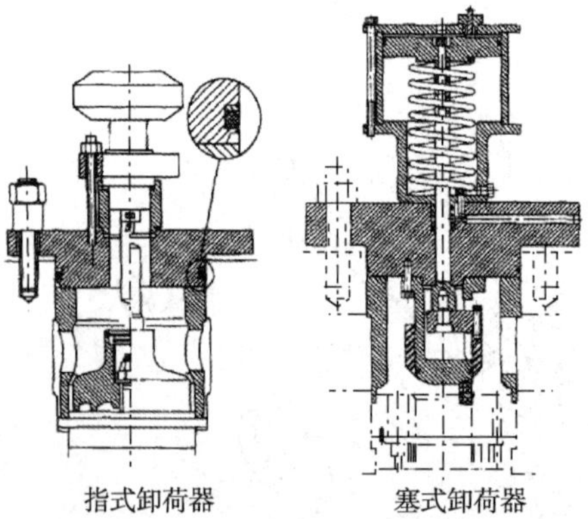

图 3-22　卸荷器

国内压缩机一般为有风卸载无风加载的，卸荷器常见塞式和指式两种。另外还有一种孔隙式，一般用于大型气缸上，国内压缩机制造商较少使用。

指式是指卸荷器的爪子在卸荷状态下像手指一样压在进气阀的阀片上，使阀片不能随气体的流动而动作，多用于环状阀和网状阀，要求每一个进气阀安装一个卸荷器。塞式卸荷器的阀芯类似于截止阀的阀芯，它一般安装在气缸的进气通道上。在卸荷状态下，阀芯是打开的，使气缸的进气通道与气缸腔相连通。正常操作时，阀芯将进气通道与气缸腔隔断。塞式卸荷器用于菌状阀或 MAGNET 阀居多，并可作为余隙调节用。

在气缸和活塞杆之间安装压力填料的目的是，防止加压的工艺气从活塞杆处泄漏出去。填料都是用填充石墨的聚四氟乙烯橡胶做的，填料的数量和类型由压力及用途确定。

作为氢压机，机身与气缸之间都必须采用双室结构的中间连接体，这是为了收集易燃、易爆气体设计的。为了防止氢气通过压力填料泄漏到大气中或进入机身内，在连接体的两个腔室中要引入氮气和放空、排凝等管线。氮气要注入压力填料和中间填料中，从压力填料中泄漏出来的少量氢气和氮气被引入一个集气罐中，集气罐与火炬线相连。靠近气缸的腔室放空至火炬或高点放空至大气中(根据环保要求而定)；而与机身相邻的腔室可就地放空，因为该腔内没有可燃气体存在。这种方式所使用的氮气量很小，而隔离效果最好。在有些炼油厂的氢压机中，人们把这两个腔室的放空线连在一起高点放空，这是很不安全的，因为气缸侧腔室内的氢气(从压力填料中泄漏出来的)容易窜入机身侧的腔室并进入机身。

往复式压缩机的润滑油系统除主油泵外都安装在一个单独的底座上。通常，主油泵由压缩机的主电机驱动。压缩机启动前向主轴承和十字头供油是依靠由单独电机驱动的辅助油泵，正常操作时由主油泵供油，因此不需要设高位油箱。

主油泵启动时应确保不要抽空，可设置灌泵线或其他措施。另外，油冷器中润滑油压应大于冷却水水压。

2. 往复压缩机的流量调节

往复压缩机的工艺流程往往要求调节流量。压缩机的流量调节依靠吸气阀的卸荷器可进行0%、50%、100%或0%、25%、50%、75%和100%(随气缸的配置而定)几级调节，也有采用卸荷器加调节余隙容积来满足工艺操作的要求。

更进一步调节流量的措施是，从压缩机末级出口通过调节阀控制介质返回压缩机一级入口缓冲罐的流量来实现的。也有采用逐级设置返回线来调节流量的方法。采用逐级返回的设计能够改善各级压缩比，但必须增设一些调节阀。

上述依靠卸荷器进行有级调节，再通过返回线调节达到无级调节，这种调节把高压级的氢气向低压级排放，损失了部分能量，很不经济。奥地利贺尔碧格公司(Hoerbiger)推出了一种无级调节的 HYDROCOM 系统。这种系统利用计算机控制卸荷器的动作，使吸气阀按规定的要求延迟关闭，达到无级调节流量的作用，而没有损失功率。目前，该系统在国内已有十几套使用业绩，取得了不错的效果，实现了节能降耗的目的。

(二) 离心式压缩机

离心式循环氢压缩机都是采用圆筒形壳体结构的。其结构主要由内筒体、机壳、轴承、密封和联轴器等部件(见图 3-23)组成。此外，系统中还包括润滑油、密封油站、油气分离器、密封高位油罐、干气密封站和紧急停车高位油箱等部件。

内筒体是离心压缩机的心脏部分，它由转子和定子两大部分组成。众所周知，离心式压缩机主要依据转子的高速转动，将气体加速，增加动能，然后将高速流动的气体通过定子部分的扩压器和弯道，将气体的流速降下来使其转变为压能并导入下一级叶轮。因此，离心式压缩机是一种高速旋转的机器，尤其对氢气介质来说，为了得到一定的压力或能量头，转速很高，有的要超过 1 万转，而且级数也多为 6~8 级。

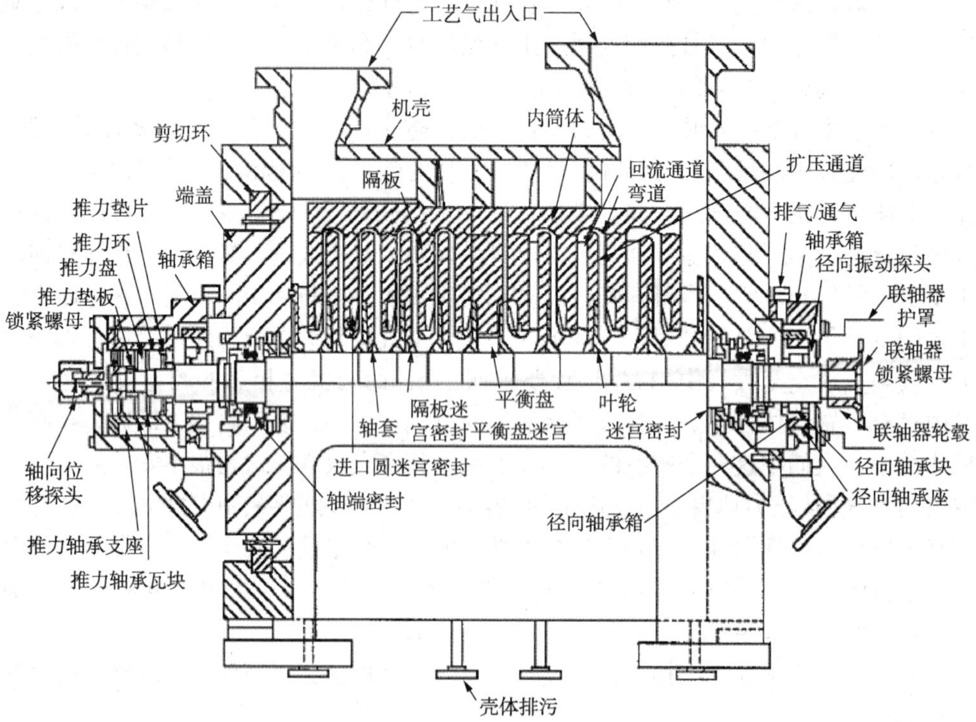

图 3-23　离心机剖面图

转子部分（见图 3-24）包括叶轮、主轴、轴套（级间轴套和轴端轴套）及平衡盘。叶轮是转子的主要部件，气体通过叶轮获得动能；平衡盘主要用于减小由叶轮两侧压力差所产生的推力。也有采用背靠背的叶轮布置方式来平衡轴向推力，从而取消平衡盘。转子在出厂前都要经过动平衡试验，以确保压缩机正常运行时转子振动值在允许范围内。

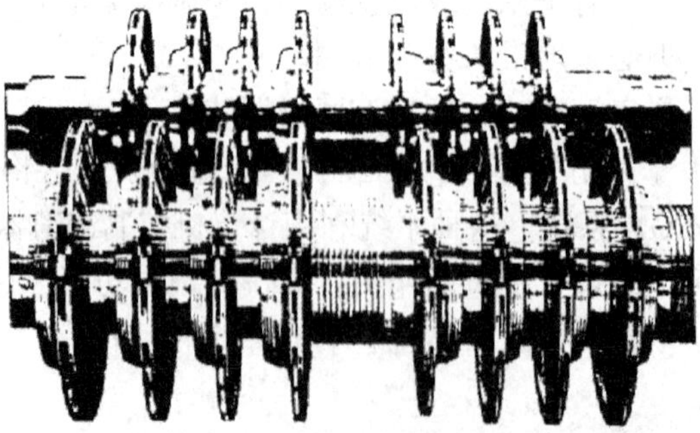

图 3-24　转子

定子部分也可分为进气段、隔板（包括扩压段、弯道和导流叶片）、蜗室和级间密封（迷宫式密封）。定子为轴向剖分结构，上半部与下半部用螺栓连接成筒体，转子则放置在它的中间。此外，两半部分各部件又在轴向位置上用螺栓固定起来组成两个半圆筒体，便于拆卸。

机壳为一圆筒形壳体，两端的头盖用螺栓与它连接，它们都是用锻钢制成的。轴端密封和轴承都安装在这两个头盖内。

径向轴承(见图3-25)承受转子重量，止推轴承承受转子在轴向上的不平衡力(平衡盘把大部分轴向力平衡掉了)。离心式压缩机是高速轻载旋转机械，皆采用压力润滑的油膜轴承。为了消除油膜振荡的不良影响，都采用多油楔调心瓦块。止推轴承有金斯伯雷型(见图3-26)，这种轴承的瓦块支撑在调整垫板上，使得所有的瓦块都能随着止推环的变形自动调整位置，从而使分布在各瓦块上的力更均匀。

图3-25　径向轴承

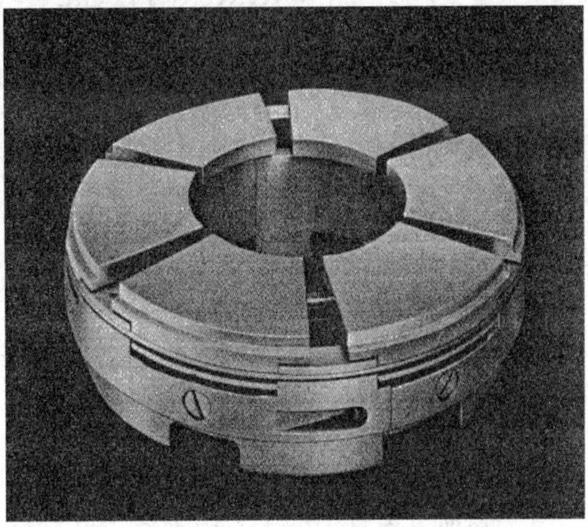

图3-26　止推轴承

轴端密封是防止气体从压缩机两侧轴伸处泄漏的重要部件，在氢压机中使用的主要有机械密封、浮环密封和干气密封。

机械密封与离心泵所使用的密封类似，它是依靠动环和静环的端面引成的油膜阻止气体向大气侧泄漏。油站提供密封油，这种密封最高使用压力达5.0MPa，密封所产生的污油量(与气体接触的油)较少。超过5.0MPa特别是超过12.0MPa的密封，一般都使用浮环密封。

浮环密封也是利用浮环与轴套之间形成的油膜达到密封的效果。它的结构简单，使用压力高，20世纪90年代之前，我国加氢裂化装置的循环氢压缩机大部分使用浮环密封。它的缺点是污油量大。对于高、中压的循环氢压缩机来说，由于润滑油和密封油压力相差甚远，又为了防止污油污染润滑油，有必要将润滑油站和密封油站分开。

干气密封(见图3-27)是近几十年来发展起来的一种新型密封装置，它依靠动环(表面为硬质合金)端面上的螺旋槽与静环(石墨环)形成微小的气隙，从而阻止气体的泄漏(有微量泄漏存在)。动环在转动中与静环是不接触的，其间引起的气隙黏度小，所耗功率的发热量都非常小，不需要密封油装置，对润滑油不会造成危害。据介绍，这种密封最高使用压力可达35MPa。国外已有上百套干气密封用在密封压力高达20.0MPa的压缩机上，其中多为氢压机。这种密封的价格较高。我国也已开发出干气密封装置并用于生产实践中。

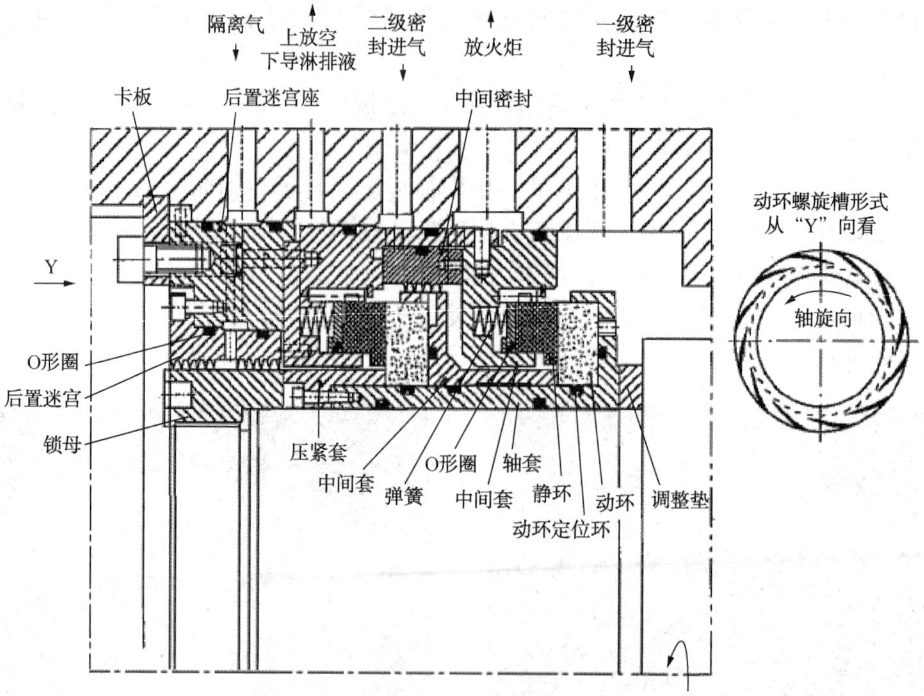

图 3-27　干气密封

八、加氢进料泵及其他泵

一套加氢装置中的工艺用泵多达近百台，除了进料泵、注水泵和硫化剂泵之外，其余大部分为一般工艺流程泵。前者输送介质的压力属中高压范围，后者属低压范围。

加氢进料泵为多级泵，根据美国 API 610 标准《石油、化学和气体工业用离心泵》的规定，应选用筒形泵壳，即径向剖分式泵体。这类泵的结构类似于离心式循环氢压缩机，不同之处在于内筒体的隔板(包括流道)不是两半片的，而是一个整体，叶轮和隔板是串起来的，一个套一个。隔板依靠径向螺栓连接在一起，叶轮用键与轴固定。泵盖用大螺栓与泵体连接。内筒体与泵盖之间采用可压缩的多层垫片密封，用以补偿泵体与内筒体由于热膨胀量不同而产生的压缩量。

像大多数泵一样，进料泵采用机械密封作为轴端密封。至于选择哪种类型的密封、冲洗液和急冷介质的来源以及管路布置等要求，在 API 610 的标准中都有明确规定。一般来说，进料泵的机械密封因介质的性质和操作条件的不同而不同，例如：渣油加氢进料泵，由于操作条件苛刻，采用金属波纹管单端面平衡型机械密封，冲洗液为外来的减压蜡油，辅助密封也采用节流衬套，但需注入低压蒸汽作为急冷介质，以防密封失效时高温介质泄漏而引发火灾。

压力润滑的轴承结构和离心式循环氢压缩机的类似，径向轴承为多油楔调心瓦块式，止推轴承为可自动调整的金斯伯雷型或米契尔型轴承。轴承润滑需要设置独立的润滑油站，该油站不但供泵轴承润滑用，而且也为电动机轴承(大功率电动机的轴承一般也采用压力润滑)和增速箱(如果有的话)提供润滑油。国外设计的泵，其主油泵均采用“轴头泵”，即主油泵安装在非驱动端的泵轴上或增速箱的低速轴端。油站中只需设一台由电动机驱动的辅助油泵。停泵时，主油泵随工艺泵逐渐停下来(惰转状态)，不需设高位油箱。而国内设计的泵，没有“轴头泵”，油站中放置两台由电动机驱动的油泵。为此，还需增设一台高位油箱，供泵紧急停车用，使泵的安装与操作复杂化。

由于注水泵操作扬程高，流量小，一般多级离心泵不易满足要求，可采用高速离心泵。

硫化剂泵属于计量泵。考虑到硫化剂易挥发且毒性大，可采用无泄漏膜片式计量泵。工艺介质与柱塞传递的液压油依靠聚四氟乙烯(FFFE)材质的膜片隔离，以防泄漏。膜片结构有单膜片和双膜片两种。双膜片更可靠，一旦任一膜片损坏，两膜片之间的隔离液会混合泵端的工艺介质或柱塞端的液压油，使其密度发生变化。此时，磁性浮子就会发出报警信号，提醒操作者注意。

九、高压管道器材及其选用

在各类装置所用的工程材料中，配管器材的投资约占整个装置投资的10%。在加氢处理装置中，高压管道尤其是不锈钢管道的管子、管件和阀门又占有较大的比重。因此，高压管道器材的合理选用，对装置建设的安全性和经济性是举足轻重的。

在钢管尺寸确定的前提下，应根据设计压力、设计温度、介质腐蚀程度、经济性和安全性等因素综合考虑，选择合适的钢管材质和壁厚，即满足经济性和安全性。过分地考虑经济性，就很可能不安全；过分地考虑安全性，就可能不经济。因此，经济性和安全性二者必须统一考虑。

首先要根据管内介质、设计压力和设计温度来选择钢管的材质。

加氢处理是在高温高压的操作条件下有氢气参与的反应过程，所使用的钢管必须在考虑高温强度的同时考虑氢脆和氢腐蚀。添加 Cr、Mo、W、V、Ni 等形成安定碳化物的元素，能增强耐氢性能。事实上，Cr-Mo 钢和奥氏体不锈钢作为抗氢钢使用是适宜的。对于耐高温、高压、氢气的材料的选择，应正确地应用纳尔逊(Nelson)曲线。

除氢气外，在加氢处理装置中，还存在其他腐蚀性介质，如硫化氢等。应根据腐蚀性介质的种类、浓度、温度、压力、流速等条件选择耐腐蚀材料，通常可以选择铬钼等合金钢材料。近年来，有的装置也有使用加厚的碳钢材料。究竟是用合金钢还是加厚的碳钢材料，应该做经济比较。但是，对于腐蚀严重的地方，不管温度高低，都应使用奥氏体不锈钢。

第三节 加氢装置设备主要腐蚀形式

一、高温 H_2S 腐蚀

加氢装置高温 H_2S 腐蚀实际上是 H_2S+H_2 的腐蚀，高温 H_2S+H_2 腐蚀通常是一种均匀腐蚀，主要发生于装置的高压区域、加热炉-反应器-热高分部位。

在高温情况下，硫化氢是加氢过程中不可避免的气体组分，除原料中带来的硫化物经加氢后产生 H_2S 外，在催化剂预硫化时，也需添加二甲基二硫(DMDS)等硫化剂。这部分硫化物，一部分参与催化剂上活性金属的硫化反应，多余部分则生成了 H_2S。此外，在装置运行过程中，为了保持催化剂活性金属的硫化状态，也要求循环氢中保持一定的硫化氢浓度。因此，硫化氢腐蚀是一个不容忽视的问题。硫化氢与铁反应生成硫化亚铁，反应式如下：

$$Fe+H_2S = FeS+H_2$$

FeS 是一种具有脆性、易脱落、不起作用的锈皮，对反应器、换热器及高压管线危害极大。影响硫化氢腐蚀速度的因素主要是材料结构、温度、加工物料的种类和硫化氢浓度。硫化氢在 200~250℃，对钢材不产生腐蚀或腐蚀程度甚微；当温度大于 260℃时，随着温度的升高腐蚀加剧，尤其温度在 315~480℃时，每增加 55℃，腐蚀速率增加 2 倍。硫化氢浓度越大、分压越高，腐蚀越厉害；在硫化氢体积浓度超过 1%时，腐蚀速率达到最大。

硫化氢的腐蚀不但危害设备及管线，而且这些腐蚀产生物被带进反应器内，将会堵塞床层，导致压差升高，影响开工周期。

防止高温硫化氢腐蚀的方法有：

（1）控制循环气中硫化氢浓度，不要超过规定范围；

（2）选用抗硫化氢腐蚀的钢材或采取防腐措施，如用不锈钢金属衬里或用渗铝钢等。

二、湿硫化物腐蚀

（一）湿硫化氢应力腐蚀环境定义及腐蚀机理

国家质量技术监督局 1999 年颁发的《压力容器监察规定》中对湿硫化氢应力腐蚀环境的定义如下：

（1）温度≤(60+2P)℃，P 为压力，MPa(表压)；

（2）硫化氢分压≥0.00035MPa，即常温水中的溶解度≥10mg/L；

（3）介质中含有液相水或处于水的露点以下；

（4）pH<9 或有氰化物(HCN)存在。

湿硫化氢的腐蚀主要是由电化学腐蚀和反应产生的氢原子扩散至钢中引起的。机理如下：

$$H_2S \longrightarrow H^+ + HS^-$$

$$HS^- \longrightarrow H^+ + S^{2-}$$

$$Fe^{2+} + S^{2-} = FeS\downarrow$$

$$Fe^{2+} + HS^- = FeS + H^+$$

$$2H^+ + 2e \longrightarrow 2H(\text{向钢中扩散}) \longrightarrow H_2(\text{阴极反应})$$

（二）湿硫化氢引起钢材损伤的形式

湿硫化氢引起钢材损伤的形式有：

（1）均匀腐蚀。由于电化学腐蚀引起的表面腐蚀，使壳壁减薄。

（2）氢鼓泡(HB)。腐蚀过程中析出的氢原子渗入钢中，在某些关键部位形成氢分子并聚集，引起界面开裂(不需要外加应力)，形成鼓泡，其分布平行于钢板表面。

氢鼓泡是钢中的一些平坦的、充满氢的、不连续的孔洞(如气孔、夹杂、分层、硫化物夹杂)。鼓泡经常产生在轧制厚钢板中，特别是那些由硫化物夹杂被拉伸后而产生的带状微观结构。钢中的硫含量是关键的材料参数。降低钢的硫含量可以减轻钢对氢鼓泡和对 HIC 的敏感性。

（3）氢致开裂(HIC)。氢致开裂可以定义为：金属内部不同平面上或金属表面邻近的氢鼓泡相互连接，而逐步形成的有阶梯状特征的内部开裂。钢中 MnS 夹杂物的带状分布增加 HIC 的敏感性。HIC 发生不需外加应力，开裂的驱动力是由氢鼓泡内部压力累积而在氢鼓泡周围形成的高压。在这些高压区之间不同的平面上的鼓泡相互连接，从而导致钢材内部裂纹的产生和发展。

鼓泡内压力的累积与钢材中氢的固溶量有关。钢中氢的来源是钢与湿硫化氢反应产生的，在这个反应中必须有水的存在。氢的固溶量与两个环境参数有关——pH 值和水中的 H_2S 含量。人们发现，钢中氢的固溶量在 pH 值接近中性的溶液中最低，而在 pH 值较低和较高的溶液中增加。在较低 pH 值中的腐蚀原因是 H_2S，反之在高 pH 值中的腐蚀是因为高浓度的二硫化物离子。在高 pH 值溶液中存在氰化物，能够加剧氢渗透到钢材中。目前，已知氢渗透随 H_2S 含量(例如 H_2S 在气相中的分压，或液相中的 H_2S 含量)的增加而增大。水中含有 50μg/g H_2S 这样小浓度也足以引起 HIC。

(4) 应力导向氢致开裂(SOHIC)。SOHIC 可定义为大量的小的鼓泡由于氢致开裂在局部的高拉应力作用下在钢板厚度方向上的联合。SOHIC 是 HIC 的一个特别形式，经常出现在母材的焊缝和热影响区附近。因为在压力(来自内部的压力)和焊后残余应力的联合作用下，此处产生了最大的应力。HIC 厚钢板的质量是对 SOHIC 敏感性的关键参数。另外，通过焊后热处理(PWHT)可以减缓 SOHIC 的产生和减轻强度，但不能消除它。应力作用的水平也影响着 SOHIC 的发生和强度。

(5) 硫化物应力腐蚀开裂(SSCC)。硫化氢腐蚀产生的氢原子渗透到钢的内部，溶解于晶格中，导致脆化，在外加拉应力或残余应力作用下形成开裂。

SSCC 是由于在金属表面进行的硫化腐蚀过程中产生了氢原子而发生的氢应力开裂。SSCC 通常容易发生在高强度(高硬度)钢的焊接熔合区或在低合金钢的强热影响区处。SSCC(应力腐蚀开裂)的敏感性与渗透到钢材内的氢的量有关，这主要与 pH 值和水中的 H_2S 含量这两个环境因素有关。目前已知，钢材对 SSCC 的敏感性随 H_2S 含量(例如 H_2S 在气相中的分压，或液相中的 H_2S 含量)的增加而增大。

SSCC 的敏感性主要与材料的两种物理参数有关：硬度和应力水平。随着硬度的增加，钢对 SSCC 的敏感性也在增加。通常，用于湿硫化氢环境的碳钢压力容器和管道不考虑 SSCC，因为它们具有较低的硬度(强度)。然而，焊接后的焊缝熔合区和热影响区具有高的残余应力。高的残余拉应力与焊缝结合增加了钢对 SSCC 的敏感性。

控制硬度和减少残余应力是防止 SSCC 的方法，焊后热处理能够有效减少残余应力。对于以湿硫化氢为主要腐蚀介质的环境，主材选用应符合下列要求。

(1) 对于有少量凝结水的气相介质环境，当气相硫化氢分压小于 0.00035MPa 时，主材应选用碳钢；当气相硫化氢分压大于或等于 0.00035MPa 时，主材宜选用碳钢，并满足抗硫化物应力腐蚀开裂要求。

(2) 对于液相或气液混相的介质环境，主材的选用应注意以下方面：

① 当介质中的硫化氢含量小于 50μg/g 时，主材可选用碳钢。

② 当介质中的硫化氢含量为 50~10000μg/g 时，如果液相的 pH 值为 5.5~7.5，主材可选用碳钢；如果液相的 pH 值小于 5.5 或大于 7.5，无缝钢管宜选用碳钢，并满足抗 SSCC 要求，而钢板焊制钢管宜选用抗氢致开裂碳钢。

③ 当介质中的硫化氢含量大于 10000μg/g 时，无论介质的液相呈中性、酸性还是碱性，钢板焊制钢管均宜选用抗氢致开裂碳钢，而无缝钢管可选用碳钢，并满足抗 SSCC 要求。

④ 当所选材料的均匀腐蚀速率大于 0.25mm/a 时，应考虑提高选材等级或采取其他措施。

(三) 防止湿硫化氢腐蚀的措施

对介质中硫化氢含量低、腐蚀不太严重的，往往采用普通的碳素钢，适当加大腐蚀余量，并在制造程序上加入消除应力的焊后热处理。对腐蚀性中等的场合，可选用抗氢致开裂钢材，国外应用最为普遍的是SA561-Gr. 65，70(HIC)(与16Mn相似)。对腐蚀性非常苛刻的工况，可采用隔绝的方法，即在内壁上(或堆焊)一层抗腐蚀金属，如铁素体不锈钢、双相不锈钢、镍合金或防腐镀层。

三、氢脆

所谓氢脆，就是由于氢残留在钢中所引起的脆化现象。产生了氢脆的钢材，其延伸率和断面收缩率显著下降。这是由于侵入钢中的原子氢，使结晶的原子结合力变弱，或者作为分子状态在晶体或杂物周边上析出的结果。但是，在一定的条件下，若能使氢彻底地释放出来，钢材的力学性能仍可恢复。这一特性与氢蚀截然不同，所以氢脆是可逆的，也称作一次性脆化现象。对于在高温高压环境下，在操作状态下，设备器壁会吸收一定量的氢。在停工过程中，冷却速度太快，温度低于150℃时易引起亚临界裂纹扩展，对设备的安全使用带来威胁。

防止氢脆的对策：

(1) 尽量减少应变幅度，这对于改善使用寿命很有帮助。采取降低热应力和避免应力集中等措施都是有效的。

(2) 尽量保持TP347堆焊金属或焊接金属有较高的延展性。

(3) 装置在停工时降温速度不宜过快，且停工过程中应使钢材中吸收的氢尽量释放出来(分阶段恒温脱氢，温度一般在260~427℃)，以减少器壁中的残留氢含量。另外，尽量避免非计划停工(紧急放空)也是非常重要的，因为此情况下器壁中的残留氢浓度会很高。

四、连多硫酸腐蚀开裂(PTA)

应力腐蚀开裂是特定(敏感)金属在拉应力和特定腐蚀介质共同作用下所发生的脆性开裂现象。奥氏体不锈钢对于硫化物应力腐蚀开裂比较敏感。连多硫酸($H_2S_xO_6$，$x=3\sim6$)引起的应力腐蚀开裂也属于硫化物应力腐蚀开裂，一般表现为晶间裂纹。所出现的连多硫酸是由于设备在含有高硫化氢的气氛下操作时生成了硫化铁，在炼油装置停工过程中，系统降温降压后，有水汽被冷凝下来或打开设备检修时，设备和管线内部与湿空气接触。硫化铁与水和氧发生化学反应，就有亚硫酸和连多硫酸生成，从而产生腐蚀。在石化工业装置中，奥氏体不锈钢或管道发生硫化物应力腐蚀开裂常有见到。连多硫酸应力腐蚀开裂在加氢装置中也都发生过。其反应方程式如下：

$$3FeS+5O_2 \longrightarrow Fe_2O_3 \cdot FeO+3SO_2$$

$$SO_2+H_2O \longrightarrow H_2SO_3$$

$$H_2SO_3+0.5O_2 \longrightarrow H_2SO_4$$

$$FeS+H_2SO_3 \longrightarrow mH_2S_xO_6+nFe^{2+}$$

$$FeS+H_2SO_4 \longrightarrow FeSO_4+H_2S$$

$$H_2SO_3+H_2S \longrightarrow mH_2S_xO_6+nS$$

$$FeS+H_2S_xO_6 \longrightarrow FeS_xO_6+H_2S$$

防止奥氏体不锈钢产生连多硫酸腐蚀最好采取以下几点措施：

(1) 材质一般采用超低碳型($C \leq 0.03\%$)或稳定性的不锈钢(SUS321、SUS347)，采用奥氏体+铁素体双相不锈钢也有较好的效果，它对连多硫酸应力发生开裂不敏感。

(2) 制造上要求尽量消除或减轻由于冷加工和焊接引起的残余应力，并注意加工成应力不集中或应力集中尽可能小的结构。实验表明，连多硫酸腐蚀开裂裂纹发生的时间对数值与应力大小大致呈直线关系。另外，为了不使碳化物在晶间析出，在加工后应进行固溶化热处理(约 1100℃，急冷)，实行稳定化处理(870~950℃)，也可降低材料的敏感性。

(3) 奥氏体不锈钢设备或管线的金属表面保持干燥，即不与空气和水接触或处于热状态下。即装置停工后，对不需检修的奥氏体不锈钢设备或管线用阀门或盲板封闭起来，内充氮气保持正压，使其隔绝空气。如果温度低于 38℃会产生液态水，则要将无水氨注入系统内，浓度大约为 5000mg/m^3。特别是加热炉管，在停工检修时，保持其温度在 149℃以上，使其干燥。

(4) 对于需要检修的奥氏体不锈钢设备、管线和不能保持 149℃以上的加热炉管，应用 1.5%~2%的碳酸钠或氢氧化钠溶液进行中和冲洗。冲洗后，务必用不含氯化物的除盐水冲洗，以防止残留碱留在表面而造成碱脆或开工时被带到催化剂上，影响活性。在溶液中增加 0.5%的硝酸钠，可以减少不锈钢发生氯化物应力腐蚀开裂的可能性，但必须防止溶液中加入过量的硝酸钠(不大于 0.5%)，以免引起碳钢应力腐蚀开裂的危险。

(5) 尽可能减少奥氏体不锈钢金属表面裸露在可能产生应力腐蚀的环境中的时间。

总之，每次停工前都要根据停工时间的不同，编制奥氏体不锈钢防护的具体措施。

五、氯化物应力腐蚀开裂(ClSCC)

奥氏体不锈钢的氯化物应力腐蚀发生在含有氯化物和水的环境中。对氯化物应力腐蚀开裂的敏感性，依赖于氯离子的浓度、温度及其他因素。主要位于装置高压盲区部位、注水部位、蒸汽发生器部位。应当强调的是，由于部分水的汽化，水中氯化物的浓度在潮湿或干燥条件下会比在体积溶液中测得的浓度更高，这种情况下的氯化物应力腐蚀开裂的敏感性较高。氯化物应力腐蚀开裂最可能发生在金属温度高于 66℃的情况下。

有 Cl^-存在时，18-8 型奥氏体不锈钢对点腐蚀特别敏感。点腐蚀在生产中是很危险的，它在一定区域内迅速发展，并往深处穿透，以致设备因局部地区破坏而损坏，或因个别地方穿孔而发生渗漏。产生点腐蚀的原因可能是不锈钢表面钝化膜(氧化膜)有个别地方是薄弱的，也可能是局部地方有夹杂或不平整。液体中的活性 Cl^-也很容易被表面钝化膜吸附。在钝化膜比较薄弱的局部地区，氯离子在表面排挤氧原子，并取代氧原子的位置。取代之后，在吸附时，Cl^-的位点上就产生可溶性的氯化物，这样就在此地方逐渐形成小孔。形成小孔后，造成了不利的局面，即小孔为阳极，被钝化表面为阴极，阴极面积大而阳极面积小。这样构成的腐蚀电池，将大大加快腐蚀速度。点腐蚀的坑穴多了，相连起来，则形成裂纹，造成钢材恶性破坏。为了避免氯离子对奥氏体不锈钢的腐蚀，对奥氏体不锈钢设备及管线清洗或试压，所用的水中氯化物含量要求小于 30μg/g。

发生不锈钢氯化物应力开裂应满足的条件如下：需要有氯化物、游离水、溶解氧、拉伸应力，且温度在 60~210℃之间。因此避免发生不锈钢氯化物应力开裂应减少氯化物进入系统(包括原料油和新氢)，减少低温部位游离水的生成；易于积存氯化物的部位，能够排液要定期排放，减少聚集发生腐蚀。

六、高温氢腐蚀(HTHA)

（一）腐蚀机理

高温氢腐蚀发生在暴露于高温、高氢分压下的碳钢和低合金钢中。它是氢原子扩散到钢中并与微观组织中的碳化物发生反应的结果。

有两种反应和高温氢腐蚀相关，第一个是氢分子(H_2)分解成能在钢中扩散的氢原子(H)。

$$H_2 \longleftrightarrow 2H(\text{氢分解})$$

在高温和高氢分压下，形成原子氢的反应更容易发生。因此，当温度和氢分压都增大时，发生高温氢腐蚀的驱动力会增加。第二个反应发生在原子氢和金属碳化物之间。

$$4H+MC \longleftrightarrow CH_4+M$$

设备发生的高温氢腐蚀分为两种形式：一是表面脱碳，表面脱碳不产生裂纹，一般影响很小；二是内部脱碳与开裂，它是由于氢侵入扩散到钢中与固溶碳或不稳定的碳化物发生化学反应，生成甲烷。而甲烷不能逸出钢外，就聚集在晶界空穴和夹杂物附近，形成很高的局部应力，导致钢材产生龟裂、裂纹和鼓泡，并使强度、延性和韧性显著下降。此脆性具有不可逆的性质，也称永久脆化现象。高温高压氢引起的钢的损伤要经过一段时间，在此段时间内，材料的力学性能没有明显的变化；而经过这段时间后，钢材的强度、延性和韧性就会遭到严重损伤。发生高温氢腐蚀前的这段时间称为“孕育期”(或潜伏期)。

（二）产生氢腐蚀的因素

(1) 操作温度、氢的分压和暴露时间。温度越高或者压力越大，发生高温氢腐蚀的起始时间越早。氢分压8.0MPa是个分界线，低于此值影响比较缓和，高于此值影响比较明显。操作温度200℃是个临界点，高于此温度钢材氢腐蚀程度随介质的温度升高而逐渐加重。氢在钢中的浓度可以用下面公式来表示：

$$C=134.9P^{1/2}\exp(-3280/T) \tag{3-1}$$

式中，C 为氢浓度，μg/g；P 为氢分压，MPa；T 为温度，K。

从式(3-1)可看出，温度对钢中氢浓度的影响比系统氢分压更显著。

在高温高压氢的作用下，钢材的破坏往往不是突然发生的，而是需要经历一个潜伏期。潜伏期的长短与钢材的类型和暴露条件有关。条件苛刻，潜伏期就短，甚至几小时就会发生破坏；在高温低压条件下，潜伏期可能就长一些。知道钢材的氢腐蚀潜伏期后，对掌握设备的安全运转时间有很重要的意义。

(2) 钢材中合金元素的添加情况。在钢中不能形成稳定碳化物的元素(如镍、铜)对改善钢的抗氢腐蚀性能毫无作用；而在钢中添加形成很稳定碳化物的元素(如铬、钼、钒、钛、钨等)，就可以使碳的活性降低，从而提高钢材抗氢腐蚀能力。关于杂质的影响，针对2.25Cr-1Mo钢的研究已发现，锡、锑会增加甲烷气泡的密度、大小和生成速率。

(3) 加工过程。钢的抗氢腐蚀性能与钢的显微组织也有密切关系。回火过程对钢的氢腐蚀性能也有影响。对于淬火状态，只需很短时间加热就出现了氢腐蚀。但是一施行回火，且回火温度越高，越可形成稳定的碳化物，抗氢腐蚀性能就越得到改善。另外，对于在氢环境下使用的铬钼钢设备，施行焊后热处理同样具有提高抗氢腐蚀能力的效果。曾有实验证明，2.25Cr-1Mo钢焊缝若不进行热处理的话，则发生氢腐蚀的温度将比纳尔逊曲线表示的温度低 100℃以上。

（4）钢材受的热应力。在高温氢气中，钢材的蠕变强度会下降，特别是由于二次应力（如热应力或由冷加工所引起的应力）的存在会加速高温氢腐蚀。当没有变形时，钢材具有较长的“孕育期”，随着冷变形量增大，“孕育期”逐渐缩短；当变形量达到 39%时，则在任何实验条件下都无“孕育期”，只要暴露在此条件的氢气中，裂纹立刻产生。因此，对于临氢压力容器的受压元件，应重视采用热处理消除残余应力。

（三）防止高温氢腐蚀的措施

要防止高温氢腐蚀现象的出现，就要从以下几点考虑：

（1）可根据纳尔逊曲线来正确选择能抵抗高温氢腐蚀的材料；采用抗氢腐蚀的衬里（如 0Cr13、1Cr18Ni9Ti 等）。

（2）尽量减少钢材中对高温氢腐蚀产生不利影响的杂质元素（如 Sn、Sb）的含量。

（3）制造中或在役中的返修补焊后必须进行焊后热处理。

（4）操作中严防设备超温。

（5）控制外加应力的水平。

（6）在实际应用中，对于一台设备来说，焊缝部位的氢腐蚀更不可忽视。因为通常焊接接头的抗氢腐蚀性能不如母材，特别是热影响区的粗晶区附近更应引起重视。

（7）增加钢中合金的含量，进而提高碳钢在有氢条件下的稳定性，可减缓 HTHA。仅含有 Fe_3C 碳化物的碳钢，其抗 HTHA 性能大大低于任何一种含 Cr、Mo 碳化物的 Cr-Mo 合金钢，因为 Cr、Mo 碳化物更加稳定，具有更高的抗 HTHA 性能。

七、Cr-Mo 钢的回火脆化

（一）Cr-Mo 钢回火脆化的特征

Cr-Mo 钢的回火脆性是将钢材长时间保持在 370～575℃或者从该温度范围缓慢冷却时，其材料的断裂韧性就引起劣化损伤现象。材料一旦发生回火脆化，材质冲击韧性明显降低，其延脆性转变温度向高温侧迁移。回火脆化除上述现象和特征外，还具有如下两个特征：

（1）这种现象是可逆的，也就是说，将已脆化了的钢加热到 600℃以上，然后急冷，钢材就可以恢复原来的韧性；

（2）一个已经脆化了的钢试样的断口上存在着的晶界破裂，把该试样加热和急冷时，破裂就可以消失。

Cr-Mo 钢化学成分中的杂元素对回火脆性影响很大，P、Si、Mn 含量高时对脆化都有促进作用。在热处理过程中，奥氏体化的温度和奥氏体化的冷却速度将对回火脆性产生很大的影响。

（二）防止 Cr-Mo 钢产生回火脆化的措施

回火脆性是 Cr-Mo 钢的特性，在加氢反应器中不可避免。经过大量的实验和研究，针对影响回火脆性的各种因素，在实际制造过程和使用过程中，一般采用以下措施。

1. 控制原材料中有害元素

回火脆化是由于钢材中夹杂物与合金元素在晶界析出。钢材中磷和锡的含量对回火脆化性能的影响很大；当锰和硅在钢中同时存在时，情况变得更为严重。通常，同时考虑这几种元素的影响而建立了“*J*”系数来表述钢材的回火脆化敏感性。“*J*”系数由下式求得：

$$J=(Si+Mn)\times(P+Sn)\times10^4(\text{母材}) \quad (3-2)$$

式中各元素以质量分数代入。

*J*系数反映了材料回火脆化倾向的大小程度，*J*越高，倾向越大。

2. 控制焊缝金属的回火脆化敏感性

Cr-Mo钢焊缝同样存在着回火脆化问题，焊缝金属的抗回火脆性性能与焊接材料本身有关，同时与焊接工艺、焊接冶金过程有关。因此，采用控制钢材化学成分的办法还不足以控制焊缝的抗回火脆性性能。研究表明，*J*系数不适用于焊缝金属。因此，目前对焊缝金属一方面要求控制*X*系数，另一方面采用韧性指标来控制。

$$X=(10P+5Sb+4Sn+As)\times10^{-2}\leqslant15\mu g/g(\text{焊缝}) \quad (3-3)$$

式中，各元素单位以μg/g代入。

*X*系数反映了材料中有害元素的总量对材料回火脆性的影响，*X*越大，影响越大。

回火脆化的一个重要特点是，焊缝及热影响区金属的脆化敏感性比母材金属的高得多。一些研究表明，2.25Cr-0.5Mo和3Cr-1Mo的回火脆性敏感性特别高，1.25Cr-0.5Mo钢的回火脆化敏感性仍存在争议。

3. 采用热态型的开停工方案

当设备处于正常的操作温度时，是不会发生由回火脆化引起的破坏的，因为这时的温度要比钢材的脆性转变温度高得多。但是2.25Cr-1Mo钢制设备经长期的使用后，若有回火脆性，包括母材、焊缝在内，其转变温度都有一定的提高。在这种情况下，开停工过程中就有可能产生脆性破坏。因此，在开停工时必须采用较高的最低升压温度，这就是热态型的开停工方法。开工时先升温后升压，停工时先降压后降温，严格执行在给定限制温度下，压力不得超过材料屈服极限的20%。随着设备制造材料抗回火脆性能力的提高，这个限制的温度逐渐由200℃降到93℃。

热态型的开停工的好处有：在长期高温、高压条件下，Cr-Mo钢或多或少都已存在一定的回火脆化，即材料的延脆性转变温度有了一定提高，若先降温再降压，在有压力条件下或材料处于延脆性转变温度区以下，很容易发生因材料脆化而引起裂纹，造成破坏或隐患。先降压，即使材料后来处于同样转变区，但由于外力，产生裂纹的概率也会大大减小。在操作状态下，由于临氢，材料内部已有相当数量的氢扩散，若先降温，氢在材料内不易扩散出来而聚集，也会引起开裂事故或破坏。先降压，氢处于高温环境下相当于消氢处理(制造中的)，氢可充分从材料内部扩散出来，使材料内氢含量大大降低，因此产生氢引发脆化的可能性也大大降低。

4. 控制应力和升(降)温速度

已脆化了的钢材发生脆性破坏的突然性是与应力水平和缺陷大小两个因素有关的。当材料中的应力值很高时，即使很小的应力值也可以引起脆断。因此，应将应力控制在一定的水平。另外，在开停工时也要避免由于升降温的速度过大，使反应器主体和某些关键部件形成不均匀的应力分布而引起较大的热应力。当温度小于150℃时，升降温速度不宜超过25℃/h。

八、奥氏体不锈钢堆焊层的氢致剥离

加氢装置中，用于高温高压场合的一些设备(如反应器)，为了抵抗硫化氢的腐蚀，在内表面都堆焊了几毫米厚的不锈钢堆焊层，多为奥氏体不锈钢。

从宏观上看，剥离的路径是沿着堆焊层和母材的界面扩展的，在不锈钢堆焊层与母材之间呈剥离状态，故称剥离现象；从微观上看，剥离裂纹发生的典型状态有沿着熔合线上所形成的碳化铬析出区和沿着长大的奥氏体晶界扩展两大类。

堆焊层剥离现象的主要原因：对于高温高压下氢环境操作的反应器，氢会侵入扩散到器壁中。由于制作反应器本体材料的 Cr-Mo 钢(2.25Cr-1Mo 钢)和堆焊层使用的奥氏体不锈钢(Tp.309 和 Tp.347)的结晶结构不同，因而氢的溶解度和扩散速度都不一样，使堆焊层界面上氢浓度形成不连续的状态。当反应器从正常运行状态停工冷却到常温状态时，氢在母材中的溶解度的过饱和度要比堆焊层大得多，使在过渡区(堆焊金属被母体稀释引起化学成分变化的区域)附近吸收的氢将从母材侧向堆焊层侧扩散移动。而氢在奥氏体不锈钢中的扩散系数却比 Cr-Mo 钢的小，所以氢在堆焊层内的扩散就很慢，导致氢在过渡区界面上的堆焊层侧聚集大量的氢而引起脆化。另外，由于母材和堆焊层材料的线性膨胀系数差别较大，过饱和溶解氢结合成分子引起的氢气压力将导致很高的应力。上述原因有可能使堆焊层剥离，剥离并不是从操作状态下冷却到常温而立即发生，而是经过一段时间以后(需要一定的孕育期)才可观察到这一现象。

在众多影响堆焊层剥离的因素中，操作温度和氢气压力是最重要的参数，氢气压力和操作温度越高，越易发生剥离。因为它们与操作状态下侵入反应器器壁中的氢量有很大关系：氢气压力越高、温度越高，侵入的氢量越多。

在高温高压氢气中暴露后，其冷却速度越快，越容易产生剥离。因为冷却速度的快慢对堆焊层过渡区上所吸收的氢量有很大的影响。此外，焊后热处理也会对剥离产生重要的影响。

在操作中严格遵守升温、升压和降温、降压的规定，并且控制一定的降压速度(通常为1.5~2.0MPa/h)，有利于钢材中吸收气体的逸出，减少内应力，在一定程度上对控制剥离有积极作用；同时严禁超温、超压操作，尽量避免非计划的紧急停车，并且对反应器内壁做定期检查。

九、H_2S-NH_3-H_2O 型腐蚀特征

加氢装置中，由于常含有硫和氮，经加氢之后，其反应流出物中就产生了 H_2 和 NH_3 等腐蚀介质，且互相发生反应生成硫化氢铵，即 $NH_3+H_2S \longrightarrow NH_4HS$。硫化氢铵的升华温度为 120℃，因而此流出物在高压空冷器内被冷却的过程中，常在空冷器和下游管道中出现固体 NH_4HS。为避免固体 NH_4HS 的产生导致换热效率降低或系统压降增加，一般利用其易溶于水的特性，在空冷的上游注水予以冲洗。在此过程中需要注意防范 H_2S-NH_3-H_2O 型腐蚀。此腐蚀发生的温度范围为 38~204℃，正好是此类空冷器的通常使用温度区间。这种腐蚀多半是局部性的，一般多发生在高速区或湍流区及死角的部位(如管束入口或转弯等部位)。

影响此腐蚀的主要因素有：

(1) 氢和硫化氢的浓度。浓度越大，腐蚀越严重。

(2) 管内流体的流速。流速越快，腐蚀越剧烈，当流速过低，会使铵盐沉积，导致管子的局部腐蚀。

(3) 某些介质的存在的影响。氰化物的存在，对腐蚀产生强烈的影响，氧的存在(主要随注入的水而进入)也会加速腐蚀，等等。

十、加氢主要设备的腐蚀

（一）加氢反应器

1. 加氢反应器的损伤形式

由于热壁加氢反应器是在高温、高压、临氢及硫和硫化氢介质条件下使用的设备，这就决定了该设备在使用过程中将会出现的损伤形式较多，如表 3-1 所示。

表 3-1 加氢反应器可能发生的损伤形式

缺陷种类	产生缺陷温度和现象	缺陷存在部位
回火脆化	长期在 350～593℃下使用，不纯物在晶界偏析，产生脆化，材料脆性转变温度向高温侧迁移	钢母材、焊缝金属
氢腐蚀裂纹	长期在 250℃以上温度使用，介质与钢产生表面和内部脱碳	钢母材、焊缝金属
氢致裂纹	高温操作后急冷	钢母材、焊缝热影响区
蠕变裂纹	>400℃蠕变区域	反应器开口锻件与壳体连接部位、焊缝热影响区
奥氏体不锈钢焊接部位的脆裂纹	高温操作扩散入钢内，停工后冷却速度快，易开裂	反应器内部堆焊层、内构件连接焊缝、垫片密封槽
奥氏体不锈钢堆焊层的剥离应力集中裂纹	高温操作后急冷使母材与堆焊层界面分离，由于结构的不连续性和温度应力产生的集中应力	筒体、封头堆焊层裙座与封头连接部位，外构件连接部位
奥氏体不锈钢连多硫酸应力腐蚀裂纹	反应器停工后堆焊上的 FeS 与湿空气中的氧和水反应，产生连多硫酸应力腐蚀裂纹	反应器内构件和内部堆焊层

2. 防止加氢反应器发生损伤的措施

为防止加氢反应器有可能发生的各种脆性损伤，在使用、开停工或停工卸剂、进行在役检验时，采取以下措施是很有效的：

（1）对采用回火脆性敏感性较强的钢材制造的反应器，在初次开工运行后的重新开停工时，应采用热态开停车方案，即开工时先升温再升压，停工时先降压再降温；

（2）在停工过程中宜有一段 300～350℃的保持时间，让操作时所吸藏的氢尽可能地散逸出器壁外，以最大限度地减少器壁中的残留氢含量；

（3）开停工时必须严格执行操作手册的要求，防止形成较大的热应力，推荐开工和停工时的升温及降温速度分别不超过 30℃/h 和 25℃/h；

（4）要尽量避免非计划停工；

（5）当反应器安装或停工检验而打开顶部人孔时，一定要设置合适的防护措施，防止雨水飘入器内；

（6）采取有关措施防止器内有奥氏体不锈钢部位可能产生连多硫酸应力腐蚀开裂。

3. 加氢反应器的在役检验

在役检验的主要目的是检查出反应器在使用条件（包括所经历的各种工况）下新产生和

发展的缺陷(主要是裂纹)，并复查过去已经检验出的记录缺陷；对发展或扩展的缺陷进行定性、定量和定位分析，然后应用断裂力学原理予以评价，以确定其是否可以继续使用还是需要修补或处理，并评估与推断其继续运行到下一周期的安全可靠性。

在役反应器可能发生的也是使用者最关心的缺陷，主要是线型(平面型)缺陷(如裂纹等)，而且这类缺陷往往从应力集中部位的表面萌生。为此，在役检验主要采用无损检测的方法，如目视检查(VT)、磁粉检测(MT)、渗透检测(PT)、超声检测(UT)、超声模拟成像(TOFD)。

(二) 高压空冷器

加氢装置高压空冷器的腐蚀类型主要是 $H_2S+HCl+H_2O+NH_3$腐蚀，一般认为，碳钢在250℃以下的无水硫化氢中基本不腐蚀，但在系统存在水时，将对金属产生明显的腐蚀。由于空冷采用下部强制给风，空冷器的底部管道温度最低，工艺物流中氨和硫化氢及氯化物反应生成的 NH_4HS 和 NH_4Cl 极易在该部位结晶析出沉积，在少量水存在的情况下形成垢下腐蚀。由于形成垢下腐蚀后发生强烈的金属溶解，产生大量的金属阳离子 Fe^{2+}，使溶液中的正电荷过剩，吸引外部的 HS^-和 Cl^-借电泳作用移动到腐蚀发生的部位，造成了 HS^-和 Cl^-的富集，使得该部位溶液的 pH 值下降。同时，生成的 FeS 保护膜由于 NH_4SH 和 HCl 的存在而被破坏，使得腐蚀进一步加剧，生成更多的阳离子，这样又吸引更多的阴离子进来。如此循环往复，形成一个自催化过程，随着时间的推移而加速进行。因此，如果系统一旦形成 NH_4HS和 NH_4Cl 的垢物，在少量水存在的情况下，会发生十分严重的局部腐蚀。

1. 高压空冷器腐蚀的影响因素

1) K_p 值对腐蚀性的影响

$$K_p=[H_2S]\times[NH_3] \tag{3-4}$$

式中，K_p为物流的腐蚀系数；$[H_2S]$为物流中 H_2S 浓度,%(摩尔)；$[NH_3]$为物流中 NH_3浓度,%(摩尔)。

K_p 等于进入高压空冷器的干燥烃物流中 NH_3的摩尔分数与 H_2S 的摩尔分数的乘积，干燥烃物流包括气相和液相的所有烃类，但不包括水。$K_p \geqslant 0.5$ 时，设备腐蚀十分严重，但腐蚀的严重性和 K_p 值并非完全相关。虽然腐蚀的严重性随 K_p 值的增加而增加，但是当 K_p 值在 0.02 以下时，无法测量到腐蚀。

2) 硫化氢浓度的影响

硫化氢引起钢铁的腐蚀可以使整个金属表面均匀地减小厚度，也可以使金属表面腐蚀而凹凸不平。当生产现场的设备及构件遭受硫化氢腐蚀时，往往在系统的某些死区有大量的黑色硫化铁腐蚀产物堆积。在静态或流速不太大的腐蚀环境中，在适当的 pH 值下，金属硫化物能在金属表面形成一层保护膜。金属的腐蚀程度随硫化氢含量的增加而加剧。

3) 流速的影响

在 NH_4HS 的存在下，碳钢形成一层疏化铁保护薄膜，工艺流体的化学性质决定这层薄膜与下层钢材的附着好坏。根据表面附着情况不同，薄膜会被中速或高速的流体冲蚀掉。当这种冲蚀发生的时候，局部侵蚀立即产生。1976 年美国防腐蚀工程师协会的调查表明，在流速超过 6m/s 时，很有可能发生严重腐蚀。对于某些装置来说，在额定流速 3m/s 或者更低的流速下，也有可能发生严重的垢下腐蚀。

4）管箱设计的影响

平衡管箱的设计意图是使油、水和气相在各管束之间平均分配，从而将管束与管束之间的流体速度差别降低到最小限度。只要平行管束的数量等于 2^n(n 为任意整数)，平衡布置就是可能的。不平衡的管箱设计会造成流速的不平衡分布和洗涤水的不平均分配，尽管额定流速和 NH_4HS 浓度是可以接受的，但是不平衡设计会在空冷器的某些位置造成流量分布不均，从而产生过大的流速和过高的 NH_4HS 浓度，导致金属严重的局部损失。因此，加氢装置的高压空冷都设计为平衡管箱结构。

5）注水的影响

反应产物中的 NH_3、H_2S、微量的以 HCl 形态存在的氯化物等都是腐蚀性物质。当工艺流体冷却到水的露点时，最初生成的一些冷凝水滴将吸收 HCl，因为 HCl 是最容易溶于水的组分。随着更多的水冷凝出来，由于吸收了氨，冷凝水将变成碱性的。为了防止出现酸性、煮干等工况，现行的实际做法是，在适当位置以足够的速率注入洗涤水，并确保在注水点至少有 20%的水保持液态。洗涤水的质量对腐蚀有着严重影响，一般要求水中氧含量、CN^- 含量尽可能低，对注水罐要采取氮气保护措施。

2. 高压空冷设备的防腐蚀措施

鉴于反应器高压空冷设备的重要性和停工造成的巨大损失，应加强以下几方面的工作：

(1) 对于高 K_p 值的使用条件，可考虑采用合金钢(如 Alloy825 等)。

(2) 管内最大(峰值)流速，碳钢管为 6m/s，合金钢为 9m/s。

(3) 经验证，腐蚀是管端冲-腐蚀的特殊场合，可考虑采用在管端加衬套(材质为奥氏体不锈钢)的结构。

(4) 加强腐蚀检测，可采取定期超声波测厚和涡流检测等手段，对空冷器管束及上下游相关管道和冷却器进行腐蚀检测。

(5) 增加注缓蚀剂系统。

(6) 加强注水系统的氮封，防止 O_2 串入系统。应在空冷器上游注入足够量的水，同时保证注水水质和注水均匀稳定，以限制污水中的 NH_4HS 浓度最大不超过 6%(质)。

(7) 在强化注水措施的前提下，控制适当的工艺物流流量，以减小空冷系统的物流流速，防止管道冲蚀。

(8) 空冷器最好采用完全对称布置，管束数应等于 $2n$，采用丝堵管箱结构。

(9) 应满足在注水点处至少维持有 20%的注入水为液相。

(三) 高/低压分离器

由于加氢装置中冷高分和热高分的工况不同，操作介质也不同，因而设备可能发生的损伤也不一样，将有不同的材料选择。

1. 热高分

热高分在高温、高压临氢(含 H_2S)条件下操作，设备的选材基本与热壁加氢反应器一样。

2. 冷高分

冷高分的操作介质中含油、H_2、H_2S、NH_3 和 H_2O，设备选材主要考虑防止硫化物应力腐蚀开裂、氢致开裂以及应力导向氢致开裂。

冷高分用材应按《管道和压力容器用钢抗氢致开裂性能评价的试验方法》(NACETM 0284—2016)中的方法进行抗氢致开裂试验，证明合格后方可采用。同时，制造中应进行焊后热处理以消除残余应力，降低焊缝和热影响区的硬度。对于设备重量和壁厚不太大且要求不高的冷高分，可采用如20(或20R)这类低碳钢；对于条件比较苛刻和较大型的冷高分，宜采用低硫、低磷的有附加特殊要求的如SA516-Gr.70这类具有较高强度的压力容器用碳素钢，即抗氢鼓泡或抗氢致开裂钢。

第四节　加氢过程的自动控制及自保联锁

一、加氢装置的主要控制

(一) 简述

加氢装置生产过程中最常见、应用最广泛、数量最多的调节系统是单回路简单控制系统，它由调节对象、测量变送单元、调节器和执行器组成。按被控制的工艺变量来划分，最常见的是温度、压力、流量、液位、速度和成分六种调节系统。

单变量的单回路控制系统解决了加氢装置的大部分控制问题，但单回路控制系统只能完成线性定常系统的单变量定值控制，而对纯滞后较大、时间常数较大、干扰多而变化剧烈的对象，控制质量较差；对于其他过程变量之间有关联和耦合的过程，单变量控制系统解决不了相互之间的干扰问题；等等。单回路控制系统很难获得令人满意的、稳定的、准确的控制效果。因此，加氢装置也采用了相当一部分复杂控制系统，最常见的有串级控制系统、均匀控制系统、分程控制系统、自动选择控制系统、复杂计算控制系统、前馈控制系统，以及近年来开始采用的非线性控制系统、模糊控制系统、解耦控制系统等。

加氢装置的生产过程存在数以百计的工艺操作和监测参数，很多操作参数之间相互联系而又相互制约。为了最大限度地发挥设备的生产潜力，提高收率和降低能耗，就必须对过程的有关质量操作参数在工艺的约束条件下实现优质控制。在装置生产过程中，通过一定的控制手段来实现这种控制要求，就是最优控制的问题。先进过程控制的主要作用是，提供更好的控制效果，并且能够适应复杂动态特性、时间滞后、多变量、有不可测变量、变量受约束等情况，在操作条件变化时仍有较好的控制性能。采用先进过程控制，可使生产操作稳定、准确，可充分发挥装置的潜力。国际上一些著名的过程控制公司(如Setpoint、DMC、ADERSA、Aspen、HHS等)的先进过程控制软件包在几千个工业现场得到了成功的运用，获得了巨大的经济效益。

随着分散控制系统DCS的广泛应用，生产过程控制水平有了很大的提高。DCS是英文Distributed Control System(分散控制系统)的缩写，它是利用计算机技术、控制技术、通信技术、图形显示技术实现过程控制和过程管理的控制系统。DCS系统集中处理生产过程中的数据，执行数据采集、信息处理、过程控制、安全报警等系统功能。

自动化技术和计算机技术的飞速发展，为生产过程控制技术的发展奠定了良好的基础。以多变量预估控制为代表的先进控制技术、以在线实时优化为核心的过程优化技术以及信息管理技术成为发展趋势。

(二) 自动控制系统基本知识

在石油化工生产过程中，如果采用一些自动化装置来显示、记录和控制生产过程中的主要工艺参数，使整个生产过程自动地维持正常状态，此过程称为生产过程自动化。

1. 调节器的基本原理

在自动化调节领域里，把需要调节的工艺设备的有关部分称为调节对象，把能够表征设备运转情况并需要进行调节的工艺参数称为被调参数，常用字母 Y 表示。工艺上希望被调参数所保持的数值称为给定值，常用字母 X 表示。被调参数的测量值(以字母 Z 表示)与给定值之间的差称为偏差，以 e 表示。一切引起被调参数偏离给定值的因素统称为干扰或扰动，以 f 表示。

比例调节就是指调节器输出的改变量与被调参数偏差的改变量成比例的一种调节规律。比例调节的特点是：调节作用是及时的，但调节过程结束后，要产生余差，即被调参数不能回到原始稳定值。

在工业仪表上，调节作用的强弱通常不用放大系数 K_c 来表示，而是用比例度 δ 来表示。所谓比例度，就是偏差改变量 Δe 占量程范围的百分数与调节器输出的改变量 ΔP 占调节器输出范围的百分数之比：

$$\delta=\frac{\Delta e/Z_{最大}-Z_{最小}}{\Delta P/P_{最大}-P_{最小}}\times 100\% \tag{3-5}$$

式中，Δe 为调节器输入(被调参数的偏差)的改变量；$Z_{最大}-Z_{最小}$ 为调节器的量程范围；$P_{最大}-P_{最小}$ 为调节器输出的变化范围。

积分调节是调节器的另一种调节规律，它的最大特点是能消除余差。

积分调节器能够把偏差随着时间不断积累起来(这种积累在数学上称为积分)，积累的结果是使调节器的输出不断增加或减少。只要偏差存在，积累就继续进行，调节作用就不会停顿，只有当偏差等于零时，积累作用才停止。这种调节规律若用数学式来表示，则可表示为：

$$\Delta P = 1/T_i\int \Delta e \mathrm{d}t \tag{3-6}$$

$$\Delta P = I\int \Delta e \mathrm{d}t \tag{3-7}$$

式中，t 为时间；T_i 为积分时间，它的倒数 $I=1/T_i$，称为积分速度。

积分时间长，积分速度就小，表示积累得慢，积分作用弱；反之，积分时间短，表示积分作用强。

微分调节就是实现调节器的输出与偏差改变量的变化速度成正比的一种调节规律，特点是克服被调节对象的滞后现象。

按仪表所用的能源分为气动仪表、电动仪表和液动仪表。目前，常用的为气动仪表和电动仪表。按仪表组成、形成分为单元组合仪表、基地式仪表。基地式仪表是将测量、给定、显示、调节等部分都装在一个壳体内，成为不可分离的整体。按用途分为压力、流量、液位、温度、成分等参数的变送器、显示仪表、调节器及调节阀等。按工作原理分为位移平衡式、力平衡式和力矩平衡式等。根据仪表的功能，将各参数的测量及其变送、显示调节等各部分分别做成独立的单元，相互间采用统一化的标准信号(如气动为 0.2～1.0kgf/cm^2，电动为 4～20mA)相联系的仪表称单元组合式仪表。

2. 复杂控制调节原理

1）串级调节系统

在简单调节系统分析中，把从调节参数(调节阀处)起至被调节参数之间这条传递通道称为对象的调节通道。当这条调节通道比较长或滞后较大时，简单调节系统的调节质量就很差。以温度为例，当温度变化时，从阀门开度变化到引起出口温度变化需要很长时间，调节就不及时，参数波动必然很大。为改善这类对象的调节质量，可在调节通道中选择一个副参数，它距调节阀门较近，并可提前感受干扰影响。先按副参数组成一个调节系统，再把被调节参数也组成一个调节系统，把两个系统中的调节器串联起来，即将后一个调节器的输出作为前一个调节器的给定。这种把两个系统串联在一起工作借以改善调节品质的系统，就叫作串级调节系统。

2）比值调节系统

在化工过程中，经常有要求两种物料间保持一定的比值关系的情况，其重要性在于：

(1) 可以避免物料浪费，保证中间产品或成品的质量；

(2) 不少化工过程，特别是化学反应，如果物料比例失调，有可能造成事故。

凡是用来完成的两个参数之间保持一定比值关系的调节系统就叫作比值调节。

3）分程调节系统

分程调节系统就是一个调节器的输出信号送往两个或两个以上的调节阀，每个调节阀在调节器输出信号的某段范围内工作的系统。其特点是：一个调节器控制两个或两个以上的调节阀，而这些调节阀各在某段范围内动作。

3. 调节阀和变送器

1）调节阀的组成和分类

调节阀按其使用的能源分为气动调节阀、电动调节阀和液动调节阀三类，常用为气动调节阀和电动调节阀。

气动调节阀由气动执行机构和调节机构两部分组成。气动执行机构是执行器的推动装置，它按控制信号压力的大小产生相应的输送能力，推动调节机构动作。调节机构是气动执行器的调节部分。在执行器机构推力的作用下，调节机械中的阀芯产生位移，可改变阀芯与阀座间的流通面积，从而改变被调节介质的流量。

调节阀按使用要求的不同而有不同的结构形式，目前使用的有直通双座调节阀、直通单座调节阀、角型调节阀、高压调节阀、三通调节阀、蝶阀、套筒阀、凸轮挠曲阀(偏心旋塞阀)等。调节阀是用来调节管路中流体流量的阀门，通过流量的调节来达到控制流量、压力、温度、液面的目的。调节阀的流量特性表示调节阀的开度与流过阀的流量之间的关系。具体来说，流量特性就是调节阀的开度与流过阀的相对流量之比。

变送器是单元组合仪表中用来将各种测量参数变换成标准气压信号($0.2 \sim 1.0 kgf/cm^2$)或标准电信号(4~20mA)，并将其传送到显示或调节等有关单元，进行调节、指示、记录。

2）调节阀的选择

气动薄膜调节阀选用正确与否至关重要。选用调节阀时，一般要根据被调节介质的特点(温度、压力、腐蚀性、黏度等)、控制要求、安装地点等因素，参考各种类型调节阀的特点进行合理地选用。在具体选用时，一般应考虑下列几个方面的问题。

(1) 调节阀结构与特性的选择。调节阀的结构形式主要根据工艺条件，如温度、压力及介质的物理、化学特性(如腐蚀性、黏度等)来选择。例如，强腐蚀介质可采用隔膜阀，高温介质可选用带翅形散热片的结构形式。

调节阀的结构形式确定以后，还需确定调节阀的流量特性(阀芯的形状)。一般是先按控制系统的特点来选择阀的希望流量特性，然后再考虑工艺配管情况来选择相应的理想流量特性。调节阀安装在具体的管道系统中，畸变后的工作流量特性能满足控制系统对它的要求，目前使用比较多的是等百分比流量特性。

在有些情况下，例如所用的调节阀口径过小时或工艺操作条件变更使调节阀即使全开流量也不够时，应更换合适的调节阀，而不宜打开并联在调节阀两端的工艺旁路阀以补充流量。因为这样虽然能使流量满足工艺需要，却使调节阀的可调范围大大降低，放大系数(单位行程变化引起的流量变化)也降低，使调节阀在整个动作过程中总流量变化缓慢，对调节作用很不利，调节质量显著降低，甚至无法实现自动调节。调节阀的可调范围是指调节阀可控制的最大流量与最小流量之比。

(2) 气开式与气关式的选择。气动执行器有气开式与气关式两种形式。气压信号增加时阀关小，气压信号减小时阀开大的为气关式；反之，为气开式。气动执行器的气开式或气关式由执行机构的正反作用及控制阀的正反作用来确定。

对于一台直立安装的气动执行器，执行机构的正反作用是这样定义的：当气压信号增加时，阀杆下移的称为正作用；当气压信号增加时，阀杆上移的称为反作用。控制阀的正反作用是这样定义的：当阀杆下移时，通过的介质流量减少的称为正作用；当阀杆下移时，通过的介质流量增加的称为反作用。控制阀的正反作用是由阀芯阀座的相对位置来确定的。图3-28说明了气动执行器的气关、气开形式。

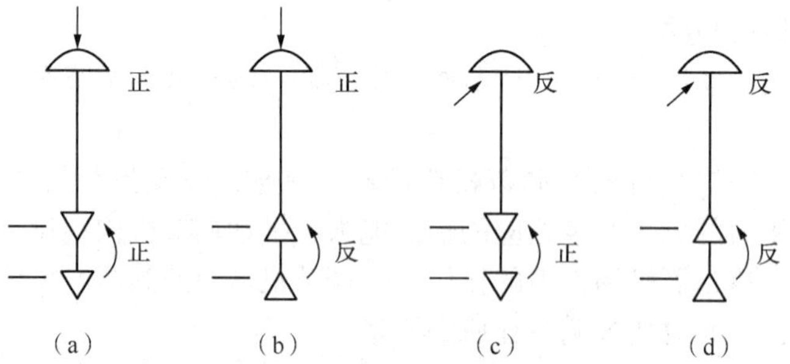

图3-28　气动执行器的气关、气开形式

调节阀的气开、气关形式的选择主要从工艺生产的安全要求出发。考虑原则是万一输入气动执行器的气压信号由于某种问题(例如气源故障、堵塞、泄漏等)而中断时，应保证设备和操作人员的安全。如果阀处于打开位置时危害性小，则应选用气关式，以便气源系统发生故障造成气源中断时阀门能自动打开，保证安全；反之，阀处于关闭时危害性小，则应选用气开阀。例如，加热炉的燃料气或燃料油一般应选用气开式控制阀，即当信号中断时应切断进炉燃料，以免炉温过高造成事故。又如，调节进入设备的易燃气体的控制阀，应选用气开式，以防设备爆炸；若介质为易结晶物料，则一般应选用气关式，以防堵塞。

3) 调节阀的安装和维护

气动薄膜控制阀的正确安装和维护是保证所选用的阀门能发挥应有效果的重要一环。对阀的安装和维护，一般应注意下列问题。

(1) 为便于维护检修，气动执行器应安装在靠近地面或楼板的地方。当装有阀门定位器或手轮机构时，更应保证观察、调整和操作的方便。手轮机构的作用是在开停车或事故情况下，可以用它来直接人工操作控制阀，而不用气压驱动。

(2) 气动执行器应安装在环境温度不高于60℃和不低于-40℃的地方，并应远离振动较大的设备。为了避免膜片受热老化，控制阀的上膜盖与载热管道或设备之间的距离应大于200mm。

(3) 阀的公称通径与管道公称通径不同时，两者之间应加一段异径管。

(4) 气动执行器应该是正立垂直安装于水平管道上。特殊情况下需要水平或倾斜安装时，除小口径阀外，一般应加支撑。即使正立垂直安装，当阀的自重较大和处于振动场合时，也应加支撑。

(5) 通过控制阀的流体方向在阀体上有箭头标明，不能装反。

(6) 控制阀前后一般要各装一只切断阀，以便修理时拆下控制阀。考虑到控制阀发生故障或维修不影响工艺生产的继续进行，一般应装旁路阀。

(7) 控制阀安装前，应对管路进行清洗，排去污物和焊渣；安装后还应再次对管路和阀门进行清洗，并检查阀门与管道连接处的密封性能。当初次通入介质时，应使阀门处于全开位置以免杂质卡住阀门。

(8) 在日常使用中，要对控制阀经常维护和定期检修。应注意填料的密封情况和阀杆上下移动的情况是否良好、气路接头及膜片有无漏气等。检修时重点检查部位有阀体内壁、阀座、阀芯、膜片及密封圈、密封填料等。

(三) 加氢装置的控制方案

加氢装置的控制方案是比较复杂的，下面介绍装置部分主要控制方案。

1. 原料油缓冲罐压力分程控制

为避免油品与空气中的氧气接触，对原料油缓冲罐等采用罐顶充氮气或瓦斯的办法，使之与外界空气隔绝。

原料油缓冲罐罐顶氮封压力分程控制示意图见图3-29。在原料油缓冲罐罐顶设置取压点，采用压力分程控制PIC-1。当罐内液位上升、压力升高时，停止补入氮气(燃料气)，排出氮气(燃料气)至火炬放空管；当罐内液位下降、压力降低时，停止排出氮气(燃料气)，

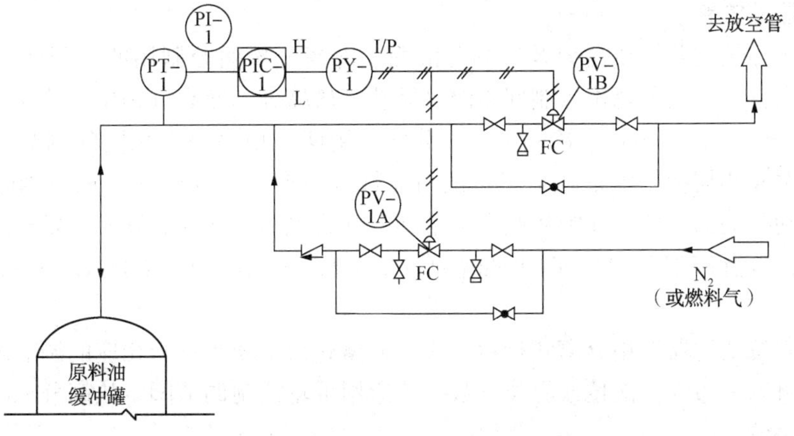

图3-29 原料油缓冲罐罐顶氮封压力分程控制示意图

向罐内补充氮气(燃料气)，保持储罐内压力稳定。氮气(燃料气)入口调节阀 PV-1A 及撤压放空调节阀 PV-1B 均选用气开式(FC)。其中，PV-1A 配正作用气动阀门定位器，接收的信号为 65~100kPa，对应于调节器 13~20mA 电流输出；PV-1B 配反作用气动阀门定位器，接收的信号为 20~55kPa，对应于调节器 4~11mA 电流输出，调节器选用反作用。由于压力的控制不必太准确，在两个调节阀分程点之间设置调节间隙区间($\Delta P \approx 10$kPa)，使调节阀不必频繁地动作，减少放空，并节约氮气(燃料气)。

分程控制可设定调节器，也可以在 DCS 中采用 2 个控制模块或输出模块实现，调节间隙区间在 DCS 中设定。这样，两个输出信号都是 4~20mA，PV-1A、PV-1B 接收的信号均为 20~100kPa，其中 PIC-1A 选用反作用，PIC-1B 选用正作用。这种方案使用起来更方便。

近年来还有一种专门用于氮封系统的自力式调节阀，进气和排气为一体式，控制阀可用氮气做动力，也可使用净化压缩空气。采用这种控制阀可以简化控制方案，节约调节阀投资，节约氮气，并可实现良好的控制效果。

2. 液力透平与高压分离器液位控制

高分操作压力高，为节约能源，一般利用高分内高压液体的压力驱动能量回收液力透平带动一台高压进料泵，另一台备用高压进料泵由电机带动。高分底部高压液体出口分成两路：一路去液力透平入口，经液力透平降压后去冷低压分离器；一路经 100%旁路管线直接去冷低分。在不同的加氢装置中，高分都是高低压的重要分界线，故高分液位测量一般采用两套变送器：一套常选用较小测量范围的外浮筒变送器，信号送至 DCS 用于控制；一套常选用较大测量范围的双法兰变送器，信号送至 DCS 指示报警。

现以图 3-30 说明液力透平与冷高压分离器液位控制。冷高压分离器液位调节器 LIC-1 输出分程控制液力透平入口调节阀 LV-1C 及 100%旁路调节阀 LV-1A/B。如果液位太低，则容易出现冷高压分离器的高压气体窜入冷低压分离器引起事故。故冷高压分离器设置了低液位报警，当液位低于报警值时，DCS 发出报警信号，提醒操作人员注意。冷高压分离器还设置了超低液位联锁，由液位变送器 LT-2 和两个液位开关 LS-3、LS-4 设置成“三取二”信号取用逻辑(提高信号的可信度)。如果液位继续降低，达到低低液位(超低液位联锁值)时，安全联锁系统发出严重报警及联锁信号，同时使电磁阀 LSV-1A/B 及 USV-1 动作，使冷高压分离器底部高压液体出口调节阀 LV-1A/B 及切断阀 UV-1 关闭，避免高压气体窜入冷低压分离器的管路。

对于高压加氢装置，热高分及冷高分液面、冷高分界面控制用的高压调节阀也采用两套，确保热高分、冷高分物位控制回路的可靠性。热高分、冷高分物位调节阀均选用气开式(FC)。热高分及冷高分液面、冷高分界面分别采用两个规格完全相同的调节阀，可以通过 DCS 内软开关互相切换，保证执行机构的可靠性。只有一个高分液位调节阀时，一般调节阀应设可手动开关的手轮，在紧急状态下手动打开或关闭，保证装置安全生产。调节阀均为高压角型阀，具有严密关闭功能(Tightly shutdown)，泄漏等级 ANSI/FCI 70-2—1991 Ⅴ级以上。

液位及界位变送器选用分离式指示表头，分离式指示表头置于相应的调节阀上。当调节阀故障时，可以一边观察液位或界位读数，一边用手轮控制调节阀。热高分、冷高分物位调节阀均应带手轮。

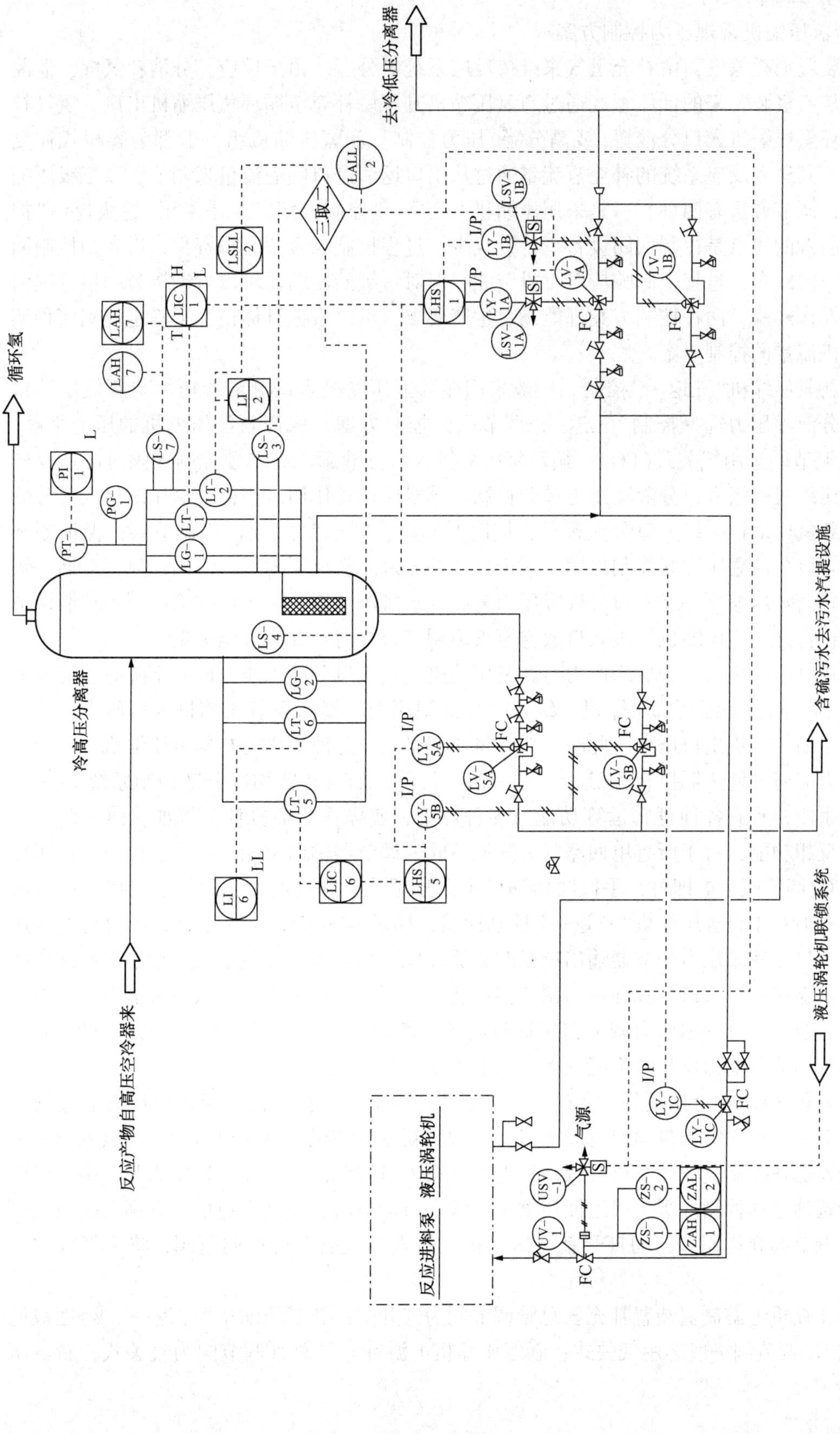

液压涡轮机与冷高压分离器液位控制

图3-30 液力透平与冷高压分离器液位控制

3. 新氢压缩机控制

1）新氢压缩机常规压力控制方案

加氢装置消耗氢气，由补充氢气来维持反应系统氢分压。由于反应部分消耗氢气、泄漏等因素，从产氢装置来的低压氢气通过新氢压缩机升压后补充至循环氢压缩机出口。氢气补充量由循环氢压缩机入口分液罐(或高分罐)压力控制。新氢压缩机组一般都为容积式往复压缩机组，其送入反应系统的补充氢流量通过从出口返回进口的溢流量来调节。以三级压缩机组为例，调节方法有两种，一是采用压缩机“三返一”控制方案，二是采用“逐级返回”控制方案。前者的优点是控制回路设备少、管线少、过程控制响应快、投资少；后者则控制回路设备多、管线多、过程控制响应慢、投资大，但对每级的压缩比可以自动调节。根据国内多年来的操作经验，两种控制方案都能满足生产要求，可以根据具体情况来确定选用何种调节氢压缩机流量的控制方案。

(1) 新氢压缩机“三返一”控制。一般采用循环氢压缩机入口分液罐压力与新氢压缩机一级入口分液罐压力选择控制“三返一”调节阀的控制方案，保证新氢压缩机的压力平衡。“三返一”调节阀选用气关式(FO)，循环氢压缩机入口分液罐压力单独控制该阀时应选反作用，新氢压缩机一级入口分液罐压力单独控制该阀时应选正作用。当循环氢压缩机入口分液罐压力与新氢压缩机一级入口分液罐压力同时升高时，应开大“三返一”调节阀，保证循环氢压缩机入口分液罐压力起控制作用，减少氢气补充量。新氢压缩机三级出口氢气返回一级入口，导致新氢压缩机一级入口分液罐压力升高，新氢压缩机一级入口分液罐压力控制调节阀起作用，打开新氢压缩机一级入口放空至火炬调节阀，将氢气放空至火炬。

当循环氢压缩机入口分液罐压力与新氢压缩机一级入口分液罐压力同时下降时，应开大“三返一”调节阀，保证新氢压缩机一级入口分液罐压力，提高新氢压缩机入口压力，从而保证新氢压缩机三级出口压力。此时，循环氢压缩机入口分液罐压力与新氢压缩机一级入口分液罐压力应通过低选器控制“三返一”调节阀。目前，加氢装置均以分散控制系统 DCS 为主要控制手段，具有各种逻辑运算功能及多种算法，使操作更加方便。例如，DCS 调节器具有输出反相功能，对于所有单回路气关式调节阀，调节器输出反相。调节器的正反作用按气开式(FC)调节阀考虑即可，手操时增加输出信号调节阀开度增大，降低输出信号调节阀开度减小。但对于新氢压缩机“三返一”控制回路，循环氢压缩机入口分液罐压力与新氢压缩机一级入口分液罐压力调节器输出反相时，循环氢压缩机入口分液罐压力调节器应选正作用，新氢压缩机一级入口分液罐压力调节器应选反作用，循环氢压缩机入口分液罐压力与新氢压缩机一级入口分液罐压力调节器应通过高选器控制“三返一”调节阀。可见，对于复杂控制回路，调节器输出反相时不能仅考虑调节器正反作用形式。

(2) 新氢压缩机“逐级返回”控制。循环氢机入口压力与新氢机三级入口压力通过低选器选择控制新氢机三级出口返回三级入口调节阀；新氢压缩机三级入口压力与二级入口压力通过低选器选择控制新氢压缩机二级出口返回二级入口调节阀；二级入口压力与一级入口压力通过低选器选择控制一级出口返回压缩机一级入口调节阀。一级入口压力升高，一级入口压力控制调节阀起作用，自动打开新氢压缩机一级入口放空至火炬调节阀，将氢气放空至火炬。

新氢压缩机上游制氢装置补充氢总管调节阀为气开式，新氢压缩机“三返一”或“逐级返回”压力控制调节阀一般选用气关式；新氢压缩机上游补充氢总管调节阀为气关式，新氢压缩机"三返一"或"逐级返回"压力控制调节阀一般选用气开式，此时压力控制调节阀由高选器控制。

2）新氢压缩机全行程气量无级调节压力控制方案

往复式压缩机的压力控制，除采用"三返一"控制方案或"逐级返回"控制方案外，还有一种新型控制方案，即全行程气量无级调节系统。

全行程气量无级调节系统是专门为往复式工艺压缩机开发的液压式气量调节系统，其主要工作原理是：计算机处理压缩机运行过程中的状态数据，并将信号反馈至执行机构的电子模块，通过液压传动来控制进气阀的开启与关闭时间，实现压缩机排气量0%~100%全行程范围无级调节。通过进气阀的延迟关闭，仅有一定体积的气体进入压缩过程，多余部分气体不进入压缩过程，循环周期里只压缩了需要压缩的气量，从而节省了压缩机能耗，降低了压缩机运行期的总费用。

4. 循环氢压缩机控制

循环氢压缩机一般为离心压缩机。循环氢压缩机入口分液罐液位连通管上设有液位开关。液位上升达到高液位时，发出报警信号，提醒操作人员注意，人工打开分液罐底部排凝阀排凝。液位上升达到高高液位时，发出严重报警信号，循环氢压缩机联锁停机，防止压缩机入口带液损坏机组。

离心压缩机体积小、流量大、运行率高、调节性能好，但也有喘振、轴向推力等难以消除的缺点。加氢装置离心压缩机防喘振大都采用固定极限流量防喘振控制。压缩机入口流量、入口温度、入口压力均引入DCS进行温压补偿后，作为流量调节器的信号，控制压缩机出口气体旁路，压缩气体经高压空冷器冷却返回压缩机入口气体调节阀。防喘振调节阀作用形式通常选用气关式，仪表风中断时，调节阀全开，保证离心压缩机不发生喘振。只要离心压缩机入口流量大于某一极限值，压缩机就不会发生喘振。固定极限流量防喘振控制方案简单可靠、投资少，但压缩机低速运行时能耗过大。

为了减少压缩机的能量损耗，离心压缩机防喘振也采用可变极限流量防喘振控制。在不同的转速下，压缩机极限喘振流量是一个变数，它随转速的下降而变小。因此，最合理的防喘振控制方案，应是未喘振时使旁路阀关闭，使工作点留有7%~8%的安全裕量。

为求得安全线，必须实测压缩机喘振线。国内压缩机厂商提供的往往是预计的压缩机理论喘振线。

5. 加氢反应器的控制

1）温度控制

加氢反应器进料温度一般通过控制反应加热炉出口温度来实现。加氢反应器进行加氢脱氮、加氢脱硫、加氢脱氧或加氢裂化反应均为放热反应，因此，反应器内温度沿反应物料的流向升高。为保证下一个床层入口温度不致过高，下一个床层相应设有温度调节器，测温点在床层入口处，调节阀设在急冷氢入口管线上。在正常情况下，急冷氢调节阀的最大开度为60%。这样，急冷氢调节阀可以有足够的裕量在必要时提供额外的急冷氢。急冷氢调节阀作用形式通常选用FLO型，即仪表控制信号减小时，调节阀开度增大，短时间仪表供风中断时，调节阀位置不变(保位)，长时间仪表供风中断时，调节阀全开，保证仪表风故障时反应器床层温度大致不变或不严重超温。急冷氢调节阀一般不设副线，但应带手轮。

反应器床层测温热电偶，一般采用单支铠装热电偶横向插入设备内的承压保护套管中，测床层直径 15%~30%处温度，保证测量点温度不受反应器边壁效应的影响。同一高度床层测温点平均分布，按设备直径大小，一般为 3 点或 4 点。测量热电偶在每个催化剂床层分为不同标高按上下两层或上中下三层设置。在不同高度但同一圆周位置所测床层温度，说明床层中反应的程度；在同一高度但不同圆周位置所测床层温度，说明反应物流分布的均匀程度。反应器物流分布不均可通过观察反应器同一截面温差来判别。例如，反应物流少的区域可能会出现较高的温升，因为流动较慢的液体有更长的时间进行反应从而产生更多的热量（局部热点）。第一床层以后的催化剂床层入口处测温热电偶均采用双式热电偶，其余均采用单式热电偶。双式热电偶中的一点用于 DCS 指示报警，另一点用于温度控制。

加氢处理反应器和加氢精制反应器应在“平缓”的温度分布条件下操作，可促使结焦反应的催化剂高峰温度减小到最小，能最大限度地延长催化剂寿命和增加目的产品产率。一个“平缓”的温度分布意味着每个催化剂床层平均温度接近。反应器内急冷氢分布器和混氢结构良好，催化剂装填均匀时，床层径向温差应在 3℃之内。混氢箱结构不良，急冷氢分配和混合效果不佳，会导致反应器催化剂床层径向温差过大，催化剂局部过热而很快失活。为保证反应器床层温度控制的平稳可靠，温度控制方式为切换方式操作。正常操作时采用床层入口处热电偶平均温度值进行控制，当有一支热电偶损坏时，可选其余的两支或三支热电偶进行控制或选高值来控制，从而防止反应器超温而影响产品质量及催化剂寿命。

2）压力（压差）控制

加氢装置的进料中含有的烯烃、锈蚀产物、机械杂质和镍、钒、铁、铜等金属，不仅会使催化剂中毒丧失活性，也会在前置反应器的催化剂顶部积垢成“毯”，使反应系统压力急剧上升而被迫停工，给加氢装置安、稳、长、满、优运行造成影响。因此，需要检测反应器床层的压降及反应器总压降。

一般来说，固定床反应器顶部床层压降的急剧上升，发生在床层的有效空间已经降到了 20%~25%的情况下。反应器床层压力降的升高是受到下列一种或几种原因的影响：

（1）装置经过一段时间的运行后，发生进料金属和硫化铁结垢沉积，同时由于颗粒积聚在催化剂上压力降会逐渐上升。

（2）焦炭和重油沉积逐渐堵塞催化剂颗粒间的空间而产生较高的压力降。

（3）催化剂装填不当，高粉末含量的碎催化剂会引起高压力降。

（4）内件的损坏会使压力降突然增加。

采用差压法测量反应器床层的压降及反应器总压降，差压变送器位于反应器顶部，其现场指示表头位于地面上，以便观察。目前，加氢装置固定床反应器大多采用上进下出方式，由于反应器内液流较少，因此，此时反应器床层的压降及反应器总压降的顶部取压点接差压变送器正端，下部取压点接差压变送器负端。这与一般的液位差压变送器测量引线接法不同。通过较长时间的运行后，反应器床层压降有明显变化时，差压变送器两侧需要的冲洗氢量也会发生变化。为保证差压变送器测量准确，差压变送器两侧冲洗氢量可采用可变孔径限流孔板控制。目前，可变孔径限流孔板多为侧进底出，带过滤器。

二、加氢装置的安全联锁

加氢装置是炼油厂中易燃易爆危险性大的装置，因此，加氢装置的安全生产显得特别重要。在正常情况下，操作工可通过 DCS 完成装置工艺参数的操作监视。但在生产过程中，有时由于一些偶然因素的影响，导致工艺参数超出允许的变化范围而出现不正常情况，就有可能引起事故。为此，常对某些关键性参数设有自动信号联锁保护装置。当工艺参数超过了允许范围，在事故即将发生以前，信号系统就自动地发出声光信号警报，告诫操作人员注意并及时采取措施。如工况已到达危险状态，安全联锁系统(Safety Interlock System，SIS)将立即自动采取紧急措施，打开安全阀或切断某些通路，必要时紧急停车，以防止事故的发生和扩大。它是生产过程中的一种安全装置。例如加氢装置发生故障(DCS或压缩机等关键设备故障)，重要的工艺操作参数越限以及突发事件(例如火灾)时，操作工可通过手动操作开关来启动加氢装置相关设备的紧急停车系统(Emergency Shutdown)或通过越限的工艺参数自动启动相关设备的紧急停车系统。紧急停车系统最好在DCS之外独立设置。

安全联锁系统是为了在发生异常时自动采取措施，保护装置设备不超温、不超压，保护重要机组不受损坏，避免事故扩大，达到安全运行的一种应急措施。只有联锁系统处于良好状态，操作人员对联锁系统熟练掌握，才能在发生异常时控制异常的影响范围，避免事故的发生。

(一) 加氢装置主要安全联锁

1. 紧急停车及紧急泄压联锁

加氢装置反应器出现严重超温、装置发生故障(DCS或循环氢压缩机等关键设备故障)、突发事件(例如火灾)等，操作工可通过手动操作开关来启动加氢装置紧急停车联锁。

加氢装置非关键设备故障、降压操作后可能短时间内恢复生产，操作工可通过中控室手动操作开关或在循环氢压缩机现场手动操作开关来启动紧急泄压联锁。该联锁可自动打开循环氢压缩机入口紧急泄压控制阀泄压，同时自动停止反应加热炉。紧急泄压联锁不停高压进料泵，继续通过原料油使反应加热炉快速降温。紧急泄压至某一压力后应停止泄压，操作恢复正常后，操作工在控制室可以对电磁阀进行复位操作。由于紧急泄压控制阀一般离控制室较远，紧急泄压控制阀联锁用的电磁阀应不带现场复位手柄。

将紧急停车及紧急泄压联锁分开，使操作具有更大的灵活性。在装置发生小故障时降压操作，只需启动紧急泄压联锁，不必停新氢压缩机及高压进料泵，便于迅速恢复生产。

对于加氢精制装置，反应器中化学反应速度比较平缓，紧急泄压控制阀仅有1个。按第一分钟泄压0.7MPa考虑，当循环氢压缩机故障突然停运时，联锁打开0.7MPa泄压阀，同时触发反应加热炉停炉联锁，关闭反应加热炉燃料气管线上的调节阀或切断阀。如果采用炉前混氢流程，为保持炉管内的流体流动，当循环氢压缩机故障突然停运时，反应进料泵短时间内不参加联锁停泵，补充氢压缩机保持运行，视情况调负荷，最后人工停补充氢压缩机。

2. 循环氢压缩机停车联锁

循环氢压缩机润滑油压力低低、密封油高位油槽液位低低、汽轮机轴位移过大、压缩机轴位移过大、汽轮机进汽侧振动过高、汽轮机排汽侧振动过高、压缩机进汽侧振动过高、压缩机排汽侧振动过高、压缩机组超速、压缩机入口分液罐液位高高、压缩机入口切断阀(电动或气动)关闭、压缩机出口切断阀(电动或气动)关闭等均自动触发循环氢压缩机停车联锁。其中，润滑油压力低低、密封油高位油槽液位低低一般都采用“三取二”表决方式。循环氢压缩机停车联锁自动触发反应加热炉停炉联锁系统。

循环氢压缩机是加氢装置的核心设备，发生火灾或爆炸等严重事故时应手动启动循环氢压缩机停车联锁系统。在一般情况下，即使启动了紧急泄压联锁，也要保证压缩机的运转，以便逐步进行反应系统的降温降压操作。

3. 新氢压缩机停车联锁

新氢压缩机一级、二级及三级入口分液罐液位高高，机组润滑油压低低、装置紧急停车联锁及压缩机制造厂要求的联锁信号(例如，压缩机各级出口温度超高信号)，均自动触发新氢压缩机停车联锁。每台新氢压缩机现场一般应设置新氢压缩机停车开关，以便巡检时发现意外情况手动停压缩机。

4. 高压进料泵停车联锁

高压进料泵油压低低、高压进料泵入口切断阀(电动或气动)关闭、原料油缓冲罐液位低低、装置紧急停车联锁均自动触发高压进料泵停车联锁。高压进料泵停车联锁也自动触发反应加热炉停炉联锁系统及驱动高压进料泵的能量回收透平停车联锁系统。

5. 反应加热炉停炉联锁

反应加热炉入口原料油流量低低、燃料气压力低低、高压进料泵停车联锁、紧急泄压联锁、循环氢压缩机停车联锁、仪表风事故、装置停电均自动触发反应加热炉停炉联锁系统。反应加热炉附近还应安装现场停炉防爆开关，以便发现火灾等意外情况时可手动停反应加热炉。另外，反应加热炉对流室出口温度高高、引风机入口温度高高或引风机入口压力真空度高高联锁停加热炉引风机(如有废热锅炉或热管空气预热器时)，同时需打开烟囱挡板。反应加热炉鼓风机故障停车或鼓风机出口压力低低联锁打开炉底风道自动快开门，停加热炉引风机，同时打开烟囱挡板。

6. 热高分、冷高分液位低低联锁

热高分、冷高分液位低低联锁自动关闭热高分底部、冷高分下部高压液体出口控制阀。若热高分液体或冷高分液体用于驱动液力透平，此时原料油泵能量回收液力透平已无进料，需手动启动能量回收透平停车联锁系统。

7. 循环氢脱硫塔液位低低联锁

循环氢脱硫塔液位低低联锁自动关闭循环氢脱硫塔底部溶剂出口所有液位调节阀。当有二乙醇胺能量回收透平时，该透平已无进料，需手动启动二乙醇胺能量回收透平停车联锁系统。

8. 原料油流量低低联锁

原料油流量低低联锁除自动触发反应加热炉停炉联锁系统外，还关闭反应进料泵出口总管调节阀。

综上所述，加氢精制装置的主要联锁逻辑关系见表 3-2。

表 3-2　加氢精制装置联锁逻辑关系

事故内容	高压进料泵	能量回收透平	反应加热炉	循环氢压缩机	补充氢压缩机	紧急泄压	热/冷分液位调节阀
火灾	停	停	停	保持	停	人工启动	监视
加氢反应器超温	停	停	停	最大	停	人工启动	监视
紧急泄压			停			启动	监视
循环机故障停运	保持(或大循环)	保持(或停)	停	停	保持	启动	监视
新氢机故障停运	保持		停	最大	停		监视

续表

事故内容	高压进料泵	能量回收透平	反应加热炉	循环氢压缩机	补充氢压缩机	紧急泄压	热/冷分液位调节阀
进料泵故障停运	停	停	停	最大	保持		监视
反应进料加热炉			停				
热/冷高分液位低低							关闭
循环机入口分液罐液位高高	保持(或大循环)	保持(或停)	停	停	保持	0.7MPa泄压	监视
进料泵流量低低	停	停	停	最大	保持		监视
停电	停	停	停	最大	停		手动
停仪表风	停	停	停	最大	停		手动

为便于现场差压开关、温度开关等联锁检测仪表的检修更换、试验以及装置不正常或某些特殊情况下取消某些参数联锁，对于重要的现场开关量输入及模拟量经紧急停车系统或DCS转换后的开关量输入，应设输入旁路开关(BYPASS)，但不应影响报警信号的产生。例如，压缩机润滑油主油泵开启，直到润滑油压力正常之前，应润滑油低压力开关旁路，而不必启动辅助润滑油油泵。应设有循环氢压缩机故障旁路开关，在循环氢压缩机未运行时将循环氢压缩机故障信号旁路，从而不影响高压进料泵试车、能量回收透平试车、反应加热炉烘炉等操作。

发生自动联锁以外的紧急情况时，对于每套联锁应能通过开关进行手动联锁。联锁设计中应有自锁措施。当联锁参数达到联锁报警值时，联锁自动启动，一旦启动了联锁系统，当联锁参数恢复正常时，仍然保持联锁状态，不能自动解除。联锁设计中应设置复位(RESET)按钮，用于解除自动联锁，但复位按钮不应限制手动联锁开关的作用。

加氢装置是炼油厂中易燃易爆最危险的装置之一，紧急停车系统应独立于过程控制系统，以免控制功能和安全功能同时失效，使紧急停车系统不依附于过程控制系统就能独立完成自动保护联锁的安全功能。紧急停车系统的检测元件及执行元件、逻辑运算器应独立设置。紧急停车系统应是故障安全型的。紧急停车系统的检测元件及最终执行元件在系统正常时应是励磁的，在系统不正常时应是非励磁的。例如，联锁触点输入最好采用常闭触点输入，联锁用电磁阀最好采用断电联锁方式，输入旁路开关最好采用常开触点输入(旁路开关连线断开时，不会导致联锁输入信号被无端地旁路)，手动联锁开关最好采用常开触点输入(手动联锁开关连线断开时，不会导致联锁突然发生)。要特别注意的是，工艺正常时，常开触点或常闭触点与继电器的常开触点或常闭触点并非完全相同，有时正好相反。失电状态下断开的继电器触点为继电器的常开触点，失电状态下闭合的继电器触点为继电器的常闭触点。国外项目设计一般采用常闭触点，利用中间继电器扩充联锁接点。由于中间继电器正常带电，故中间继电器失电时断开的接点相当于工艺正常时检测开关的常闭触点，中间继电器失电时闭合的接点相当于工艺正常时的检测开关常开触点。国内项目设计一般采用常开触点，中间继电器正常断电，经过中间继电器转换的接点形式与工艺正常时接点形式完全相同。

由于加氢装置联锁较多，宜分解为若干相对独立的子系统，各子系统宜分组设置后备手动功能。紧急停车系统应采用冗余或容错结构，关键部位的检测元件宜“三取二”配置，如加氢装置循环氢压缩机润滑油压力低低开关、密封油高位油槽液位低低开关、循环氢压缩机入口分液罐液位高高开关、冷高压分离器液位低低开关等。

为尽可能减少联锁动作次数，凡参与停车联锁的工艺参数均设置一至二级预报警，以便及早发现问题并及时处理。对紧急停车系统各部分定期检查，定期更换系统的元器件。

在自动方式下，当仪器监测信号处于安全范围即该信号大于或小于工艺安全生产所要求的设定值后，则联锁信号便会自动取消，但联锁动设备这时还处于联锁状态，如果需联锁复位，可以通过按下复位开关来解除联锁动设备的联锁状态，但必须通过人为操纵设备来控制系统启动或停下动设备。在手动方式下，只要按回启动开关，取消联锁信号，再按下复位开关，便可解除联锁阀门的联锁状态，然后再通过人为操纵设备来控制系统启动或停下动设备。

（二）加氢精制装置的安全监控

加氢精制装置是在高温、高压和氢气环境下进行加氢反应，操作条件苛刻，是炼油厂中爆炸和火灾危险性最大的装置之一。另外，反应过程中所产生的硫化氢是一种剧毒气体，氢气爆炸极限宽，其积聚产生爆炸的危险性高。因此，装置内不但要有安全可靠的过程控制和检测仪表，还需要有安全联锁系统及安全检测仪表，采取必要的防护措施，改善操作人员的安全卫生条件。

加氢的安全仪表除了联锁系统外，还要安装必要的可燃气体及有毒气体监视仪表。

氢气的监测主要安装在氢气压缩机厂房内。检测半敞开的氢气压缩机厂房内氢气泄漏时，检测器宜安装在释放源周围及上方1m的范围内，太远则由于氢气迅速向上扩散，起不到检测的作用。

硫化氢为无色有臭蛋味的气体，在空气中易燃烧，和空气混合达到一定比例时，遇明火或受热即发生爆炸。硫化氢为剧毒气体，最高容许浓度为10mg/m^3。在易发生硫化氢泄漏的场所，应设置硫化氢有毒气体检测器。操作人员巡检时应做好个人防护，如佩戴防毒面具。硫化氢监测仪表一般设置在高分、低分等含硫污水容易泄漏的部位。

加氢精制装置还和所有炼油生产装置一样，设有瓦斯报警仪表。

为了防止设备超温破裂及炉管内结焦，加氢精制装置反应加热炉、热高压分离器底部均安装有一定数量的表面热电偶，监视设备及炉管外表面温度。一旦热电偶超温报警，操作人员应及时调整相关操作或检查有关设备，防止损害设备材料的事故发生。

为了保证反应器的安全，在反应器表面也安装有一定数量的表面热电偶，监视反应器表面温度，目的是保证在开停工过程中，控制升降温速度和升降压速度，避免反应器低温下受压超限和受热不均可能带来的损伤。

第五节　加氢装置的设备操作

一、加氢装置设备的开停操作

（一）加热炉的操作

操作人员应根据操作规程和工艺卡片，安全平稳地操作加热炉，使各炉出口温度和进口温差控制在规定范围内，确保装置平稳操作。

1. 加热炉点火操作

（1）点火前的检查：炉膛内及周围杂物和易燃物是否消除干净，炉体及所属设备、弯头、防爆门、人孔、烟道挡板、火嘴、风门等是否安装完毕、灵活好用。检查工艺流程所属部件是否安装完毕，并符合要求。检查管线是否畅通无阻，并试压合格无泄漏，盲板是否处于正确位置。检查炉区所属阀门是否灵活好用，并按要求改好流程。检查炉区全部温度计、流量计、压力表、热电偶、氧气分析仪等是否按规定安装完毕、灵活好用。检查各火嘴安装角度是否正常，火嘴喷孔是否有堵塞。检查消防设施是否齐全好用。

（2）点火前的准备工作：引蒸汽赶走瓦斯管线及瓦斯罐空气后，用氮气置换，采样合格后[O_2<0.5%(体)]，联系引进瓦斯，按工艺指标控制瓦斯罐压力。瓦斯罐加强脱水脱油处理。全开风门及烟道挡板，炉膛吹蒸汽 10~15min，烟囱见蒸汽 5min 后，分析炉膛可燃气体含量。当炉膛可燃气含量小于 0.2%时，调节风门和烟道挡板，准备点火。若取样到点火时间超过 0.5h，应重新置换合格方可进行点火。若发现第一次点火没成功，应立即关闭瓦斯阀门，重新置换炉膛，分析合格后方可点火。准备好点火工具。

（3）点火操作：引瓦斯至火嘴处。用点火棒或点火枪先点燃所有长明灯，然后慢慢开主火嘴瓦斯阀门，点燃主火嘴。点燃后，根据升温速度要求，控制好阀门开度。一旦点火不成功，炉膛应重新吹气，再按点火步骤点火。调节风门和烟道挡板，使火焰正常。点火时操作工不要面对火嘴，要斜对，以防回火伤人。当不需要点全部火嘴时，应使点燃的火嘴呈对角或对称，以防炉管受热不均。炉管内无流体循环时严禁点火。

（4）正常操作标准：根据反应深度和分馏塔要求，调节加热炉火嘴，使炉膛及炉出口温度在规定范围内。火焰以多火嘴、短火焰、齐火苗为原则。严格控制加热炉过剩空气系数。火嘴正常燃烧时，炉膛明亮，火焰呈淡蓝色，清晰明亮，不歪不散为佳，烟囱排烟无色或呈淡色。炉管各支路温度差小。炉出口温度平稳，波动范围不大于指标的±1℃。炉膛温度不大于 800℃，炉膛负压控制在-30~-20Pa。严禁火焰调节过长，直扑炉管和炉墙。经常检查炉管、回弯头、吊架、炉墙和火嘴是否有变形、变色、泄漏、局部过热、剥脱和损坏等异常现象。提降量时，按先提量后提温、先降温后降量的原则。中断进料时，应立即熄火，炉膛通蒸汽。按时检查瓦斯罐，及时排尽积液，防止瓦斯带油、带水。

2. 加热炉的调整

（1）火焰不正常的原因及调节方法见表 3-3。

表 3-3　火焰不正常的原因及调节方法

现象	原因	调节方法
火焰呈黄红色，飘散且大，炉膛发暗	瓦斯量过大，空气量小	减少瓦斯量，加大风量
火焰发白、过短、跳动不稳	瓦斯量小，空气量大	加大瓦斯量，减少风量，适当关小烟道挡板
火焰偏斜	瓦斯、风偏向一侧；火嘴安装不正；火嘴结焦	减少偏向一侧的瓦斯、风量；调整火嘴角度或垂直度；停用火嘴，拆下清焦
火焰长、软，呈红色，炉膛不明亮，冒黑烟，炉膛温度上升	瓦斯严重带油	加强瓦斯罐脱油

续表

现象	原因	调节方法
火焰冒火星、缩头	瓦斯带水严重	加强瓦斯罐脱水
火焰参差不齐	阀门开度调节不当，或炉管进料偏差过大	应重新调整阀门开度，或平衡组分进料

（2）烟道挡板的调节：根据炉膛内的负压值、火嘴的燃烧情况、排烟温度、过剩空气系数来调节挡板开度。炉膛负压值太大，关小烟道挡板；火焰燃烧不好，排烟温度过低，过剩空气系数太小，开大烟道挡板。

（3）炉出口温度的控制。炉出口温度决定着反应进料温度或分馏进料温度，是一个极其重要的参数。各炉出口温度可通过设定值来自动控制。炉出口温度的影响因素与对策见表 3-4。

表 3-4　炉出口温度的影响因素与对策

影响因素	对　策
原料流量不稳定影响进料量	查明流量不稳原因，用出口阀稳定流量
压缩机流量不稳定	稳定压缩机排量
油料入加热炉控制仪表出故障	改手动，联系仪表检修
燃料气压力变化	检查瓦斯系统，平稳瓦斯压力
火嘴燃烧不好	查明原因并做相应处理
炉出口压力变化	查明炉出口压力变化的原因，平稳炉出口压力
外界气温、风向、风力变化	对于外界影响，操作上应及时进行调整
炉管破裂	按紧急停炉处理
仪表指示不稳	改手动，联系仪表检修
燃料气性质变化，瓦斯变轻或变重	根据炉出口温度及火嘴燃烧情况，调整操作

（4）炉膛温度。主要靠改变燃料在炉膛内的燃烧状况、火嘴分布来调节炉膛温度。炉膛温度的影响因素与对策见表 3-5。

表 3-5　炉膛温度影响因素与对策

影响因素	对　策
各火嘴火焰不齐或火嘴分布不均	多点火嘴，做到齐火苗、短火焰
火嘴安装不正	修火嘴，装正
支路流量不均	检查偏流原因，处理
鼓风机故障	停强制通风，改自然通风，抢修风机
风道蝶阀开度不适	调节蝶阀开度
仪表失灵	仪表工处理
炉管结焦	根据实际情况决定是否停工清焦处理
烟道挡板开度不合适	调节烟道挡板开度

(5) 炉膛负压。炉膛负压主要是通过各炉调节烟道挡板开度来控制的。炉膛负压的影响因素与对策见表3-6。

表3-6　炉膛负压的影响因素与对策

影响因素	对　策
入炉燃料量变化	调整燃料入炉量
入炉风量变化	调节入炉风量，合理分配
加热炉燃烧状况不好	调整燃烧状况，使其达到要求
鼓风机故障	改自然通风，修风机
仪表失灵	修仪表
烟道挡板失灵	检查并处理烟道挡板开度

(6) 加热炉热效率。加热炉热效率主要通过调节燃料完全燃烧、控制过剩空气系数来达到。加热炉热效率的影响因素与对策见表3-7。

表3-7　加热炉热效率的影响因素与对策

影响因素	对　策
预热器积灰，传热减少	检查预热器工作情况、堵塞情况，采取措施
氧含量太大，过剩空气系数大	勤调节，保证火嘴完好
炉体散热损失大	检查炉体外壁散热情况，根据情况采取相应措施
燃烧情况不佳	及时调节，确保燃烧完全
炉体漏风大	检查漏风原因并处理
炉管结焦	根据实际情况决定是否停工以进行炉管烧焦处理
加热炉负荷与设计值偏差太大	调整加工量

3. 加热炉停炉操作

(1) 正常停炉操作。按降温速度要求对称地熄灭火嘴直至全部熄灭。若暂时停炉，则长明灯继续点燃；若长期停炉，则长明灯关闭。开大烟道挡板和风门，让炉子自然通风降温。停炉后，关闭燃料系统所有阀门，清除喷嘴积炭和杂物。

(2) 紧急停炉操作。立即熄灭全部火嘴，现场关闭瓦斯手阀，烟道挡板全开，向炉膛大量吹气。若炉管破裂，则应停止进料、停新氢、停循氢、退油并向系统补充氮气，炉膛内通入灭火蒸汽。

(二) 空冷的操作

1. 空冷的开停

(1) 空冷的启用步骤：试压合格，检查各法兰、焊口、堵头有无泄漏。改好流程，进出口阀门要全开。检查各台电机、传动皮带是否安装完毕，轴承加足润滑脂。联系钳工检查风叶安装是否合格，联系电工检查电机并送上电。顺时针方向盘车检查电机及风叶是否转动灵活，如转动困难或盘车不动，禁止使用。检查完毕，依次启动各台电机。

(2) 停用步骤：关闭油路出、入口阀，停运风机。引蒸汽吹扫空冷器，存油排入污油线。

2. 空冷器的日常管理

(1) 检查各法兰、堵头等密封点上有无泄漏。

(2) 检查出口温度，将出口温度控制在指标范围内。

(3) 检查轴承、电机声音是否正常。

(4) 对停用风机要定期进行盘车。

(5) 搞好轴承润滑，注意风机温度是否超标。

(6) 定期清除风机上的污垢。

(7) 因为反应产物中含有高浓度的 H_2S、NH_3 和 Cl^-，在低温下很容易结晶堵塞管束，因此，必须维护好空冷器前的注水泵，不要随意停运或大幅度降低注水量，避免管束被堵塞。

(三) 冷换设备的操作

1. 换热器的操作原则

(1) 投用时先投冷介质，后投热介质。

(2) 切除时先切除热介质，后切除冷介质。

(3) 严禁超温、超压，以免损坏设备。

(4) 切换中切忌单程受热和憋压，以免发生泄漏，一旦发生泄漏，应及时切除。

(5) 换热器投用或切除时严禁升降温速度过快，应控制升温速度在 50℃/h 以下。

(6) 投用设备前必须关闭放空阀，以免造成跑油或着火。

2. 换热器的投用和停用

换热器使用前的检查准备如下：

(1) 检查换热器静电接地是否良好。

(2) 检查地脚螺栓及各连接法兰螺栓是否松动，滑动端应留有间隙。

(3) 检查出入口阀门是否完好，手轮等是否齐全好用。

(4) 检查换热器壳体表面有无变形、碰伤裂纹、锈蚀麻坑等缺陷。

(5) 检查换热器出口的压力表和温度表是否完好，压力表和温度表要经过校验。打开压力表手阀。

(6) 换热器试压合格后，方可投用。

换热器的投用步骤如下：

(1) 确认换热器管程、壳程出入口阀全关，检查并气密换热器的管箱、法兰、阀门、仪表管嘴等部位，确保无问题。

(2) 打开换热器管、壳程的导淋阀，将存液排干净。

(3) 高温换热器先进行蒸汽贯通、预热，贯通时用蒸汽对换热器本体进行吹扫，从导淋阀排汽。注意：管程、壳程必须同时进行，防止单程受热或憋压。

(4) 投用前，应首先将导淋阀关闭。

(5) 稍开冷介质的入口阀，稍开冷介质出口高点排气阀，见介质后，关闭排气阀，开冷介质出口阀。

(6) 缓慢开冷介质入口阀，同时缓慢关冷介质副线阀，直至副线阀全关，然后全开冷介质入口阀。

(7) 稍开热介质的入口阀，稍开热介质出口高点排气阀，见介质后，关闭排气阀，开热介质出口阀进行预热。

(8) 缓慢开热介质入口阀，同时缓慢关热介质副线阀，直至副线阀全关，然后全开热介质入口阀。

(9) 冷却器投用时，冷介质的阀门开度要适中，当热介质投用后根据操作要求调节好冷介质量。

(10) 全面检查换热器有无泄漏、振动、温度是否正常，若无异常则投用正常。

(11) 做好操作记录。

3. 换热器的切除

(1) 缓慢关热介质入口阀，同时缓慢开热介质副线阀，直至入口阀全关，对换热器进行冷却。

(2) 待温差不大时，全开热介质副线阀，全关热介质出入口阀。

(3) 全开冷介质的副线阀，关冷介质的入口阀、出口阀。

(4) 根据要求，用蒸汽将换热器内的介质吹扫干净并排空。

4. 换热器的吹扫

(1) 打开管程、壳程密闭退油阀，改通扫线流程。

(2) 引吹扫蒸汽，打开蒸汽线导淋阀，待凝结水排净后关闭。

(3) 慢慢打开吹扫阀对换热器进行吹扫。

(4) 蒸汽吹扫要防止换热器单程受热和憋压，吹扫管程时，壳程放空阀必须打开；反之亦然。

(5) 吹扫干净后停汽，打开导淋阀放尽存水。

5. 换热器的日常管理

(1) 检查换热器的压力、温度变化情况。

(2) 检查封头、出入口法兰连接处，温度套管嘴等处有无泄漏。特别要注意换热器在操作压力、温度变化时是否有泄漏现象，发现问题及时进行汇报、处理。

(3) 经常检查冷却器冷却水是否带油，发现带油应及时切除。

(4) 要根据操作的要求及时调节冷却水量，将油品温度控制在指标之内。

(四) 一般离心泵操作

一般离心泵是由电动机通过轴带动叶轮进行高速旋转，使液体获得能量而完成输送任务的机械设备。

1. 离心泵的原理及组成

1) 离心泵的工作原理

当泵内灌满液体时，由于叶轮的高速旋转，液体在叶片的作用下产生离心力。在离心力的作用下，叶轮内的液体沿着叶片流道甩向叶轮的出口直至排出管。当液体被甩向叶轮出口的同时，叶轮入口处就形成了低压(或负压)在泵内与吸入管内的液体之间有了压差。液体在压差作用下，不断地补充到泵内，而使泵能连续不断地工作。

2) 离心泵的构造及主要部件

(1) 叶轮：它是把机械能传给液体的主要部件，输油离心泵多采用闭式叶轮，闭式叶轮由前后轮板及其间所夹的弯叶片组成。

(2) 泵体：单级泵壳体一般为蜗形，多级泵的壳体为圆柱形。泵体的主要作用是传能，即将动能转变为静压能。

（3）密封装置：泵内的缝隙漏失和轴套与泵体间泄漏的防范装置。前者用以提高泵的效率，后者用以防止被输送介质的漏损和保证泵的安全运行，防止空气漏入泵内。

（4）平衡装置：离心泵在输送介质时，由于叶轮前后轮板不对称，叶轮两侧所受的液体压力不相等，便产生了指向液体进口的轴向推力。平衡装置就是来减弱或克服这种推力的。

（5）传动装置：用来将泵与电机连接的部件，包括轴、轴承、联轴器等，其作用是将电机的能量传给泵的叶轮。

3）离心泵的基本性能参数

（1）流量：离心泵在单位时间内排出液体的体积称为该泵的流量，其单位是 m^3/h 或 m^3/s。一台离心泵的流量大小取决于泵的结构、尺寸（取决于叶轮的直径和宽度）、转速以及密封装置的可靠程度等。

（2）扬程：泵的扬程又称压头，它是指离心泵对于单位重量的液体所提供的能量，亦称液体在泵出口处和泵入口处的总压头差。这个称为扬程的能量用于补充液体在输送过程中因位置、压力、流动速度的变化及管道摩擦阻力损失所消耗的能量，通常以被输送的液体液柱高度来表示，单位为米液柱。

（3）功率：泵在一定流量和扬程下，原动机单位时间内给予泵轴的功率称轴功率，以 $N_{轴}$ 表示。除去机器本身损失和消耗的能量，液体实际获得的功率称有效功率，以 $N_{有}$ 表示。

（4）效率：离心泵在运转中，机器部件之间、机器与液体之间，总会发生摩擦、冲击和漏损等现象而损耗能量，因此，泵的轴功率不能全部传给液体，通常用效率来反映这一损失的程度。一般离心泵的效率都在60%~80%。

2. 离心泵的开、停操作

1）启动前的准备工作

搞好设备及周围地面卫生，备好消防器材。检查泵体及进出口管线、附属管线、阀门、法兰等处有无泄漏。检查泵及电机各部件是否齐全，连接是否紧固，安全罩是否牢固。检查各压力表是否安装良好，量程选择是否合适，安全红线是否标好，投用压力表。检查轴承箱是否干净，并加入经“三级过滤”后规定牌号的润滑油至规定的油位（油位计的1/2~2/3）。开冷却水上、下水阀，并调节冷却水量。按泵的转向盘车2~3圈，检查转子是否灵活，有无偏重、卡涩等现象。检查泵体内是否有不正常声音和金属碰击声，打开泵入口阀，引液灌泵；同时适当开启泵放空阀，排尽泵内气体后关闭。对于热油泵，灌泵放空时，放空阀不可开启过大，以免过多热油排出泵体，发生燃烧危险。对于高温泵（$T>200℃$），必须对泵进行预热，且预热要充分，预热速度必须缓慢，升温速度不得超过50℃/h（泵壳和介质温差≯10℃，预热前期盘车数圈以使泵体内各部件均匀受热）。预热结束后要关闭预热线。对带有密封蒸汽系统的泵，应全开蒸汽线上的所有阀门。检查平衡管、自冲洗管、机封冷却水、泵。有密封油的泵开密封油线上、下游阀，投用密封油。准备好油壶、温度计等。联系有关岗位操作人员，并联系电气给机泵送电。点动检查电机旋转方向是否与泵旋转方向一致。

2）离心泵的正常启动

检查准备工作完毕，全开入口阀。出口阀微开一扣，按动电机启动按钮，启动泵。当泵出口压力在额定值以上、电流在额定值以下、机泵振动在正常范围时，立即打开出口阀，调节至所需的流量或压力。此过程注意检查电流值的变化，全面检查泵体、轴承、电机的温度和振动情况，机封和轴承箱是否有泄漏，有无异常声响。若发现电流超负荷或机泵有杂音或其他不正常现象，应停泵查找原因。工艺要求压力低或液位高时备用自启动的机泵，备用泵进出口阀门全开，开关位置投“自动”，并做好泵的其他备用工作。

3）离心泵的正常停泵

与有关岗位做好停泵准备工作。关闭出口阀。按停机电钮停运机泵。泵停运后，应做好维护，以便随时启动。

对热油泵要打开预热线阀门，对泵进行预热。待泵温度小于100℃后，停冷却水(冬季时，可保持少量冷却水流动，防冻)。停泵检修，通知电工切断电源，关闭泵入口阀，排尽泵体内存油。正常停下的泵每天盘车一次，每次盘车180°。

4）离心泵的切换

联系班长和有关岗位准备切换泵。按正常开泵步骤，启动备用泵。缓慢打开备用泵出口阀，同时缓慢关闭被切换泵的出口阀。此过程应注意观察两台泵的电流、压力、流量变化，切换过程力求平稳，避免引起操作波动。当启动的备用泵的压力、流量达到要求后，即可按停泵按钮停被切换泵，并按正常步骤做好停泵后各项工作。

5）紧急停泵

当离心泵在运转过程中有严重噪声、振动、机械密封严重泄漏、抽空无法消除、轴承温度过高、停电、电机过热、冒烟、着火等意外情况或工艺要求紧急停泵等情况下应紧急停泵。紧急停泵时应按停泵按钮，关闭出口阀，迅速启动备用泵，其余步骤同正常开停泵步骤。

3. 离心泵的正常维护和检查

检查电机电流、泵出口压力、流量是否稳定在允许范围内。检查轴承温度(滚动轴承≯70℃，滑动轴承≯65℃)，电机温度≯环境温度40℃，电机轴承温度≯70℃。检查泵机械密封泄漏情况，检查备用泵预热线是否畅通。调节好冷却水用量，使被冷却部位无过热现象。经常检查润滑油质量及润滑情况，及时加注或更换润滑油(保持油位在1/2~2/3处，并严格执行“三级过滤”和“五定制度”)。在备用泵出现抽空现象时，应适当关小出口阀并及时检查抽空原因，加以处理。经常检查机泵振动情况，声音是否正常，地脚螺栓是否松动。搞好机泵与附属管线、阀门、压力表及周围环境卫生。备用泵每日应盘车180°，保持各机泵清洁工作，备用泵应做好备用工作，如灌泵、注油、预热等工作。冬季检查备用泵的防冻防凝情况，认真进行巡检，按时做好机泵运转记录。

4. 离心泵操作注意事项

严禁用关入口阀来调节流量或启动。泵在正常转速、关闭出口阀的状况下，泵运转不超过3min。离心泵出现抽空、半抽空状态的，应立即调整或处理。严禁超温、超压、超负荷运转。热油泵在预热时，如果利用放空阀放空，则应严格控制放空阀开度，以免着火。工艺要求压力低或液位高时备用泵自启动的机泵，备用泵进出口阀门全开，开关位置投“自动”，并做好泵的其他备用工作。

5. 普通离心泵故障原因及判断处理

1）泵出口无流量或流量很小的原因及判断处理

旋转方向不对应联系电工校正；泵启动未灌液应检查出入口阀并进行灌泵；吸入管窜入

气体或蒸汽应关闭蒸汽及吹扫的阀门；泵未达到额定转速应联系电工钳工处理、检查电压；出口压力太高应检查出口管路是否畅通；流量仪表故障或未启用应联系仪表检查或修理；入口管堵塞(包括入口过滤网堵塞)应停泵处理。

2）泵排量不稳的原因及判断处理

吸入管未充满液体应关出口阀，开泵体放空阀排尽气体；泵入口罐液面低应检查容器液面；吸入液体中夹带有蒸汽或气体应检查蒸汽吹扫阀是否未关或关不严，并进行处理；泵转速未达到额定转速应联系电工处理；压头太高应检查出口管路是否畅通；流量计故障应联系仪表检查处理；气蚀余量不足应停泵处理。

3）压头过低的原因及判断处理

吸入管路窜入气体或蒸汽应关出口阀，开放空阀排气检查并处理窜气处；泵运转未达到额定转速应联系电工处理，检查电压；泵转动方向不对应联系电工校对；机械故障应联系检修部门更换配件(如耐磨件磨损、叶轮损坏、内泄漏)；介质组分过轻或温度过高应联系相关人员调整操作；压力表失灵或压力表阀开度不够应检查校对或更换压力表。

4）抽空和噪声的原因及判断处理

吸入液体中携带气体或蒸汽应关出口阀，开放空阀排尽气体，检查处理窜气之处；吸入管路中未充满液体应关闭出口阀，打开放空阀排尽气体；气蚀余量不足应停泵处理；叶轮损坏或落入异物应更换叶轮或停机清扫；介质温度过高、发生汽蚀应降低介质温度。

5）泵启动后无抽力的原因及判断处理

吸入管没充满液体应关闭出口阀，打开放空阀排尽气体；吸入液体中窜入气体或蒸汽应关出口阀、开放空阀排尽气体，检查处理窜气之处；吸入管漏气应找出漏点，进行处理；气蚀余量不足应停泵处理。

6）功率消耗过量的原因及判断处理

出口压力大应检查流量是否过大，适当降量；机械故障应联系检修，停泵更换配件(如两轴不同心、轴弯曲、旋转体有阻力、耐磨环磨损等)；液体温度低或黏度大应按规定提高液体温度；流量过大应调节流量。

7）振动的原因及判断处理

吸入管线未充满液体应关闭出口阀，打开放空阀排尽气体；吸入管窜入气体或蒸汽应检查处理窜气之处；电机和泵不同心应联系校正；轴承磨损或松动应更换配件；旋转不平衡应停泵重找平衡；轴弯曲应调直或更换；基础不牢固应重新打基础或加固；驱动装置振动应联系调校；控制阀定位错误应联系仪表校正；地脚螺栓或垫铁松动应检查和校正。

(五）高压进料泵操作

高压泵主要由泵壳体、内置式高压承压筒体、轴、叶轮、机械密封、轴承箱(径向轴承、推力轴承)、联轴器、平衡盘等组成。高压泵均配置独立的润滑油站，油站包括油箱(附带电加热器)、油冷却器、油过滤器、辅助油泵及电机等。高压进料泵还配置轴承润滑、密封冲洗、机体排放、轴力平衡及密封急冷等辅助系统。

1. 高压进料泵主要结构

(1) 泵壳：泵的外壳，主要是包容泵体内构件并形成泵工作空间的一个环形密封筒体。

(2) 高压承压筒体：泵壳包容泵轴及叶轮，形成泵体内部高压做功空间环形高承压密封筒体。

（3）泵轴：主要是连接并承载各级叶轮，传递原动机输出功率，实现各级叶轮旋转做功。

（4）叶轮：泵的一个做功部件，提高油品介质的旋转运动速度。

（5）导叶：引导油品介质由上一级叶轮流向下一级叶轮并将油品介质速度能转化成压力能。

（6）密封机械：泵体的轴端密封装置，防止油品沿轴向泄至泵外。

（7）轴承：包括径向支撑轴承和轴向推力轴承，主要支持泵轴与叶轮，并平衡部分泵轴向力。

（8）平衡装置：主要是由平衡毂及平衡线组成，平衡部分泵轴向力。

（9）联轴器：联结泵与原动机，传递原动机输出功率。

2. 高压进料泵辅助系统组成

高压进料泵的辅助系统组成：齿轮箱增速系统、润滑油系统、密封冲洗油系统、密封急冷蒸汽系统、仪表联锁控制系统。润滑系统主要由油箱、油泵、油冷器、油过滤器组成。

密封冲洗油系统的作用是，降低泵密封腔内油品介质温度，减少密封腔内油品杂质颗粒，减少机封在工作时与介质中杂质颗粒的摩擦磨损，降低油品在机封各内表面的结焦趋势，延长机封寿命，提高密封的可靠性。密封冲洗路径是，冲洗油从第一级叶轮出口经泵壳开孔处引出，流经节流孔板后，注入泵前、后端密封腔内。

密封急冷蒸汽系统的路径是，引管网1.0MPa蒸汽，一路流经减压孔板，进行适当节流与减压后，注入泵前、后端机械密封动、静环摩擦副的外部；另一路直接注入泵填料函。密封蒸汽注到机封外部，与泵体内的油品介质不相混合；而冲洗油注入机封内部（泵密封腔内）且与泵体内的油品介质相汇合。冷却机封以及泵填料函，改善机封运行工况；可作为消防掩护蒸汽，防止高温油品从机封动、静环密封面处泄漏出来而着火。

3. 高压进料泵的开、停操作

1）启动前的检查和准备工作

检查机泵安装和各部分的紧固是否符合要求。清理地面和设备卫生，清除障碍物。检查电源接线及各仪表连线是否正确，并打开各仪表、压力表手阀。确认相关管线吹扫、冲洗、气密、试压满足要求。检查工艺、冷却水流程是否符合要求，确认水、电、气、风公用工程正常。检查泵出入口手阀是否全关，入口过滤器是否已清洗干净，机械密封急冷蒸汽阀是否全开。

建立润滑油系统，并注意润滑油系统各项报警指标维持油压稳定。检查确认润滑油系统流程畅通。检查油箱干净，加入合格的润滑油，油位在最高液位。检查油箱及润滑油管线上的压力表，温度计及联锁引线投用。检查压控阀、温控阀的安装及流向是否正确。检查确认油冷器循环水投用（冬季上、下水副线阀稍开），按启动按钮启动油站辅助油泵。稍开过滤器和换热器上的所有放空阀，排不凝气使润滑油系统充满润滑油。检查油泵出口压力正常，润滑油总管压力正常，润滑油温度正常。检查油泵运转声音有无异常，回油是否正常。润滑油系统建立完毕。

打开泵入口阀进行灌泵，之后缓慢开最小流量调节阀，并打开放空阀及泵体排凝阀进行放空，直至排放介质为连续流体，泵体气体赶尽，关闭排凝阀和放空阀。对泵进行预热。全开泵出口最小流量控制阀副线阀及入口副线阀，缓慢打开预热线阀。注意：泵体预热严格控制升温速度小于2℃/min，泵体上下部温差不得大于30℃，流体与泵体温差不得大于40℃。

预热过程中不准盘车，预热各部位温度稳定时，才允许盘车。检查盘车有无偏重卡涩现象，如有则应重新暖泵。再次灌泵确认泵体无气体，确认平衡管及密封自冲洗冷却线畅通。全开泵入口总阀。确保平衡管上压力表有指示、正常工作。全开最小流量线的调节阀、手动阀。关闭泵出口截止阀，全开止回截止阀。预热结束后，启动泵之前关闭预热线。再次检查各仪表投用正常，并联系操作室及有关单位。

2）高压进料泵启动

现场手动启动泵(大修后，先点动按钮，并确认转向正常、无卡涩现象)。泵提速、升压，调整回流阀开度，并注意电流变化，泵建立平稳回流循环。待出口压力升至正常之后缓慢打开泵出口手阀。联系操作室将泵投入系统，进行提量，调整泵正常运行，满足生产操作。当泵正常运行几分钟之后，现场停辅助油泵，开关置于自动位置。泵启动正常后，调节油压、油温正常，按正常维护要求全面检查泵的运行情况。

3）高压进料泵正常停泵

将最小流量调节阀开至最大，保证循环量，缓慢关闭出口调节阀和手阀使泵撤出系统。操作人员现场按停电机按钮，停泵。全关入口手阀，关闭最小流量线出口手阀及调节阀(防止电机反转)。停泵后，打开预热线阀对泵体按暖泵步骤进行暖泵。如该泵停下后须进行维修，则应待轴承温度降至常温后，停润滑油泵。关闭各处冷却水阀，关闭蒸汽急冷系统。通知电气切断电源。打开泵体排放阀排尽泵体内存液。

4）高压进料泵的切换

按正常步骤启动备用泵，用最小流量线打循环，做好准备工作。检查一切正常后，将启用泵出口阀慢慢打开，并由操作室将最小流量线阀慢慢关小。注意：既要保证压力稳定，又要严防泵出口压力超高，同时将原运转泵最小流量线阀慢慢开大，再慢慢关闭原运转泵的出口阀，将启用泵投入系统。切换时要保证流量、压力稳定。按正常停泵步骤停下被切换的泵。

5）高压进料紧急停泵

当出现以下异常情况应紧急停泵：电机、泵、齿轮箱等转动部件出现大的异常声音；轴承及回油温度超高；泵出现抽空现象；抱轴、轴承烧坏或润滑油变质；油冷器冷却循环水突然中断；引起泵联锁停泵的条件出现而未停泵时；高压、临氢部位发生大的火灾；密封泄漏严重。

紧急停泵步骤：立即关闭泵出口阀及最小流量线阀；按停电机按钮，停泵；其他步骤同正常停泵。

4. 泵的日常维护和检查

1）运行泵的检查

检查电机电流、泵出口压力、流量是否稳定在允许范围内，并进行相应的记录。检查润滑油油压、油温是否正常。检查电机、齿轮箱、高压泵轴承温度是否正常。检查电机、齿轮箱、高压泵的振动情况是否正常，声音是否正常，地脚螺栓是否松动。检查泵机械密封泄漏情况，检查平衡线压力表指示是否正常。调节好冷却水用量，使被冷却部位无过热现象。经常检查润滑油质量及润滑情况，及时加注或更换润滑油(保持油位在视窗的1/2~2/3处，并严格执行“三级过滤”和“五定制度”)。在用泵出现抽空现象，应适当关小出口阀并及时联系相关人员检查抽空原因，加以处理。检查最小流量线的开度不得太小。搞好机泵及附属管线、阀门、压力表及周围环境卫生。

2）备用泵的检查

确认泵处在预热状态，温度正常。确认润滑油系统运转正常。确认冷却水投用正常，泵入口阀全开，密封无泄漏。

5. 高压进料泵的故障诊断及处理

1）入口流量低的故障诊断及处理

入口罐液位低应提高入口罐液位，用出口阀调节流量或开大回流；泵内有气体应打开放空阀排气，检查气蚀余量和进出口管线内是否有漏气；入口过滤网堵塞应停泵清洗入口过滤网；氮封压力下降应检查 N_2压力，及时处理。

2）振动超高的故障诊断及处理

不同心引起振动，应检查泵、增速器、电机同心度；轴承磨损应更换；转子不平衡应检查各级叶轮和转子的平衡情况；入口堵塞应检查入口过滤网；轴弯曲应调直；控制阀振动应重新给定；出口管线振动应检查出口节流孔板；预热不充分应按预热要求继续预热。

3）出口无量或排量不够的故障诊断及处理

旋转方向错应联系电工改正；出入口阀开度过小应开大出入口阀；抽空、气蚀余量不足应提高液位，提高入口压力；转速不够应联系电工或钳工检查处理；出口阻力过大应降低出口系统压力；入口过滤网堵塞应清扫入口滤网；机械缺陷(耐磨环磨损、叶轮损坏、内部泄漏)应修理、更换处理。

4）电流超载的故障诊断及处理

转速过高应联系电工处理；排出量过大应降低排量；介质密度大于设计密度应提高介质温度或降低介质密度；机械缺陷(不同心、轴弯曲)应重新找正调直；轴承缺陷应修理或更换轴承。

5）轴承过热的故障诊断及处理

润滑油油压低应提高油压；润滑油变质、有水或有杂质应更换新油；油冷器结垢阻塞引起油温升高应清扫油冷器；润滑油系统故障应检查处理；油冷器冷却水不足应加大水量；轴承太紧应联系钳工处理；轴承进出油孔堵塞应检查处理；轴销与轴瓦接触不良应检查处理。

6）轴承磨损坏的故障诊断及处理

泵与变速器不同心应重新校正；轴弯曲应调直；振动应按振动故障检查处理；泵故障引起推力过大应检查处理；润滑油不足应检查加装润滑油；轴承有污垢应检查清洗找出污物来源；润滑油有水分杂质应换新油；润滑油油温过冷过热应调节冷却器进水阀，待油温上升或降低后再慢慢调节至正常油温。

(六) 往复泵操作

1. 往复泵的组成

往复泵主要由泵缸、柱塞(或隔膜)、活塞杆、吸入阀和排出阀组成。当柱塞在外力作用下向外移动时，泵体内由于体积扩大、压强减小，排出阀受压关闭，吸入阀则受压打开，液体被吸入泵内。当柱塞向内移动时，泵内液体由于受到柱塞的挤压而压强增高，吸入阀受压关闭，排出阀则被顶开，液体被排出泵外。这样，柱塞不断地往复运动，液体便间断地被吸入和排出。由此可见，往复泵是通过柱塞(或隔膜)将外功以静压力的形式直接传给液体的。

2. 往复泵的开、停操作

1）启动前的检查和准备工作

检查泵部件连接和紧固良好。搞好设备和环境卫生，清扫入口过滤网。检查曲轴箱按规定牌号加润滑油到规定位置。检查出口压力表及安全阀处于良好状态。检查出口单向阀处于良好状态。检查进出口流程已改好。检查泵行程为零。对于隔膜型计量泵要检查补偿腔内油位达到要求。打开入口阀、放空阀或旁路阀，排出泵内气体后关闭放空阀。与有关岗位联系准备启动。

2）往复泵的启动

点动，确认电机回转方向。启动泵电机，确认没有异常声音、振动和温升。打开出口阀，逐渐关小旁路阀，直至旁路阀全关。长期停用或第一次装配好的泵须有30min以上的零负荷跑合运转。观察压力表指示慢慢调整行程至所需要的流量，调定后要将调节转盘锁紧，以防松动。连续运转30~40min后，确认扬程、流量、电流正常。

3）往复泵正常停泵

逐渐开大泵旁路阀，同时逐渐关小出口阀，使泵出口压力降低。切断电源，按停泵按钮。将调节丝杠旋至0%。关闭泵进出口阀及放空阀或旁路阀。若长期停车，必须将泵内介质排尽，各部位擦干净。

4）往复泵的切换

按正常步骤启动备用泵，注意旋转方向无误。按上述各点启动前的检查工作对泵进行检查。打开新用泵出口阀，关闭放空阀或旁路阀。切断被切换泵电源，关闭被切换泵吸入阀和排出阀对新用泵进行常规检查。

5）往复泵紧急停泵

往复泵运行过程中，如遇到电机及泵体严重故障或电机电流超高无法维持运转，需紧急停泵处理。管线或法兰严重泄漏等紧急情况均需紧急停泵。紧急停泵步骤同正常停泵。

3. 往复泵的正常检查和维护

检查润滑油质量、液位是否正常。检查轴承与电机温度是否正常。检查泄漏和盘根的磨损情况以及各运动部件的温升情况。检查泵、电机有无杂音及振动情况。检查各部位螺栓有无松动情况。检查出口压力是否在允许范围内。保持设备及环境卫生。

4. 往复泵操作安全注意事项

泵在启动前必须先将出口阀、旁路阀或放空阀打开，严禁在泵出口憋压或后路不通的情况下启动泵。安全阀应保持良好的工作状态。当泵内压力超过额定压力时，安全阀应顺利打开，以保证泵的安全工作。往复泵的升压过程是“渐进过程”：在升压时，应注意观察压力表指针的变化，同时应观察管路及各密封处有无泄漏现象。当出现不正常声响、剧烈撞击声和传动部件、填料等发热时，应立即停车检查处理。严禁在泵带负荷运转时进行调试和修理。平时要经常检查油质、油量并及时换油。

5. 往复泵的故障原因及判断处理

1）泵不运转的故障原因及判断处理

电源保险丝烧断应联系电工处理；电磁开关过热应联系电工处理；送电线路或接头故障应联系电工处理；电压过低应联系电工处理；排出管堵塞应拆卸清扫排出管；泵内液体结冰应热水融化；十字头生锈或卡死应联系钳工处理。

2）振动、噪声过大的故障原因及判断处理

噪声和杂质阻塞应检查圆珠单向阀的工作状况，清除杂质；气蚀余量不足应联系钳工处理或提高液位；过载应检查出口管线是否堵塞、动静配合部分摩擦是否过大；零部件磨损应检查并更换零部件；润滑油不足应补充合格的润滑油至规定高度；入口滤网堵塞应清扫入口滤网。

3）排量不正常的故障原因及判断处理

气蚀余量不足应提高液位；圆珠单向阀失效应联系钳工处理；安全阀内漏应重新定压或更换；入口滤网堵塞应清扫入口滤网；泵的气体未排尽应灌泵，排尽入口管线及泵内气体。

4）曲轴箱温度高的故障原因及判断处理

过载应检查排出管路是否不畅；润滑油变质带水或有杂质应换油；油箱油位过低或过高应保持油位在正常范围；油牌号与规定牌号不符应更换成规定牌号润滑油；填料过紧发热应适当松开填料压盖螺母；各部件安装对中不良应重新对中。

5）补偿腔油位波动的故障原因及判断处理

行程波动应检查各连接部件有无松动损坏；油安全阀失灵应联系钳工处理；油补偿阀失灵应联系钳工处理。

（七）往复式压缩机操作

往复式压缩机的气缸和填料采用油润滑设计，压缩机选用电机驱动的活塞式往复压缩机，有多个气缸或一个气缸，有多级压缩或单级压缩，压缩机设置防脉动的出、入口缓冲罐。每台压缩机均有独立的传动部分和工作部分强制润滑设施以及完善的自保、监控系统。级间设置旁路返回系统，对级间压力进行调节。主辅润滑油泵、注油器由单独的电机驱动。压缩机气缸冷却、级间冷却器、润滑油冷却器、软化水冷却器、主电机冷却器采用循环水冷却。

1. 往复式压缩机的开机操作

1）开车前的检查和准备工作

检查压缩机飞轮与曲轴螺纹连接部位，确认是否松动。检查压缩机工艺气管路、润滑油管路系统、冷却水管路系统组装后是否清洗干净。检查润滑系统中的油泵旋转方向是否正确。压缩机油池按油标指示是否有充足规定牌号润滑油。核准压缩机各级气缸的止点间隙。调整压缩机气、水、油的安全保护系统。培训现场操作人员，了解压缩机结构和运转操作要领、程序及检验项目。整理试验现场，保持环境清洁无灰尘，无影响操作人员工作的异物。确认电机正确转向。确认机组的自保联锁投用且正确无误。

2）压缩机的空载运转

把气缸和填料的润滑油量调到最大值，启动注油器，对气缸进行润滑并观察各注油位置是否有油供给。打开总进水管阀门，控制冷却水总管压力，调整各冷却支管的水流量，并通过视水器观察各水路水流是否畅通，指示仪表是否正常。启动润滑油泵对运行机构进行预润滑，检查各润滑点的供油是否正常；当压缩机首次运转时，润滑油泵运转时间不得少于10min，与此同时观察机身油标的油位，如油量不够应向油池补加润滑油达到要求，还要调整润滑油压力使供油压力正常。

压缩机盘车确认运行部件无不正常现象，盘车结束并将盘车机构与压缩机脱开后锁紧。

待压缩机开启后，不得再操作盘车装置。开车条件满足各项指标后，联系各部门相关人员按要求开车。启动压缩机投入空载运转，无不正常现象运转半小时即可。检查运动部件有无不正常声响，并应及时消除不正常声响。检查油温、油压是否正常。空载运转停机后，应立即打开机身滑道盖板。用接触式温度计检查主轴承，连杆小头瓦温度<70℃。检查填料温度，在填料法兰表面用接触式温度计检查其温度不应超过 100℃。检查润滑油压力和温度，检查各连接部位有无松动、运动部件有无不正常的响声。

3）压缩机负荷试运

增加压缩机负荷和压力，进一步检查和消除缺陷。检查机组的安装质量、机械性能和仪表是否满足生产的要求。通过试车，使操作人员熟悉和掌握机组的操作方法。

机组安装完毕后，设备、管线、仪表、电气系统等安装好，并符合工程安装质量标准。确认主电机绝缘，静电接地良好，电机转向正确。检查机体部件、气缸套、缸体、气体进出口流道已清洗干净。润滑油系统已跑油合格，过滤器压差小于 0.1MPa。工艺气系统管线、缓冲罐等已处理干净，各级入口缓冲罐前已加过滤网。仪表、电气及土建安装问题已全部处理完毕。附表中所有报警、联锁调试结束，确认合格。试运方案经相关部门及厂家审批合格，操作人员已学习、考核。通知相关职能部门人员或机组试运领导到场，通知调度人员，必须确保氮气连续供给。通知电工、仪表工、钳工到场，通知车间相关人员到场，通知主控室。

压缩机负荷试机的检查和准备工作：安装各级进出口气阀及仪表、安全阀等，投用安全阀。与工艺人员确认氮气试车流程。开氮气置换阀进行氮气置换。开入口阀充压，并对机组各法兰、密封点进行气密检查。启动润滑油泵，调节润滑油压力正常。启动注油器，确认注油点畅通。开启所有冷却水阀，通过回水视窗确认冷却水系统正常。进、排气缓冲罐排凝，污油罐排凝。启动盘车装置盘车 5min，结束盘车确认盘车装置、飞轮锁紧装置脱离后锁紧。开启出口阀门。确认机组处于 0%负荷状态。启动主电机启动按钮，使压缩机投入空载运转状态运行 5~10min，检查各运转部件是否正常，机体有无杂音，注油、润滑油上油是否正常，轴承温度是否正常。旋转负荷选择开关使压缩机 50%负荷运转，检查振动、声音、排气温度、轴瓦温度、压力、润滑油及注油有无异常。加负荷至 100%负荷。需要注意的是，由于氮气与工作介质氢气分子量的不同，应使排气压力低于设计压力，主电机电流不应高于铭牌所标额定电流。负荷试运转注意事项：由于负荷试运转气体与工艺气体的密度不同，压缩机的轴功率及各级工艺参数与原设计值不同，氮气试车应连续运转至少 48h。运转时应检查压缩机吸气压力、排气压力、温度，压缩机的主轴承、电机轴承温度，压缩机各级入口过滤器压差。调节气缸、填料注油器各点流量正常。润滑油位正常，总管压力正常。填料、气缸冷却水、级间冷却水供水、回水温度正常。主电机电压、电流、定子温度正常。压缩机运行的声音、机体、管线振动正常。氮气负荷试车完毕，先卸荷至 0%，后停主电机，关闭出入口阀，打开放空阀机体卸压，待压缩机轴承降至常温停润滑油泵。

4）压缩机开车前的检查和准备工作

新装或大修的机组经试运合格，确认仪表报警、联锁调试合格。联系电工检查电机绝缘电阻，电机及各项电气设备处于良好状态，接地良好。搞好机体和周围环境卫生。压缩机组各管线、法兰、密封点进行气密检查并合格。机身曲轴箱、注油器油箱润滑油液位在视窗的 2/3 处。打开分液罐、机组中体排凝阀排凝液，确认无凝液。

检查投用安全阀。各种仪表齐全好用、投用正常。消防器材、操作工具、记录表格准备齐全。控制盘送电，现场润滑油主辅油泵、主电机、注油泵电机、电加热器等送电，仪表电气控制盘试灯、试铃。投用压缩机各级级间冷却器、溢返冷却器、润滑油站冷却器、水站冷却器、电机水冷器，新氢机气缸冷却水，检查循环冷却水正常。压缩机气缸冷却水、填料冷却水系统投运。建立压缩机传动部件润滑油系统。关闭该系统的高点放空阀和各低点排凝阀。

全开润滑油 A 泵和 B 泵的入口阀、出口阀。确认过滤器切换手柄在适当位置，一台过滤器正常投用。润滑油 A 泵或 B 泵手动盘车无卡涩、偏重现象。启动润滑油 A 泵或 B 泵，建立润滑油循环系统。调整润滑油总管压力在正常范围内，润滑油过滤器差压在正常范围内。启用泵的切换开关置于“手动”位置，备用泵的切换开关置于“自动”位置。

建立工作部件的润滑油系统：启动注油器电机，检查各注油点的上量情况是否良好，对工作部件进行良好的预润滑。检查各级入口过滤器、润滑油过滤器、填料冷却水过滤器压差正常。确认低压氮气系统流程，建立机组氮气负荷调节、压力填料氮封、活塞杆下沉检测系统，并检查高点放空情况良好。

曲轴箱电加热器、注油器电加热器、主电机空间加热器投自动。视情况开水站蒸汽加热器，确认满足条件后关闭。压缩机的负荷调节旋钮处于 0% 位置。启动盘车装置盘车 5min，注意有无异常响声。结束盘车确认盘车装置、飞轮锁紧装置脱离后锁紧。

压缩机机体用氮气置换，关闭新氢压缩机的入口阀、出口阀。确认压缩机入口氮气置换流程，缓慢打开机入口氮气线阀门，并注意排凝，向机内充氮气，打开压缩机出口放空阀放空，机体降压。重复上述步骤 2~3 次。采样确认机内气体的氧含量≤0.5%为置换合格。压缩机机体氮气置换结束，压缩机机体氢气置换 1~2 次合格。全开压缩机(新氢机)出入口返回阀。全开压缩机出口阀。全开压缩机入口阀。

5）压缩机的开机

联系电气仪表，将配电室控制柜设在实验位置上，现场启动主电机，进行压缩机的模拟运行，电气仪表工调整主电机励磁电流，测试机组联锁(初次开机或大修后开机进行)。确认机组的启动条件都已满足，现场无影响机组启动的问题。操作室内操作人员将操作系统复位。通知班长及相关岗位准备开机。

压缩机必须满足下列全部条件才能开机：压缩机停运；压缩机负荷为 0%；联锁清除；机身油温≥27℃；气动盘车装置脱离锁紧；轮锁紧装置脱离锁紧；允许启动指示灯亮；润滑油压力达到允许值；冷却水系统建立正常；气缸注油器运行正常；主驱动电机允许启动。

上述工作顺利完成之后，电气仪表工将压缩机控制柜投到运行位置，现场操作人员手动按下现场控制柜上启动按钮启动主电机，使机组投入空负荷运行。压缩机空负荷运行 5~10min，检查确认压缩机、电动机各运转部位声音、振动、温度、油压等是否正常。现场操作人员使用现场控制柜上负荷控制选择开关对机组加负荷。机组加载至 50%负荷运行，若各缸排气温度超高，应加负荷至 100%负荷运行。加负荷升压过程中要特别注意检查机组运转情况，电流、振动、流量、各级压力分配情况，防止压力不均使个别出口温度超过允许值。机组加负荷至 100%，随着压缩机出口压力的升高，做好压缩机本体的气密工作和记录工作。如果发现异常，应立即采取措施降低负荷或停机处理。

2. 往复式压缩机的停机及切换操作

1）压缩机的正常停机

现场操作人员按现场控制柜上负荷控制选择开关对机组降负荷，由100%降至50%再降至0%。机组确认无负荷，停主电机，压缩机停运后，停运注油器。工艺气体系统隔离，关出、入口阀，进行机体放空。进出口压力平衡后启动盘车装置对机组进行盘车。关闭压缩机隔离室供氮阀，对机组级间分离器、机组中体排凝。机组盘车结束，油泵运行至轴承降至常温，现场操作人员手动停油泵。如停车时间长，停气缸冷却、级间水冷器、压缩机油站水冷器、水站水冷器、电机水冷器冷却水。

2）压缩机的正常切换

按压缩机的正常开机步骤将备机启动，检查0%负荷运行正常。原备用机负荷切换：由0%升至50%再升高至100%。原运行机负荷切换：由100%降至50%再降至0%。两压缩机负荷的切换应同步进行，以保证供氢量的平稳，避免引起生产工艺波动。按正常停机步骤停原运行机。检查现运行机组运行情况，将停运机隔离放空，做好备用工作。

3）压缩机的紧急停机

凡遇下列情况之一者，应紧急停机处理：润滑油压力下降至联锁值，机组不能自停；润滑油管破裂或严重堵塞使油路中断或油压迅速下降；电机温度高于额定温升；电机定子绕组温度≥130℃，电机滑动轴承温度≥90℃；电机电流超过额定值，调节无效；压缩机出现严重撞击声，某部件损坏；管线破裂无法修复或发生着火爆炸；润滑油排油温度大于71℃；制氢装置发生重大事故，氢气不能连续供应；主管或连接部位发生大量泄漏，堵漏无效或无法堵漏；注油器工作不正常；填料、气缸冷却水故障。

紧急停机步骤：负荷卸至0%；迅速切断电源；关进出口阀，打开放空阀卸压；其余同正常停机。

3. 往复式压缩机组的正常维护

严格巡回检查制，每2h对机组进行一次全面检查并做好记录。电流不大于额定电流的90%。电机温升≯70℃。电机轴承温度≯80℃。压缩机轴承及十字头滑道及温度≯60℃。电机及其轴承运行无杂音，气缸无异常撞击声。检查润滑油过滤器，如果压差大于指标要切换清洗。油压保持正常压力。润滑油油温保持正常。按时给润滑部位加油至规定油位，检查注油器对各点的注油是否正常。检查备用油泵按钮位置，保证随时能自启动。注意检查曲轴箱、注油器油池油位。按规定时间进行取样化验分析，对不合格的润滑油要及时停机更换。检查冷却水是否畅通，缸套、填料冷却水出口水温是否正常。

检查测量要求部位振动值应符合要求。检查各级出入口缓冲罐是否及时排凝。检查填料箱放空管温度是否有异常温升，判断各处泄漏情况及氮封运行情况。检查各管线各连接部位有无泄漏，检查各安全阀是否有内漏。检查水站水位及过滤器压差，检查备用泵按钮位置，保证随时能自启动。检查污油罐液位，及时排污。做好备用机组的各项正常维护保养工作，确认机组可随时启动；冬季注意防冻凝。

4. 往复式压缩机的故障分析及处理

1）入口压力低的故障分析及处理

吸入管线阻力增加应检查管线和调整（阀门等）；压缩机流量过大应利用流量控制装置降低机容量；前一级气体冷却器过冷应减少冷却水；吸入管线泄漏应检查管接头和冷却器；

工艺气体低，应进行工艺方面的检查。

2）吸入压力高的故障分析及处理

压缩机吸入阀有故障应检查更新阀门；活塞环泄漏应更新活塞环；气缸套造成泄漏应正确上紧气缸套；高压气体串入进口管线应关闭和检查旁路阀；前一级气体冷却器冷却不够应清洗管子，增加冷却水量；压缩机容量不足应用容量调节装置加大机容量。

3）排出压力低的故障分析及处理

吸入压力低应进行工艺方面的检查；活塞环和填料箱泄漏应检查活塞环及填料箱；排出管线泄漏应检查阀门和其他连接件；压缩机吸入阀和排出阀故障应检查和更新阀门；压缩机次级容量过大，应检查次级间流量控制装置；排污阀或旁路阀未完全关闭应完全关闭阀门。

4）排出压力高的故障分析及处理

排出管线阻力增加应检查管线和调节阀门等；次级压缩机吸入阀故障应检查和更新阀门；吸入压力高，应进行工艺方面的检查；前一级冷却器冷却不够应清洗管口，增加冷却水量；吸入温度低应注意超负荷；吸入和排出管线中气体振荡应改变管线布置；压缩机排出阀阻力增加应检查行程和弹簧力。

5）吸入温度高的故障分析及处理

压缩机吸气阀故障应检查和更新阀门；旁路没有全关应全关阀门；吸入管线受热应排除原因，必要时冷却管线。

6）曲轴箱有敲击声的故障分析及处理

主轴承或曲轴承松动应检查轴承间隙，更新或调整轴承；轴承固定螺栓松动应正确紧固螺栓；活塞中心曲轴箱十字头应重新加工达到90°角。

7）气缸内敲击声的故障分析及处理

气缸里落入碎片应取出碎片并检查气缸镜面；活塞撞到气缸顶（或底）应检查和调节顶、底间隙；活塞固定螺母松动应正确固定和完全锁紧螺母；气缸套松动应正确固定；余隙腔的活塞或阀门固定不牢应检查和固定活塞或阀门；活塞环活塞槽之间间隙增加应检查配合间隙，必要时更新活塞环；进气带液应彻底排液并检查排出阀工作情况是否良好；压缩机吸入或排出阀片断裂应更新断裂零件；入口卸荷阀不工作应检查调整。

8）压缩机异常振动的故障分析及处理

基础支承不够应加强基础；基础螺丝松动应正确固紧；连接各个部件的双头螺栓心偏松应正确固紧；轴承间隙过大、飞轮中心偏移应检查间隙，必要时调整和换新油。

9）润滑油油压低或油温高的原因及处理方法。

过滤器或冷却器堵塞应切换过滤器或冷却器；管线堵塞或泄漏应清扫或检修管线；齿轮油泵故障应停机检查齿轮油泵；润滑部位间隙过大应调整润滑部位间隙油泵；回油阀泄漏应修理更换回油阀；油箱油量不足应加润滑油；冷却水量不足应调节冷却水量；润滑油变质或带水或其他杂质应更换润滑油。

10）排气量不足的原因及处理方法

活塞环磨损严重、气体泄漏量过大应更换活塞环；活塞环卡住或断裂应更换活塞环；进排气阀片断裂或阀座密封损坏应更换进排气阀；填料函严重漏气应更换填料；气缸套磨损过大或划伤造成内漏应修理或更换气缸套；气缸余隙过大应调整余隙；进口气体温度过高或阻力过大应降低气体温度和阻力。

11）排气温度高的原因及处理方法

气缸内压比过大应调换泄漏的进气阀或活塞环；堵塞冷却器或注油管道应清洁中间冷却器或管道，调整注油速率；排气阀或活塞环泄漏应修理或调换零件；进气温度高应清洁冷却器，调整冷却水流量、温度；气缸水夹套堵塞应清洁夹套水；气缸润滑油牌号不正确应更换合适牌号的气缸润滑油。

（八）离心式循环氢压缩机操作

在加氢精制装置中，循环氢压缩机一般采用径向剖分筒形压缩机，根据不同的加氢类型、不同的反应压力、不同的循环氢分子量，一般采用4~8级。

离心压缩机一般不设备机，这是因为离心压缩机除轴承和轴端密封外，几乎无相互接触的摩擦，轴承和密封等摩擦副之间也是用油膜和密封气隔开的，所以其转动部分能长周期无故障地工作。加上现代的离心式压缩机具有完善的监制、诊断和控制仪表，因此不需要备机。

1. 离心式压缩机的工作原理

离心式压缩机是一种速度式压缩机，驱动机的主轴带动压缩机主轴上的叶轮旋转，气体自轴向进入，并以很高的速度被离心力甩出叶轮，进入有扩压作用的固定的导叶中，在这里其速度降低而压力提高。接着又被第二级叶轮吸入，再次提高压力，依次类推，一直达到额定压力。

2. 离心式压缩机的开机操作

1）开机前的准备工作

压缩机开机前，全面检查工艺系统、润滑油系统内的设备、管线、阀门连接是否紧固、无泄漏。阀门开关是否灵活。透平机体上螺栓及地脚螺栓紧固；各安全阀齐全投用；各仪表安装完毕经调试合格；做好主蒸汽阀与管网间管线的暖管工作，防止水击；准备好开车工具、消防器材。

2）干气密封的准备及投用

检查管线、阀门等已经安装完毕，管线已进行吹扫，投用前应加好200目滤网，保证无任何硬颗粒杂质，也不允许有任何软杂质；一级密封气用压缩机出口总管来的工艺介质，经过除湿、过滤、增压后进入密封室。二级密封气和隔离气用系统中的中压氮气。系统氮气进行放空脱液，脱液充分后引系统氮气至干气密封架。

检查各设备部件完整、齐全；贯通密封气系统流程，隔离氮气系统流程；打开隔离氮气阀，投用隔离氮气系统；投用压力控制阀；打开循环机出口新氢引出阀，将密封气引进来；投用差压控制阀，各仪表引出阀确认打开，观察压差控制情况是否正常；一级泄漏量不超标；观察密封气、隔离气过滤器压差指示。注意干气密封系统阀门开关要缓慢。

3）润滑油系统的检查、试验与调整

首先进行润滑油系统设备的清洗；然后润滑油供油线总管接临时跨线至回油总管，轴瓦各上游线加盲板，以避免杂质进入设备内；泵出口控制阀回润滑油箱入口处，润滑油总回油线回油箱入口处，高位油箱入口管线法兰处加滤网；关闭各放空、引出线阀，最后启泵开始跑油；跑油中不断用木槌锤击润滑油管线的焊缝及其他易存脏物之处；每隔1~2h切换一次过滤器、冷油器，每隔4h停泵清扫一次回油管线过滤网及其他部位的过滤网，直到跑油合格。

恢复各管线、仪表引出线，补满润滑油，确认润滑油流程，准备投用润滑油系统：关油系统的高点、低点放空阀，高位油罐装油阀，冷油器、过滤器的副线阀；开主泵及备用泵出、入口阀，控制阀上、下游阀及副线阀，冷却器上、下水阀，各压力表、变送器、液位计及各测量开关手阀；冷油器及过滤器的阀位应处于一边位置；检查蓄能器皮囊压力，若达不到规定压力则使用充压设备充压；盘车检查主泵、备用泵有无偏重、卡涩现象。

启动主油泵。缓慢调整自力式调节阀、油总管调节阀及副线阀的开度，调整润滑油泵出口压力、润滑油总管压力；全开冷却器、过滤器高点放空阀，向冷却器、过滤器装油，从放空线回油看窗观察有恒定油流通过时，关闭各放空阀及灌注阀，并使备用冷却器、过滤器正常备用；向高位油罐装油时，要稍开装油阀，当从溢流看窗看到油流时关闭装油阀；在建立循环的同时，应检查法兰及各连接部位有无泄漏，对泄漏部位及时处理，必要时可停泵；如系统正常，主、备泵可交替运转，观察机泵各部位运转情况（如轴承振动、温度变化等），注意泵内的声音有无异常，逐步打通正常流程。

润滑油系统投用后应当检查泵出口压力、控制油总管压力、润滑油总管压力、去径向轴承压力、去止推轴承压力；通过各轴承回油线看窗，检查油流量是否正常；检查润滑油、控制油过滤器压差；检查油冷却器后温度；检查蓄能器压力是否正常。

4）机组自保联锁试验

机组开机前的自保联锁试验是机组安全、平稳运行的重要保障。自保试验内容按停车因素一览表进行，其中有的项目可进行实际试验，有的项目只能进行模拟试验。但是无论哪种形式的试验，都应保证仪表电器准确无误，并试验灯亮、铃响。

密封油高位罐液面低及液位过低试验、润滑油油压小降试验、控制油小降试验、润滑油大降试验、控制油大降试验、润滑油主油泵出口压力低试验、润滑油高位罐供油时间试验可以现场进行实际试验。

轴承温度高报警值、高高联锁停机值、轴承振动及窜轴的高报警值、高联锁值只能进行模拟试验，即由仪表人员进行，人为检查报警器点接点发出信号、动作是否正确无误。

5）汽轮机方面的检查与准备

汽轮机的工作原理是：进入汽轮机的具有一定压力和温度的蒸汽，流过由喷嘴、静叶片和动叶片组成的蒸汽通道时，蒸汽发生膨胀，从而获得很高的速度，高速流动的蒸汽冲动汽轮机的动叶片，使它带动汽轮机转子按一定的速度均匀转动。按热力学过程的不同，汽轮机可以分为凝汽式（排气压力低于大气压力）、背压式（排气压力大于大气压力）。在启动前应检查：

（1）机体连接螺栓、地脚螺栓与管线连接螺栓是否上紧。

（2）投用冲击式盘车装置（盘车确认开关打至允许盘车位置），无卡涩及异常声音。该步最好是在油系统投用后操作。

（3）认真检查速关阀、调节汽阀和其他危急保安装置，动作应灵活、准确。汽轮机应按照有关规定进行超速保护装置试验，包括危急遮断器、速关阀和调节汽阀的动作等手动试验和超速试验。

（4）在启动前记录汽轮机冷态时的气缸膨胀、相对膨胀、轴向位移、上下气缸温度等原始数值。

（5）检查主蒸汽、背压蒸汽管线的安装、支撑和弹簧支座是否符合要求。

(6) 检查汽轮机轴封(包括氮封)及轴封漏汽冷却系统管线是否泄漏、阀门是否好用以及冷却水的流动是否畅通等，将轴封系统抽真空，检查其压力值能否达到0.03~0.04MPa(G)。

6) 压缩机的氮气置换与气密性

压缩机机体和进、出口管线用氮气进行置换，避免将氧气带入系统，同时充压检查机体及管线的泄漏情况，可按照下列方法进行：

(1) 机组进、出口手动阀门关闭。

(2) 打开安全阀上、下游截止阀，投用安全阀。

(3) 打开旁路阀。

(4) 导通压缩机入口吹扫氮气线的隔离盲板，利用低压氮气充压至0.5MPa后，打开机体放空泄压至0.1MPa。重复几次，采样分析机体内的氧含量如果低于0.5%，则关闭机体放空泄压阀。

(5) 用0.85MPa的氮气充压，当达到系统入口压力后，关闭氮气入口阀。用肥皂水检查压缩机及管线是否泄漏，如有泄漏则卸压后重新紧固再充氮气检查。

(6) 检查完毕后，保持机体在氮气状态下的微正压。

7) 机组开机操作

在启动前，由于主蒸汽管道和各阀门、法兰等处于冷却状态，故先要进行暖管，使管线缓慢受热、均匀膨胀，不致产生过大的热应力。暖管要正确地控制主蒸汽管道及附件的温升速度。

暖管结束后，即可冲转开机。为了配合装置临氢系统在开工阶段的热态下的气密试验，在进行氢气气密试验前的阶段是用氮气介质开机的。因此，开机应包括氮气介质的开机和工作介质即氢气介质的开机。由于氮气的密度比氢气的大得多，所以为了避免机组超负荷，可以降低转速操作。但不管是哪种介质，开机的一些步骤大致是相同的，具体步骤如下：

(1) 冲动转子前通知调度及相关岗位。

(2) 打开压缩机出入口阀，确认火灾联锁阀全开，在“半自动”模式全开防喘阀。确认各项准备工作完成、工艺流程打通。

(3) 启动盘车油泵，进入“开车条件”画面，投用液压盘车(盘车确认开关打至允许盘车位置)，无卡涩及异常声音。

(4) 停用液压盘车(盘车确认开关打至停止盘车位置)，将盘车电机按钮打至“锁停”位置。

(5) 进入“机组联锁”画面，确认无联锁信号，所有信号灯变为“绿”色，按“系统复位”，则速关电磁阀带电。

(6) 将速关组合件中阀1843左旋90°，建立启动油压力，当启动油压力达到0.65MPa(G)以上时，将阀1842左旋90°，建立速关油压，当速关油压达到6.5bar以上时，将阀1843右旋90°使启动油与回油口接通，缓慢泄压，然后将阀1842右旋90°，逐渐打开速关阀。

(7) 查看“开车条件”画面，如果所有信号灯变为“绿”色，则满足允许开机条件，机组允许启动。

(8) 进入“调速”画面按“启动”按钮启动汽轮机。转速控制器自动将转速设定值升至1000r/min，汽轮机开始低速暖机。

(9) 10~30min后(首次开机时间可稍长一点)，按升速键“▲”(或直接输入转速设定值)将转速设定值升至最低调节转速(过一阶临界转速区)3500r/min运行10~30min，快速通过机组的临界转速5153r/min，转速升至调节器的调节转速7773~11659r/min范围内。通过临界转速时，注意机组内部声音、振动情况，并防止压缩机喘振。要和主控制室联络，注意监视机组情况。到达调速器的调节转速后，机组的启动和升速过程基本结束，这时机组正常运转。关闭全部疏水阀，疏水器投入使用。

(10) 在升速过程中，如出现意外，在中控室辅操台上按紧急停机按钮/现场紧急停机钮，按危急保安器手柄/紧急停机手柄来实施紧急停机。

(11) 稳定运行一段时间，对机组进行全面检查。检查润滑油系统压力、温度，并调整至正常值。检查润滑油供油总管温度，适当调整油冷器的冷却水量。

3. 离心式压缩机的停机操作

1) 正常停机

(1) 停机前的准备。停机前的准备是机组能否顺利停机的关键。停机前和调度、班长、内操人员联系做好停机准备。试验辅助油泵正常；盘车电机空转试验正常，以保证停机后转子静止时，立即投入连续盘车；检查压缩机管线各阀门开度状态，防喘振装置等确认正常。

(2) 降负荷。

① 与主控制室取得联系，做好压缩机方面的卸压与防喘振准备。缓慢打开防喘振阀，使气体进行循环。

② 将汽轮机转速降到调速器最低工作转速。降速应缓慢均匀，避免压缩机降压过快而引起喘振。

③ 整个降速、停机过程应按升速曲线的逆过程执行，在各转速阶段停留一定时间。

④ 准备通过临界转速区和共振区。对机组各部分状况进行一次全面检查，倾听内部声音。

⑤ 快速通过临界转速区，在临界转速区和共振区附近不得停留。转速在低于70%临界转速时，可停留运行一段时间，对机组进行全面检查，尤其注意振动、轴向位移及差胀情况。

⑥ 降到500r/min左右再运行10min左右，低速运行时间不宜太长。

(3) 随着负荷变化调整密封蒸汽压力，以维持轴封正常工作，防止冷空气进入轴封。

(4) 停机。

① 在500r/min左右运行约10min后，用手打闸停机或迅速关闭电磁阀等停机。注意记录从打闸到转子全停的惰走时间，惰走时注意倾听机内声音。

② 停止轴封供汽，停止轴封抽气器供汽。

③ 投用盘车装置：转子一旦静止，就应盘车。注意润滑油温度，冷却后油温应为30~40℃。如果油温过低，应当调整冷油器的冷却水量。

④ 打开各疏水阀：在转子停止转动、机组完全冷却之后，要打开汽轮机、压缩机、管路和速关阀的疏水阀。

⑤ 盘车装置停运：在机组完全冷却后，可将盘车装置停运。一般停机后4h才可停止盘车。如果暂时停机的话，盘车器可以不停。

⑥ 油系统停运：转子静止以后，辅助油泵应连续运转一段时间，以便冷却轴颈、轴承和供盘车润滑。一般当油温降到38℃以下时，可停运辅助油泵(如发现轴承温度上升，可再

启动油系统），停冷油器。如果暂时停机，油系统可以不停。

⑦ 根据各压缩机不同情况，如有需要，可对压缩机进行卸压、排放。

⑧ 关闭与汽轮机相通的所有汽、水系统管路上的各切断阀，防止汽、水进入汽轮机。应特别注意关闭速关阀前的蒸汽切断阀。

2）非正常停机

当压缩机运行参数超联锁值时，机组自动紧急停机。当自动联锁停机未实现时，遇到下列情况，需手动紧急停机。

（1）干气密封流量差压（持续）≥20kPa 或≤1.2kPa。

（2）机组剧烈振动，并有金属撞击声。

（3）机组任一轴承断油、冒烟或突然升温至高高报警以上时。

（4）油箱液位急剧下降，无法补油。

（5）油系统严重着火。

（6）工艺系统紧急停车或工艺要求紧急停机情况。

紧急停机的步骤：

（1）紧急停机可在现场压下危急遮断油门的手柄，或压下速关组合件上的手动停机阀，或现场操作面板停车机钮，或操作室内可按紧急停机按钮。

（2）机组完全静止后投用盘车装置盘车。

（3）停机后关闭压缩机出入口阀，打开排凝阀后关闭，用氮气置换压缩机内循环氢并卸压。

（4）关闭主蒸汽切断阀。

（5）将汽轮机各疏水阀打开。

（6）调整油冷器水量，保持轴承进油温度为35℃左右，待各轴承回油温度小于40℃后，可停运润滑油系统。

（7）停运润滑油系统后，才能停运干气密封的隔离气、二次主密封气。

（8）停机期间主机和辅机每白班盘车一次，每次180°。盘车前先投用干气密封的隔离气，再投入润滑油系统。

4. 离心机的日常检查与维护

为了确保压缩机的正常运转，延长使用寿命，对压缩机进行日常的检查与维护是非常重要的。

1）日常检查的内容

（1）认真检查运动部件的动作声音，判别工作是否正常，如出现不正常声音，应汇报是否进行停机检查。

（2）检查各轴承温度，超过规定值应及时采取措施。

（3）定时监测机组振动，超过规定值要查明原因。

（4）检查润滑油供油系统的供油情况，调整各油压、油温、油位在正常范围内。

（5）检查主蒸汽压力、温度是否符合机组要求。

（6）定期检查调速系统工作是否正常。

（7）检查各压力调节阀、安全阀等是否灵敏。

（8）检查油过滤器压差是否小于0.1MPa，并根据需要切换过滤器并进行清洗。

2）日常维护

为保证压缩机处于良好的运转状态，延长压缩机的使用寿命，压缩机必须执行日常维护制度，全面掌握压缩机的运行状态，及时发现问题，排除故障，改善压缩机的工作条件，其主要内容包括以下方面。

（1）按时进行计划维修，认真执行维护保养制。

（2）保持压缩机零部件齐全完好及机体和周围环境的清洁，交班前应将设备擦拭干净。

（3）注意检查压缩机气体压力和温度、润滑油、冷却水及轴承的温度有无变化等。

（4）定时检查润滑油的质量，不合格时，应更换新油。

（5）定期检查分液罐、冷却器等，注意排放。

（6）定期检查汽轮机的耗汽率的变化，查明原因。

（7）做好设备(泵、冷油器、过滤器等)定期切换工作，检查各辅泵的备用状态。

3）润滑油过滤器的切换

（1）切换前先对备用过滤器进行全面检查(法兰、阀、排凝等)。

（2）关闭排凝阀，打开排气阀。

（3）缓慢打开充油阀，以小流量充油，观察排气阀视镜。

（4）当视镜内有油溢流时，稍许关排气阀(已充满油)、充油阀。

（5）缓慢地将切换杆扳至备用过滤器，注意油压变化及阀到位情况。

（6）缓慢停运过滤器排油，并观察油压，交付检修。

注意：充油、切换一定要缓慢进行；切换时阀一定要到位，防止不到位或过量；随时观察总管油压变化。

5. 机组故障原因及处理

1）压缩机异常振动的原因及处理

基础支承不够应加强基础；基础螺丝松动应正确固紧；连接各个部件的双头螺栓心偏松应正确固紧；轴承间隙过大、飞轮中心偏移应检查间隙，必要时调整和换新油。

2）离心式压缩机异常振动和噪声的故障分析及处理

机器转子具有不平衡量应做动平衡实验；轴承损坏应更换轴承；叶片上聚结灰尘或其他沉积物应消除积尘；汽机暖机不足应充分暖机；透平或压缩机轴承发生漏流应检查调整，必要时对轴瓦进行修正；提高供油温度；增加轴承负荷；转子与静态部件接触应检查各部间隙，消除摩擦；调速器不稳应检查调整系统；紧固螺栓变松应拧紧螺栓，检查原因；转子变弯应测量弯度并加以校正。

3）离心式压缩机轴承超温的故障分析及处理

润滑不好应检查油系统压力情况；供油温度高、油质不佳更换润滑油，检查原因；轴衬瓦可能有磨损或断裂应更换；轴承间隙过小应进行调整；空气进入供油管线应在冷却器、过滤器中排除。

4）离心式压缩机润滑油压降低的故障分析及处理

空气进入油泵吸入段应切换油泵；油系统漏油应堵漏；油过滤器堵塞应切换过滤器并清洗；油压调节阀调整不当应重新调整油压调节阀；油系统安全阀内漏或压力低应检修安全阀；油泵间隙过大应检查油泵；压力表失灵应更换压力表；油质变坏、黏度下降应更换润滑油；油量不足应补充润滑油。

5）离心式压缩机转速不稳的故障分析及处理

调速器调整不当应重新调整；蒸汽调节阀失灵应检查并维修；控制油压力过低应调整调节阀；空气进入控制油系统应排出空气；压缩机负荷变化大应稳定工况。蒸汽压力、温度波动大应联系调度稳定蒸汽。

6）离心式压缩机喘振的故障分析及处理

压缩机升速、升压不协调应先升速后升压，且应缓慢进行；降速前没有降压应遵照“降速先降压”的原则；防喘振系统失灵应检查修理更换；系统压力高于出口压力应查明工艺和设备故障并予以消除。

7）汽轮机轴位移过大的故障分析及处理

级间漏损过大应更换气封；汽轮机负荷急剧变化应稳定负荷；水冲击、反动度增加应疏水、提温；叶片结垢、反动度增加应除尽结垢，提高蒸汽质量；超额定负荷应降低负荷。

三、加氢装置的日常操作

（一）玻璃板液位计的操作

玻璃板液位计简图见图 3-31。

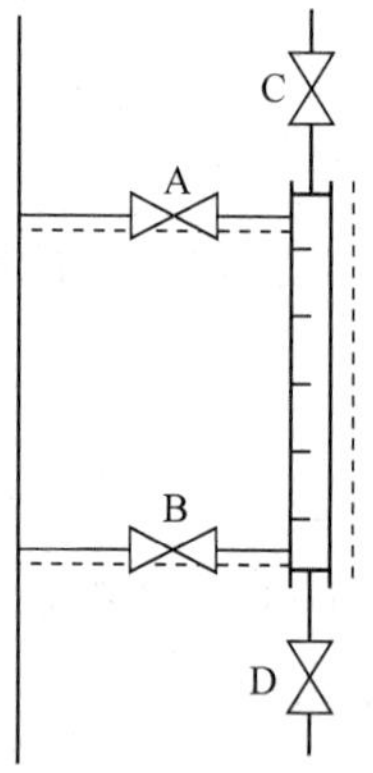

图 3-31　玻璃板液位计简图

1. 切出玻璃板

（1）关闭液位计的上、下引出线阀门。

（2）玻璃板底部导淋处接胶皮带，打开玻璃板底部导淋阀和顶部放空阀，将玻璃板内的物料排入地漏。

（3）拆下玻璃板进行检修。

（4）分别确认上、下引出线是否畅通。

（5）检修完毕后，重新安装玻璃板，关闭底部导淋阀和顶部放空阀。

注意：处理含硫化氢介质时，必须佩戴空气呼吸器；处理有腐蚀性介质时，必须戴防护眼镜、手套，穿防护服，并有专人监护。

2. 投用玻璃板

（1）检查确认玻璃板底部导淋阀和顶部放空阀均关闭。

（2）检查确认玻璃板无破损，螺栓齐全、无松动。

（3）缓慢开下引出线阀门，检查各处是否有泄漏。

（4）缓慢开上引出线阀门，液位指示正常后，进行全面检查，没问题方可离开。

注意：开上、下引出线阀门要尽量缓慢，防止玻璃板受热过快。

（二）投用、更换压力表的操作

现场压力表简图见图 3-32。

1. 压力表的选用

（1）考虑工艺生产过程对压力表的要求：压力量程、测量精度等。

（2）考虑被测介质的性质：温度高低、黏度大小、腐蚀性及是否易燃易爆等。

（3）现场环境的要求：潮湿、振动等。

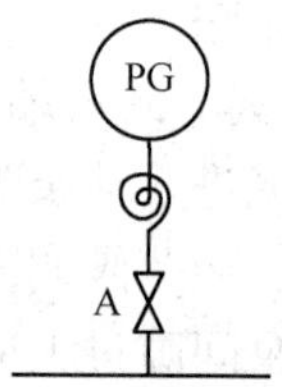

图 3-32　现场压力表简图

(4) 对弹性式压力表，为了较准确地反映被测设备的压力，压力表的刻度范围应是最大操作压力的 1.5~3 倍。

2. 安装更换压力表

(1) 安装前，压力表应已经检验合格，检查铅封是否完好、量程是否符合要求。

(2) 关闭压力表手阀，注意压力表指示是否下降。用两把活扳手操作，一把夹住活接头，一把夹住要更换的压力表，同时向外扭转，卸下旧压力表。

(3) 检查压力表活接头中的垫片是否完好。

(4) 用两把活扳手，一把夹住活接头，一把夹住新压力表，同时向内扭转，装上新压力表。

3. 投用压力表

(1) 压力表安装好后，缓慢打开手阀，压力表有指示后停止开阀。

(2) 检查有无泄漏、压力表指示是否正常。

(3) 观察压力表指针是否在指示值的 1/3~3/4 范围内。

(4) 指示正常后，全开压力表手阀。

(三) 控制阀与副线的切换操作

控制阀简图见图 3-33。

1. 控制阀改副线的操作

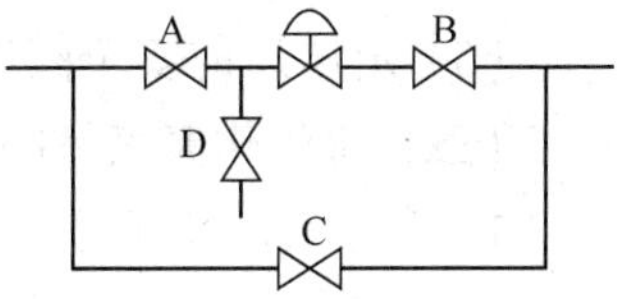

图 3-33　控制阀简图

(1) 室内外人员联系好，室内将控制阀改手动操作，做好切除准备。

(2) 室外两人进行切换，其中一人与室内人员联系好，并参考现场一次表，指挥控制阀的切换。

(3) 缓慢关控制阀上游阀截流，直至流量指示开始下降。

(4) 参考现场一次表指示，一边缓慢关上游阀，同时一边缓慢开副线阀，直至上游阀全关、副线阀开度合理、控制点稳定。

(5) 全关控制阀的下游阀。

(6) 缓慢打开导淋阀，放尽存液。

(7) 内、外操再次联系确认控制点正常。

注意：在切除时尽量缓慢，减少操作波动。

2. 副线切换回控制阀的操作

(1) 室内外联系好，调试控制阀开关是否灵活好用，关闭导淋阀。

(2) 控制阀手动输出 50%开度，打开控制阀的下游阀。

(3) 打开上游阀的虚扣，直至现场一次表指示稍动即止。

(4) 室外两人进行切换，一人缓慢开上游阀，同时一人缓慢关副线阀，尽量保持控制参数不变，直至副线阀全关。

(5) 继续缓慢开上游阀，同时用控制阀手动调节控制参数，直至上游阀全开。

(6) 控制参数平稳以后，控制阀投自动，调节控制参数在正常范围内。

注意：在投用时尽量缓慢，减少操作波动。

(四) 安全阀的操作

安全阀简图见图 3-34。

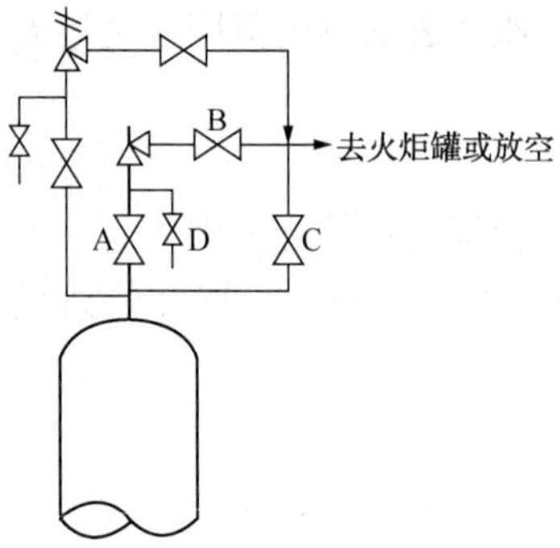

图 3-34 安全阀简图

1. 投用安全阀

（1）检查安全阀的铅封是否完好，法兰垫片和螺栓是否已安装好，关闭导淋阀。

（2）稍开安全阀后手阀，用火炬线压力进行气密性测试，合格后全开后手阀。

（3）稍开安全阀前手阀，用设备内的压力进行气密性测试，合格后全开前手阀。

（4）检查确认安全阀的副线手阀已关闭。

（5）检查前、后手阀及安全阀各部分无泄漏、内漏后，前、后手阀及副线阀打铅封。

2. 切换安全阀

（1）拆除原投用安全阀前、后手阀及副线阀的铅封。

（2）投用备用安全阀。

（3）先全关原投用安全阀的前手阀，再全关后手阀。

（4）打开原投用安全阀的导淋阀撤压，确认前、后手阀不内漏后，拆下安全阀重新进行定压。

（5）定压后的安全阀进行回装，气密合格后备用。

（五）含硫化氢气体的采样操作

1. 普通气体采样器的采样操作

（1）有害介质采样时，两人必须佩戴空气呼吸器进行操作。

（2）检查并确认周围没有人，没有可能产生火花的作业和动火项目。

（3）站在上风口，一人监护一人采样。

（4）采样前，缓慢把手阀打开，把采样管内的积液和不流动部分的气体排放干净。

（5）采样器出口套上采样袋的胶管，待气体充满整个采样袋后，取下采样袋并挤压，把袋中的气体全部挤出；当采样袋中的气体全部被挤出时，用手捏住采样袋的胶管口（防止空气进入采样袋）。按上述方法将采样袋置换三次，然后再进行采样。

（6）采完样后，把手阀关闭。

2. 密闭气体采样器的采样操作

气体密闭采样器简图见图 3-35。

（1）穿好防护服，戴好防护手套以及面罩。

（2）采样前各阀门均处于关闭状态，装上采样瓶。

（3）打开 B、C、G 阀置换后，关闭 G 阀。打开采样阀 E、F，介质经采样瓶循环。

（4）待介质充满采样瓶，压力指示稳定后，关闭 C、B 阀，关闭 E、F 阀，再打开 A、G 阀排放后关闭 A 阀。

（5）打开 D 阀排尽残液，待采样系统压力回零后，关闭 G、D 阀，取下采样瓶。

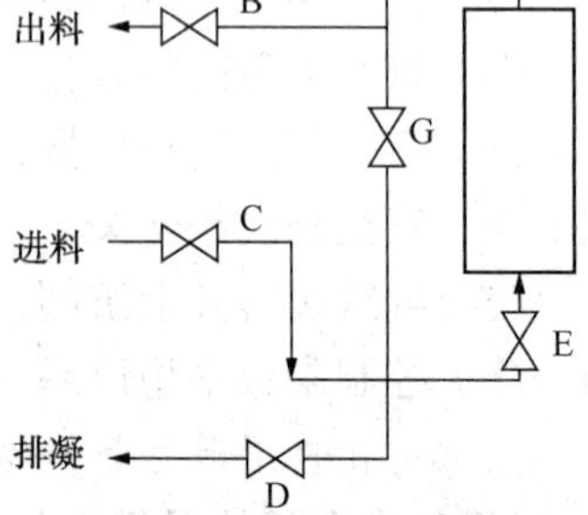

图 3-35 气体密闭采样器简图

（六）容器切水的操作

1. 容器密闭切水的操作

（1）外操与内操联系好，内操加强对切水容器的监控，外操观察现场玻璃板的实际液位。

（2）打通后路流程，缓慢打开切水线手阀，听到有介质流动的声音或用手轻摸该阀的下游管线，感觉到温度升高时，停止开阀。

（3）待容器的液位正常后，关闭切水阀。

注意：在切水过程中，外操不能离开现场，并与内操加强联系；手阀不能开得太大。

2. 容器向地漏切水的操作

（1）检查并确认周围没有人，没有可能产生火花的作业和动火项目。

（2）外操与内操联系好，内操加强对切水容器的监控，外操观察现场玻璃板的实际液位。

（3）若切水容器内含有有害介质，必须佩戴空气呼吸器。

（4）站在上风口，并尽可能远离导淋口，缓慢打开切水手阀，当有水流出时，停止开阀。

（5）切水完毕后，关上切水手阀，避免工艺介质的排出。

注意：在切水过程中，外操不能离开现场，并与内操加强联系；手阀不能开得太大，防止水从漏斗口溢出。

（七）高压排凝的操作

（1）首先关闭排凝管线的所有低点导淋阀。

（2）检查、确认高压排凝管线的后路流程畅通、无截流。

（3）通知室内操作员，注意监视好后路系统压力。

（4）关闭高压导淋阀第二道手阀，全开高压导淋阀第一道手阀。

（5）稍开高压导淋阀第二道手阀，这时有液体通过，注意监视现场玻璃板的液位。

（6）当液位降至低限时，停止排凝，严禁排空。

（7）排凝过程中密切关注排凝管线的振动情况，一旦发生剧烈振动，立即关闭导淋阀。

第四章　加氢精制装置开、停工操作

第一节　加氢精制装置的开工

由于原料油的性质及产品质量要求不同，不同加氢装置经常选用不同类型牌号、不同功能的加氢催化剂和不同的工艺条件。但无论是国内还是国外，同一类型的加氢装置其开工过程及操作要求大致是相同的。

加氢装置的开工主要包括开工前的各项准备工作、催化剂的装填、系统的气密及催化剂干燥、催化剂的硫化和初活稳定、正常操作及装置停工等过程。由于不同类型的加氢装置在具体操作上有所区别，这里只介绍开工过程共同的相关注意事项，供参考使用。

一、开工前期准备工作

（一）装置全面大检查

装置全面大检查的主要目的是，检查施工安装是否符合设计要求，是否有施工遗漏现象和缺陷，施工记录、图纸、资料是否齐全等。在对装置进行全面大检查过程中，应着重进行工艺管线、仪表计算机系统和静态工艺设备大检查。检查的最终结果是，确定本装置是否具备向装置内引水、电、汽、风、燃料等条件，是否具备开始装置全面吹扫、冲洗及单机试运的条件。

装置全面大检查时，首先应注重从宏观方面加以检查，例如对装置整体检查：房屋和装置平台结构及施工质量，大型设备和容器的外观，管线、电缆和桥架的位置及走向、消防通道的设置等是否符合要求；然后再进一步对工艺和仪表管线流程，管线、容器及设备的规格选型，机泵、容器、反应器、塔、换热器等大型设备的安装固定，管线固定及伴热等是否符合施工质量要求加以检查。

装置全面大检查工作要细致，可以将检查内容一一细化，例如：临时设施是否已拆除；各类消防设施是否已配齐；各现场设备、管线、阀件、仪表等是否完全安装到位、固定；控制系统(计算机)是否可以投用；安全防护措施是否已落实；排洪沟、下水道、下水井是否畅通；各机泵电流表定额定值等参数是否已做好设定和标记；与调度及单位联系的通信系统是否好用；各建筑物是否完好，是否达到设计要求等。

（二）公用工程系统投用

1. 循环水的引入

（1）通知调度、供排水等有关单位，准备引循环水进装置，由供排水单位将循环水送至装置界区阀前，在确定装置达到循环水系统水冲洗条件后，缓慢打开循环水进出装置总阀。

（2）引入前先打开循环水线上高点放空，将管线内的存气排出，各机泵所用的循环冷却水在上水排尽后，先向地沟排放(水冲洗前，本着先远再近、先粗管线后细管线的原则，直至所放出的水干净为止)。

(3) 在引入循环水排放时，顺便检查自流水回水井的连通情况及下水道运行情况。

(4) 所有用循环水做冷却介质的换热器，引入循环水之前，先将上水与回水法兰拆开，在进入冷却器法兰处隔离，冲洗干净，避免将污物带入换热器内。

(5) 循环水线分上水和下水，分别吹扫进行冲洗，并对各设备循环水上、下水接线是否正确进行确认。

(6) 循环水总线畅通、各分支线畅通、水清无漏点为合格条件，否则继续冲洗直至合格。

(7) 在循环水冲洗干净后，若设备达到要求，将其循环水上、下水线连接好，投用循环水。

2. 新鲜水的引入

通知调度、供排水等有关单位，准备引新鲜水进装置。拆开新鲜水进装置界区阀后法兰，打开新鲜水进装置界区阀，用新鲜水冲洗干净后再引水到各使用设备入口。各水表、流量元件拆掉，新鲜水冲洗干净后再恢复。在新鲜水引入使用设备之前，应先在设备前放空或拆法兰冲洗，待水清后再引入使用或作他用。

3. 除盐水的引入

通知调度、动力管网及有关单位，准备引除盐水进装置。自装置外除盐水给水至总管线，拆开装置界区阀后法兰，打开进装置界区阀放水，水清后关阀，恢复拆开的法兰。引除盐水进装置，分别拆注水罐液控阀、进注水罐前法兰、除盐水进换热器前法兰、除氧器液控阀。冲洗除盐水进除氧器前法兰，冲洗干净后，恢复流程，引水进注水罐、除氧器，底部放空阀排水，干净后关阀。

4. 蒸汽的引入

1) 蒸汽的引入操作

(1) 通知调度、动力管网及有关单位，准备引蒸汽进装置。

(2) 从装置外缓慢引蒸汽先在界区阀前排凝放空，然后在蒸汽分水罐前拆法兰吹扫(拆近壁法兰，内侧采取措施临时隔离)，防止污物吹入罐内。

(3) 进装置蒸汽总管吹扫干净后，在蒸汽分水罐出入口接临时线吹扫装置内的主管线。

(4) 主管线吹扫干净后，改至循环机透平入口管线吹扫，此线应做打靶试验，标靶设在循环机透平入口，喷出口指向无人空旷的地方，周围应用隔离绳隔开。打靶合格后再吹扫装置内各蒸汽使用管线。

(5) 从主蒸汽管线的末端开始，分别拆各使用设备的入口法兰并打开各支管线上的阀门，对所有支管线进行吹扫，干净后投用该蒸汽管线。

(6) 蒸汽管道的吹扫效果应用铝靶检查。所用铝靶表面光洁，宽度为排汽口内径的5%~8%，长度等于排汽口管道内径。连续两次更换铝靶检查，如靶面上肉眼可看见的冲斑不多于10点，每点不大于1mm，可认为合格。

(7) 在吹扫1.0MPa蒸汽管线的同时，检查确认1.0MPa蒸汽冷凝水系统是否后路畅通无漏点。

(8) 在投用1.0MPa蒸汽系统时，应顺便检查各蒸汽伴热线及蒸汽盘管是否畅通无漏点，并投用。

(9) 对不常用的吹扫蒸汽管线，吹扫检查合格后，放尽存水，用盲板将其与蒸汽系统隔离。

2）蒸汽管线吹扫打靶

（1）吹扫要求。

① 吹扫打靶前所有蒸汽管线的施工动改已经完成，吹扫打靶后蒸汽管线不得进行动改施工。

② 吹扫打靶前应将流量孔板拆除，调节阀走旁路，并将不需吹扫的支线加盲板隔离。

③ 吹扫前先进行暖管排水，检查管道热位移及管托、支吊架情况。

④ 吹扫时采取每次吹扫一条管线、轮流吹扫的方法。

⑤ 吹扫需用大流量进行，流速一般不低于 30m/s。

⑥ 吹扫时应按升温→降温→升温的顺序循环进行。

⑦ 吹扫时要通知周围人员离开，防止烫伤，有专人监护。

⑧ 在大流量吹扫 12h 后，该管线可装靶板检查，视靶板情况决定是否继续吹扫。

（2）打靶要求。要在规定位置安装靶板，引蒸汽进行打靶，每次打靶要求至少持续 15min 后检查靶板，打靶合格以连续两次合格为准(见表 4-1)。

表 4-1　靶板合格标准

项　　目	质量标准	项　　目	质量标准
靶片痕迹(大小)	ϕ0. 6mm	粒数	1 个/cm^2
痕深	<0. 5mm		

（3）蒸汽线吹扫打靶时的安全措施。蒸汽管线吹扫打靶应注意以下几点：

① 检查需爆破吹扫的管线耐压等级，不允许超压吹扫。

② 根据试压检查需要，部分伴热管线未进行保温施工，作业人员在吹扫过程中必须按规定穿戴好劳动防护用品，不得用身体接触伴热管线，防止烧伤和烫伤。

③ 固定好待爆破吹扫的管线，防止管托脱落，损害焊口。拆除爆破位置的法兰或短接。

④ 在爆破点安装石棉盲板，吹扫时，在吹扫出口用钢板、钢管、金属容器盛接吹出杂物、污水等。控制吹出物的流向，必须向指定的地点排放吹扫物。吹扫物不得污染环境，严禁吹扫物随地排放。对于即将吹扫的管线和设备，应设置明显的防烫伤警示标志。

⑤ 爆破前清理现场，人员应远离现场。在进行吹扫打靶时，安全管理人员必须到场进行安全监督，吹扫管道排放口用警戒绳划定人员禁入区域，防止吹扫介质伤人。参加吹扫打靶的工作人员必须按规定穿戴好劳动防护用品，高处作业(2m 以上)必须系安全带。不得正对吹扫系统法兰、焊口部位，防止试验介质泄漏伤人。

⑥ 吹扫操作必须注意防滑，必须组织相关人员及时清理积水、冰、雪、杂物等，梯子、平台等人员流动较多的地点，可根据具体情况采取铺设石棉布、沙子等防滑措施。高处检查点的架设、跳板必须牢固，在平台外及管廊外侧检查时必须系安全带。

⑦ 在爆破片未爆破前，人员不得靠近。若有需要，应先关闭进汽阀门，缓慢泄压后再靠近。

⑧ 当吹扫完毕后的管线温度降至环境温度后，将管道(含临时管线)中的冷凝水排尽，以防止水击现象。

（4）蒸汽管线吹扫打靶步骤。

① 吹扫前准备。拆除汽轮机处的两个速关阀，用专用冲管工具挡住汽轮机入口，在速

关阀处接临时放空线及临时消音器；蒸汽线上去其他位置的阀门关闭，*DN*50 以上的加盲板；拆除汽轮机入口蒸汽流量孔板；汽轮机猫爪处打好千分表，检查汽轮机入口管支吊架投用情况是否良好。

② 暖管。打开界区隔断阀至汽轮机前隔断阀之间的疏水阀；缓慢打开界区蒸汽隔断阀进行暖管；脱水后，逐渐开大界区隔断阀，将蒸汽引至汽轮机隔断阀前去高点放空；缓慢打开汽轮机隔断阀的跨线阀引汽暖管；认真检查汽轮机位移量。

③ 吹扫。缓慢打开汽轮机入口隔断阀进行大流量吹扫，吹扫过程中通过 1 次/2h 的频率开关汽轮机入口隔断阀及界区隔断阀来循环加热管线，并组织人员对焊口、弯头等处敲击检查。及时检查管路支吊架及汽轮机管线热胀对汽轮机的影响。

④ 打靶。吹扫 4h 后，关闭汽轮机入口隔断阀，待管线温度≤50℃时，在指定位置安装靶板检验，缓慢打开汽轮机入口隔断阀进行打靶，打靶时间要求 15min 以上。打靶结束后，关闭汽轮机入口隔断阀，待管线冷却后拆下靶板检查，如果符合打靶的质量要求，则更换一个靶板再打一次，若第二次也合格则吹扫打靶结束。如果两次打靶中有一次不合格，则继续吹扫后再打靶检查，直到连续两次打靶合格为止。合格后，恢复流程。

5. 低压氮气的引入

(1) 拆装置内氮气总线管端法兰，自装置界区阀引氮气先吹扫总管。

(2) 吹扫前，先将孔板、控制阀拆下，防止杂质将孔板和控制阀堵塞，待吹扫干净后，恢复所拆部件。

(3) 总管吹扫干净后，再吹扫各分支管线。吹扫各分支管线时，应从氮气线的末端支管开始逐条进行。

(4) 吹扫时，注意安全，防止氮气窒息，防止铁屑吹入眼睛等造成人身伤害。

(5) 氮气引入装置后，凡进入容器设备的气体必须先进行氧含量分析，合格后方可进入。

(6) 氮气引入装置后，要将与氮气扫线相连的其他工艺介质管线、容器用盲板或双阀隔离，并将双阀之间的放空打开，严禁其他工艺介质串入低压氮气系统中。

6. 高压氮气的引入

(1) 拆装置内氮气总线管端法兰，自装置界区阀引氮气先吹扫总管。

(2) 因用高压氮气吹扫管线既不安全又比较浪费，也可采用加一条低压氮气临时管线进行爆破吹扫高压氮气管线的方法。

(3) 先在循环机出入口处放空，吹扫干净后，恢复所拆部件，引入高压氮气气密合格后可以投用高压氮气线。

(4) 在引入高压氮气线前必须仔细检查管线、阀门、垫片材质及压力等级是否符合要求。

(5) 吹扫时，注意安全，防止氮气窒息，防止铁屑吹入眼睛等造成人身伤害。

(6) 氮气引入装置后，凡进入容器设备必须先进行氧含量分析，合格后方可进入。

(7) 氮气引入装置后，要将与氮气扫线相连的其他工艺介质管线、容器用盲板或双阀隔离，并将双阀之间的放空打开，严禁高压氮气串到其他系统。

7. 净化风(仪表风)的引入

打开界区净化风手阀，引净化风进装置，在净化风罐前拆法兰排放，吹扫干净后，引净化风进罐，在罐底部和顶部放空。净化风罐吹扫干净后，配合仪表工依次吹扫净化风线至各控制阀前排放。净化风系统吹扫干净后，关闭各放空，充压气密。

8. 非净化风的引入

非净化风的吹扫原则与吹扫净化风系统的相同。对以上各气体管线吹扫完毕，引入装置后，应按照设备管线的设计要求进行憋压气密，将暴露的问题及时处理和整改，对整改完毕的管线或设备要进行重新气密试压。

9. 污油系统的投用

(1) 管线设备吹扫完毕后，自污油总管端给蒸汽吹扫装置内污油集合管线，在污油罐入口处拆法兰放空。

(2) 污油集合管吹扫干净后，关闭污油罐入口阀。自污油集合管前端开始用蒸汽分别吹扫各支管，直至使用设备前放空。

(3) 待各支管线吹扫干净后，打开污油罐顶部放空阀，从污油罐入口线给汽吹扫污油罐。

(4) 污油罐吹扫干净后，污油泵入口拆法兰放空，吹扫污油泵入口线。污油泵出口给汽吹扫污油泵出口线，至界区出装置阀前拆法兰放空。

(5) 该系统吹扫完毕后，关闭各放空阀及各污油排放点手阀，自污油罐入口给1.0MPa蒸汽充压至设计压力进行气密试压，合格后打开污油罐底部导淋排尽存水，做好收油准备。

10. 含油污水系统的投用

投用前检查所有的含油污水井是否有渗水、损坏现象，是否畅通；联系生产调度及供排水单位打通装置内含油污水出装置的流程；分别从给水点给水(可用新鲜水或消防水)，逐个检查污油井，直至各井排水正常；引新鲜水逐个试通地漏，确保畅通无阻。

投用时应当注意：打开的地井盖要按区域派专人监护并设有安全标志；严禁各种杂物掉入含油污水井内；当发现地下井或地漏不通时，停水进行疏通并做好记录。

11. 火炬系统的投用

(1) 对火炬系统的基础、管架、管托、支撑进行检查，对重点部位要重点检查，基础支撑必须安装合理、牢固可靠，管架、管托不得悬空。

(2) 确认与火炬系统相连的部位全部隔离。

(3) 关闭界区阀，拆开火炬线界区阀内侧法兰，引工业风或氮气至火炬主管线给气进行吹扫贯通。

(4) 火炬主管线吹扫干净后，对装置内各火炬放空管线逐段逐条给气吹扫，从各火炬排放阀处或各安全阀下手阀处排放。

(5) 与火炬相连的各排凝点，可采用倒吹的方法贯通吹扫。

(6) 各火炬线吹扫干净后，将火炬系统隔离，引氮气对火炬系统按压力等级要求进行充压气密。

(7) 火炬系统试密合格后，打开火炬系统放空，自各火炬线支管给氮气进行吹扫置换，分析氧含量不大于0.5%为合格。

(8) 在投用火炬系统前，必须仔细检查，确保所有与火炬系统相连的设备、管线封闭或用盲板隔离，避免火炬系统内有毒、可燃介质倒串泄漏至界区外，发生中毒、着火事故。

(9) 确认无误后，通知调度，打开界区阀，投用火炬系统。

12. 燃料气的引入

(1) 瓦斯系统所有施工、动改项目全部完成并经检查确认，与瓦斯系统相连通部位全部关阀并盲板隔离。

(2) 拆掉加热炉各火嘴前短管或短节、阻火器、控制阀、流量孔板，拆开瓦斯分液罐前入口法兰。打开加热炉瓦斯管线高点放空、各低点排凝。

(3) 自瓦斯进装置界区阀后给低压氮气(蒸汽)对瓦斯系统进行全面逐段吹扫，扫尽管线内铁锈、焊渣等杂质。在各拆开部位放空，检查吹扫质量。

(4) 氮气(蒸汽)吹扫结束后，关闭瓦斯线上的所有放空阀和火嘴前手阀，恢复拆开的各部件，连接好火嘴前瓦斯软管或短节，所有火嘴手阀阀后加盲板隔离。瓦斯系统用氮气(蒸汽)充压至0.5MPa气密检查。

(5) 气密合格后，打开各加热炉瓦斯管线高点放空、低点排凝进行氮气置换。化验采样分析瓦斯系统内氧含量小于0.5%后，氮气置换合格，否则继续充氮置换。

(6) 瓦斯系统氮气置换完毕后，关闭所有放空置换点，系统保持微正压，界区氮气(蒸汽)吹扫线关阀并盲板隔离，准备引瓦斯进装置。

(7) 拆除界区瓦斯线盲板，打开瓦斯界区阀，引瓦斯进装置。瓦斯引入装置后，从瓦斯分液罐排凝和瓦斯高点放空置换氮气，化验采样分析瓦斯中氧含量小于0.5%为合格，停止置换。控制瓦斯分液罐压力在0.3~0.5MPa，按照加热炉点火规范准备点火。

(三) 装置吹扫

装置全面大检查结束、工程施工验收后，车间应开始对装置进行开工前的准备工作。首先是对装置工艺管线和流程进行全面、彻底的吹扫贯通。吹扫的目的是清除残留在管道内的泥沙、焊渣、铁锈等脏物，防止卡坏阀门，堵塞管线设备和损坏机泵。通过吹扫工作，可以进一步检查管道工程质量，保证管线设备畅通、贯通流程，并促使操作人员进一步熟悉工艺流程，为开工做好准备。

在对加氢装置进行吹扫时，应遵循以下原则：

(1) 蒸汽吹扫前改好流程，必须经过三级检查后再开汽吹扫。每条管线必须由专人负责，吹扫完毕后必须在登记表上签名。

(2) 引吹扫介质时，要注意压力不能超过设计压力。

(3) 净化风线、非净化风线、氮气线、循环水线、新鲜水线、蒸汽线等一律用本身介质进行吹扫。

(4) 冷换设备及泵一律不参加吹扫，有副线的走副线，没有副线的要拆入口法兰。

(5) 吹扫换热器时，管程和壳程不能同时吹扫。应一程给汽，将另一程出入口阀打开以防憋压，并将低点放空阀打开，以观察换热器是否泄漏。

(6) 要顺流程走向吹扫，先扫主线，再扫支线及相关联的管线，应尽可能分段吹扫。首先在拆开的法兰、调节阀及油表处排污，待排净后再经副线向后进行。无副线设备要上好法兰。设备及低点的排空阀应及时打开排污，尽可能减少杂物进入设备。

(7) 蒸汽吹扫时必须坚持先排凝后引汽，引汽要缓慢，并遵循先汽小后汽大的原则，严防水击损坏设备。蒸汽引入设备时，顶部要放空，底部要排凝，设备吹扫干净后，自上而下逐条吹扫各连接工艺管线。

(8) 吹扫要反复进行，直至管线清净为止，必要时可以采取爆破吹扫的方法。吹扫干净后，应彻底排空，管线内不应存水。

（9）吹扫、试漏结束后，应打开各设备的高、低点放空阀，防止形成负压，并在低点排凝。

（四）单机试运

装置贯通、吹扫、试漏完毕后，可进行包括泵、空冷器、风机等设备在内的单机试运，以检查单台设备的安装质量、带负荷运行情况，以及性能是否达到铭牌指标要求。试运注意事项如下：

（1）单机试运时要做好试运前的准备工作，应对润滑系统、冷却系统、管路系统、调节系统、机械部分、电气部分等做好充分检查，按试车步骤进行，试运时做好记录。

（2）单机试运在水冲洗及水联运时进行，条件不具备的可接临时线进行试运。

（3）在充满介质时，机泵可提前试运。

（4）6000V 电机在启动前要通知调度及电气人员。

二、原料、分馏系统的试压、水冲洗、水联运

（一）原料和分馏系统试压

在吹扫工作完成、确保系统干净的基础上，可以着手对装置的原料和分馏系统进行试压。试压的目的是：检查并确认静设备及所有工艺管线的密封性能是否符合中国石化集团公司的规范要求；发现工程质量大检查中焊接质量、安装质量及使用材质等方面的漏项；进一步了解、熟悉并掌握各岗位主要管道的试压等级、试压标准、试压方法、试压要求、试压流程。

试压过程应遵循如下原则：

（1）试压前，应确认各焊口的 X 光片的焊接质量合格；

（2）试压介质为 1.0MPa 蒸汽或氮气，其中原料油系统用氮气试压，分馏系统绝大部分的设备和管线可以用蒸汽试压。

（3）需氮气试压的系统在各吹扫蒸汽线上加盲板隔离，需用蒸汽试压的系统在各氮气吹扫线上加盲板隔离。

（4）设备和管道的试压不能串在一起进行。

（5）冷换设备一程试压，另一程必须打开放空。

（6）试压时，各设备上的安全阀应全部投用。

（二）水冲洗

水冲洗是用新鲜水冲洗管线及设备内残留的泥沙、焊渣、铁锈等杂物，防止卡坏阀门，堵塞管线和设备，损坏机泵，确保设备、管线畅通无阻，为水联运创造条件。

水冲洗过程应遵循如下原则：

（1）反应系统高压临氢部分不允许进水，做好隔离工作。循环水、除盐水管线设备使用自身介质冲洗，其余管线设备都用新鲜水冲洗。

（2）水冲洗前应将采样阀、仪表引线上的阀、液面计、连通阀等易堵塞的阀门关闭。待设备和管线冲洗干净后，再打开上述阀门进行冲洗。

（3）系统中的所有阀门在冲洗前应全部关闭，随用随开，防止跑窜。在水冲洗时，先管线后设备，各容器、塔、冷换设备、机泵等设备入口法兰要拆开，并做好遮挡，以免杂物进

入设备，水质干净后方可上好法兰。

(4) 对管线进行冲洗时，先冲洗主线，后冲洗支线，较长的管线要分段冲洗。

(5) 在向塔、器内装水时，要打开底部排凝阀和顶部放空阀，防止塔和容器超压，待水清后再关闭排凝阀，然后从设备顶部开始，自上而下逐步冲洗相连的管线。在排空塔、器的水时，要打开顶部放空阀，防止塔器抽空。

(6) 先冲洗管线，后冲洗设备，设备冲洗完成后，可采用由塔器向四面辐射的方法，自上而下逐条管线冲洗。

原料油、分馏系统水冲洗结束后，在有条件及时间的情况下，可以开展水联运操作，以水代油进行操作练兵活动，同时检查仪表、阀门的开关情况以及控制回路的动作等。

(三) 水联运

水联运是以水代油进行岗位练兵，进一步熟悉工艺流程，掌握机泵和仪表等的操作方法和切换方法，掌握事故处理方法，熟练操作。同时对管线、机泵、塔、容器、冷换设备、阀门及仪表进行负荷试运，考验其安装质量、运转性能是否符合规定和适合生产要求，为下一步工作打下基础。水联运工作应当注意：

(1) 临氢系统不参与水联运，做好隔离工作，不允许水进入临氢系统。

(2) 启用设备、机泵、仪表要按操作规程进行。由于水的密度比油的大，各泵出口流量不能超过泵正常流量的75%。控制电机的电流，严禁超载，或因出口压力过大憋漏换热器和其他设备。

(3) 在水联运的过程中做到不跑、不窜、不抽空，不憋压，不损坏任何设备，安全试运。对管线焊缝、设备、盘根、法兰等进行检查和记录，以便处理。

(4) 水联运时，要密切注意各容器、塔液面，适时补水，防止泵抽空。

(5) 水联运过程中需加强巡检，发现泵出口压力、流量和电流下降，应及时切换泵，清洗滤网。

(6) 水联运过程中，调节阀、流量计、液位计、压力表等仪表均投用。

(7) 水联运过程中每隔数小时间断冲洗各旁路及连通线阀门、死角、采样口、放空点、调节阀两端管线，并注意打开各塔、容器、管线的低点放空，排除污物。

(8) 水联运中要有计划地进行技术练兵和反事故演练，使操作人员进一步熟悉流程，掌握机泵的切换方法及控制阀和仪表的使用方法。

(9) 水联运期间应自各设备排污管线分别排水至地下污油罐系统，检验排污管线、污油罐系统是否畅通，对其运行状况进行检查。

(10) 水联运结束后，对设备中残余的水用氮气或非净化风吹净。

三、反应系统氮气置换及气密

加氢装置操作在高温高压临氢状态下稍微有些许氢气和油气的泄漏，都将可能造成重大的安全事故。因此，在开工初期将装置的气密工作做好是完成安全无事故的关键步骤。在装置接触氢气前，先用惰性、不着火、不爆炸的氮气进行置换和气密，是保证高压系统进氢气时处于安全状态的有力手段。通过氮气介质的气密过程，不仅检查设备和管线各焊口、法兰、阀门的泄漏情况，以使泄漏问题得到及时处理，而且使操作人员进一步熟悉装置的工艺流程，掌握装置各设备管线的操作压力，对各设备、管线、仪表控制系统做到心中有数。

（一）反应系统隔离

反应系统进氮气前应先做好隔离工作。隔离反应系统时应注意：

（1）把反应系统用盲板与可能存在的氢气、烃类或可燃物的其他系统隔离。

（2）用阀或盲板将所有通大气的管线和低点导淋隔断。

（3）安全阀投用。

（4）防止高压串低压。与高压系统相连，但无法用盲板隔离的设备和管线应将放空阀打开。

（5）将所有压力不同的系统，按压力等级隔离。

（二）氮气置换

为了减少氮气置换用量，同时加快系统内氧气含量的下降速度，在装置设计有抽真空系统的情况下，可以采用抽真空的方法进行氮气置换前的预置换工作。系统抽真空时需隔离循环氢压缩机，防止抽真空期间损坏密封。在通常情况下，加氢装置的抽真空预置换过程使用蒸汽，通过蒸汽喷射泵可以将高压回路抽真空至100mmHg甚至更低。一般要求停止抽真空后，30min内的真空度下降不大于500Pa，即为合格。抽真空试验结束后可用0.6MPa的氮气破坏真空，并保持微正压0.04MPa。氮气的注入点为：新氢压缩机出口管线；高压原料油泵出口管线；循环氢压缩机出入口管线。

在抽真空的同时，进行大部分反应系统的氮气置换。对于新氢机和循环氢压缩机，一般采用在它们的出入口引入氮气，通过机体上的放空线排空的方法来进行机体内的置换工作，反复冲压、排压后，可以将机体内的氧含量浓度降低到0.5%（体）以下，然后并入反应系统。置换氮气纯度要求大于99.5%，氧含量小于0.3%；系统氮气置换合格标准为连续两次采样分析氧含量低于0.5%，氮气置换时联系仪表对引压线加以置换。

（三）低压气密及反应系统升温升压热紧

反应系统氮气置换结束后，可以开展不同压力等级的氮气气密工作。氮气气密查漏通常采用肥皂水进行，观察是否有气泡产生。在烘炉工作与反应系统干燥同时进行的情况下，也可以在温度达到250℃以上时对系统的法兰进行热紧工作。装置开工时，冷换设备的本体与附件用法兰、螺栓连接，垫片密封，由于它们之间材质不同，升温过程中，特别是超过200℃时，各部分膨胀不均匀造成法兰面松弛，密封面压比下降，造成泄漏。热紧的目的就是消除法兰的松弛，使密封面有足够的压比以保证静密封效果。热氮联运期间，当温度达到250℃时，根据实际需要进行热紧，热紧部位及热紧要求由设备工程人员详细提出。

需要注意的是，许多高压加氢装置在设计时对设备的高温回火脆性有特殊要求，在这种情况下，需要对装置的压力和温度的递增严加控制，严格按照设备的特殊要求进行。

（四）烘炉及热氮联运

烘炉的目的是以缓慢升温的方法，脱尽炉体内耐火砖、衬里材料所含的自然水、结晶水，烧结增强材料强度和使用寿命；通过烘炉，考验炉体钢结构及“三门一板”、火嘴、阀门等安装是否灵活好用；考验系统仪表是否好用；考察燃料气（油）系统投用效果是否良好；通过烘炉，熟悉和掌握装置所用加热炉、空气预燃系统的性能和操作要求，在加热炉烘炉的同时热氮联运。

装置进入烘炉阶段后，已经引入瓦斯气，具有了易燃、易爆的介质，在安全上要引起极大的重视。因此，在通入瓦斯气体之前，应再一次对炉子的火嘴系统进行全面观察和处理。

同时，为了防止炉子点火时发生爆炸等事故，应对炉子的烟道挡板的开关情况进行核实，以防炉膛憋压。另外，检查仪表及控制系统、蒸汽出口放空管的消音系统等是否良好，是否处于待用状态。

烘炉操作可以分为暖炉和烘炉两个阶段。暖炉是指在炉子点火升温前先用蒸汽通入炉管，对炉管和炉膛进行低温烘烤的过程。暖炉一般1~2天即可以结束。

烘炉开始后，一方面应严格按照加热炉材质供应商提供的烘炉曲线或设计要求升温烘炉。烘炉曲线以辐射室出口温度为准，确保辐射室的温度变化符合曲线要求。通常，加热炉升温烘炉阶段的升温速度控制在<15℃/h，同时进行火嘴的切换等操作。在烘炉过程中，不但要仔细地调节升温速度，而且要尽量使炉膛各处受热情况均匀，防止局部过热。在通常情况下，加热炉的所有火嘴不能同时点燃，应选择对称点火，采用多火嘴、短火焰、齐火苗，先点中心后向外增点的原则，一般要求4h切换一次火嘴，使每个火嘴均经过轮换使用。以表4-2为例说明火嘴的切换顺序。

表4-2 火嘴的切换顺序表

A	B	C	D
E	F	G	H
I	J	K	L

火嘴切换使用的组合顺序为：

(1) A+L　　(2) D+I　　(3) B+K

(4) C+J　　(5) F+G　　(6) E+H

在烘炉期间，加热炉内任意一点温度不能高于800℃。炉管表面温度控制在以下水平。

碳钢管：不大于350℃。

不锈钢管：不大于480℃。

烘炉全过程应做好记录，烘炉后，应对炉墙进行全面检查，并做好检查记录，如有损坏，应按设计规范要求及时修补。

为了缩短装置开工前准备工作的时间，反应加热炉的烘炉工作也可以与反应系统干燥工作同时进行。反应系统经过水压试验和水冲洗后，虽然从各低点进行了排水处理，并进行了吹扫和爆破，但管线和设备中还不可避免地存有少量的水。因此，反应加热炉的烘炉和反应系统的干燥可以结合在一起进行。

在这种情况下，烘炉用的介质应选用氮气。氮气从原料油泵出口引入系统。干燥的工艺流程大致上控制在装置的高压系统，从高分处切水。氮气引入系统后，通过原料油/生成油换热器—加热炉—反应器—生成油/原料油换热器—空冷—高分—循环氢压缩机—(原料油/生成油换热器)—加热炉而形成氮气循环。启动循环机循环后，因氮气密度大，注意避免汽轮机超负荷运行。在烘炉和反应系统干燥同时进行的过程中，在一般情况下，系统压力控制在2.5~5.0MPa，高分温度不大于45℃，最终炉出口温度为250~320℃，结束干燥的标准为高分排水量<0.05kg/h。

烘炉(反应系统热态考核)同时进行时，结合烘炉曲线和热态考核曲线统筹进行升、降温和恒温操作，原则上执行较慢的升、降温速率，先到达哪个恒温阶段就执行该阶段恒温要求。

（五）烘炉及反应系统烘干

1. 目的

（1）新建的加热炉因耐火材料里含水很多，为防止因温度突然上升使炉子耐火材料里水分急剧汽化、体积膨胀，使耐火衬里和耐火砖产生龟裂、脱落，所以必须先烘炉，脱尽炉体内耐火砖、衬里材料内的自然水和结晶水，烧结以增强材料强度和使用寿命。

（2）考察加热炉仪表控制系统的使用效果。

（3）考察燃料系统、供风系统、烟气热量回收系统的使用情况。

（4）通过烘炉，操作工熟悉和掌握加热炉的操作。

（5）脱除反应系统内残留水分，以免损坏催化剂，同时考验在热态时该系统的设备、仪表等的可靠性。

2. 具备的条件以及检查、准备工作

（1）加热炉全部施工完毕，并经有关部门验收质量合格。详细检查炉膛、烟囱、烟道挡板、火嘴、风门、烟机和风机等，把炉内杂物清扫干净，封好人孔。整个炉区进行彻底清扫，消除周围一切易燃、易爆物品。

（2）反应系统初次气密过程中已做好燃料气系统的氮气置换、氮气气密、燃料气置换等工作。燃料气系统氮气置换合格，采样分析烃+氢含量小于0.5%。

（3）装置辅助系统(蒸汽、新鲜水、氮气、瓦斯、非净化风、净化风和电等)必须施工完毕，并经过吹扫、试压后达到引用条件。燃料气、氮气、净化风、蒸汽进装置流程已打通。

（4）与烘炉有关的设备(燃料气分液罐等)安装完毕，吹扫、冲洗、试压合格。

（5）烘炉所需要测量、指示和控制仪表系统达到投用条件。

（6）炉子联锁系统经过模拟测试投用完好。

（7）加热炉鼓风机、引风机试运后达到完好备用条件。

（8）系统循环流程改通，经过三级确认无误。

（9）与低压部分连接的部位做好隔断。

（10）相关的正负压力表安装完毕。

（11）加热炉氧表及热电偶检验完毕，安装位置正确，测量准确。

（12）反应系统进行初次气密检验合格。

（13）经设备、工艺、仪表、电气、安全、环保、调度等专职人员联合检查，确认具备烘炉条件。

（14）准备好对临氢系统进行压降测试的表格。

（15）烘炉前画出理论烘炉曲线，并准备好标记实际曲线的尺和笔。烘炉理论曲线应按生产厂商的规定进行(某炼厂生产厂商提供的理论烘炉曲线示意图如图4-1所示)。

3. 加热炉烘炉及反应系统烘干步骤

（1）浇注料衬里养护完毕后，环境温度仍应保持在5℃以上，并至少仍经5天的自然干燥后方可进行烘炉，要求打开全部人孔、防爆门、看火孔、烟道挡板。

（2）自然通风后改为强制通风，详细检查鼓风机和引风机的水、电、润滑和机械系统均无问题，二次风门开到1/3~2/3，然后启动鼓风机强制通风，引风机随后也启动，强制通风16h，调整各火嘴风量，要求进风均匀，吹干后停风。强制通风期间，注意炉膛负压情况。

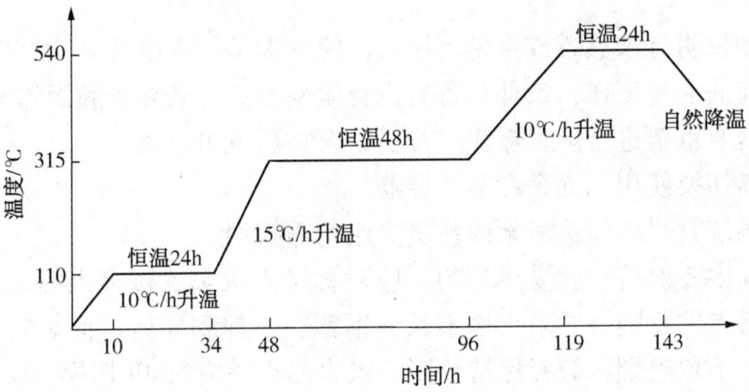

图 4-1 烘炉曲线示意图

在强制通风后的 8h，关烟道挡板，将风引至空气预热器，吹干烟道。

（3）烘炉时炉管应先通入蒸汽，暖炉 1~2 天，即可点燃燃烧器。

（4）分馏部分加热炉烘炉，炉管内介质可采用蒸汽(蒸汽放空部位需加消音器，并落实好安全防护措施)。

（5）打通反应进料加热炉烘炉和反应系统烘干氮气流程，介质宜采用氮气。

（6）反应系统低压氮气气密合格后，启动循环机保持反应系统压力，建立反应系统气体循环。

（7）循环机运行正常后，安排专人记录临氢系统各点的压力以判断临氢系统的管线是否清理干净。

（8）向炉膛吹蒸汽，炉膛内可燃气采样合格后，燃料气罐压力控制操作压力，炉膛开始增点长明灯。调整烟道挡板，将负压调整到-4~-2mmH_2O。

（9）根据烘炉曲线升温速度升温，当炉膛温度达 110℃时，恒温 24h，以脱出耐火材料表面水分。根据装置空气预热器相关设计数据、烟气露点腐蚀温度，适时投用空气预热器。

（10）加热炉 110℃恒温结束后，按 15℃/h 速度继续升温至炉膛温度为 315℃再恒温 48h 以脱除耐火材料中的结晶水。反应系统烘干通过高分和压缩机入口分液罐排液量来测定烘干程度，没有液体排出时为合格(每 2h 称量一次排出液)。在此过程中，应根据系统升温情况，投用循环氢空冷器，保证循环机入口温度在操作温度范围内。

（11）加热炉 315℃恒温结束后，加热炉以 10℃/h 速度继续升温至炉膛温度 540℃恒温 24h，进行耐火胶泥烧结。

（12）根据空气预热器入口温度，适时调节烟道挡板开度，部分烟气直接排大气，以防止空气预热器烟气入口温度超出控制要求。

（13）加热炉 540℃恒温结束后调节各火嘴，以 20~25℃/h 速度降温至炉膛 250℃时(所有火嘴已熄灭)，关闭所有火嘴风门、烟道挡板，进行熄火闷炉。等其炉膛温度降至 100℃以下时进行自然通风，反应系统继续循环至反应器入口低于 50℃时停循环氢压缩机、空冷器。

（14）熄灭火嘴的同时应停运鼓风机(引风机)。

（15）在升温或恒温过程中，要注意检查高温区设备的泄漏情况。

（16）若系统压力下降，要及时补入氮气，并处理泄漏点。

4. 注意事项

（1）若火嘴和长明灯未点燃或点燃后熄灭，应立即关闭火嘴或长明灯燃料线阀门，重新进行加热炉点火前的准备工作，条件具备后进行重新点火。若在炉膛爆炸气分析有效时间内未完成点火，则需要重新进行炉膛爆炸气分析，合格后方可点火。

（2）注意火嘴切换使用，逐个考察燃烧器。

（3）烘炉前系统管线的弹簧吊架或弹簧支座均需投用。

（4）烘炉过程中要保持炉膛受热均匀，应对称增点火嘴，按多火嘴、短火焰、齐火苗，先点中心后向外增点的原则。要求火焰不长、不飘、不扑到任何一面炉管，炉膛明亮清晰，烟道气透明无色，不冒黑烟，炉膛保持负压。点火的火嘴应每 4h 切换一次。

（5）烘炉过程中要随时注意炉子火焰的燃烧情况，并及时调整。火嘴、风门、烟道挡板的调节要缓慢进行，防止熄火、燃烧不完全、二次燃烧，避免造成炉膛内负压波动。

（6）注意观察加热炉炉管及炉膛各测温点指示变化情况，各测温点温度尽量保持平衡，偏差较大应进行火嘴调整或仪表校对，未处理好的测温点应详细记录，在烘炉检查时予以彻底处理。

（7）点火时不要面对点火孔，检查时身体要偏离或侧身观察火孔，防止回火伤人。

（8）要经常检查燃料气系统是否带液，为保证烘炉操作平稳，燃料气系统的伴热蒸汽可投用。

（9）在烘炉过程中，炉出口的蒸汽温度应为：碳钢炉管不超过 350℃，铬钼钢炉管不超过 450℃。

（10）反应进料加热炉（或循环氢加热炉）烘炉时严格控制炉管壁温度，温度≯550℃。

（11）烘炉期间加强检查，每小时记录一次，标图一次，记录工整、准确，最后绘出实际升温曲线。应同时描绘三条曲线，即辐射室顶温度、对流段温度和辐射室出口温度，并标明何时增点火嘴。

（12）烘炉曲线以辐射室顶温度为准，对流室温度低于辐射室温度，只要保证辐射室温度的前提下，顺其自然，但对流室温度曲线仍要求绘制，以便掌握烘炉时对流室烘干的情况。

（13）在烘炉过程中，若瓦斯中断，立即切断燃料气，关闭各阀门，同时关闭各个风门维持炉膛温度。

（14）用氮气置换反应系统内空气应按正常生产时介质流向进行。

（15）升降温速度切勿过快，以免引起系统压力波动。

（16）在反应系统烘干期间，如出现压缩机跳停，则按压缩机自停事故预案处理，处理完毕恢复正常后，再按步骤进行烘炉和反应系统烘干操作。

（17）在烘干过程中，要注意检查其他系统，检查有无串压现象，如有则要及时报告及时处理。

5. 烘炉后的检查和处理

（1）检查基础有无下沉。

（2）检查炉管堵头、弯头、阀门、法兰、热电偶等有无泄漏。

（3）检查炉管及出入口管线有无变形、移位。

（4）检查各部砌砖有无裂缝，耐火衬里有无鼓泡、脱落。

（5）烟道挡板开关是否灵活好用，指示是否与实际相符。

（6）检查风门、防爆门、看火门、火嘴、压力表、烟囱等是否处于良好状态。

（7）检查全部温度、流量、压力等控制指示仪表是否运行正常并彻底处理问题。

（8）检查管线钢架、吊挂有无弯曲变形、断裂。

（9）清除炉内外杂物及易燃物，并封好人孔、看火窗、防爆门。

（10）检查风机系统是否完好备用，接地是否正常，各零部件是否齐全、完好；盘车、检查风机转动部分与固定部分有无碰撞和摩擦、偏沉现象。

（六）热态考核

1. 热态考核的目的

热态考核的目的是对高压临氢系统和高温部位进行热态考核，检验加热炉、反应器内构件和高压空冷等关键设备是否符合生产要求，检查炉管和管线是否有弯曲变形，支、吊架位移是否正常；检查试验仪表的灵敏度，同时脱除反应系统内残留水分，以免损坏催化剂，同时考验在热态时该系统的设备、仪表等的可靠性。热态考核携热介质为氮气。

2. 热态考核前具备的条件

（1）热态考核可与反应进料加热炉烘炉过程合并进行，热态考核应具备的条件与烘炉前具备的条件一致。

（2）系统压力稳定在3.0MPa。

（3）考核前画出理论考核曲线，并准备好标记实际曲线的尺和笔。考核理论曲线应结合生产厂商的规定进行（某炼厂理论热态考核曲线见图4-2）。

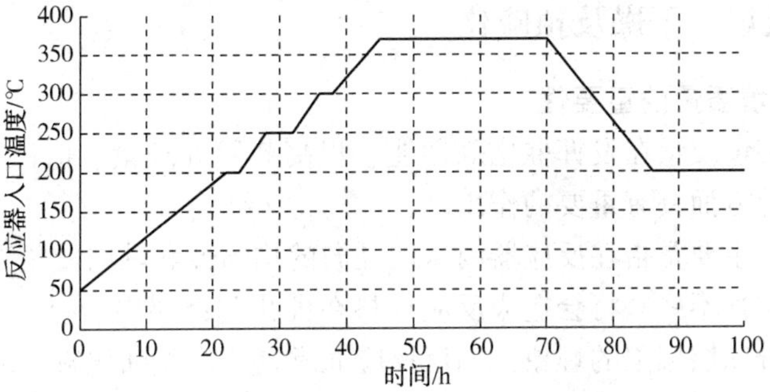

图4-2　热态考核温度曲线图

3. 热态考核步骤

（1）按加热炉操作规程点火。

（2）以20℃/h提高炉出口温度至≤200℃，以加热炉烘炉时炉膛升温速度为主控制。

（3）在加热炉出口升温至≤200℃过程中，严格按照反应器升温限制条件进行，缓慢加热反应器壁温至93℃以上，同时待热高分入口温度达到规定温度并保持一段时间。

（4）继续提高炉出口温度至250℃、300℃、370℃恒温，对反应系统各高压法兰进行热紧。

（5）在反应器入口温度达到200℃、250℃、300℃和370℃四个不同恒温点时，分别组织人员对每次升温后的设备管线进行检查，记录有关弹簧吊架、管线支架及设备位移情况，尤其加强对高压设备管线的检查。一旦发现热膨胀严重并危及设备、管线安全的情况，应立即降低加热炉负荷，情况严重时停止热态考核。

（6）系统升温至反应器入口 370℃恒温 24h（与烘炉最高炉膛温度统筹考虑），并且达到反应系统烘干和烘炉结束标准时，开始降温。

（7）加热炉以 20℃/h 速度降温，在反应器、热高分最低点温度 93℃前，控制降温速度 <30℃/h，反应器入口温度不允许低于最低表面温度 167℃。系统循环降温至反应器表面温度 93℃以前，反应器操作压力应限制在所产生应力不超过材料屈服极限的 20%。

（8）当炉膛温度小于 250℃后，加热炉灭火，打开炉膛所有通风门，继续循环降温。

（9）保持循环氢压缩机运转，维持系统压力继续循环降温，直至反应器入口温度小于 40℃，反应器壁温度低于 60℃（具备进人的温度条件），停循环氢压缩机，通过紧急泄放阀将系统泄压至常压。

4. 热态考核后检查

打开反应器、热高分等进人检查前，应先用工业风进行置换，经采样分析氧含量不小于 20%，方可进人检查。

（1）检查内构件无变形，构件之间间隙符合规定要求。

（2）检查各紧固件之间无松动、泡罩无松动。

（3）检查支撑网平整无变形，与器壁之间接触无缝隙。

（4）检查冷氢管无变形。

（5）检查各热偶无变形，与器壁连接无异常。

（6）各项检查结束后，做好记录，逐项处理查出的问题。

四、催化剂装填、干燥及预硫化

（一）催化剂装填质量的重要性

加氢催化剂的装填质量在发挥催化剂性能、提高装置处理量、保证装置安全平稳操作、延长装置操作周期等方面具有重要的作用。

催化剂装填质量主要是指在反应器内床层径向的均匀性和轴向的紧密性及级配性。反应器内径向装填的均匀性不好，将会造成反应物料在催化剂床层内“沟流”“贴壁”等走“短路”现象，也会产生部分床层塌陷的现象。加氢反应通常是一个氢油比较大的反应过程，进入反应器的物料中循环氢的量远远大于原料油的量，因此相对来说，循环氢分子以比原料油分子更大的速度通过反应器床层。对于反应器内存在气-液-固三相的滴流反应过程来说，这种氢分子与原料油烃分子之间的通过反应器的速度上的差异将会表现在相分离上。一旦催化剂床层径向疏密不均，也就是说，床层内存在不同阻力的通道，作为循环氢的气相物流更容易与液相物流分离，倾向于占据阻力小、易于通过的通道，而作为原料油的液体物流则被迫通过装填更加紧密的催化剂床层。原料油在催化剂的作用下加氢反应放热，由于在此状态下循环氢带热效果差，造成床层高温热点的出现。热点一旦出现，将会造成热点区的催化剂结焦速度加快。热点区的催化剂结焦后使得该区域的床层压力降增大，又反过来使得流经该热点床层区的反应物流更加趋于具有纯液相性质，具有传热效果的循环氢量更少，反应热量不能及时带走，使得该点温度更高，形成恶性循环。这样一来，一方面影响装置的操作安全，另一方面由于高温点的存在而缩短装置的操作周期。

反应器内轴向催化剂装填的紧密性会影响到催化剂的装填量，在反应器体积一定的情况下，催化剂的装填量与装置处理量有关，影响到产品的质量和催化剂的寿命。轴向的级配性是指不同催化剂种类之间，或者催化剂与瓷球之间的粒度的级配关系。在反应器入口部分，级配性的好坏直接影响到床层压降上升的速度，而在催化剂床层底部，级配性的好坏将决定催化剂床层是否会发生迁移。改善级配性的有效措施是，采用形成床层孔隙率逐步变化的分级装填法。

所谓分级装填法是指采用一种或数种不同尺寸大小、不同形状、不同孔容、不同活性的高孔隙率活性或惰性瓷球、保护剂系列装填于主催化剂床层上部，使床层从上到下颗粒逐渐变小、床层孔隙率逐步减低的分级过渡装填方法。分级装填技术对于加工污染杂质含量较高的原料油、重质馏分油特别是渣油尤其重要。加工这些原料时，为保护主催化剂免于金属沉积中毒，避免反应器入口物流中高浓度烯烃、胶质等快速反应引起催化剂结焦失活等现象，分级装填区的各种物质(活性或惰性瓷球、保护剂系列乃至主催化剂)按照床层容垢能力由大到小、脱金属(铁、镍、钒等)能力由强到弱、脱硫氮活性逐渐增加的顺序及优化的比例进行装填。工业应用实践表明，顶部床层采用分级装填法可以有效延缓压降的上升，同时可以改善流体在反应器内的径向分布。分级装填技术的应用效果与分级床层数、各床层高度、各床层装填颗粒物形状、床层颗粒物大小及级配、颗粒物对脱除杂质的活性等因素有关。用户通常需要请求催化剂供应商或加氢技术专利商根据特定的加工原料提出适宜的分级装填方案。

对于床层底部，采用分级装填技术可有效防止发生催化剂颗粒迁移，避免催化剂颗粒堵塞反应器出口收集器甚至后续的换热设备及管线，并同时消除由此引起的反应器内催化剂床层塌陷的可能。因此，对催化剂的装填必须高度重视，严格按照要求进行。

(二) 催化剂装填前的准备工作

(1) 在反应器装填催化剂之前，装置临氢系统的吹扫爆破、氮气试压等开工准备工作要先完成，反应器处于常温状态(反应器任意一点温度均小于45℃)。反应器内一定要打扫干净，不准有水、铁锈、焊渣、残油及其他杂物。

(2) 反应器内构件已安装完毕，因装剂需要拆除的部件已经完成拆除。反应器底部出口收集器上的不锈钢丝网无破损，网孔畅通。确认冷氢管及喷嘴畅通，无堵塞。确认床层支撑盘上覆盖的不锈钢丝网无破损，网孔畅通。检查床层支撑盘与器壁环隙符合要求，如果有缝隙，用石棉绳加以密封。

(3) 反应器应彻底隔离，与反应器相通的氮气管线、急冷氢线、差压线、冲洗氢线及反应器底部出口法兰加临时盲板，待催化剂装填完毕后，再拆除盲板。

(4) 反应器顶部及拆开的法兰，应在表面涂上润滑脂，加盖临时垫片和盖板，保护好其梯形槽法兰面。反应器卸料管的出口盲盖已安装完毕。

(5) 检查反应器顶部电动葫芦是否好用，准备好装填催化剂时所用的工具如雨布、吊桶、软梯、磅秤、吊车、料斗、皮尺、金属管、叉板、帆布软管、照明设备、通信设备、反应器内通风设备、安全带、救生绳、应急灯等。

(6) 作业人员在装催化剂前，必须由专业技术人员下到反应器内，按设计高度画出各层催化剂及瓷球的装填高度线。进入反应器前必须分析反应器内氧气、有毒气、可燃气浓度，合格后方可允许进入器内作业，否则带空气呼吸器进入。

(7) 各种规格的瓷球、催化剂运至现场，检查所装填的催化剂的破碎情况，如果粉尘或破碎率较高，则需过筛，并做好催化剂的防雨、防潮措施。

(8) 在装填前，应先拆下反应器内的急冷氢箱中间分配盘，以便作业人员上下和催化剂的装填。待下部床层催化剂及瓷球装好后再将分配盘复位；同时在未拆除的分配盘上盖上雨布或石棉布，以防止装填时催化剂颗粒掉入冷氢箱内。

(三) 催化剂装填方法

加氢催化剂的装填方法可以分为两种，一种是普通装填，另一种是密相装填。其中，普通装填方法因其多采用长长的帆布袋作为催化剂从反应器顶部向床层料位输送的管子，这种装填方法被称作布袋装填法。实际上，普通装填方法中也有较多厂家将输送催化剂的管子由帆布袋改为金属舌片管。普通装填方法适用于目前所存在的各种外形的催化剂：球形、圆柱形、挤条形、环形等。由于普通装填方法简单易行，人员上几乎不需要特别的技术培训，设备上不需要专利技术，因此被国内许多炼油企业采用。

密相装填方法由 ARCO 技术公司、法国 TOTAL 公司、UOP 公司、Chevron 公司等发明。由于需要采用专利技术和专门的催化剂装填设备，聘请专业技术人员进行催化剂的装填，密相装填方法用于条状催化剂的装填才更显意义。因为采用密相装填方法，可以将条状催化剂在反应器内沿半径方向呈放射性规整的排列，从而减少催化剂颗粒间的孔隙，提高催化剂装填密度。催化剂密相装填可以比普通装填在统一体积内多装填 10%~25%(质)的催化剂。密相装填除了在同一个反应器内可以多装催化剂以外，由于装填过程催化剂颗粒在反应器横截面上规整排列，因此其沿反应器纵向、径向的装填密度也非常均匀。

由于密相装填方法的上述两个特性，它带来的好处是：

(1) 反应器内多装填了催化剂，可以使得装置总处理量增加。

(2) 在单位时间装置处理量相同的情况下，密相装填使得质量空速下降，可以使得催化剂初期运转温度降低。

(3) 在单位时间装置处理量相同的情况下，密相装填的催化剂运转周期延长。

(4) 催化剂床层装填均匀、紧密一致，避免了床层塌陷、沟流等现象的发生，从而避免了反应热点的产生。

(5) 催化剂床层径向温度均匀，可以提高反应的选择性。

密相装填由于催化剂堆积紧密，所以开工初期反应器压降将会略大于普通装填的压降，但是随着运转时间的延长，其压降上升的速度低于普通装填的。

(四) 催化剂装填步骤及注意事项

在开始反应器内催化剂装填前，一定要确认所有的准备工作已经就绪，包括：反应器开盖，拆除反应器内冷氢箱内构件、分配盘、热偶套管等；反应器底部出口收集器的螺栓、筛网等部件已经安装固定完好，卸料管的出口盲板安装完毕；催化剂装填现场整理干净，反应器平台无障碍物；在反应器顶部平台已安装好催化剂装填用设备；进入器内人员操作的工具和安全保护用品，如梯子、耙子、照明灯、通风管、卷尺、安全服、粉笔等均已经准备就绪；各种记录表格、磅秤等计量用具、取样桶、通信设施以及人员等均已完备和就位等。加氢催化剂装填过程常用的工具清单可见表 4-3。

表 4-3 催化剂装填过程常用工具清单

序号	设备名称	备注
1	装催化剂用的防护服	装卸催化剂专用
2	防护眼镜、防护头盔、防尘呼吸面罩	装卸催化剂专用，多备足
3	供氧式呼吸器	供反应器内作业人员用
4	对讲机、直通式电话等通信工具	保证各位置信息互通
5	无齿木耙、塑料板(木板)	供反应器内作业人员用
6	段塔式梯子(或绳梯)配紧固起吊绳	出入反应器专用
7	罗茨风机	抽吸催化剂料面及反应器内粉尘
8	通空气软管，临时电源、反应器内照明	反应器内通风和照明
9	瓦斯(可燃气体)色谱仪、手提式瓦斯探测器	
10	帆布袋、足够量遮雨布	
11	工业风、新鲜水、蒸汽等	
12	送料斗、装料斗、加料管等	
13	铲车、吊车、磅秤	催化剂运输、称重
14	记录表格、采样磨口瓶等	
15	卷尺、粉笔等	反应器内画线、测床层高度

催化剂的装填工作通常需要在催化剂供货商或者技术专利商的指导下进行，也可以按照下述方法开始催化剂的装填工作。通常采用布袋装填方法的催化剂装填操作示意见图 4-3。

(1) 在装填反应器前，再次核对瓷球和催化剂的装填尺寸(标线)，装剂人员佩戴呼吸设备、通信工具(对讲机)、手套、劳保鞋、专用连体服及腰部绑安全绳，进入反应器，检查反应器内部帆布管上配置的滑阀和滑阀下面连接的帆布管离装料面的高度和帆布管的松紧度，检查内部画线分层的清晰度和准确度。

(2) 先在紧挨着反应器底部卸料口的地方填充一层石棉布，并用小颗粒惰性瓷球(一般用 $\phi3$ 瓷球)装满反应器卸料管。

(3) 将反应器底部的瓷球按规格及标好的尺寸逐层加入，打开反应器入口装填料斗的底部叉板，将料斗内瓷球卸入装料管内。反应器内的装剂人员抓紧帆布软管的下端，使软管内充满瓷球，然后均匀装填在反应器的底部。按照装填方案，由大到小依次将反应器底部各种规格的瓷球装完。每装完一种规格的瓷球，均要耙平，并记录反应器内的实际装填位置。

(4) 在装完底部瓷球后，根据装填图要求，装入底部床层的催化剂。装剂人员应避免直接站在催化剂料面上，应站在一块 500mm×500mm 木板上，尽量减少催化剂的受压粉碎。帆布软管内流出的催化剂要环绕反应器的整个横截面均匀布撒，不能简单地将催化剂倾倒在料面的中部。此外，还应特别注意热电偶套管和反应器壁周围催化剂的分布，以保证良好的装填，防止开工后在该处产生沟流。装填过程中应保证催化剂的床层高度均匀上升，床层中催化剂高度每上升 1m 应将催化剂耙平 1 次。当催化剂的水平面与帆布软管的底部距离小于 400mm 时，剪短帆布软管，继续进行催化剂装填，此时要注意清除反应器内全部帆布碎屑。

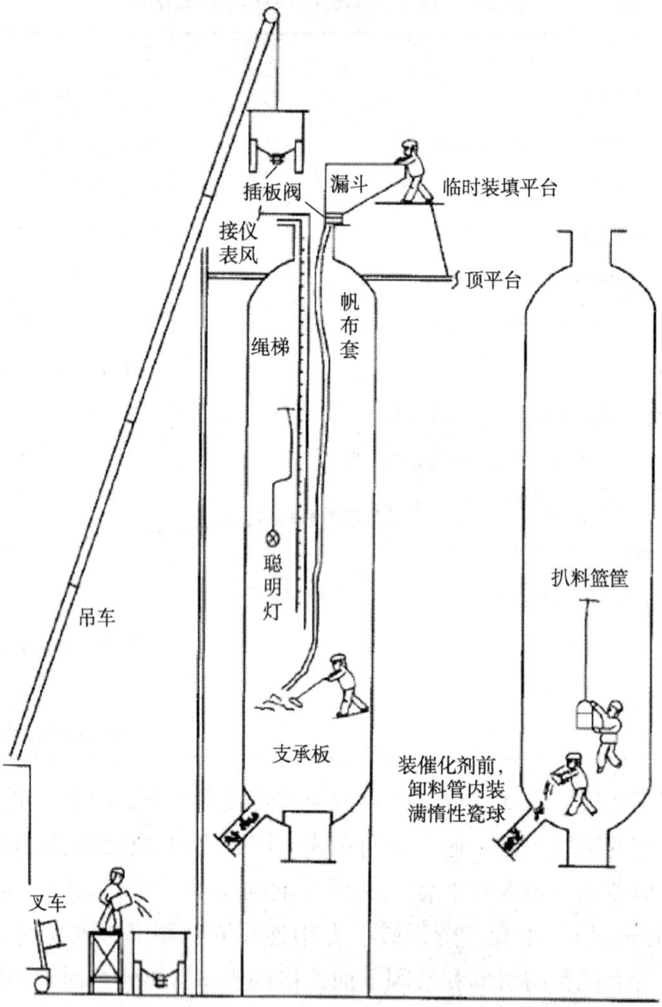

图 4-3　催化剂装填操作示意图

抽真空管应随作业人员、料面上升而上升。当催化剂料面到达升气盘约 900mm 处，须用木耙将催化剂推向四周，形成凹形面，以利于催化剂床层尽可能装满。典型的装填速度为 4～9m^3/h，装填速度太快会造成催化剂装填密度过小。对于普通装填法，掌握下料速度不要过快可以带来至少两个好处：一是减少催化剂颗粒在下料管中高速流动产生的高压静电危险，二是避免催化剂快速堆积在料面上引起催化剂床层疏密不均的现象。

（5）装填过程中应控制催化剂从帆布管出口到反应器内催化剂床层料面之间的自由落体高度，一般要求 1.0～1.5m。密切注意帆布管的变化，防止催化剂料面不均匀上升将帆布管埋入催化剂床层中。反应器入口设置的空气抽空器，随时将产生的催化剂粉尘抽出反应器，并形成对流，保证装剂环境良好。软管应吊在反应器中工作人员头部上方 0.5～1m 的地方（催化剂料面以上大约 2m），防止真空软管吸到安全帽和衣服等。

（6）继续按上述原则装填反应器，直至将催化剂装填到装上部瓷球时需留出的高度。按要求规格装入床层上部瓷球。要检查确认上一床层催化剂卸料管插入下一床层催化剂料面以下 500mm，以确保开工后催化剂卸料管不会因催化剂料面下沉而脱空。

(7) 在反应器设置多个催化剂床层的情况下，及时安装分配盘、冷氢箱、冷氢管、支撑隔栅等该层反应器的内构件。为保护催化剂，安装内构件时，人应站在木板上。内构件安装完毕后，及时清除杂物。

(8) 在床层之间的卸料管内装填惰性瓷球。卸料管内应填充比催化剂颗粒略大、尽可能小的瓷球，一般使用3mm直径瓷球。其理由之一是，3mm直径的瓷球不会渗透入催化剂下床层(卸料管设计插入下催化剂床层)，引起上床层塌陷，堵塞下床层空隙；二是采用小直径瓷球尽可能增加卸料管内的阻力降，不使物料走短路直接流到下床层。卸料管内不能用活性的催化剂装填，以防止物料在此发生反应，造成催化剂结焦甚至结块，卸剂时无法畅通。

(9) 按上述方法继续进行上部催化剂床层的装填，直至反应器顶部。按装填图要求在预定高度处装入保护剂、污垢篮和顶部覆盖的瓷球。反应器顶部通常采用分级装填技术以缓解压力降问题，延长装置的开工时间。典型反应器顶部催化剂及瓷球装填示意图见图4-4。

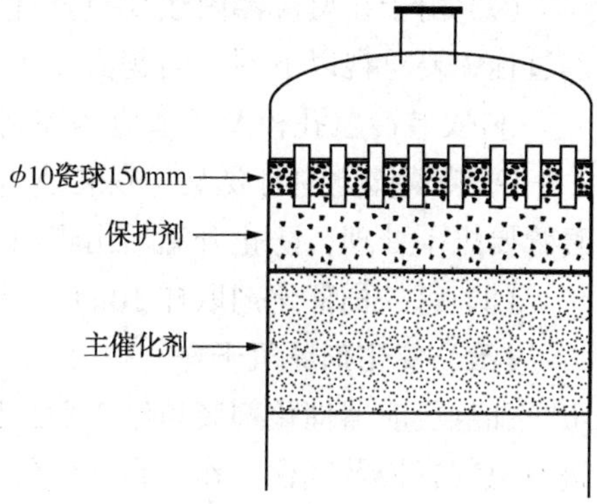

图4-4 反应器顶部催化剂及瓷球装填示意图

(10) 反应器的顶床层上部装有积垢篮，按规定将保护剂装至距顶部分配盘一定距离时，安装积垢篮，积垢篮按固定顺序排列，并用不锈钢丝固定。积垢篮按要求装好经有关人员检查合格后，继续装顶部瓷球，装瓷球时，用木塞盖住积垢篮口，防止瓷球落入积垢篮内。瓷球装完后，取出全部木塞。催化剂装填完后，应立即安装分配盘和入口油、气预分配器及顶部人孔盖，将反应器与大气隔离。

(11) 及时整理好各种催化剂和各种规格瓷球的装入量，核对记录好加入催化剂的总量，并与现场剩余的各种催化剂及瓷球进行数量核对。

除了以前的重整原料预加氢装置以外，通常加氢反应器体积较大。尤其是对于大型加氢处理装置来说，催化剂量大多在几百吨的水平，因此催化剂装填时间大多需要几天甚至一个星期以上。为了尽可能减少不必要的损失和避免催化剂活性受损，在催化剂装填过程中要始终注意以下几点：

(1) 在催化剂搬运过程中，要尽可能轻放、轻卸，避免破碎；由于催化剂易碎，在催化剂装填过程中，催化剂颗粒在加料管出口至床层料面之间自由落体高度也是一个极为关键的参数，应该加以严格掌握和控制。催化剂的自由落体高度应小于1m，进入反应器不能用脚踩压，必须用500mm×500mm以上的木板垫脚。

(2) 装填催化剂应选在干燥的晴天进行，当催化剂装填工作由于下雨必须中止时，反应器头盖必须用封盖盖上；反应器内通上净化风，使反应器内呈微正压状态，严防湿空气进入催化剂床层。

(3) 催化剂在装填之前方可开桶，装填进度在允许的范围内应尽可能快，缩短催化剂暴露在大气中的时间，以减少催化剂吸潮。

(4) 装填过程中要控制催化剂的下放速度，不宜太快，以防产生静电及催化剂破碎或“架桥”。催化剂的下放速度一般掌握在 2t/h 以内。

(5) 散落在地或玷污的催化剂，不得装入反应器内。

(6) 装填时，要有专人统一指挥，下设称重、记录、搬运、装剂、回收等小组，反应器内装入催化剂与瓷球必须准确记录，以防错装、少装、多装。

(7) 由于在反应器内注入冷氢对反应器床层温度的控制至关重要，因此，在装剂前及装剂过程中要重视以下两个问题：

① 安装冷氢孔板及相适应的控制阀。

② 装填催化剂时要及时安装热电偶套管，按设计要求插入热电偶，不得漏装。热电偶套管要烘干处理，防止升温后出现温度指示偏差。

(8) 每 5 桶催化剂取样 10mL，留样待用。

(五) 催化剂氮气干燥

加氢反应器催化剂装填结束后，即可开始装置的氮气气密工作，按照相应的要求对系统进行氮气置换及气密工作。在氮气气密结束后，如果催化剂供应商要求对催化剂进行氮气干燥的，则可以在气密结束后进行。

绝大多数加氢催化剂都以氧化铝或含硅氧化铝作为载体，这是一种多孔物质，吸水性很强，一般可达 1%~3%，最高可达 5%以上。催化剂含水有如下危害：当潮湿的催化剂与热的油气接触升温时，其中所含水分迅速汽化，这时反应器底部催化剂床层还是冷的，下行的水蒸气被催化剂冷凝吸收要放出大量的热，导致催化剂机械强度受损，严重时发生催化剂颗粒粉化现象，从而导致床层压降增大，威胁生产。因此，有的催化剂供应商或者技术专利商推荐在催化剂预硫化前要进行氮气干燥脱水。

也有学者认为，催化剂氮气干燥步骤似乎没有必要，其理由是：

(1) 几乎所有的加氢催化剂在出厂装桶前都经过了高温的干燥处理，催化剂含水量很少。

(2) 催化剂生产厂家均注重催化剂的防雨防水，在催化剂装桶及运输过程中都采用了有效的隔水措施。

(3) 催化剂装填一般选在晴天进行，装填速度快、吸水少。

(4) 催化剂预硫化过程是在氢气环境下实行的，金属氧化物硫化时同时发生氢气与氧反应生成水，硫化时的出水量比氮气干燥过程的出水量多，在预硫化期间发生的脱水-吸水过程对催化剂活性的影响远大于催化剂本身含水的作用。

因此，这些学者认为，只要确保装置在催化剂装填前已经干燥处理，系统内没有明水存在的情况下，催化剂的氮气干燥步骤可以省略。

当实施催化剂氮气干燥步骤时，考虑到系统需要升温，为防备系统内泄漏进入氢气、烃类气体等，影响催化剂活性，因此需对干燥介质——氮气的纯度进行分析，一般要求氮气纯度>99.5%(体)、氧含量<0.3%(体)、氢+烃含量<0.3%(体)、水含量<300mL/m^3。除了分析系统内氮气纯度以外，还应该在氢气进装置、高分气体去瓦斯管网、原料油进高压系统管线、低分气体去瓦斯管网、低分油去分馏系统等管线上加装隔离盲板。

催化剂氮气干燥脱水的升温程序及各阶段标准可参见表 4-4。

表 4-4 催化剂干燥升温程序

系统压力/MPa	反应器入口温度/℃	升温速度/(℃/h)	时间/h
1.5	升温至 120	15~18	升温
1.5	120	恒温	约 4h
1.5	升温至 200	15~20	升温
1.5	200	恒温	约 4h
1.5	200~250	15~20	升温
1.5	250	恒温	≮6h①

①恒温直至高分放不出水。

催化剂干燥操作应当注意如下方面：

(1) 为了能使反应系统中水分在较低温度下释放出来，催化剂干燥阶段的操作压力不大于 1.5MPa。

(2) 在压缩机能达到的情况下，气剂比应尽量大些，但要注意循环氢压缩机不能超功率运行；气剂比大，反应器床层温度波推进得快，温度分布均匀，同时催化剂上水脱除得快。

(3) 在催化剂干燥阶段，升温和恒温中的脱水量必须有专人称重记录。

(4) 在催化剂干燥过程中，升温速度不可过快，250℃恒温时间不小于 6h。

(5) 当反应器床层最高点温度低于 150℃时，才能将氢气引进系统，以防止热氢气将催化剂活性金属还原。

(6) 当高压分离器放不出水及循环氮气中水含量不变时，可以认为催化剂干燥结束，否则可延长催化剂恒温时间。

(7) 在干燥阶段，要严防氢气及烃类气体串入系统。

五、临氢系统氢气气密

(一) 氢气气密目的

氢气气密能检查系统的严密性，消除隐患，保证系统在负荷运转过程中的安全，确保装置顺利投产及长周期运转。前期氮气气密的压力等级没有达到操作工况，同时因氢气和氮气分子大小不同，使用氢气进行最终试压可检验装置在操作工况下的气密情况。

(二) 气密阶段和标准

气密阶段和标准如表 4-5 所示。

表 4-5 气密阶段和标准

气密阶段/MPa	升压速度/(MPa/h)	恒压时间/h	静压允许压损/(MPa/h)	压缩机状态
1.0	0.3~0.5	2	0.05	停
2.0	0.3~0.5	2	0.05	停
4.0	0.3~0.5	2	0.05	开
6.0	0.3~0.5	2	0.1	开
8.0	0.3~0.5	2	0.1	开

(三) 临氢系统氢气气密操作方法

(1) 确认加氢反应器床层任一点温度不高于 150℃，并按要求隔离系统，确认应关闭的高压串低压部位阀门，加好盲板，改好流程。

（2）临氢系统 N_2气密、催化剂干燥工作已经完成，取样分析临氢系统氧含量<0.5%（体积）。如果分析氧含量不合格，继续进行氮气置换。氮气置换后压力泄至0.05MPa。

（3）联系制氢单元或调度，引新氢至加氢精制装置，自新氢机入口向临氢系统充压。依次进行1.0MPa、2.0MPa的氢气气密试验。

（4）启动新氢压缩机：2.0MPa恒压气密检漏合格后，遵循中高压热壁反应器先升温后升压的要求，反应加热炉（点火）升温，反应器入口120～150℃恒温，加热反应器、热高分器壁至要求温度（反应器、热高分所有表面温度>93℃或121℃，具体温度各个反应器有所不同）。但要注意的是，升温恒温期间，反应器床层任意一点温度必须低于150℃，防止催化剂被氢气还原。反应系统继续升压，进行4.0MPa、6.0MPa、8.0MPa直至操作压力下氢气气密。

（5）反应系统操作压力下氢气气密合格后，整个反应系统的气密工作结束，准备进行氢气状态下急冷氢及紧急泄压试验。

（四）注意事项

（1）系统引氢气之前，临氢系统所有液位计、压力表的引压阀的开度关小。

（2）检查并确认所有采样点氮气置换至氧含量<0.5%（体）后，才能向装置内引入氢气。

（3）气密流程需经三级检查，并注意与低压系统的绝对隔离，关闭所有与低压系统的连接阀，低压系统应留有排放口，严防高压串低压气密点（包括设备、管线上的法兰、阀门、放空阀、压力表、液面计、活接头及压力、流量引压线、热偶连接点等）。

（4）低温部分查漏用不干胶带及肥皂水，高温部分查漏用可燃性气体检测器（气密介质为氢气）。

（5）反应器系统气密时，为防止反应器和高压换热器母材脆裂的危险，遵循中高压热壁反应器先升温后升压的要求。但要注意的是，升温恒温期间，反应器床层任意一点温度必须低于150℃，防止催化剂被氢气还原。

（6）气密试验要严格按设备保温升压规定，速度不能太快。一般升温速度≤25℃/h，升压速度<1.5MPa/h。

（7）气密试验要做到定位、定人、定时检查，并认真做好记录。

（8）在气密过程中，若发现大的漏点，应立即停止升压，降压至安全的工作压力后再处理。

反应系统操作压力下氢气气密合格后，整个反应系统的气密工作结束，准备进行氢气状态下急冷氢及紧急泄压试验。

六、反应系统紧急泄压试验和急冷氢试验

（一）急冷氢系统试验

1. 试验目的

急冷氢系统试验的目的：校验急冷氢系统仪表的指示情况，以及急冷氢控制阀的操作性能、开度与冷氢流量的对应关系；检查冷氢量对床层温度的影响效果及急冷氢的分布状况；检查冷氢系统是否贯通。急冷氢试验一般在反应部分氢气气密后进行。

2. 试验条件

（1）反应器已装填好催化剂；反应系统氢气气密（8.0MPa）合格，系统压力达8.0MPa，反应器各点温度稳定。

（2）联系仪表到场进行校验，内操、现场要配合好。

（3）循环机运行正常，循环氢流量稳定。

3. 试验步骤

（1）打开循环机出口送反应器的冷氢阀，按由下而上的顺序逐个试验冷氢阀，使之全部灵活好用，每试验完一个阀后，将其逐一关闭，手动调节冷氢温控阀开度为10%、20%、30%、50%、70%、90%、100%进行试验。记录冷氢温控阀各个开度时各床层的冷氢流量及对应的温度，同时检验阀位与总控控制信号是否一致。

（2）检验控温效果：记录温度变化幅度及滞后时间，记录全部过程中各床层温度变化情况。

（3）调整：急冷氢试验完成后，用10min时间手动逐步全关冷氢温控阀，防止波动太大造成法兰泄漏。试验完毕，分析冷氢量对床层温度变化的影响。

（4）试验过程中，保持反应器入口恒温，试验数据要及时准确记录，以便为开工进油和正常操作提供指导。

（二）反应系统紧急泄压试验

根据工艺要求，加氢装置在开车前应对反应系统0.7MPa/min的紧急泄压设施进行调校试验。为此，在装置气密试验后进行紧急泄压试验。紧急泄压试验的主要目的是：观察已按设计要求安装的紧急泄压孔板是否符合泄压速度的要求，并且进行调校；考察反应系统处于事故状态时，各自联锁系统的安全可靠性以及进行一次事故状态演习的实际练兵。

1. 0.7MPa/min紧急泄压试验步骤

（1）记录高分、循环压缩机出口压力，记录反应系统各稳定点温度及火炬凝液罐各点温度。

（2）调度同意进行紧急泄压试验后，关闭紧急泄压控制阀的手阀，室内操作人员给出50%、100%开度。室外人员观察泄压控制阀是否动作到位，否则联系仪表工处理。

（3）打开紧急泄压控制阀的手阀。对于控制阀下游阀压力等级低的装置，必须先打开控制阀下游阀，再打开上游阀。

（4）泄压前应将补新氢控制阀放在手动合适开度，防止新氢补入量大幅度波动，影响上游制氢装置。

（5）将紧急泄压控制阀由小到大逐渐给出5%、10%、30%开度，试通火炬线，3min停止试验，关闭调节阀，详细检查火炬，无问题后再进行后续试验。

（6）逐步恢复系统压力至操作压力，将紧急泄压控制阀由小到大逐渐给出5%、10%、30%、50%、70%试通火炬线约1min，然后继续增大开度至100%，系统压力降至3.0MPa后关闭，记录每一分钟系统压力及反应器床层差压，记录最大泄放率、系统压降和反应器压降，校验孔板是否合适，检验火炬系统的承受能力。在试验过程中，出现泄压速度大于设计允许最大值（0.7MPa/min）时，应关闭紧急泄压控制阀，联系仪表人员进行调校后再继续进行。

（7）试验完毕后，检查紧急泄压阀的泄漏情况，如泄漏较严重，应及时处理。然后逐步恢复系统压力。

（8）试验完毕后，分析记录数据，计算出降压速度与阀开度的关系，画出曲线存档。

（9）手动逐步打开紧急泄压阀试验后，按下控制室紧急泄压按钮进行试验；泄压开始后，每15s记录下列数据：高分出口压力、循环压缩机出口压力、反应器温度、反应器压力、火炬凝液罐压力。

(10) 检查联锁系统动作是否正常、灵敏，及其滞后时间；加热炉熄火后，立即关闭火嘴根部手阀。

(11) 试验时间不少于5min，停止泄压后，以0.7MPa/min的速度手动按钮复位；各联锁系统复位。

(12) 联锁复位后点燃加热炉，使反应系统各点温度恢复至泄压前状态；启动新氢压缩机，以1.5MPa/h压力将系统的速度升至设计压力(或操作压力)。

2. 紧急泄压试验的注意事项

(1) 现场紧急泄压阀处派专人看守，并随时与主控室操作人员保持联系，一旦发现异常情况及时通知主控室操作人员关闭紧急泄压阀。

(2) 泄压时，派专人监视火炬线所装压力表指示情况，同时注意火炬线位移情况，若压力超过0.4MPa或火炬线位移较大，立即通知主控室操作人员停止泄压，查明原因并排除后再恢复泄压试验。

(3) 泄压时，操作人员应密切注意各床层差压，反应器差压超过0.7MPa时，应停止泄压，并寻找差压增大的原因。

(4) 氢气状态下急冷氢及紧急泄压试验结束后，准备进行催化剂预硫化。

七、催化剂预硫化

目前，工业生产的新催化剂或再生后的催化剂，其所含的活性金属组分(Mo、Ni、Co、W)大都以氧化态的形式存在。基础研究和工业实践的经验表明，绝大多数加氢催化剂的活性金属组分，以硫化态存在时，具有较高的活性和稳定性。

虽然加氢催化剂在使用氧化态形式开工后，也会因有较弱的加氢活性而促使一部分原料中的硫化物发生加氢脱硫反应生成硫化氢，并继而使催化剂本身的金属组分从氧化态转化为硫化态，但是这种转化是在催化剂已长时间高温接触氢气并且有大量结焦的情况下进行的。因此，催化剂的活性金属组分在转化为硫化态之前已有氢还原现象发生，这种被氢还原或已经沉积有炭的金属组分很难再被硫化成活性高的活性相，从而使催化剂处于低的活性水平，并导致运转周期缩短。催化剂预硫化的目的是，使催化剂中的金属活性组元从氧化态转变为硫化态，从而提高催化剂的活性和稳定性。

为了获得高的使用活性，针对加氢催化剂开发了相应的加氢催化剂器外预硫化技术及器内硫化技术。加氢催化剂的硫化目前有3种方法；第一种是在炼油企业广泛使用的器内硫化，氧化态催化剂装入反应器后，在一定温度下同时通入氢气和硫化氢或硫化剂(干法)，或氢气和含硫化剂的馏分油，经过一定时间的反应，使氧化态金属硫化成硫化态活性组分。第二种是器外预硫化，预先在反应器外将硫化物用浸渍等方法固定在催化剂表面，成品出厂后装入工业反应器内，在引入氢气、携带油的同时缓慢升温至活化温度，即完成催化剂预硫化的全过程。第三种是器外真硫化，将氧化态催化剂在器外直接使用硫化剂和氢气进行真正硫化，催化剂具备真正加氢活性后，再装填到加氢反应器中直接进原料油开工。

(一) 催化剂器内预硫化操作

加氢催化剂的器内预硫化可以分为气相(干法)预硫化和液相(湿法)预硫化两大类。不同的硫化方法对同一种催化剂表现出不同的硫化效果，不同的催化剂和不同的工艺有时要求不同的预硫化方法。目前，国内工业加氢装置大都实行器内预硫化方法。除了强择形裂解活性、弱加氢活性的临氢降凝催化剂及分子筛加氢裂化催化剂的预硫化大多采用干法硫化以外，其他的加氢精制、加氢处理装置的催化剂普遍采用湿法强化硫化方法。

湿法预硫化的硫化剂大多采用廉价、硫含量高、与硫化携带油互溶、易于分解、工业规模生产的硫化合物，如二硫化碳（CS_2）和二甲基二硫化物（DMDS）。

催化剂预硫化是基于硫化剂（DMDS 或 CS_2）临氢分解生成硫化氢（H_2S），H_2S 与催化剂活性金属氧化态反应转化成相应金属硫化态的反应。其相关的硫化反应如下（以 DMDS 为例）：

$$C_2H_6S_2(DMDS)+3H_2 = 2H_2S+2CH_4$$

$$MoO_3+2H_2S+H_2 = MoS_2+3H_2O$$

$$3NiO+2H_2S+H_2 = Ni_3S_2+3H_2O$$

$$WO_3+2H_2S+H_2 = WS_2+3H_2O$$

$$CoO+H_2S = CoS+H_2O$$

湿法器内预硫化的工艺条件为：

高分压力：3.0~4.0MPa。

氢油比：350∶1。

硫化剂：DMDS（或 CS_2）。

携带油：直馏煤油，干点不大于 280℃。

体积空速：1.5~2.0h^{-1}。

注意：硫化剂有毒，易燃，易挥发，使用时应注意水封。

预硫化操作升温程序及主要技术要求见表 4-6。判断预硫化完成的几个主要指标为：

（1）预硫化最终恒温阶段已连续运行规定时间或更长。

（2）循环气中 H_2S 浓度≥1.0%（体）。

（3）不再有水的生成，高分或低分连续两次放不出水。

（4）停注硫化剂后循环氢中 H_2S 浓度不下降或下降非常缓慢。

表 4-6　催化剂湿法预硫化程序及硫化氢控制

硫化阶段	升温速率/（℃/h）	时间/h	H_2S%浓度控制范围	DMDS（CS_2）注入量/kg
150℃恒温	恒温	2	0.0~0.1	由催化剂提供商根据装置具体情况及催化剂装填量推荐
150~230℃升温	10	8	0.3~0.5	
230℃恒温	恒温	6	0.5~1.0	
230~290℃	10	6	0.5~1.0	
290℃恒温	恒温	8	0.5~1.5	
总预硫化过程		30		

（二）催化剂器外预硫化技术

器内硫化使用的是有毒、易燃、易腐蚀、有难闻气味的硫化物和轻质油，给炼油厂带来诸如装卸、运输、贮存、设备保养和环境污染等一系列问题。同器内硫化相比，器外预硫化使炼油厂省去了器内硫化所需的设备、原材料投资以及设备维修费用，具有投资少、方法简单、开工时间短、对环境污染少等优点。20 世纪 80 年代初期，Eurecat. S. A 公司与 AKZO Chemicals 公司联合开发了加氢催化剂器外预硫化技术。第一代器外预硫化催化剂称为"EasyActive"，于 1986 年在法国 La Voulte 炼油厂首次成功工业应用。此后，器外预硫化催化剂的应用数量增长很快，在国外器外预硫化加氢催化剂已得到广泛应用。

中国石化石油化工科学研究院(以下简称石科院)自 1994 年起开展加氢催化剂器外预硫化技术的研究，以简化制备工艺作为突破口，以廉价加工成本为目标，开发出制备预硫化剂的方法及配套的器外硫化催化剂开工技术。2003 年 5 月，石科院开发的器外预硫化 RS-1 催化剂，在长岭炼化公司 50×10^4t/a 低压组合床重整预加氢装置上进行了成功应用。器外预硫化催化剂技术的开发成功，填补了国内在该领域的技术空白。

1. 器外预硫化催化剂活化的化学反应

器外预硫化的催化剂上的 S 以化学键固定在催化剂表面，但活性金属如 Mo、W、Ni、Co 等并不是被完全转化为相应的硫化物，并非硫化态催化剂，因此在空气中可以稳定存在，不会有着火的危险。与氧化态催化剂相比，器外预硫化的催化剂含有氧化态金属完全生成硫化态所需要的 S 的数量，而且残留一些烃的化合物。这些 S 和烃类化合物占据着催化剂的孔。因此，在进行原料油加工前，需要对其进行活化处理。

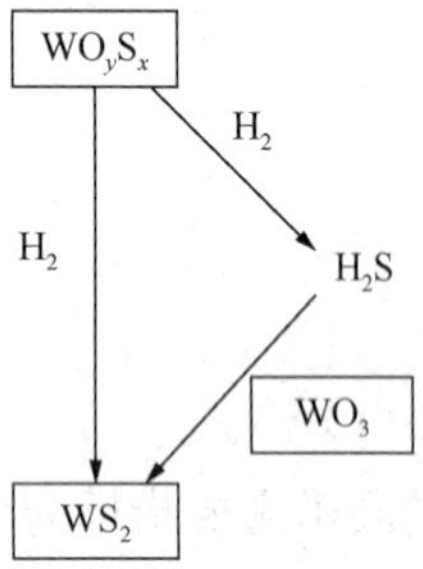

图 4-5　催化剂活化过程中的反应示意图

在器外预硫化工艺中，催化剂上金属由氧化态转化为氧硫化态(MeS_xO_y，Me 代表金属)，因此装入反应器的催化剂仍需进一步活化使之完全硫化(MeS_z)。催化剂在氢气环境下升温活化，金属氧硫化物会直接转化为金属硫化物，或者先分解生成 H_2S 和金属氧化物，然后进一步反应生成金属硫化物。图 4-5 以 W 为例介绍了催化剂活化过程中的反应示意图。

反应生成了金属硫化物，该过程释放的热量约为 50kcal/kg · 催化剂。器外预硫化催化剂在反应器内转变成活性硫化物所需时间，短于相应氧化态催化剂器内硫化所需时间，比较结果见图 4-6。由图 4-6 可见，器外预硫化到达反应所需的操作温度时，常规器内预硫化还在升温阶段。采用器外预硫化催化剂，可以缩短开工时间，使装置早日进入生产状态，有利于提高企业的经济效益。

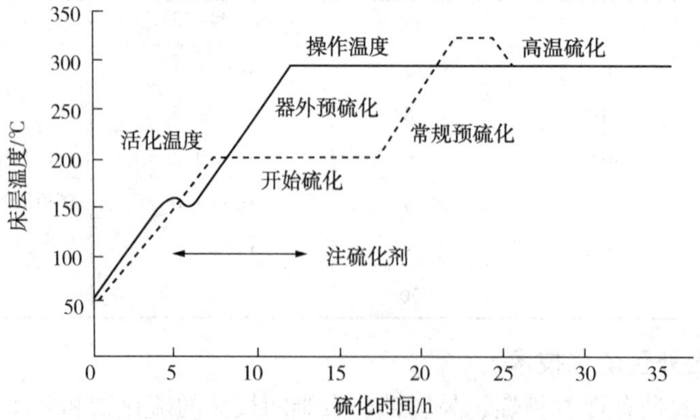

图 4-6　器外预硫化与器内硫化操作时间的比较

2. 器外预硫化催化剂开工

工业上器外预硫化催化剂的开工有气相和液相两种方式，表 4-7 对比了这两种方式。两种开工方式的区别仅仅在于有无采用直馏油进料。

表 4-7　器外预硫化催化剂开工方式的比较

液相开工程序	气相开工程序
以 N_2 气置换系统至 O_2≤0.5%(体)	以 N_2 气置换系统至 O_2≤0.5%(体)
在床层温度≤93℃时引氢置换	在床层温度≤93℃时引氢置换
全量氢循环	全量氢循环
以设计速率或≤38℃/h 升温	以设计速率或≤38℃/h 升温
床层 150℃时引入直馏进料	—
以设计速率或≤38℃/h 升温至 320℃	以设计速率或≤38℃/h 升温至 320℃
在 320℃或初始运转温度恒温 2h	在 320℃或初始运转温度恒温 2h
降低床层温度至 200℃时通入加工进料	降低床层温度至 200℃时通入加工进料

如果器外预硫化催化剂采用液相开工，则由于液体能携带大量的热，多半不用担心放热引起超温的问题。在这种情况下，温升几乎从未超过 20~30℃。但在气相开工时，放热造成的温升可达 100℃。为了防止过度的温升，只能增大循环气量。

器外预硫化催化剂在炼厂应用时主要步骤及注意事项如下：

(1) 装剂前应保持反应器干燥，催化剂的装填应选择在晴天条件下进行。

(2) 可以在空气环境中装填，也可以在氮气环境下装填。尽量减少预硫化催化剂暴露在空气中的时间，装填结束后立即用氮气吹扫反应体系至系统 O_2<0.5%(体)。

(3) 切换成氢气，用氢气置换系统，置换合格后，用氢气升压到反应的压力，然后开始气体全量循环。

(4) 若采用湿法活化，要在床层温度 120℃前开始进油，并开始建立油循环。

(5) 在 130~150℃可观察到床层放热，维持反应器入口温度恒定，直至放热峰通过床层，此时排放生成水。

(6) 升温速度控制在合适的范围，根据催化剂床层温升情况，确定升温速度一般为 10~20℃/h。最后将反应器入口温度升至 290~320℃，恒温 2h 可结束催化剂的活化。再升至 250~260℃，可观察到加氢脱硫反应开始(第二次放热)。

(7) 将床层温度调至反应需要的条件，引原料油入装置，转入正常操作。

3. 与器内硫化开工的比较

采用石科院技术生产的器外预硫化催化剂的活性与器内预硫化催化剂相同或略优，这已有许多实例证明。表 4-8 是石科院的中型评价结果。

表 4-8　器外预硫化与器内预硫化催化剂中型活性评价比较

工艺条件	氢分压/MPa	3.2		
	空速/h^{-1}	2.0		
	氢油比(体积比)	350：1		
	温度/℃	330	340	350

续表

器外预硫化催化剂	脱硫率/%	89.1	91.9	94.6
	脱氮率/%	54.7	59.6	61.6
器内硫化对比剂	脱硫率/%	87.1	91.4	93.8
	脱氮率/%	50.9	55.7	60.3

同器内预硫化催化剂开工相比较，器外预硫化催化剂开工具有较大的优越性，具体表现在：

(1) 开工时间缩短。采用常规器内催化剂预硫化开工，一般需要经过对系统及催化剂干燥、催化剂预硫化、系统置换等步骤，整个过程需要约60h；而采用器外预硫化催化剂可以直接活化开工，活化时间为10~14h，比采用器内预硫化催化剂开工缩短的时间超40h。

(2) 开工过程无须硫化剂，省去了硫化剂储罐和注硫设备。

(3) 由于没有使用硫化剂，消除了硫化剂在储存和使用过程中对人体健康、安全的危害，也消除了硫化剂对环境的污染。

(4) 由于活化时间，减少了瓦斯消耗，从而降低了开工成本。

4. 器外预硫化技术的发展

器外预硫化催化剂在世界上虽然已广泛采用，但该技术仍在改进中，各大石油公司都投入大量人力和物力进行研究和改进。主要进行的工作如下：

(1) 改进器外预硫化的方法，减少催化剂的破碎，增加S的保留程度，进一步提高加氢催化剂的活性和稳定性。

(2) 对硫化剂进行了探索，采用新型硫化剂进行催化剂的器外预硫化，减少器外预硫化催化剂制备过程中对环境的污染。初步结果证明，采用新型硫化剂进行器外预硫化也是可行的。

器外预硫化大大减少了对环境的污染，减少了炼厂事故的发生，而且缩短了预硫化在炼厂所需的时间，深受炼厂的欢迎。器外预硫化代替催化剂原位预硫化是必然趋势。

(三) 催化剂器外真硫化技术

催化剂器外真硫化是将氧化态催化剂在器外直接使用硫化剂和氢气进行真正硫化，催化剂具备真正加氢活性后，再装填到加氢反应器中直接进原料油开工。使用真硫化态催化剂可减轻装置在开工过程中的安全环保压力，同时缩短开工时间，增加企业的经济效益。

1. 真硫化态催化剂的开工

预加氢单元所使用的催化剂在装填之前已经转化为完全硫化态，因此开工过程十分简单。在氢气气密合格后建立预加氢反应系统氢气循环，反应器入口温度升至150℃后就可以进油稳定。开始以60%负荷的进料速率向反应系统进直馏石脑油，以10℃/h的速度将反应器入口温度提高到280℃，温度升至280℃时开始调整加工量进入正式生产。

2. 真硫化态与硫化态催化剂的开工对比

(1) 器外预硫化催化剂需要活化。器外预硫化催化剂活化通常采用液相活化的方法。与器外预硫化催化剂开工相比，真硫化态催化剂开工不需活化，能够缩短10~14h的开工时间，并减少加热炉燃料消耗，从而降低开工成本。

(2) 器外预硫化催化剂活化过程产生含硫废物。器外预硫化催化剂在活化反应过程中会产生热量，同时伴随含硫污水和含硫废氢的产生，并消耗氢气。在活化过程中，需每 30min 对循环氢中硫化氢含量进行采样分析，并且始终保持循环氢中的氢气纯度在 80%以上。随着活化温度的升高，循环氢中的硫化氢含量逐渐上升。为了防止硫化氢积聚，需要加大新氢补入量，高硫尾气排往低压瓦斯系统有可能造成加热炉烟气中二氧化硫超环保控制指标。活化过程中有水产生，每 2h 需从高分放水计量，高分排放含硫污水存在环境污染与人员中毒的风险。与器外预硫化催化剂开工相比，真硫化态催化剂开工不需活化，避免了处理有毒、有害含硫污水和含硫废氢。

八、原料及分馏系统冷、热油运

原料、分馏系统油运是用油冲洗水联运时未涉及的管线及设备内残留的杂物，对原料、分馏系统进行脱水，使管线、设备保持干净；借助煤柴油馏分渗透力强的特点，及时发现漏点，进行补漏；试用考察温度控制、液位控制等仪表的运转情况；考察机泵、设备等在进油时的变化情况；通过热油运，分馏系统建立稳定的油循环，能在反应系统达到开工条件时迅速退油，缩短分馏系统的开工时间；同时模拟实际操作，为实际操作做好事前练兵。

油运建立后进行系统检查，置换各控制阀及换热器副线、跨线，各罐底、塔底、各放空低点脱水；检查管线、阀门、法兰有无泄漏；联系仪表根据现场玻璃板、压力表校对仪表。注意在引油过程中要人随油走，防止跑、冒、滴、漏、串，严禁随地放油。在分馏系统冷油循环正常后，进行系统热油运，其目的是检验分馏系统是否能达到正常操作温度的要求，并对分馏系统进行恒温脱水，对高温设备进行恒温热紧。

在油运过程中应当注意以下几点：

（1）热油循环时，当热油经过冷换设备时，要打开另一端放空，避免单程受热，或及时给上冷却水，升温时应先启用空冷。

（2）随着温度的上升，各塔、容器要防止憋压，及时投用空冷。升温过程中发现循环泵有抽空现象，应停止升温，延长恒温时间。

（3）热油循环和催化剂的预硫化步骤要协调，保持步调一致，避免出现单程受热受压，造成 C201 温度过高。如果反应系统预硫化，分馏系统升温后通过 E203A/B 换热能使硫化油温度波动，热油循环应根据预硫化需要而适当调整温度。

（4）加热炉点火时，严格按照加热炉操作规程进行。

（5）热油泵要在冷油循环时就投用预热线，并要切换使用。

（6）开工初期要注意泵入口过滤器的堵塞清理，外操加强泵入口压力的检查，要经常清理运行泵入口过滤网。

（7）引油垫油，建立油循环时，要防止跑、冒、滴、漏。

九、初活稳定、切换原料油

（一）初活稳定的作用

预硫化过程在高浓度的硫化氢气氛中进行，造成预硫化结束后催化剂的活性金属与过量的硫阴离子键接。当反应气相中硫化氢浓度下降时，这些过量键接的硫阴离子将脱附出来，形成硫阴离子空穴，构成催化剂的活性中心。因此，刚经过预硫化的催化剂具有很高的活性。另外，预硫化结束时系统中仍存在大量的硫化氢，它们吸附在催化剂表面，并解离成

H^+和HS^-，增加了催化剂的酸性功能。如果此时与劣质的原料，特别是二次加工馏分油(如催化裂化柴油、焦化柴油等)接触，由于催化剂的高加氢活性和酸性，将发生剧烈的加氢反应，甚至是烃类的加氢裂化反应，短时间内将产生大量的反应热，极易引起反应器超温。同时，催化剂表面的积炭速度非常快，使催化剂快速失活，并影响催化剂活性稳定期的正常活性水平。

为了避免催化剂初活性阶段超温和快速失活的发生，通常需要用质量较好的直馏馏分油作为原料先行接触刚刚预硫化结束的催化剂，使催化剂在接触少量杂质的情况下缓慢结焦失活，直至催化剂的活性基本稳定下来。这一过程即所谓的催化剂初活稳定阶段。经过初活稳定 48h 后，再切换为正常生产原料。

(二) 初活稳定、切换原料油操作步骤

(1) 预硫化结束后，减少或停止注入二甲基二硫化物，但应保持循环气中 H_2S 体积分数在 0.05%以上。反应温度降至 260℃，继续用硫化油循环 2h，其间各项指标达到进油条件，准备引初活油进行初活稳定。

(2) 检查确认流程向反应系统引入初活原料油(直馏柴油)，控制原料缓冲罐液位 60%~80%。分馏部分此时已进入热油循环阶段，低分油改去不合格线，外甩硫化油和初活原料的混合油(维持原料油缓冲罐液位稳定为准)。用直馏柴油置换硫化油 4h。

(3) 反应系统引入直馏柴油后要密切关注催化剂床层温度的变化情况，控制任一床层温升不超过 20℃。若催化剂床层温升大于 20℃，可适当降低反应器入口温度。

(4) 当混合油外甩 4h 稳定后，逐步提高进料量，反应器入口温度稳定在 260℃。反应生成油合格后，把低分油改入分馏，停止混合油外甩。当低分油入分馏后，分馏塔底油已全部改走不合格柴油线，排 2~4h 后改大循环。

(5) 适时建立循环氢脱硫系统胺液循环，投用脱硫系统。反应空冷入口 120℃后，启动注水泵向系统注水；高分界位正常后，投用界控阀，控制界位在 40%~60%；同时将低分气、分馏塔顶气、循环氢改进脱硫塔。

(6) 在 260℃条件下，反应进料在装置负荷 60%的情况下，循环 48h。

(7) 由直馏柴油切换原料油分 4 个步骤进行，每次分别增进 25%原料，每个步骤间隔不小于 2h。在切换原料油的时候，要控制好反应器的冷氢注入量，防止床层超温。

(8) 在系统进行提量、提温的同时，要注意系统压力的变化。随着反应温度的增加，氢气消耗量会增大，系统压力会下降，可通过新氢机增加新氢注入量。

(9) 进油阶段操作必须把握“先提量后提温”的操作原则，在切换为原料油后，要控制好反应器各床层温度，防止床层超温，并保持任一床层温升不超过设计要求。

(10) 联系化验分析产品质量，连续两次采样合格后改进成品油罐。调整操作，确保产品质量和操作条件的稳定。

(11) 全面检查联锁投用情况，将相关联锁投上。

十、开工时的危险性及注意要点

加氢精制是放热反应，误操作将致使加氢反应器短时间内的温度“飞升”。因此，随时控制好反应温度是非常重要的。

(一) 开工阶段可能遇到的危险性

(1) 泄漏。设备升温期间热膨胀和热应力会使法兰和垫片接点处有小的泄漏。当发生这样泄漏时，应在泄漏处放蒸汽软管吹散油气。这样可在连接点紧好前防止发生着火。泄漏处可用超声波检测或在法兰处再用肥皂水或可燃气体检测仪检查。为使热膨胀的危害减少到最小，一般升温速度(以炉出口温度为准)不应超过 25℃/h。当反应系统升压时，充入气体，在正常情况下，流动气体方向应是向下通过反应器。

(2) 爆炸性混合物。空气还未除去前，烃类决不允许加到工艺管线或容器中，在引入烃类原料前，所有设备必须用惰性气体或蒸汽吹扫。

(3) 水的危险。热油决不允许加到即使只有少量水的系统中，反应器系统用循环热气体干燥，分馏系统残留的水先用冷油冲洗，循环期间用热油冲洗，然后在容器底部、配管的低点和泵处排出。

(4) 因真空而倒塌。新鲜原料缓冲罐和分馏系统的某些容器没有按真空设计。这些设备用过蒸汽后决不允许让其关闭着。设备冷却时，因为蒸汽冷凝会造成(容器内)真空，关闭蒸汽前容器内应充入气体。

(5) 开车期间，正常时用较轻物料运转的设备可能会进入高倾点的原料油。因此，应使用蒸汽伴热管，必要时运转温度应设定得比正常时高。

(6) 反应器材质的回火脆性。

(二) 反应器升降压、升降温限制

由于加氢反应器壳体绝大部分是由 Cr-Mo 钢制成的，经长期高温操作后，会出现程度不同的回火脆化现象，在装置开停工阶段易出现开裂事故，为保证加氢反应器的安全运行，特对加氢装置开停工阶段加氢反应器的升降压、升降温的操作制定相关规定。

1. 反应器升压限制

反应器第一次开工时，在任何阶段，如气密、干燥、硫化、正常运转等的升压过程中，反应器器壁最低温度(由表面热电偶测出)在达到 50℃以前，其操作压力不得超过设计压力的 1/4；当器壁最低温度达到 50℃以后，其操作压力才允许逐渐升高至正常操作压力，升压速率不宜大于 2.8MPa/h[此阶段器壁最低温度(MPT)为 50℃]。

操作一个周期后再开工，在升压过程中，反应器器壁最低温度(由表面热电偶测出)在达到 93℃以前，其操作压力不得超过设计压力的 1/4；当器壁最低温度达到 93℃以后，其操作压力才允许逐渐升高至正常操作压力，升压速率不宜大于 2.8MPa/h(此阶段 MPT 为 93℃)。

2. 反应器降压限制

反应器第一次停工时，反应器器壁最低温度(由表面热电偶测出)在降至 50℃以前，操作压力必须降至设计压力的 1/4 以下。操作一个周期后再停工，反应器器壁最低温度(由表面热电偶测出)在降至 93℃以前，其操作压力必须降至设计压力的 1/4 以下。

控制高温临氢部位升降温速度的目的：从工艺上考虑，温度升得快，不仅对催化剂活性有影响，而且容易引起催化剂床层超温，对催化剂不利；从设备材质来考虑，因加氢系统设备均为厚壁容器，为了避免设备器壁内形成过大的温度梯度和应力梯度，缓慢升温和降温可使氢气有充足的时间从金属内扩散出来，同时也可避免热胀冷缩引起的设备法兰面的泄漏，所以升温和降温速度不能太快。一般控制升温速度≤30℃/h，200℃以上降温速度≤30℃/h。

3. 反应器升温限制

为了避免产生高的温差应力，应严格控制任何两个表面热电偶之间的温度差。如表面热电偶之间距离小于 $2.5(R\times T)^{1/2}$（R 为反应器半径；T 为反应器壁厚），其最大温差不宜大于 28℃。

一般可通过控制进料的升温速度和进料温度来满足上述条件，见表 4-9。

表 4-9　控制进料的升温速率和进料温度

项　　目	反应器器壁最低温度（由表面热电偶测出）	
	<50℃	>50℃
进料升温速率	<32℃/h	<56℃/h
进料温度或床层温度（由反应器内热电偶测出）	小于相邻近的表面热偶温度 167℃，且小于反应器出口温度 111℃	同左

注：上表仅表示理论上的最大升温速率限制，实际操作时应按工艺操作手册的要求尽量降低升温速率。

4. 反应器降温限制

为了满足温差条件，反应器降温时，一般可通过控制进料的降温速率和进料温度来防止反应器产生较大的温差应力，见表 4-10。

表 4-10　控制进料的降温速率和进料温度

项　　目	反应器器壁最低温度（由表面热电偶测出）	
	<50℃	>50℃
进料降温速率	<32℃/h	<56℃/h
进料温度或床层温度（由反应器内热电偶测出）	大于相邻近的表面热偶温度-111℃，且大于反应器出口温度-111℃	同左

注：上表仅表示理论上的最大降温速率限制，实际操作时应按工艺操作手册的要求尽量降低降温速率。

5. 其他要求

（1）反应器停工后，应以 0.1~0.2MPa 压力充氮气密封。

（2）内部为不锈钢堆焊层或复合层的反应器进行水压试验时，要求水中氯离子含量小于 20×10^{-6}。水压试验合格后应立即用风吹干，不得残存积水，然后以 0.1~0.2MPa 压力充氮气密封。

（3）停工降温时，当反应器冷却至 205℃时，应确保循环气中 CO 含量不得超过 30×10^{-6}，目的是避免产生有毒的羰基镍 $Ni(CO)_4$。

（4）反应器正常或紧急停车后，降温时应确保反应器内保持正压，以防空气进入。

（5）反应器的升降压、升降温的操作，还应满足图样和工艺操作手册的要求。

（三）开车注意要点

（1）物料引进装置之前，要做好氮气置换工作，设备内的氧含量应小于 0.5%（体）。

（2）在排放过程中要防止跑料。

（3）加热炉升温速度不宜过快。当升温到一定阶段，要保持恒温脱水，脱水过程不得离人，以防物料跑料。

（4）加热炉在点火前应注意检查（测爆）炉膛内是否存在可燃气体，炉膛内用风进行充分的吹扫，防止点火爆炸、回火伤人。

（5）在开工过程中，阀门开关频繁，职工操作紧张疲劳，操作上易出现漏洞，应实行阀门操作复查确认。

（6）冷换设备的启动，应先引进冷流，后引进热流，速度要缓慢，以防设备内外冷热不均而泄漏，设备外部泄漏容易看见。升温过程是设备暴露问题的时候，应加强检查. 当温度升到规定度数时，应停止升温，进行恒温热紧。因为设备检修时都是在冷态下把紧的，升温时易发生泄漏，所以应进行热紧，以保证设备长周期运行。

（7）在有温度和压力状态下，阀门大盖或法兰泄漏，不准拆下螺栓或卸下压盖压盘根，以防出事故。

（8）备用设备必须保证处于良好状态，以准备随时启用。机泵检修后要经过试运，不经试运是不可靠的。

第二节　加氢精制装置的停工

加氢精制装置的全面停工一般分为反应停进料、分馏改短循环、热氢带油、反应器恒温解氢、反应系统氮气置换、原料分馏系统退油、蒸汽吹扫、盲板隔离等几个阶段。

一、停工前的准备工作与注意事项

（1）在装置停工前，技术人员编写好停工网络图，使停工各个步骤按时间表准点进行。根据每次停工要求，详细制定停工措施，若进行催化剂更换，则制订相应的卸剂方案。

（2）把装置停工的准确时间通知与装置有关的单位，让其做好相应的停工准备。技术人员应在停工前把制订好的停工方案发放到班组。岗位人员必须根据停工方案熟练掌握本岗位的停工步骤，充分做好停工准备。

（3）在停工前按 HSE 要求，对主要检修项目进行安全危险性分析和环境影响因素分析与评价。对关键的操作步骤按分析内容转换为作业确认表，进行危害控制措施确认。准备好重要操作规定中要求的确认表。

（4）按停工检修项目要求制定出隔离盲板表，并准备好相应的盲板。

（5）联系生产调度和有关单位确保柴油不合格线、汽油不合格线、轻污油线的畅通，蒸汽、氮气、工业风供应的稳定。

（6）联系电气、仪表、化验等做好停工的各项准备工作。

（7）整体停工吹扫后，反应器部分如不需检修，则应用氮气保护，保持正压。关闭所有可能漏气部位阀门，对需局部检修的，应做好局部隔离，不致其他部位漏气。

（8）停工要求做到安全、稳妥、不出事故，退油干净，做到不窜、不冒、不跑、不损坏设备，按计划按步骤停工。

（9）停工吹扫时要拆除各低点排凝阀及排污阀、丝堵等，定期打开阀门，以便排掉积在低点的残存液体和少量污水。

（10）停工和吹扫期间要加强各方面的联系，各岗位要互相协调。特别要加强与上下游装置的联系，防止产生管线憋压和改错流程等事故。

（11）如逢冬季停工，在停工过程中对水、蒸汽等系统要搞好防冻、防凝工作。对于蒸汽吹扫的系统，待吹扫完后，应放尽余气，打开所有低点放空，或用氮气吹扫干净。

（12）停工吹扫，要严把吹扫质量关。所有设备、管线(尤其是死角)、导淋等不允许有余油，要定区、定点、定人吹扫，并经技术人员检查无油、吹扫合格后方可停汽。

（13）在停工过程中，降温、降量幅度要均匀，必须遵循先降温后降量的原则，防止加热炉和催化剂结焦，降温、降压速度严格按规定执行。

（14）对含镍型加氢精制催化剂，循环气中 CO 含量<30μg/g 后，反应器床层温度才能降至 205℃以下，防止生成有毒羰基镍。

（15）停工退油时，尽量往污油罐排放，严禁乱排乱放各种物料。

二、反应系统停工

（一）降温降量、切断进料

（1）为防止炉出口温度上升超温，在降量过程中，应当先降温后降量。降量应分几次进行，每次降量后应有一定的稳定时间；降量稳定期间，温度也需保持稳定。缓慢将加氢进料降至最低负荷，联系生产调度、罐区或上游装置停送原料。确认后，关界区原料来线手阀。

（2）待反应器入口温度降至 260℃时，分馏部分改循环操作，反应系统间断向分馏减油，分馏间断向原料返回线减油，维持好分馏塔液面，视反应器床层温度情况关闭冷氢阀。

（3）逐渐降低原料缓冲罐液面，外操在现场必须密切注意原料缓冲罐实际液面和进料泵入口压力，严防进料泵抽空。原料缓冲罐液位减空后停进料泵，关反应进料流控阀及手阀。注意调整反应加热炉出口温度，避免停进料后炉出口超温。

（4）停注水泵，停注缓蚀剂泵。

（5）柴油液相加氢装置在改循环过程中，要注意循环泵的密封冲洗油泵的入口压力不要低于 0.3MPa。

（6）有低分气脱硫外排流程的装置，关闭外排。

（7）改循环前，切除在线硫分析仪和反冲洗过滤器。

（二）热氢带油

（1）反应部分切断进料以后，提高反应器入口温度至 300℃，同时提循环氢压缩机转速。循环氢压缩机以最大量进行氢气循环达到热氢带油的目的，同时将循环氢脱硫塔切出。

（2）恒温热氢带油期间每 2h 分析一次循环氢中的 H_2S 浓度，要求不小于 500μg/g；若 H_2S 浓度小于 500μg/g，可提前结束吹扫。恒温热氢带油期间间断将高分内油减去低分，维持好高分液面。确认热高分不来油之后，再恒温带油 8h。

（3）恒温热氢带油结束后，对高温部位要拆卸的地方浇上机油，以便松卸螺栓。

（4）柴油液相加氢装置在反应温度向 260℃降温过程中，反应加热炉配合逐渐减少火嘴数量至保留少量长明灯，逐渐降低反应循环泵的流量。密切注意催化剂床层的温升，若温升上升显著，则恢复反应循环泵的流量；若温升在可控范围内，则准备停反应循环泵。

（5）柴油液相加氢装置炉出口温度降至 260℃时，床层出入口平均温度降至 300℃以内时，停反应循环泵(停工时以炉出口温度为反应温度，因停反应循环泵后，无循环油，反应器入口温度即为炉出口温度)。降温不宜过低，为再次升温热氢带油保留温度基础。

（6）柴油液相加氢装置反应循环泵停泵后，停压缩机，反应加热炉保留适当火嘴和长明灯，停压缩机前 5min，先停注水。

（7）柴油液相加氢装置打开第一反应器、第二反应器入口线上的停工退油线阀门(现场手动控制手阀微开，监控 DCS 热低分压力，防止热低分超压）。首次退油至热低分液面不再上升，热低分压力微涨后，关闭两台反应器入口线上的停工退油线手阀。

（8）柴油液相加氢装置的两台反应器退油结束后，关闭反应加热炉出口电动阀，打开两台反应器各自出入口跨线，关闭各床层补充氢线阀门、热高压分离器和第二反应器顶流量控制阀，两台反应器打通并联热氢带油流程。

（9）柴油液相加氢装置启动压缩机，反应加热炉增点火嘴和长明灯，两台反应器开始升温。控制反应加热炉出口升温速度≤20℃/h，两台反应器出口温度控制不大于任意一台最高操作温度。

（10）在柴油液相加氢装置热氢带油升温过程中，应注意控制热低分入口温度不大于汽提塔或分馏塔最高设计温度(热低压分离器需要减油至汽提塔或分馏塔。

（11）在柴油液相加氢装置热氢带油过程中，两台压缩机同时运转。热氢带油至热(冷)低压分离器液面不再上涨后，再延长 4~6h 结束。

（三）恒温解氢

正常操作过程中反应器的钢材内部溶解了大量氢原子；氢气在钢材中的溶解度随温度的降低而降低，随压力的降低而降低。在装置停工过程中如果降温速度过快，氢气来不及从钢材内部扩散出来，而出现过饱和状态，超过钢材的安全氢浓度，就会导致机械性能下降，甚至开裂。为此，在装置停工过程中，要在一定的温度下进行解氢操作，防止设备出现氢脆。

（1）恒温热氢带油结束后，反应器入口以 10~20℃/h 降温。通知上游制氢装置停送氢气，新氢机卸荷。反应系统以 1.0MPa/h 降至循环氢压缩机运转需要的最低压力(一般在 2.0~3.0MPa)。进行 12h 恒温解氢。

（2）反应器入口以 10~20℃/h 降温至 250℃恒温 12h。为了防止羰基镍的形成，采样分析循环氢中 CO 含量，若 CO 的含量超过 30μg/g，则适当打开排废氢控制阀进行置换，使循环氢中的 CO 含量不超过 30μg/g，防止剧毒的羰基镍生成；若 CO 含量小于 30μg/g，解氢结束，反应系统开始降温。

（3）恒温解氢结束后，以 15~20℃/h 速度降反应炉出口温度，当炉出口温度降至 150℃时，加热炉熄火，停空气预热器。

（4）当反应器床层温度降至 60℃时，按操作规程停循环氢压缩机，离心压缩机要有专人盘车。

（四）系统降压

（1）循环氢压缩机停运完毕，临氢系统立即以 1.0MPa/h 的速度开始泄压；泄压时氢气通过废氢线向火炬线排放，低分气也向火炬线泄压。

（2）在降压期间，一定要把高、低分内存油和含硫污水退尽。

（3）当冷高分压力降至 0.05MPa 时，准备引氮充压，进行临氢系统氮气置换。

（五）氮气置换

（1）临氢系统热氢除油结束后，系统继续向火炬线泄压至与火炬线压力平衡。

（2）向临氢系统充入含氮大于 99.5%、含氧量小于 0.3%的高压氮，将系统充压至 0.4~0.5MPa，要求在各低点导淋、压力表引压管及仪表引出线排放，然后系统压力泄压至火炬线压力相近(稍高于火炬线压力 0.01MPa)。

(3) 临氢系统重新引氮充压至0.4～0.5MPa，然后向火炬线泄压至0.1MPa，在氮气置换过程中，将高压系统中的氮气分几次引入低压分离器，置换其中的可燃性气体。

(4) 再次向临氢系统充压至0.4～0.5MPa，联系化验采样分析，测定系统(烃+氢)含量，小于0.5%为合格，并需连续两次采样分析合格，如果(烃+氢)含量<2%时，气体置换可直接放大气，不走火炬线。

(5) 系统(烃+氢)含量合格后，说明系统氮气置换合格，但此时反应器内催化剂温度仍超过50℃，需要用冷氮降温。

(6) 如果系统中(烃+氢)含量不合格，重复第四步，直至(烃+氢)连续两次采样分析合格。

(六) 反应系统停工操作的注意事项

(1) 降温、降量幅度要均匀，必须遵循先降温后降量的原则。

(2) 反应切断进料后，必须注意高分液位，严防高分液位超高危及循环氢压缩机，过低引起高压串低压事故。

(3) 热氢带油结束后，必须将临氢系统内的残油彻底退尽。各低点导淋、压力表引线、仪表引压线内残油退尽。退残余柴油时，严禁乱排，尽量把残油排至污油罐。

(4) 如装置临时停工(停工时间不足7天)，反应器可不经过脱氢，如反应器不打开，尽量维持反应器为热态(温度在100℃左右)。

(5) 催化剂未卸下之前，绝对不允许将临氢系统敞开，以防止空气进入系统引起反应器内催化剂自燃而毁坏催化剂。

三、分馏系统停工方案

(一) 降负荷、循环降温

(1) 在加氢反应系统开始降温降量以后，分馏系统应注意维持各塔、容器液面及界面的平稳，相应降低各部分负荷。

(2) 调整分馏塔重沸炉负荷，保证塔底温度的稳定，保证产品质量合格。

(3) 根据反应降量幅度，可按比例相应降低汽提蒸汽量。

(4) 当反应温度降至260℃时，反应生成油改走不合格线出装置，停止进入分馏部分。精制柴油停止出装置，建立分馏自身循环，粗汽油改走不合格线。自产1.0MPa蒸汽改放空。

(5) 重沸炉出口温度以20～25℃/h速度降温，或随反应系统循环降温，间断接收反应系统吹扫来的存油。

(6) 脱硫化氢塔底温低于180℃后，停塔吹汽，如过热蒸汽走重沸炉(分馏加热炉)的对流段，吹汽要保留塔前放空，防止对流段干烧；停吹汽后，如塔的压力下降较快，可补氮气维持压力，含硫瓦斯改去火炬。

(7) 重沸炉炉膛温度降到250℃时熄火，停重沸炉循环。

(8) 停运缓蚀剂泵，停注缓蚀剂。

(9) 原料、分馏系统低点排尽存油，氮气置换。

(二) 低分、原料系统、分馏系统退油

(1) 当反应部分热氢带油结束后，准备退油。分馏停短循环，精制油全部送出装置，将

脱硫化氢塔、分馏塔液面减空，停塔底产品泵，关产品界区阀。

(2) 改好退油流程，联系有关单位做好接收残油的准备。

(3) 原料缓冲罐存油走退油线，经不合格柴油线出装置。

(4) 回流罐液面减空后，停回流泵，回流罐内存水全送去污水处理。

(5) 用低压氮给脱硫化氢塔补压，维持压力，将脱硫化氢塔底油全部退至分馏塔。

(6) 在重沸炉入口引蒸汽，将重沸炉炉管内剩油顶至分馏塔底，将分馏塔底油走不合格线送出装置。

(7) 各条管线剩油退尽后，将各管线、塔、容器内的剩油通过低点导淋排至地下污油罐。

(8) 退油结束后，停所有空冷，准备引蒸汽吹扫。

注意：退油时一定要退干净，特别是泵、罐的返回线、跨线内的油，防止蒸汽吹扫时到处是油，禁止就地乱排油，低点导淋接胶皮管至地漏。

四、脱硫系统停工

(1) 反应部分降量时，根据循环氢流量的降低相应地减少胺液循环量，当反应部分切断进料时，停止循环氢进入脱硫塔，打开脱硫塔的跨线阀，将其切出。净化瓦斯、酸性气改去火炬。

(2) 停贫液进装置，循环氢脱硫塔压力随加氢反应系统降压。

(3) 将循环氢脱硫塔内胺液经富液闪蒸罐送出装置，要求循环氢脱硫塔的压力降至1.5MPa时才允许向低压系统退溶剂。在退胺液时应注意循环氢脱硫塔液位压空，防止高压气体带入下游装置。

(4) 向循环氢脱硫塔内通入氮气，置换塔内气体，置换干净后，保持微正压。

(5) 退溶剂结束后，换热器、管线、塔内会残留大量溶剂，如果不进行水冲洗，而直接用蒸汽吹扫，就会污染环境。特别是吹扫出来的溶剂会随着污水排放至排水车间，造成污水场COD值及硫含量偏高，同时会造成大量溶剂的浪费。因此，脱硫系统应通过水冲洗，回收换热器、管线、塔内的溶剂，以减少溶剂的损耗。

(6) 第一次水洗结束后，再引水将系统水洗一遍，将各塔的废水退至地下溶剂罐，通过地下溶剂泵将污水送出装置。

(7) 退尽污水后，将各塔、罐的压力泄完，准备进行蒸汽吹扫。

五、催化剂再生、撇头及卸剂

（一）催化剂再生

1. 催化剂再生的目的

催化剂在长期运转使用过程中生焦积炭、金属沉积中毒和活化中心结焦老化，是加氢催化剂失活的三个原因。其中，生焦积炭失活是催化剂失活的主要原因，而且也只有生焦积炭是可逆的。

加氢催化剂的再生是以惰性气体和空气的混合物在适当的条件下，烧去催化剂表面的积炭和硫化物，以使催化剂的活性恢复，从而延长催化剂的使用寿命，降低装置生产成本，提高经济效益。催化剂的再生分为器内再生和器外再生两种。

2. 催化剂器内再生

催化剂器内再生是使用循环惰性气体和空气对催化剂进行烧焦再生。具体方法是，在惰性气体按正常工艺流程循环的情况下，将空气逐步加入反应炉入口，通过控制空气加入量和反应器的升温速度使得一反和二反的催化剂被连续再生。在整个再生过程中，尽可能以最快的速度使惰性气体循环，与此同时，保持反应器入口的氧气浓度。

再生期间，由于催化剂上沉积的硫化物、积炭等物质燃烧后生成 SO_2、SO_3、CO、CO_2 等酸性气体，因此在反应器出口及空冷器上游注入一定量的液氨和稀碱液进行中和，以防止酸性气体的露点腐蚀。为了使中和反应完成得较好，要保持稀碱液的循环。另外，为了使再生过程连续产生的酸性气体得到中和，同时又要及时排出溶解的盐类，因此再生过程中要连续补充新鲜稀碱液和排出循环碱液。

为确保催化剂活性得到最大限度的恢复，在整个再生过程中必须通过调节循环气体氧气浓度和反应器入口温度，对温度进行精心控制，允许的反应器最高温度必须由催化剂供应商给出。

催化剂器内再生需要注意：

（1）为了避免局部过热，再生前，必须用精制油把催化剂上的残油洗涤除去，同时要将系统管道、冷换设备、容器内残留的油气排掉。要求把系统内的氢气和油气吹扫干净（确保 $HC+H_2$ 含量<0.6%）。

（2）从工艺上要求控制烧焦速度，可以保护催化剂。从防堵塞来看，也应控制烧焦速度，否则会产生大量的 SO_2、CO_2，即使能及时加入 NaOH 中和，但生成的大量盐类也会结晶析出以堵塞设备。因此，再生过程中应严格控制催化剂床层最高点温度与反应器入口温度的温升值≤67℃。

（3）反应器入口温度是再生过程应控制的一个关键参数。整个再生过程中都必须严格按规定指标执行。床层各点温度绝对不允许超过 480℃。

（4）不要同时提高反应器入口温度和循环气中的氧气浓度。同时提高两者，就难以预测最高烧焦温度，并可能导致超过允许的最高温度。

（5）如果氧气浓度失去控制，催化剂床层最高温度就会急剧升高，并有可能超过 870℃。在烧焦过程中，仅用 5%的氧气浓度就可以达到这种情况。如果超过 870℃，则催化剂的晶体结构就会改变。而一旦催化剂的晶体结构发生改变，它又是强放热反应，会使温度急剧升高。这种晶体结构变化是一个自我支持的过程，不需要氧气，即使切断空气，它还将继续反应下去，导致催化剂永久失活，严重时带来反应器及内构件烧坏。阻止晶体结构发生变化的唯一途径是，将催化剂冷却到低于发生晶体变化所需要的温度。其方法为：切断空气补充，停加热炉，开急冷气。

（6）再生过程中生成的盐有 NH_4NCO_3、$NaHCO_3$、$NaHSO_3$ 和 Na_2SO_3 等。注入稀碱溶液既可中和 SO_2、CO_2 以防腐蚀，又可降低这些盐在水溶液中的浓度，以防结晶析出。用 5%稀碱液注入空冷器入口，即使有部分水汽化，其浓度仍能保证不会发生 NaOH 碱脆。

（7）不要在再生烧焦未完成而反应器温度又较高的情况下打开反应器两端使之与空气接触，否则会使未燃烧的焦炭块点火。当反应器两端同时打开时，要确认反应器内任一点温度都已低于 50℃，或者用惰性气从反应器底部吹入。

多年器内再生实践表明，器内再生存在一些不足之处：

（1）生产装置因再生所需要的停工时间较长。

（2）再生条件难以严格控制，催化剂再生效果差，活性恢复不理想。

（3）再生时产生的有害气体及含硫、含盐污水，若控制或处理不当，会严重腐蚀设备，污染环境。

（4）加氢装置运转周期长，操作员多年才能遇到一次再生操作，技术不及专业再生操作人员熟练，某些操作失误，不仅影响再生效果，使催化剂活性受到不可逆转的损失，严重时还会危及再生设备的安全。

通常，再生过程中造成催化剂活性下降的主要原因有：

（1）催化剂上积炭燃烧放出的热量未能及时扩散，形成局部过热；高温下活性金属粒子进行迁移，晶粒变大，分散度下降。

（2）载体结构发生变化。高温使载体发生烧结，造成孔结构和酸性变化。特别是高温及水蒸气的联合作用，更加剧了这一过程的进行。此现象不仅在水蒸气-空气再生时发生，即使在氮气-空气再生时，催化剂上残存烃类的氧化也会产生水蒸气。

（3）催化剂化学组成变化。在高温下常见的反应有：镍或钴与氧化铝反应生成镍铝或钴铝尖晶石；一些化合物(如氧化钼)可能挥发；再生时产生的SO_3与催化剂中金属元素反应生成硫酸盐。

因此，目前催化剂再生一般采用异地器外再生，它是将使用后的催化剂从反应器内卸出，送到专用再生装置中进行再生。

与器内再生相比，器外再生的主要优点是：

（1）催化剂活性恢复程度高。

（2）器外再生前后，催化剂都会过筛，可除去催化剂中的粉末，有效降低反应器压降。

（3）缩短加工装置停工时间。

（4）安全、污染少，有利于保护环境。

20世纪80年代以来，器外再生方法得到了迅速的推广应用。如今，美国和欧洲的催化剂再生90%~95%是用器外再生方法处理的，而目前国内加氢催化剂基本上采用传统的器内再生方法。为了提高企业经济效益，为企业提供全方位的技术服务，石科院研究了加氢催化剂器外再生的详细过程，考察了再生条件对再生剂性能的影响，针对不同类型催化剂确定了合适的再生条件，成功开发了加氢催化剂器外再生技术，目前已成功进行了加氢精制、加氢裂化等催化剂的器外再生。

（二）催化剂撇头及卸剂

1. 准备工作

（1）按HSE规定做好作业前的分析和环境因素分析与评价，并准备好危害识别确认单，岗位人员填写好确认表后，方可进行作业。

（2）需更换的催化剂用急冷氢线上的临时氮气管线接干燥氮气使床层降温，避免水分与金属表面硫化物生成连多硫酸盐而引起不锈钢应力腐蚀，并使催化剂床层温度降至55℃以下，防止卸剂时烫伤操作人员。

（3）中和清洗槽配好碱液，现场就位，以便清洗拆下来的分配器、中间分配盘及零件。

（4）装旧催化剂的空桶现场到位，并带上塑料袋，桶盖密封良好。

（5）系统上准备充足的氮气，确认能按时、按质、按量连续供氮。

（6）准备好保温桶，提供充足的干冰，供装催化剂和预防超温时使用。

（7）在卸剂时，为防止催化剂发生着火和反应器内形成对流，器内用临时氮气管线通氮气保持正压，并且反应器出口加盲板进行隔离。

（8）在反应器旁边准备好消防器材及非净化风胶皮管，并在反应器顶部和底部备足够的干冰。卸催化剂人员必须穿戴防尘面具、眼镜和防护服，因为催化剂粉尘对身体有害。

（9）清理现场，合理安排施工场地，并提前搭建好现场作业防雨棚（反应器防雨棚和地面临时堆积催化剂防雨棚）。

（10）准备好催化剂的采样瓶。

2. 卸剂作业安全规定

（1）反应器床层温度小于55℃。

（2）反应器内的爆炸性气体（氢和烃类）的含量小于1%。

（3）反应器内氧含量小于1%。

（4）反应器内硫化氢含量小于400mg/m^3。

（5）反应器内一氧化碳含量小于100mg/m^3。

（6）反应器内镍金属在气体中的含量小于0.04mg/m^3。

（7）有专人监视反应器床层温度，在卸剂时发现床层温度有升高迹象，应立即采取加大氮气量或通知现场人员往反应器内投掷干冰等方法进行处理。如床层温度升高较严重（超过65℃），应立即撤离器内作业人员，停止作业。

（8）供呼吸用风应保证与其他系统充分隔离，有关阀门要加禁动牌。

3. 卸剂步骤

（1）反应器置换合格后，确认反应器与其他系统隔离，用急冷氢线上的临时氮气管线接干燥氮气，保持微正压。

（2）拆除反应器顶部大盖，保持反应器顶部人孔处有氮气流动。

（3）检查反应器达到可进人条件，经撇头作业公司及有关部门联合确认条件后，签发器内作业许可证。

（4）打开反应器头盖，卸剂人员戴上空气呼吸器，进入反应器内拆除分配器和积垢篮，检查反应器表层、床层情况，用抽空机械将顶部瓷球卸出，并对催化剂进行撇头处理。拿出器外的内构件要立即进行中和清洗。

（5）撇头作业终止的标准是表层的催化剂全部吸出，催化剂床层疏松并没有结块现象，没有直径超过80mm的催化剂团块。反应器内催化剂约需撇出10t。

（6）撇出的催化剂需立即装袋，并马上运走。如撇出的催化剂发生自燃，可用新鲜水浇灭。

（7）反应器顶部撇头结束后，顶部人孔处通入氮气，用帆布将人孔盖上，并扎紧，然后盖上盖子，以隔绝空气并防止器内形成对流。

（8）作业人员拆开反应器底部卸料口，在催化剂卸料口加装插板阀，用帆布袋固定在插板阀的卸料口上，开始卸剂。

（9）卸剂时要控制好速度，避免下料太多引起瓷球和催化剂分离不清。在卸料管上做一个滑动条，可控制催化剂下料的速度。

（10）在卸料过程中，如发现催化剂结焦成块以致反应器中的催化剂流不下来，可在卸料口用毛竹竿松动；如发现结焦催化剂在反应器塔盘上卡住，作业人员要戴好空气呼吸器进入反应器内松动。

(11) 由于是在氮气环境下作业，并且反应器内可能会产生羰基镍，进入反应器作业人员，需佩戴空气呼吸器，还应穿好防护服和工作鞋，系好安全带，检查调试确认安全可靠，并经气防站同意方可进器内作业。在作业过程中，作业人员与器外监护人员保持联系，作业人员应轮换进器作业，每次作业时间不超过20min，在器内作业时，不准脱掉呼吸器具；器外有专人安全监护，发现异常，迅速将器内作业人员拉出。

(12) 如作业人员进入反应器下部作业，需拆除中间分配盘后才可进入，保证人员上下灵活。

(13) 卸下的催化剂装入桶内时，应先在桶内加一只塑料袋，装满催化剂后上面撒干冰密封，并立即盖上盖子，拉至仓库。

(14) 催化剂卸完后，反应器内经充分置换并联系化验分析检测氧含量、硫化氢合格后，方可进器内检查反应器壁和内构件是否存在脱落、损坏、腐蚀变形或堵塞等异常现象。

(15) 卸下的催化剂要及时拉走安置入库，严防淋湿，并清扫现场。

(16) 卸剂时必须有专人记录、专人装桶。

(17) 卸剂过程中，现场如果灰尘大，可用接非净化风的胶皮管吹风，这样可将灰尘顺风吹走，而作业人员站在上风口。

4. 注意事项

(1) 在卸剂前应确认新鲜水管线内有水，在反应器上下出口的新鲜水管线接好胶皮管，同时反应器上部至少需接两根新鲜水管线，以便有足够的水量来处理意外事情的发生，并且准备好足够的干冰和灭火器。

(2) 反应器内要通有氮气，并保持正压，以隔绝空气。

(3) 卸剂前，催化剂床层的温度尽可能降下来。如卸剂时卸出的催化剂发生着火，可以用干冰进行灭火或用灭火器，实在不行的话，用新鲜水灭火。

(4) 卸剂工作是在催化剂未经再生的工况下进行的，一旦空气进入反应器内将立即发生自燃。因此，卸剂过程应十分注意这个问题，必须确保反应器有良好的氮封，氮气系统必须由专人负责。

(5) 为加快卸剂速度，底部装桶人员及工具要配备衔接好，车辆调度必须有序、高效。

(6) 卸剂工作量大，涉及施工单位及人员多，因此各相关单位要相互协调，积极配合，确保安全。

(7) 新鲜水、消防水供水正常。

5. 应急措施

在反应器卸剂过程中，如果发生氮气中断或者意外事故引起反应器床层温度上升，经加大氮气量和加入大量干冰后仍得不到有效控制，且温度还在加速上升，严重威胁设备及人身安全，在征得有关领导同意后，可以用新鲜水灌入反应器内，以防事故进一步扩大。

六、原料、分馏系统的蒸汽吹扫操作

(一) 吹扫要求及注意事项

(1) 蒸汽吹扫前，所有设备、管线退油、退液完毕，退油、退液时不允许就地排放，做到文明施工。

(2) 冷换设备一程蒸汽吹扫时，另一程必须打开放空阀，以防憋坏设备。

(3) 引蒸汽必须缓慢，严防水击，并且必须先脱尽冷凝水。

(4) 要按先扫主线、再扫次线，从上到下、从里向外的吹扫原则进行，吹扫面不要铺得太开，以免蒸汽供应不足。

(5) 设备、管线蒸汽憋压压力不得超过其最高工作压力。

(6) 泵体原则上不参加吹扫，将泵入口法兰拆开排污，在靠近泵的法兰处进行隔离，以防污物吹入泵体内。

(7) 为避免损坏设备，蒸汽尽量不走孔板、调节阀。

(8) 首次给蒸汽吹扫，或突然给大吹扫蒸汽量时，在设备管线排空拆开处要有人现场监护，以免烫伤他人。

(9) 蒸汽吹扫时，严禁蒸汽串入反应临氢系统，埋地管线不能用蒸汽吹，要用水顶。

(10) 吹扫完毕后，必须打开塔顶和各低点放空阀，以防形成负压。

(二) 原料、分馏系统的蒸汽吹扫操作步骤

1. 原料系统扫线

(1) 罐区柴油原料线和原料返回线：在界区罐区原料线扫线点给汽，反向吹扫界区外管线、原料返回线至罐区；正向吹扫原料进装置线，切除原料油过滤器，走副线。存油吹扫至原料油缓冲罐，并经退油线扫至地下污油罐，吹扫开工油线至低分出口。

(2) 界区原料蒸汽扫线给汽，顺原料线扫至原料油缓冲罐，原料油缓冲罐顶部排空。

(3) 原料油过滤器出口蒸汽扫线给汽，沿反冲洗流程吹扫污油线至地下污油罐。

(4) 原料罐底部出口顺出口线扫至反应进料泵的入口放空阀排放(进料泵出口线由泵出口氢气吹扫线在反应系统氮气吹扫时进行)。

(5) 原料系统扫线结束后，打开罐顶放空，稍开底部排凝阀，蒸罐 24h。

2. 低分系统扫线

(1) 高分液控阀后出口线给汽，顺高分出口线扫至低分，经低分液控阀、顺低分底出口线、低分油换热器跨线、汽提塔进料线扫至汽提塔。

(2) 吹扫低分出口原料返回线至界区放空阀排放。

(3) 经低分压控、罐顶含硫瓦斯线吹扫至气体脱硫塔。

(4) 吹扫低分退油线至地下污油罐，经界控吹扫低分含硫污水线。

(5) 低分系统蒸汽扫线结束后，隔离低分，打开罐顶放空，稍开底部排凝阀，蒸罐 24h。

3. 汽提塔系统扫线

(1) 汽提塔吹汽线给汽，顺塔顶线扫至回流罐，经回流罐界控吹扫含硫污水线；经压控吹扫含硫瓦斯线至气体脱硫塔；经液控吹扫回流线至回流泵出口放空阀排放；吹扫回流泵入口线在入口放空阀排放；吹扫汽提塔退油线至地下污油罐。

(2) 关汽提塔底出口阀，阀后蒸汽扫线给汽，顺底出口线、塔底泵出入口跨线、塔底液控阀、高压换热器或分馏加热炉、分馏塔进料线，扫至分馏塔。

(3) 汽提塔系统蒸汽扫线结束后，隔离汽提塔，打开塔顶放空，稍开底部排凝阀，蒸塔 24h。

4. 分馏塔系统扫线

(1) 关分馏塔底出口阀，阀前蒸汽扫线给汽，顺塔顶线扫至回流罐，经回流罐界控吹扫污水线；经压控吹扫含硫瓦斯线至加热炉或火炬；经塔顶温控吹扫回流线至回流泵出口放空阀排放；吹扫回流泵入口线在入口放空阀排放；吹扫分馏塔退油线至地下污油罐；吹扫粗汽油出装置线至界区放空阀排放。

(2) 分馏塔底出口阀后蒸汽扫线给汽，顺底出口线、塔底泵出入口跨线、塔底液控、精制油换热器、冷却器、界区阀，吹扫至罐区污油罐，扫通后关界区阀；吹扫塔底重沸器在壳程放空阀排放；吹扫各换热器退油线至地下污油罐。

(3) 分馏塔底出口阀后蒸汽扫线给汽，顺底出口线、重沸炉循环泵出入口跨线、流控阀、重沸炉管吹扫回分馏塔。

(4) 分馏塔系统蒸汽扫线结束后，隔离分馏塔，打开塔顶放空，稍开底部排凝阀，蒸塔24h。

5. 燃料气系统蒸汽吹扫

当装置内不再使用瓦斯时，瓦斯系统全面停工，关瓦斯线进装置界区阀。

瓦斯分液罐向火炬泄压后，瓦斯系统补氮气或从脱硫净化瓦斯线串氮气排火炬吹扫、置换；瓦斯系统给蒸汽或从脱硫净化瓦斯线串蒸汽吹扫，瓦斯分液罐蒸罐24h。吹扫结束，界区瓦斯线阀前盲板隔离。

6. 火炬系统蒸汽吹扫

火炬系统各分支管线随各系统吹扫置换时进行吹扫。

火炬总线的处理：关火炬总线界区阀，自火炬总线最远端给蒸汽吹扫火炬线至火炬分液罐，蒸罐24h。经罐顶出口线吹扫至界区阀前放空，并经罐底抽出线吹扫污油线至地下污油罐。吹扫结束，界区火炬阀前盲板隔离。

7. 污油系统蒸汽(水洗)吹扫

装置各塔罐、换热器低点退油结束，地下污油罐充新鲜水，垫起油位，连油带水全部抽空；关污油线界区阀，开污油罐顶放空，污油总管给汽吹扫污油罐出口线；各塔罐、换热器蒸汽吹扫时，经退油线吹扫污油罐入口线，并蒸罐24h。吹扫结束，界区污油线阀前盲板隔离。

七、系统隔离

检修时，除新鲜水、循环水和工业风、仪表风外，其他介质在装置界区全部实行盲板隔离；凡需动火、进人检修的设备、容器、管道须经化验分析合格后，在其所有出入口加盲板或保持敞口，使之与相连的设备、管道、系统隔离；所加盲板两侧或密封侧应有垫片，并把紧螺栓，以保持严密性；装置界区盲板应加在边界切断阀的内侧法兰处；拆装盲板前应保证管线内物料已退尽，压力已经泄至常压；对于可能含有有毒、有害物质的设备管线，拆装盲板时应有气防监护；所选用的盲板厚度、规格应符合压力等级要求，避免出现盲板受压变形；严格按停工方案中盲板表要求进行盲板加拆作业，指定专人统一管理并挂牌编号，防止漏装、错装。

八、硫化亚铁钝化

(一) 硫化亚铁的钝化原理

随着加氢原料的高硫化和装置检修周期的延长，加氢精制装置的分馏、脱硫等部位沉积的硫化物较多。尤其在高压分离器、低压分离器、循环氢压缩机入口分液罐、脱硫化氢塔等部位积聚了大量的硫化亚铁，这些硫化亚铁在停工检修打开设备人孔或头盖时，与空气接触极易自燃，同时放出大量有毒气体，威胁检修人员和设备的安全。

由于硫化亚铁具有较强的活性和被螯合的能力，近年来，工业装置上采用适宜的螯合剂(主要组成为高锰酸钾等氧化剂)进行钝化处理，达到去除硫化亚铁和防腐的目的。

(二) 硫化亚铁钝化的操作步骤

对设备管线的钝化清洗，可以利用现有的工艺流程或增加临时线，将配制好的钝化剂加入设备中，进行循环冲洗，如果不能建立循环，也可以将设备注满钝化剂，进行浸泡中和。

(三) 防止硫化亚铁自燃的措施

(1) 使用钝化(除臭)剂，将含硫设备、管线内硫化亚铁进行钝化、清洗。

(2) 各塔蒸塔时，从塔底给汽，给汽要缓慢，汽量由小到大，蒸塔时间不得少于 24h。装置停汽后，不能立即打开人孔，必须经过充分冷却后才能打开。打开人孔前，应确保塔内各层服务点的新鲜水管线内有水，然后可以从塔顶放空处将新鲜水喷入塔内，使塔充分进行冷却。在打开人孔时，可以继续打水冷却。冷却水可以直接从塔底由导淋排入地下漏斗内。

(3) 绝对禁止在塔内温度高于 40℃时打开人孔。

(4) 打开人孔前，应将与塔相连的阀门关闭，将塔切出。

(5) 打开人孔后，应加强巡检，监测设备内温度，防止烧坏设备。

(6) 在检修过程中，为防意外发生，每天白天、晚上安排人员向塔内洒水，关好塔的人孔，以保持塔内的湿润，防止发生自燃。打开人孔后，定时安排人员观察各塔的各部温度，如发现温度有上升迹象，立即从塔顶往塔内喷水，杜绝着火的发生。如检修时发现塔人孔冒烟，立即通知塔内检修人员撤出，从塔顶注水灭火。

九、加热炉烧焦(以反应进料加热炉为例)

(一) 准备工作

(1) 检查加热炉烧焦系统所有检修项目施工完毕：投用 1.0MPa 蒸汽、工业风、新鲜水、瓦斯系统以及低压火炬系统。

(2) 改好流程：联系施工，将反应进料加热炉的出入口短节调向改为烧焦弯头，去烧焦罐的盲板调通，改至烧焦罐(施工之前，将蒸汽以及工业风管线贯通)。

(3) 每路用蒸汽贯通，检查各路去烧焦罐流程是否畅通。

(4) 蒸汽、风引至炉前，并拆掉盲板。

(5) 新鲜水引至烧焦罐。

(6) 准备好火柴、点火棒。

(7) 联系仪表启用瓦斯控制阀、炉膛温度、烧焦蒸汽以及工业风的流量指示仪表，并确保指示正常，DCS 投用。

(二)加热炉烧焦原理及方法

原理：炉管内的焦炭在一定温度下受到高温蒸汽和空气冲击而崩裂、粉碎和燃烧，其产物被高速气流带走，至烧焦罐加水冷却后排入大气。

方法：蒸汽-空气烧焦法。

炉管结焦较轻时，则一次烧完；严重时，每次将蒸汽和风交替给入炉管，然后从烧焦罐的出口处观察烧焦风的颜色，以决定是否再次给风、给汽进行烧焦。

(三)加热炉烧焦操作步骤

(1)联系化验，对炉膛采样分析。合格后点火，点火后以炉膛60℃/h的速度升温，要求火焰分布均匀、对称、不扑炉管。

(2)当炉膛升温至250℃时，炉管给蒸汽携带热量掩护(0.5~1.0t)，烧焦罐适当给水冷却，以100℃/h继续升温至450℃，再以75℃/h升至530℃。

(3)保持恒温，炉管内通入大量蒸汽剥焦，两路依次剥焦，每次只剥一路；剥完一路，减少该路蒸汽量，再剥下一路。在剥焦过程中，观察烧焦罐出口，如果不见焦粉，则停止剥焦，四路蒸汽调节均匀。

(4)烧焦阶段。

① 炉膛温度恒定在530℃，给风烧焦。

② 先烧一路，一路烧完后再烧另一路。给风前，先将该路蒸汽关小，然后缓慢给风。

③ 若焦烧不着，可缓慢将炉膛温度提至550℃，稳定烧焦。如仍无焦粉出现，则可停该路蒸汽，提大风量3~5min，观察炉管颜色；若仍无焦粉出现，则恢复保护蒸汽，停止烧焦，待检查。

④ 给风后要经常检查炉管出口温度的变化情况，如果发现炉管颜色发红，出口温度上升，立即稳住炉膛温度并减小给风量和给汽量。

⑤ 烧焦速度不宜太快，炉管颜色以暗红色为宜，避免发亮桃红色，从前往后依次红过即可。

⑥ 注意检查烧焦罐排空畅通情况，如果大量焦粉粒排出，要适当减少风量；如果发现堵塞，立即停止烧焦，处理疏通后继续烧焦。

⑦ 每路烧焦完毕，炉管变黑，可关闭给气，大量通风，保持5min。检查炉管不再变红，无焦粉烧出，证明烧焦完毕，可停风；然后大量给汽吹扫炉管，无焦粉吹出后，将蒸汽量适当调节。

(5)降温阶段。

① 降温速度为30℃/h，蒸汽量随炉膛温度降低可以逐渐减少。

② 炉膛温度降至300℃时，加热炉熄火；250℃时，炉管停止通蒸汽；200℃时，炉子通风降温。

③ 加热炉熄火后，及时将瓦斯盲板调盲。

(6)烧焦结束后，联系施工单位将所有的烧焦盲板恢复。

加热炉烧焦曲线见图4-7。

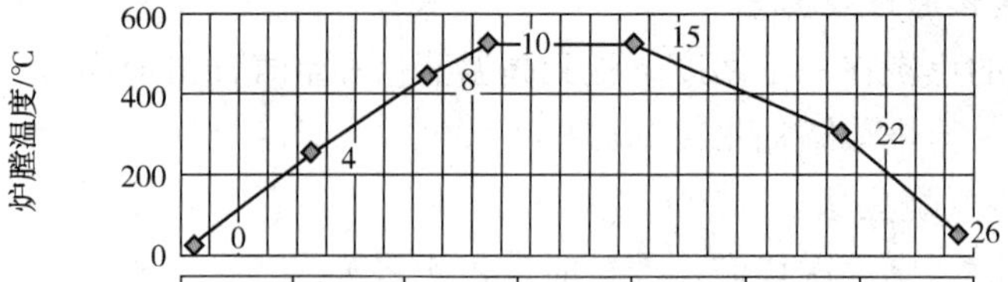

	0	4	8	10	15	22	26
—◆— 系列1	20	250	450	530	530	300	50

时间/h

图 4-7　加热炉烧焦曲线

十、停工时的危险性及注意要点

装置的停工是装置操作的一个重要环节，合理的停工方案对装置的安全、催化剂的保护及为下次开工的顺利进行均有相当大的影响。加氢装置的停工可分为正常停工和非正常停工两种。正常停工必须严格按规定程序和具体部署小心地进行。

1. 正常停工

装置停工时，为了逐渐改变系统的热平衡状态，降量运转是必要的。需要注意的是，减少进料量易出现反应炉出口温度升高、催化剂床层等迅速结焦的现象，所以应按照先降低反应器温度后降低进料量的顺序进行。在此阶段应保持氢气继续循环，保持系统压力，逐渐调低冷氢流量至完全撤掉冷氢，可以在降温和降量过程中生产一部分合格产品，产品不合格后改污油线。

装置停油后，保持氢气循环，热氢带油，维持一定的吹扫时间，并以尽可能大的氢气流量吹扫催化剂，吹净催化剂上的烃类残留物。如果停工时间较长，为保护催化剂，需用氮气置换系统，并保持一定的氮气压力(0.5~1.5MPa)。

2. 非正常停工

装置的非正常停工通常是由装置内事故或系统工程事故引起的，因此也可以称为事故停工，有时是紧急停工。造成装置非正常停工的原因有许多，因此不可能给出标准而又细致的停工程序，这里只能给出原则性的处理方法。

一旦发生事故，首先对人员和设备采取紧急保护措施，并尽可能在接近正常停工的情况下停工。若发生设备事故或操作异常被迫停工，注意降温过程对催化剂的保护。防止进水，尽量在氢气循环下降温。尽量避免催化剂在高温下长时间与氢气接触，以免催化剂还原。

在非正常停工过程中，应始终注意以下几点：

(1) 避免催化剂处于高温状态。

(2) 床层泄压速度不能太快。

(3) 当氢分压特别低时，尽量吹尽催化剂上残留的烃类。

(4) 无论在何种情况下，停工后保持床层存在一定压力(如0.5MPa)的氮气。

3. 停工后的装置重新开工

在一般情况下，加氢精制或者加氢处理装置的重新开工程序较为简单，主要操作阶段可以分为装置氢气置换和升压、氢气循环升温、引入原料油、调整操作等。重新开工过程需要注意以下3个问题：

(1) 尽量缩短反应开始前升温过程的运转时间。因为，此时系统中硫化氢浓度很低，或者几乎不含硫化氢。低硫化氢浓度、高温氢气循环的状态容易使得催化剂氢还原，影响催化剂活性。

(2) 应该在比停工前操作时更低的温度下进油。停工操作时，有一个氢气吹扫过程，这个过程将会使得催化剂表面的一些可汽提积炭被除去，更多的催化剂活性中心暴露于表面。同时，催化剂的活性组分金属硫化物上硫阴离子空穴数目暂时性增加，催化剂活性相对有所提高。因此，一旦在停工前操作温度下进油，极易引起反应剧烈而超温。对于馏分油加氢精制装置来说，通常在升温到200℃时开始引入原料油。

(3) 对于较为新鲜的催化剂应采取补硫措施。装置停工时，如果催化剂投入使用时间低于20天，在重新开工时系统内硫化氢浓度较低的情况下，最好以补充硫化的方式进行装置开工。补充硫化的操作条件应由催化剂供应商或专利商提出。

4. 装置停工的安全环保控制

(1) 装置停工由生产调度按停工方案统一指挥，确保装置顺利安全停工。

(2) 装置停工后，按停工方案和工艺要求切断进出物料，严格执行国家工业卫生排放标准，不允许随意排放有毒、有害物料。无火炬设施的带压易燃、易爆气体排空要缓慢进行，采取逐渐减压措施，放空管线末端必须采取防火措施。

(3) 对有毒、可燃、有腐蚀性物料的设备、容器、管道应按规定进行彻底的吹扫(可燃物料严禁用压缩空气直接吹扫)、蒸煮、中和、置换等处理，并做到四定：定标准、定时间、定人员、定职责。要有专人验收，记录备案。保证装置在交付检修前，达到安全用火要求。

(4) 装置停工、置换、分析合格后，应按停工方案抽堵盲板表，将进出装置的物料管线加上盲板，做上明显的标志。盲板应指定专人统一挂牌管理，防止漏加、漏拆。

(5) 在停工检修中，存留有易燃、易爆、有毒、有害物质时，其出入口或与生产系统相连处应加上盲板，挂上“内有物料、注意安全”的警告牌及禁动牌，必要时指定专人看管。

(6) 停工吹扫期间，各岗位吹扫人员应加强巡回检查，防止串线、冒罐等事故的发生。在整个停工、吹扫过程中若出现大量油品、油气跑损，应立即妥善处理，必要时可要求消防车掩护。

(7) 停工吹扫期间，严禁机动车辆在该区域行驶和任何动火作业。

(8) 冬季检修，停工吹扫后应及时排净积水，必要时用氮气进行吹扫，注意防冻。

(9) 装置交付检修前，必须对装置内的含油污水系统进行彻底冲洗，赶尽油气，并对井口和漏斗口以及与含油污水系统相通的明沟彻底封严盖牢，防止动火时发生着火爆炸。对装置内的电缆沟做出明显的标志，标出禁止载重车辆及吊车通行区和车辆停放区。

(10) 打开设备人孔最低点前，应使其内部温度降到安全条件下，并从上而下依次打开人孔。在打开底部人孔时，应先打开最底部放料排渣阀门，待确认内部没有残存物料时方可进行，警惕有堵塞现象。

(11) 做好废渣处理，对废催化剂、废溶剂等要进行综合利用和无害化处理。清罐时罐底污泥不得冲入下水道，应袋装或集中堆放进行处理。不得将容器清洗后的含油污水排入雨水系统。

第五章　加氢精制装置的正常操作

第一节　主要工艺参数的控制

装置开工后转入正常操作，此阶段不需要对装置各部分进行大的调整，但是一些正常波动的调整是必要的。如原料油性质的变化、操作条件的变化、催化剂的失活、产品方案的调整等方面，需要对反应温度、冷氢分配、新氢、循环氢流量等进行必要的调整以保证产品收率及质量。下面就装置正常操作中主要工艺参数调整进行讨论。

一、反应器温度控制

反应器主要控制的温度有反应器入口温度、平均床层温度、反应器温升、床层径向温差。反应温度主要通过调节炉出口温度和催化剂床层间的冷氢量来进行控制。

（一）反应器入口温度的控制

对于汽、煤、柴油加氢精制装置，因使用不同的催化剂和不同的原料油，产品质量也控制各异，采用不同的反应温度，反应器入口温度一般控制在220～330℃。反应器入口温度的高低直接影响到反应器床层温度，在生产中是一项重要的操作指标。

1. 影响反应器入口温度的主要因素

① 反应原料/生成油换热器换热效率或热高分温度控制、产汽系统温度控制、循环氢量等的波动。

② 原料油性质的变化。如原料带水、进料量的波动，导致反应放热量大幅度变化，通过原料/生成油换热器反过来影响加热炉出口温度。

③ 加热炉的燃烧、运行、控制情况，燃料气组分、压力变化或带油。燃料气流控阀或压控阀失灵，调节阀PID参数设定不当。空气预热器风机停运，加热炉炉管结焦，炉管传热效率下降，等等。

2. 反应器入口温度波动的处理

① 加强原料油罐的脱水，控制好界位。

② 加强瓦斯缓冲罐的排凝，投用蒸汽加热器。

③ 了解瓦斯组分变化的原因，改自动操作为手动控制，精心调节。操作平稳后再改为自动操作。了解瓦斯压力较大幅度变化的原因，将自动操作改为手动操作，根据瓦斯压力变化的原因，相应采取措施及时调节至平稳。若瓦斯压力长时间较低，联系调度降低装置处理量。

④ 保证原料油流量稳定，若是进料控制阀失灵引起的，可用副线操作；若泵有故障，应切换至备用泵运行。

⑤ 如果循环氢流量中断，首先要紧急降低反应温度至280℃以下，如果非仪表故障，而是压缩机停机引起的，按停机事故处理程序紧急处理。如果是因为反喘振控制阀误动作引起

的，则应迅速手动关闭该阀，逐步恢复正常。如果循环氢流量减少，则适当降低进料量，维持操作，再检查流量下降的原因，决定是否停车处理。

⑥ 对于换热系统引起的问题，应迅速将热高分温控和产汽温控改手动操作，恢复稳定。

⑦ 如果属于 PID 未调整好，首先要小幅度调整 PID，稳定操作，根据加热炉温度控制存在较大滞后的特点，需要给定相对较长的微分时间，一般要达到 2.5~3min。对仪表故障，联系仪表处理，根据情况可改副线操作。

⑧ 如果风机因故障停运，打开风道快开门，保证加热炉正常燃烧，然后联系钳工、电气，了解风机停运的原因，修复后投用。

⑨ 对于炉管和加热炉本身存在的问题，平时要经常观察加热炉的压降和炉膛温度、对流室出口温度、炉管管壁温度、炉管分支出口温度等关键参数。如果加热炉出现超负荷情况，请示调度同意后，降低负荷或降低反应温度，情况严重的要停工检修。

⑩ 加强与调度的联系，确保原料油温度和性质的稳定，如果调度通知，原料组分出现大幅度的变化，要根据原料性质变化事先进行预调，确保装置的稳定和产品质量的合格。

(二) 反应器平均床层温度

在加氢精制装置正常生产过程中，反应器床层温度是一项重要的控制指标。床层温度低，加氢深度不足，易导致产品质量下降；床层温度高，轻者降低液收，增加能耗，缩短催化剂使用寿命，重者损坏催化剂，损坏设备，导致非计划停工或次生事故。在反应器的床层上分别水平设置均布的多点直插式热电偶，以测量床层各水平面上的温度。由于一个反应器有许多温度测量点，各点温度差异较大，为了表达反应器床层温度，一般采用加权平均床层温度(WABT)来直观表示整个反应器内催化剂床层的平均温度。

催化剂活性、反应器入口温度、原料油的质量、循环氢量、冷氢量是影响反应器平均床层温度的主要因素。在其他条件不变的情况下，催化剂活性高，反应器温升高，反应器平均床层温度就高；反应器入口温度低，处理同样的原料，反应器平均床层温度就低；反应器入口温度一定，原料油含硫、含氮、烯烃高，反应器温升就高，反应器平均床层温度也随之上升；循环氢量越大，带走的热量越多，反应器平均床层温度也随之下降；床层间冷氢量小，反应器床层温升就高，反应器平均床层温度也随之上升。

加氢反应是放热反应，随着反应物流的流动，催化剂床层温度逐渐升高，冷氢的注入可以调节催化剂床层的平均反应温度。在正常操作中，采用反应器床层注冷氢方案来控制各反应床层的温度，具体方案为：反应器床层温度与反应器注入冷氢流量组成串级控制系统。而控制反应器平均床层温度的手段，主要还是调节反应器入口温度和注入冷氢。注入冷氢的目的是，降低其下一床层的入口温度，使催化剂床层温度分布更合理，更有效地利用催化剂，实现装置长周期运行。同时，冷氢的设置也可防止催化剂床层温度失控，为装置安全提供保障。作为控制床层温度的重要手段，冷氢量应根据床层温度的变化而改变。在调节某个床层的冷氢时，要考虑对其他床层的影响。冷氢调节的方式有两种：一种是通过调节每个床层入口的冷氢量，使得每个床层入口温度相同；另一种方式通过调节冷氢量，使得每个床层出口温度相同。在正常操作中应尽量保持各床层冷氢阀小于一定的开度，以备急用。当床层温度急升时，首先用冷氢迎面截住温波，再降低炉温。影响冷氢量大小的因素有床层温升的变化、循环氢总流量的变化和反应进料加热炉出口温度的变化。

（三）反应器温升的控制

有两个术语表征反应器的温升状况，即反应器温升和催化剂床层总温升。反应器温升指的是反应器出口温度与入口温度的差值，而催化剂床层总温升则为每个催化剂床层温升的算术和。当反应器内只设置一个催化剂床层时，反应器温升等于催化剂床层总温升。如前所述，加氢过程为强放热反应，不同加氢反应的反应热有较大差别。烯烃加氢饱和反应的反应热最高，而环烷烃开环反应的反应热最低。随着反应的深入，反应释放出的热量越来越大，引起催化剂床层温度上升。因此在工业加氢装置上，沿反应器轴向存在催化剂床层温升。当反应温升过高而不加以控制时，对加氢反应过程会带来许多不良影响甚至操作事故。

一是在温升高而不加以控制情况下，反应器内极易形成高温反应区，反应物流在高温区迅速、激烈反应，甚至发生二次、三次裂解反应，导致更多的反应热，又引发更大的催化剂床层温升，反应温度更高。如此恶性循环，可能导致催化剂床层温度超过催化剂允许的最高使用温度，会引起催化剂的烧结，损坏催化剂，更有甚者可能引起催化剂床层“飞温”，引发操作事故。

二是随着运转时间的推移，催化剂逐渐失活，需要提高反应温度加以弥补，但在催化剂床层温升过高而不加以控制的情况下，这种反应温度的提高将使得靠近反应器下部的一部分高温区的催化剂过早地到达设计最高操作温度，需要停工再生，缩短了装置的运转周期。而处于反应器上部低温区的催化剂则尚有很大的活性潜力，但由于下部催化剂需要停工再生，而只能被迫过早地进入再生，反应器内低温区催化剂没有得到较好的利用，增加了操作费用。

三是过高的催化剂床层温升对产品质量和选择性不利。在加氢精制反应中，加氢脱氮和芳烃加氢饱和反应过程包含化学平衡反应，而这些反应又是放热反应，随着反应温度的提高，其热力学平衡转化率是下降的。也就是说，随着反应温度的上升，一开始加氢反应的动力学速度加快，转化率增加，当达到某一反应温度时，转化率升高到达热力学平衡值，再升高温度，转化率反而下降。因此，在催化剂床层温升过高的情况下，反应器下部催化剂床层温度很有可能超过最佳反应温度，导致加氢脱氮反应和芳烃加氢饱和反应的热力学平衡受到限制，使脱氮率、芳烃饱和率下降，产品质量下降。

而温升过低，则增大了装置的能耗。在一般的加氢装置设计中，原料在进入反应加热炉被加热到所需的反应器入口温度前，通常是先与反应器出口物流换热，在高的反应器出口温度下，换热后进炉前的原料温度提高，降低了加热炉的加热负荷，装置能耗降低。另外，按高反应器温升方式操作，也减少了催化剂床层间冷氢的注入量，循环氢压缩机负荷可以降低，也能节省部分能耗。

影响反应器温升变化的主要因素有：原料油中烯烃、硫、氮含量变化；原料油中含有循环氢流量变化；原料带水；反应器入口温度波动；反应器偏流或换热器走短路；急冷氢流量的波动。

在正常操作中，反应器温升主要通过调节反应器入口温度和床层间的冷氢量来进行控制。在设计上，通常将催化剂装填于多个床层内，在床层间注入冷氢，控制进入下一催化剂床层的物流温度来控制反应器温升。

反应器床层温度任意一点超过正常值30℃或任意一点温度达到425℃，即反应床层出现飞温。反应床层飞温的原因包括：循环氢流量减少，使带热不足，则会导致全部床层超温；

进料突然减少或中断使系统冷料少而打破原平衡，引发超温；冷氢量突然减少或中断；反应加热炉出口温度超高；催化剂在初期活性不稳；原料性质发生变化；仪表故障导致误动作或失控造成超温。

反应床层飞温时，应降低反应加热炉出口温度，遏制反应器入口温度增长势头；增大反应器床层冷氢量，防止温升过高；当温度上升十分严重时，手动启动0.7MPa/min紧急泄压，按紧急停工处理。

另外，反应器发生床层飞温后，耗氢大幅增加，系统压力波动；床层温度呈指数级上升；因反应出口温度急剧上升，通过进出物料换热后，反馈到反应加热炉，导致炉出口温度大幅上升；循环氢纯度急剧下降，循环氢排量急剧上升；如飞温时间长，将出现反应裂解加剧，反过来出现压力上升甚至超压；因催化剂快速结焦，将出现床层压降快速上升，短期内产品杂质脱除率上升后，逐渐下降；如控制不及时，将导致温度难以控制，最后只能熄灭加热炉，停止进料来处理。

石科院连续液相柴油加氢技术(SLHT技术)装置通过改变各循环油流量控制器设定值，控制反应器的温升，达到所需的催化剂平均温度的目的。

(四) 床层径向温差

催化剂床层内除了沿反应器轴向存在温度梯度外，床层同一截面上不同位置的温度也存在差异。将同一截面上最高点温度与最低点温度之差称为催化剂床层径向温差。催化剂床层入口分配器设计不好、催化剂装填不均匀、催化剂部分床层塌陷、床层支撑结构损坏等情况下，将直接引发催化剂床层径向温差。在反应器入口分配不均积垢、床层顶部结盖、催化剂经过长期运转、装置紧急停工后重新投运、有大的工艺条件变动(如进料量、循环气量等大幅变化)等情况下，催化剂床层也有可能出现径向温差。径向温差的大小反映了反应物流在催化剂床层分布均匀的好坏。一旦出现催化剂床层较大的径向温差，其对催化剂的影响几乎与轴向温升相同，对产品质量、选择性方面所造成的影响则远远大于轴向温升。可接受的催化剂床层径向温差取决于反应器直径的大小和反应类型，一般床层径向温差控制在7℃以下。

工业上，加氢装置的反应温度与装置的能耗以及氢气的耗量有着直接关系，最佳的反应温度应是使产品性质达到要求的最低温度。综合催化剂床层温升控制高低的优缺点，有研究认为，在反应器温升25~35 ℃的条件下操作，具有最好的经济效益——既可以达到好的催化剂使用效率和周期，又有较小的炉子燃料、压缩机负荷等操作能耗。因此，在实际应用中，应根据原料性质和产品要求来选择适宜的反应温度。

二、操作压力控制

反应系统压力关系到装置平稳操作、设备及人员安全。反应系统压力控制的核心是冷高分的压力控制。加氢精制装置反应系统的压力一般是用冷高分的气相压力为基准控制点，因此，有的装置将冷高分的压力控制回路与新氢压缩机的压力控制回路组成一个控制系统，在确保装置操作压力稳定的同时保证新氢压缩机各级压缩比恒定。控制反应系统的压力，实际是控制氢气在系统的中“补”和“排”。“补”是补新氢。补充氢压缩机出口或级间都设有返回入口或低一级的返回线。如果冷高分压力低于控制值，则通过降低压缩机出口或级间返回量来增大反应系统新氢补入量，提高系统压力。反之则减少补入量，保证冷高分的压力稳定在控制点。“排”是排废氢。如果冷高分压力高于控制值，则通过增大排废氢量来降低系统压力。反之则减少排废氢量。另外，为维持一定的氢分压，循环氢纯度一般控制在 75%～80% 以上，氢纯度低时，就要排放掉一部分废氢，多补充新氢。

加氢反应的氢分压是重要的操作参数之一。反应器入口的氢分压可根据装置实际操作情况测量和计算，即反应器入口的氢分压=反应器入口总压×反应器入口气体中氢气浓度。但是对氢分压的影响是多方面的，主要包括以下因素。

（一）系统总压力

从氢分压的定义中可以看出，氢分压与反应器入口压力成正比。为了使氢分压达到最大值，反应器入口压力应尽量接近设计值，在装置压力偏低时可通过提高新氢量来增加系统压力，压力偏高时适当降低新氢量或通过增加排放高分气量来调节。通常可用维持设计的压缩机吸入口压力来达到设计压力。

（二）新氢纯度

新氢的组分有氢气、惰性气体和 C_1～C_5 轻烃，有些新氢组分里没有惰性气，如重整装置的氢气。不仅新氢中氢气的浓度对循环氢浓度有影响，而且其他组成对循环氢浓度也有相当大的影响。其中，惰性气体因为在油品中的溶解度很低，随着新氢不断的消耗，惰性气体积累在循环气中，导致循环气中氢气浓度不断降低。轻烃一般包括甲烷、乙烷、丙烷、丁烷和戊烷，这些烃类在油中的溶解度是逐渐增加的。这些随着新氢进入装置的烃类和加氢裂化反应所产生的烃类在循环气中积累，最后在高压分离器中达到气液平衡。每种烃类溶解于高压分离器液体中的量加上排放气中的量或由于泄漏失去的量刚好等于随着新氢带入的量与反应产生的量的和。如果新氢中甲烷含量高，因其在油中的溶解度低，会导致循环气中的甲烷含量逐渐升高，氢分压降低。

（三）高分气的排放

一般加氢装置安装了高压放空系统，可用来限制循环气流中的轻烃气体和惰性气体的积累。增加排放量就降低了循环气中轻烃的浓度，这样就提高了氢分压；而降低排放量则增加循环气的轻烃含量，从而降低了氢分压。高分气排放的增加使新氢的消耗增大，因此在装置的正常操作期间，高分气尽量不排放或少排放。只有在循环气中的氢气纯度低于 80% 时，需排放一定量的高分气。

（四）氢气的消耗

因为新氢中一般含有一些溶解度低的惰性气体或轻烃，而反应中消耗的是纯氢，如果装置的氢耗高，意味随纯氢进入装置的轻烃多，最后在高分达到平衡，因此循环气中的氢浓度就较低。如果原料油是二次加工油，因其含有较高的硫、氮、烯烃和芳烃，其氢耗一般是较高的，这种情况下循环气中的氢浓度一般较补充氢低得多；如果原料油是直馏馏分，由于其氢耗一般较低，相应的循环气中的氢浓度将较高一些。

（五）循环气流量

循环气流量对加氢反应是很重要的，它是确定穿过催化剂床层液体分布的一个因素。当原料油的馏程较重时，大部分的进料处于液相状态，成滴流状态流过催化剂床层。保持一定量的循环气流量，可防止液体沟流，获得进料与催化剂间的良好接触。循环气流量对氢分压也有相当大的影响，这是因为：循环气与新氢混合后再进入反应器，新氢的氢浓度较高，流量较低，而循环气的氢浓度较低，流量较高，两股气流混合后进入反应器入口和作为冷氢注入催化剂床层之间。

三、反应系统压差的控制

反应系统压差增大是固定床加氢过程中常见的一个问题。如果压差过大，会带来一系列的问题：压缩机的负荷加大，排气温度超高，反应物流在催化剂床层间分布不均，影响加氢效果或换热效果。压差超过允许值，装置将被迫停工。压差变小则有可能是因为换热器泄漏或物流短路造成的。反应系统压差增加的原因主要有高压空冷管束铵盐结晶、反应加热炉炉管结焦、高压换热器结垢等。

（一）反应器床层压降

1. 影响反应器床层压降的因素

加氢反应器的床层压降，不仅是重要的设计参数，而且是装置长周期运转的制约因素。床层压降增高不仅造成能耗增加，更主要的是增大了反应器内构件的承载负荷，甚至引起破坏性的后果，严重时还会使循环氢压缩机的进出口差压过大而被迫停工。当压降达到一定值后，它将以指数方式迅速增高，最终达到或超过设计允许值而被迫降低处理量甚至停工。许多加氢精制装置不是因为催化剂的失活，而是反应器压降超过设计允许值而被迫停工。

反应器的差压与反应器尺寸、反应器的内部结构、催化剂的形状、催化剂装填方法、原料油的性质和纯净度、反应条件以及上游装置的设备、管线使用材料的抗腐蚀性能等有关。在诸多因素中，反应器的尺寸、内部结构、催化剂性状等对反应器压降的影响均已基本固定。反应器压降产生的主要原因是，反应器内进入了各类污染物，并发生一些有害反应；而且随着运转时间的延长进一步积累，致使床层空隙堵塞，影响物流的通道，造成压降上升。根据原因不同可以归结为反应器顶部结垢、催化剂结焦、床层局部塌陷三类，其中顶部结垢是发生较为普遍的一种情况。

引起顶部结垢的原因有：一是上游装置来的原料不稳定，原料罐没有隔离空气，导致在炉管内更高温区快速结焦形成炭粉等颗粒沉积在床层顶部；二是原料中含铁，进入反应器快速与 H_2S 反应生成硫化亚铁，沉积在催化剂表面，形成硬壳；三是原料中含钠、钙等金属杂质及无机盐、油泥、铁锈等机械杂质，沉积在催化剂表面，堵塞催化剂孔道，并使催化剂颗粒黏结，形成结盖；四是原料油或氢气带氯，产生腐蚀，铁离子带入反应器，氯离子和高温的作用，使原料中的某些化合物在炉管表面缩合结焦，炭粉颗粒进入反应器，沉积在催化剂顶部。

催化剂的结焦与原料油种类、催化剂性能、反应苛刻度、工艺条件等有关。原料油中的生焦母体，特别是焦化汽油中的不饱和烃、稠环芳烃以及硫、氮、氧等杂原子化合物在反应器上部，在未接触催化剂前，在较高温度或硫化铁的促进下迅速发生以自由基、非自由基或金属、微量溶解氧催化下的聚合反应，生成焦炭。它沉积于催化剂的表面堵塞床层，是造成反应器差压高的主要原因之一。这部分焦炭除了原料中带进的焦粉微粒外，其余的均是在一定温度及金属、微量氧催化作用下烯烃(尤其在存在少量双烯烃情况下)缩合生成的。

引起床层塌陷的原因为：一是进料中含有大量明水，带入反应器，由于水的汽化凝结使催化剂颗粒粉碎；二是催化剂装填效果不好，床层疏密不均匀，长期运转后，床层逐渐压紧，空隙率下降，局部塌陷；三是挤条性催化剂的长度均匀性不好，经过多次升降压或循环氢急停急开受压断裂成短条，引起床层空隙率的变化而塌陷；四是催化剂压碎强度低，多次开停或事故处理后破裂，催化剂床层下部支撑物装填不合理，造成催化剂迁移，甚至进入冷氢箱等，造成塌陷；五是催化剂支承盘出现问题，如筛网破裂、出现漏洞、支撑梁断裂等。

2. 防止反应器压降过快上升的措施

1）撇头处理

反应器床层压力降接近或达到设计允许值时，必须停工处理，可以采用撇头的办法，即将床层顶部已经结垢堵塞的催化剂卸出，过筛除去粉尘，再装回反应器或者更换新催化剂。撇出催化剂的深度，要根据堵塞程度来确定。如有的规定床层某深度的粉尘含量小于1%时，则可停止撇出。

这种撇头处理只解决了床层顶部一定深度内催化剂颗粒间的堵塞问题，而更深层的污染物仍保留在床层中。因此再开工后，压力降的上升速度可能会更快，运转周期越来越短。也就是说，撇头处理不是解决问题的好办法。

2）提高原料油的纯净度，防止污染物进入床层

原料油中的固体微粒可以通过选择适宜的过滤器，在进装置前除去绝大部分，但仍有更细的微粒进入反应器。在适当条件下，它们会聚焦成更大的颗粒，同时在高温下还会发生新的聚合反应，形成新的微粒。因此，仅靠过滤器是不能彻底解决问题的。

油中的铁含量是引起床层堵塞的重要原因。原料油中的硫在230~410℃生成活性很强的硫化氢、元素硫和硫醇等，它们极易发生化学腐蚀。硫化氢在高温下与铁反应生成硫化亚铁，它对设备母体有保护作用。但在高温下，环烷酸不仅与铁反应生成环烷酸铁，而且它还与硫化亚铁生成环烷酸铁与硫化氢，使新的金属表面又暴露在硫化氢中继续腐蚀。因此，环烷酸是产生过程铁的重要原因，而原料油中的硫又加速了过程铁的形成。减少从上游装置原料带来的油溶性铁，将成为控制反应器压降过快增长的主要手段之一。

3）采用分级装填技术，扩大床层容垢能力

提高反应器容垢能力，也是延缓压降过快增高的有效措施。其办法是增加床层空隙率，使它能容纳更多的粉尘而压力降增加缓慢。这就是分级装填技术的主要目的。

分级装填就是用一种或数种不同形状、不同大小、不同活性的保护剂系列装于主催化剂的上部。使床层从上到下的催化剂(保护剂)的颗粒大小、孔径、床层空隙率由大到小，脱金属活性由强到弱，脱硫、脱氮活性由低到高的适宜匹配。这样使得总的床层空隙率增加，并且污垢分散沉积而达到提高容垢能力，同时尽可能减缓了结焦速度，因而使床层压降增高缓慢。

保护剂是以不同形状，不同粒径、不同孔径及不同活性大小的一系列特殊催化剂。它的主要功能是提高床层空隙率，捕捉原料中的各种污垢。例如，采用低温脱烯烃或脱金属保护催化剂，可以较好地截留硫化铁等金属、生炭物等杂质，避免这些污垢向床层深处分布，同时通过活性匹配减缓生焦速度，这就减少了对催化剂的污染和床层空隙的堵塞。

4）应用抗垢剂

如前所述，床层压力降过快增长的主要原因是，床层上部生成的硫化铁、焦粉及催化剂粉尘等由小聚大，最后形成以硫化铁为主的连续沉积层，堵塞了流体通道。为了打通床层空隙，也可以使用专门的抗垢剂。这类抗垢剂能增加硫化铁颗粒间的吸引力，促使它们聚集形成球体，从而破坏连续的沉积层，再现床层空隙。这种办法适于装置压力降已明显上升而还需维持到预定的检修期时采用。

（二）高压换热器、空冷管束铵盐结晶及预防

加氢过程中生成的 NH_4、H_2S 和 Cl^-，在 176～232℃时形成氯化铵（NH_4Cl）结晶。在 121℃时形成硫氢化铵（NH_4HS）结晶，这些结晶不仅会引起垢下腐蚀，还会堵塞管束，使反应系统压降上升。为此在高压空冷器入口连续注入除盐水或蒸汽凝结水以溶解铵盐，这样可减少对设备的腐蚀，又可以降低系统压降和防止设备管道堵塞事故。一般注水量为进料量的 5%以上，以控制冷高分排放的含硫污水中硫氢化铵的含量不超过 5%。另外，一般装置在反应产物进空冷前最后一台换热器入口还设有一个备用的间断注水点，目的是当换热器换热效果下降，出现氯化铵结晶时，注水进行溶解冲洗，以延长装置的运行周期。

（三）反应加热炉炉管结焦

当反应加热炉出现炉管过热时，炉管表面测温指示局部过高，炉管变为暗红色，严重时炉管变为粉红色，炉入口压力上升，炉出口温度下降。炉膛温度上升，火焰稍长的现象，可以判断为加热炉炉管结焦。

炉管结焦后要降低炉温和处理量；如没有改观则进行正常停炉，烧焦处理。

在正常生产中，由于新氢纯度下降或反应剧烈，造成循环氢流量增大，或者原料进料量的增大，也会导致反应系统压降上升。

（四）压差变化的监测及调整方法

① 每班定时观察记录系统压差，特别是要分别记录每个反应器进出口压差、换热器进出口压差等较容易发生压差的地方，以便在需要处理压差时，能准确判断压差形成的位置、形成原因及解决办法。

② 选择合适的催化剂形状、种类、大小、装填方案，及合适的温度、压力、空速和氢油比。

③ 调整操作要细调，每次调整的幅度要小，正常操作要平稳。

④ 原料油性质分析要定时，不合格的原料油不能进装置，因为原料油是引起催化剂床层压差的主要原因。同时要对原料油进行过滤，脱除机械杂质，防止堵塞催化剂空隙。

⑤ 保证注水量正常、连续。

⑥ 认真检查各种设备的运行情况，发生异常及时报告，联系相关人员处理。

四、氢油比的控制

（一）循环氢纯度的调节

循环氢由 75%～92%的氢气、5%～20%的轻烃、0.05%～4%的 H_2S、少量的 NH_4 和微量的 CO 和 CO_2 组成。循环氢纯度与催化剂床层的氢分压有着直接关系，保持较高的循环氢纯度，则可保持较高的氢分压，有利于加氢反应，是提高产品质量关键的一环。同时保持较高的循环氢纯度，还可以减少油料在催化剂表面缩合结焦，起到保护催化剂表面的作用，有利于提高催化剂的活性和稳定性，延长使用周期。如果要求过高的循环氢纯度，就得大量地排放部分循环氢，这样氢耗增大，成本提高，一般循环氢纯度控制在 75%～80%及以上。

循环氢中含有 CO 和 CO_2，降低循环氢的氢纯度，对加氢反应不利，在 200～350℃条件下，CO 和 CO_2 与氢气反应生成甲烷，不仅消耗氢气，而且能产生温升，对床层催化剂不利。在开停工时，低温下 CO 与催化剂上的镍组分反应生成羰基镍，引起催化剂结焦失活。CO_2 还会与反应生成物 NH_3 结合生成碳酸氢铵，堵塞高压换热器、高压空冷管束，影响换热效果

和增加系统压降。一般限制新氢中CO和CO_2总含量要小于20μg/g。

循环氢中的H_2S浓度过高，将导致循环氢纯度降低，增加循环氢压缩机的负荷，加剧高温高压设备的腐蚀，影响催化剂的加氢脱硫活性和芳烃饱和能力。循环氢中的H_2S浓度也不是越低越好，对于非贵金属硫化态催化剂的加氢过程，系统中应维持一定的H_2S分压；循环氢中的H_2S浓度过低，在高温下会导致催化剂中活性金属被还原成单质，失去加氢活性。另外，对于不同的加氢过程，循环氢中H_2S浓度应控制在不同的水平。H_2S可以改变加氢催化剂的酸性中心，有利于提高脱氮率。一般对于新催化剂，循环氢中的H_2S浓度最低为0.05%，对于旧催化剂最低为0.03%。

当加氢精制装置循环氢中的H_2S浓度在2%以上时，应增设循环氢脱硫设施，将循环氢中的H_2S浓度控制在0.1%左右。

提高循环氢的纯度，一是提高新氢的纯度；二是增加循环氢的排放量；三是降低冷高分温度，降低循环氢中轻烃的含量；四是加大注水量，降低循环氢中NH_4和H_2S的含量；五是进行循环氢脱硫。

（二）循环氢流量的调节

影响循环氢流量的因素有压缩机转数、循环氢组成、反应压力、反应进料量。压缩机转数越高，循环氢流量越大；循环氢纯度越低、H_2S含量越高、循环氢分子量越大，循环氢流量越大；反应压力越高，循环氢流量越大；反应进料量越小，循环氢流量越大。在正常生产中，压缩机转数和反应压力是固定的，循环氢组成的变化(如循环氢纯度上升)，造成循环氢流量下降，一般采取降低反应进料量的办法，防止压缩机入口流量低喘振；如循环氢纯度下降，造成循环氢流量增大，一般采取排放废氢的手段，提高循环氢纯度。

在没有循环氢脱硫系统的情况下，循环氢带液的原因是，冷高分气液分离不好及气体流量过大，冷高分液面、温度太高，循环氢携带凝缩油或生成油。在循环氢进行脱硫的情况下，循环氢带液的原因是，循环氢脱硫塔温度高或气液负荷大，产生雾沫夹带。

由于液体是不可压缩的，液体带入压缩机会对叶轮及机体产生强大冲击，造成叶轮及机体的损坏。

为预防循环氢带液，应采取稳定冷高分液位、降低循环氢进脱硫塔温度、降低脱硫塔贫胺液温度、防止循环氢脱硫塔雾沫夹带、加强循环氢压缩机入口分液罐排凝等措施。

当原料处理量确定后，氢油比由新氢压缩机出口至装置氢气管线上的流量控制阀来调节。氢油比过大则应减少氢气量，联系产氢装置减少氢气量，开二回一调节阀进行调节。

五、反应空速的调节

当加氢装置建成投产后，在反应器大小已经固定的情况下，空速的变化意味着进料量的变化。空速是指单位时间里通过单位催化剂的原料的量，它反映了装置的处理能力。进料量增加，空速增大，意味着单位时间里通过催化剂的原料多，原料在催化剂上的停留时间短，加氢深度浅；相反，进料量小，空速小，意味着单位时间里通过催化剂的原料少，原料在催化剂上的停留时间长，加氢深度深。因此，无论从反应速度还是化学平衡上讲，降低空速对于提高加氢反应的转化率是有利的。

反应进料量是根据生产要求设定的，在调节进料量的时候，应该注意以下几个事项：

① 必须严格遵守先降温后降量和先提量后升温的原则。

② 降低进料量时，不能低于进料泵的最小流量，以防低流量联锁动作。

③ 如果原料性质改变，应根据反应深度调整炉出口温度和床层温度分布。

④ 如果进料量减少造成空速过低，要相应降低床层温度，防止床层超温。必要时可采用部分精制产品循环来减少空速过低的影响。

⑤ 如果反应器床层压差上升过快，应适当降低进料量和优化原料，并调整反应温度。

进料量变大时，化学氢耗和溶解于高分液体中的氢气量也将增加。

对于新建装置，较低的空速意味着在相同处理量的情况下，需要的催化剂数量较多，反应器体积较大，装置建设投资(包括反应器和催化剂的费用)大，这在工业上是不希望发生的。因此，工业上加氢过程空速的选择要根据装置的投资、催化剂的活性、原料性质、产品要求等各方面综合考虑。

六、高压分离器的操作

高压分离器的作用是气液分离。因为轻烃在油品中的溶解度随着温度的升高而降低，根据气液平衡原理，过高的高分温度会使高分气中轻烃的含量增加，循环氢纯度下降。高分气经过循环氢压缩机的增压后致使部分轻烃液化，导致压缩机带液。因此，高分的温度不宜过高，要控制高分温度使压缩机不产生带液的问题。必须尽可能接近设计的高分温度，一般控制在40~50℃即可。冷高分的温度由高压空冷、水冷来控制，当温度高于控制值时，要提高风机转速或增开风机，否则要降低处理量。

(一) 冷、热高分液位的控制

高分油气分离器液位控制对装置安全操作很重要。高分的液位控制是保证油气分离效果的重要参数，液位过高，氢气的停留时间短，油雾的沉降高度小，会造成油气分离效果差，引起冷高分循环氢中带油。液位过低，则会导致高分高压氢气串至低压分离器中，发生超压事故，不利于安全生产。液位波动太大则会引起分馏操作不稳。

为了提高高压分离器液位控制系统的可靠性，一般装置采用了两套液位变送器：一套差压式，作为高低液位超限报警的测量；一套浮筒式，用作液位测量调节控制。另外，设置三台外浮筒式低液位开关，构成三取二低低液位报警联锁系统；并单独设置切断高分液体抽出管上的紧急切断阀，防止向低分串压。冷、热高分的液位调节阀，使用双参数进行调节，从而使液面调节稳定。在正常生产时控制液面40%~60%，液面低于控制值时减少控制阀开度，减少液体流量，使高分液面上升，低时则相反，从而使液面恢复到正常值。

(二) 冷高分界位的控制

高分的界位控制是影响含硫污水与生成油分离效果的主要因素。冷高分界位过低会引起含硫污水带油，影响污水汽提装置的操作。界位过高时则生成油中含水量高，会引起分馏系统操作紊乱，影响平稳操作和产品质量。同样，为了提高冷高压分离器界位控制系统的可靠性，一般装置也采用了差压式和浮筒式两套液位变送器，用作冷高分界位调节测量，从而使界面调节稳定。界位高低由含硫污水的排量来控制，一般控制界位在40%~60%。界面高于控制值要开大控制阀，增加污水的排量，界面低时则相反。

七、低压分离器的操作

(一) 压力调节

在低压分离器的正常操作中，是通过压控阀自动调节向废氢管网的排气量来控制压力

0.5~1.0MPa。低分压力过高，将影响安全生产，压力太低，生成油不能压入汽提塔，造成液面升高。

（二）液面调节

液面调节方法基本与高压分离器操作相同，但液控阀副线上没有限流孔板，液位一般控制在40%~60%。低分液面过高，会导致废氢线串油，且气液分离效果差；液位过低则会导致压力串至后续汽提塔，使汽提塔生成油夹带气体增多，甚至会导致汽提塔压力超高，造成串压事故。发现液面控制阀失灵后，立即关闭控制阀前后截止阀，改副线控制。

八、汽提塔的操作

（一）进料温度

汽提塔进料温度是影响汽提塔汽提效果的重要因素，进料温度的下限是以能满足汽提塔操作，达到预期的效果，使精制油腐蚀合格为界。而其上限以控制塔顶挥发物不携带塔底精制油为界。正常生产时，为保证塔底吹汽后不产生凝结水，控制其进料温度在190~220℃。其温度是由热高分或分馏塔底换热器温控来决定的，在正常生产中一般不做调节，只需稳定热高分的入口温度或分馏塔底温度即可。

（二）塔底吹汽量和吹汽温度调节

汽提塔汽提蒸汽的作用在于降低塔中的油气分压，从而保证进料中夹带的 H_2S 完全脱除。日常必须严格控制好塔底吹汽量，使生成油中的硫化氢、氨能从塔顶完全脱除。正常生产时，吹汽量为塔进料量的1%~3%(体积)，当进料组分中汽油含量增大时，可以适当降低蒸汽量，避免发生冲塔事故。吹汽量并不是越大越好，若吹汽量过大，将增加塔负荷，过高的吹汽将导致塔盘吹翻、浮阀脱落。吹汽量过小则生成油中轻组分、硫化氢、氨等汽提不干净，影响产品质量。

按照不同的工艺流程，汽提塔吹入的过热蒸汽来源不同。对于使用背压透平式循环氢压缩机的装置，一般是1.0MPa、温度在260℃左右的透平乏汽。对于使用凝汽式或电动循环氢压缩机的装置，一般是分馏加热炉或分馏塔底重沸炉对流段的过热蒸汽。

1.0MPa的蒸汽在加热炉对流室内进行加热，过热蒸汽温度没有有效的调节手段，一般不做调节，但调节吹汽量会影响到过热蒸汽温度。必要时，在不影响加热炉物料出口温度情况下，可对加热炉烟道挡板和风门做适当调节。但汽提塔吹入的蒸汽必须是过热的，并且吹汽前蒸汽在塔前充分放空，排尽存水。吹汽时塔底温度必须在180℃以上，目的是避免蒸汽在汽提过程中液化，降低汽提效果，造成塔内存水，影响平稳操作和产品质量。

（三）汽提塔压力的调节

汽提塔压力越低，越有利于 H_2S 和 NH_3 等杂质的脱除，但该塔的压力还要考虑三个因素：一是低分与汽提塔之间的压差，保证低分减油畅通；二是汽提塔与分馏塔之间的压差，从而达到稳定分馏塔进料的目的；三是要考虑塔顶压控后路含硫瓦斯气脱硫塔的压力和含硫污水的后路压力，保证后路畅通。在正常生产时，通过回流罐排放含硫瓦斯气的多少来控制压力的高低。

九、分馏塔的操作

分馏塔塔板的作用主要为塔内上升的再沸蒸汽和下降的液相回流提供传质传热的场所，

塔板上气液两相多次逆相接触，进行相之间的传质传热，多次发生部分冷凝和部分气化。汽相中重组分部分冷凝，液相中轻组分部分汽化，最终实现轻重组分分离提纯。

(一) 分馏塔顶压力的控制

塔顶压力控制的稳定，是保持分馏塔操作稳定和产品质量的前提。塔顶压力的改变，将影响精馏效果和产品质量。在正常生产时，塔顶压力控制在0.07~0.15MPa。分馏塔顶轻组分不足以维持塔顶压力时，分馏塔顶压力一般采用分程控制，塔顶压力高时，关闭或减少燃料气(氮气)补入量，开大排放气阀开度，压力低时则相反。补入燃料气时，排放气去加热炉做燃料，补入氮气时，排放气去火炬。另外，分馏塔顶压力控制，涉及该塔与前面汽提塔之间的压差控制，塔顶压力的稳定是保证两塔之间的前后压差稳定、减少该塔进料波动的重要因素。

(二) 分馏塔液面的控制

正常生产时，分馏塔底液面控制在40%~60%，分馏塔液面太高超过了重沸炉(器)返回入口，甚至淹没塔底塔盘，会造成塔底气相组分升不上去，塔内传热传质效果差；液面太低，则易使塔底泵抽空。塔底液面高时应增加塔底泵排出量，液面低时相反。分馏塔进出物料不平衡，将产生进料温度、汽包发汽量、反应原料进炉温度等后果，导致装置操作温度波动。因此，应严格控制好塔底液面，确保出装置精制油泵和塔底重沸炉进料泵的正常运转。

(三) 分馏进料温度的控制

分馏塔进料一般经过高压换热器与反应产物换热或经分馏加热炉加热，控制温度在240~290℃。进料温度高，塔顶负荷大，塔顶粗汽油干点高，产率大，精制油闪点高，温度低时则相反。

(四) 分馏塔底温度的控制

根据柴油闪点高低来调节重沸炉出口温度及循环量，提供该塔热平衡所需足够的热负荷，控制塔底温度。一般汽柴油加氢装置控制塔底温度250~290℃。塔底温度高时，可降低重沸炉出口温度，或降低循环量，或降低进料温度，温度低时则相反。

(五) 分馏塔顶温度的控制

塔顶温度直接影响汽油的干点，在进料组分不变的情况下，塔顶温度高，汽油干点上升，反之塔顶温度低，汽油干点亦随之下降。而塔顶温度主要靠调节塔顶回流量来控制。在正常生产时，控制塔顶温度在130~145℃范围内。塔顶温度高时可增加回流量，温度低时减少回流量。

十、氢耗

氢耗在加氢过程中是重要操作参数和经济因素之一。引起氢耗的变化可以是原料油性质、操作条件及高分气排放量的变化等。氢耗与转化率和加工量呈直线关系。增加转化率或进料量将增加装置的氢气需要量。同时，较高的氢分压也将引起氢耗的增加，因为有更多的芳烃饱和。当原料油加工量发生变化时，要及时调整新氢进入装置的流量，防止装置压力波动；由于催化柴油具有高的硫、氮、芳烃、烯烃含量，因此当原料油中有部分催化柴油时，氢耗将大幅度上升。

第二节 加氢精制原料性质的要求

一、原料油性质要求及处理

加氢原料的性质对加氢反应效果有明显的影响，主要表现在催化剂的运转周期、氢耗、反应温度、反应压力、产品收率和性质等方面。因此，需对原料油性质有较为严格的限定。

原料油的性质决定加氢精制的反应方向和放出热量的大小，它是决定氢油比和反应温度的主要依据，原料油中烯烃含量和干点上升，会加速催化剂的结焦；杂质含量特别是氮含量上升，则要降低空速或提高温度以保证精制产品质量；烯烃和硫化物加氢反应热大，温升高，耗氢大，要适当提高氢油比。

原料性质明显地影响着加氢精制的效果。例如硫化物的加氢脱硫、氮化物的加氢脱氮以及烯烃和芳烃的加氢饱和反应，这些都发生在石油馏分的加氢过程中。石油馏分是各种烃类及非烃类等化合物的复杂混合物，很难用某一个因数完全表征原料的性质，也就很难用某一个因数来表征其加氢的难易。但原料的某些基本性质综合起来可以大致描述出该原料的基本特征。对于馏分油的加氢精制过程，可以从原料的密度、硫、氮、折光、溴价(或烯烃含量)、芳烃组成、胶质及馏程等反映出该原料加氢的难易。通常，原料的密度越大，硫、氮、芳烃及胶质等含量越高，越难以精制。以柴油馏分的加氢精制为例，与直馏柴油相比催化柴油密度大，硫、氮、芳烃等含量高，十六烷值低；与催化柴油相比，焦化柴油密度低，链烷烃较多，芳烃含量少，十六烷值较高，是较好的柴油调和组分，但其硫、氮(特别是碱氮)含量、胶质含量很高，因此安定性差。随着原料质量的变差，加氢精制的苛刻度增加，对于脱氮反应来讲更是如此。原料质量直接影响着加氢精制的效果，而原油的种类、重油的加工工艺及加工深度等都直接影响着馏分油(尤其是二次加工馏分油)的性质。因此，应针对不同原料采取不同加氢条件，以使加氢过程的效率达到最佳。

(一) 原料油中的杂质

1. 氮含量

在加氢过程中，原料油含氮量升高时，相同条件下产品含氮量升高。进料中氮含量的升高，往往意味着原料油变重、变劣，如稠环化合物、芳烃含量增加，其他杂质含量上升，使得原料油加氢处理难度增加。此外，在实现超深度加氢脱硫的过程中，只有保证一定的脱氮深度，才能维持产品的硫含量达到产品质量要求。因此，进料中的氮含量增加时，需要提高反应温度以维持产品的氮含量，进而保证产品质量稳定。

国内原油馏分的含氮量一般比中东原油相应馏分的含氮量高，同一种原油的二次加工油的含氮量比直馏馏分高。随着馏分沸点的升高，含氮量增大。由于许多氮化物以氮杂环形式存在于馏分油中，这些氮化物在脱除时需要先经过氮杂环的加氢饱和。因此，当原料中氮化物增加时，为达到相同的脱氮率，耗氢量会大幅增加。

2. 硫含量

原油中，一般随着原油馏分变重，硫含量升高。原油种类和轻重不同，原料油中的硫醇类、硫醚类、二硫化物类、噻吩类、苯并噻吩类、二苯并噻吩类等硫化物所占的比例不同。原料硫含量增加对产品收率影响较小，氢耗将略有增加；在操作参数不变的前提下，产品硫含量会有少量的增加。但是当原料油的硫含量发生波动时，其他性质也会发生较大的变化，因此需对原料油进行详细的考察。

另外，由于加氢脱硫反应较快，又是强放热反应，因此硫含量增加将引起反应器入口催化剂床层温升明显增加，如不及时加以控制和调整，这个升高的温度进入下面的床层，将引发过度的加氢反应，甚至造成反应器超温。

在石油馏分加氢精制过程中，所采用的贵金属催化剂易发生硫中毒，导致催化剂的活性下降，因此通常对原料油中的硫含量有控制要求。

3. 烯烃

直馏原料一般含烯烃较少，二次加工油含烯烃较多。烯烃含量的高低对催化剂加氢脱硫、加氢脱氮、加氢脱芳烃的活性影响较小。但是，烯烃作为结焦前驱物，极易引起催化剂表面的结焦，使催化剂床层压降迅速增加，缩短装置的运转周期。此外，烯烃的加氢饱和反应是强放热反应，原料油中高的烯烃含量易引起催化剂床层更高的温升以及更大的化学氢耗。

4. 芳烃

原料油的芳烃含量主要和原油的种类及上游加工工艺有关。表 5-1 列出了某些柴油馏分油的性质。

表 5-1　某些柴油馏分油的性质

项　目	SRD	LCO	HCDO	VBDO	DCGO	FCGO
密度(15/℃)/(g/cm^3)	0.845	0.942	0.820	0.860	0.857	0.936
硫含量/%(质)	1.2	2.76	0.002	2.7	0.45	3.8
氮含量/%(质)	0.03	0.063	0.0005	0.06	0.04	0.1
十六烷值	55	21	60	40	40	27
溴价/(gBr/100g)	0.5	15	0	20	17	21
烷烃/%(体)	34	14	40	22	30	4
环烷烃/%(体)	41	9	55	38	35	31
芳烃/%(体)	25	77	5	40	35	65
D-86 馏程 50%/℃	293	276	302	280	256	308
D-86 馏程 95%/℃	353	347	360	345	338	360

注：SRD—直溜柴油馏分油；LCO—催化裂化柴油馏分油；HCDO—加氢裂化柴油馏分油；VBDO—减黏柴油馏分油；DCGO—延迟焦化柴油馏分油；FCGO—流化焦化柴油馏分油。

由表 5-1 可以看出，二次加工馏分油的芳烃、硫、氮含量较高，十六烷值较低，并且其中的硫、氮化合物多数是带有芳环的杂环类，加氢脱除困难。

在一般情况下，由于竞争吸附的作用，芳烃对硫化物和氮化物的脱硫、脱氮反应有一定的抑制作用，影响较小。当原料油中存在大量芳烃时，将会增加催化剂积炭量，降低其活性，影响脱硫、脱氮效果。

5. 原料油馏程

原料油的馏程对原料油性质影响极大，一般来说，原料油馏程越重，氮和金属等杂质含量就越高。同时馏程越重，加氢脱硫、加氢脱氮反应越困难。因此，原料油馏程变重将引起脱硫率和脱氮率的下降，这时需要提高反应温度以补偿原料油质量变差的影响。但是如果原料油馏程变重幅度较大，还需要提高反应压力等级才能达到所要求的反应深度。

另外，原料油馏程变重，沥青质、金属含量、残炭等增加，催化剂结焦的趋势越严重，催化剂的运转周期越短。尤其当原料油是二次加工油或含有二次加工油时，对原料油的馏程更应该严格限制。原料类型和终馏点在生产中常作为控制参数，它们都是预测催化剂寿命的关键变量，所以在正常生产过程中应该严格控制。

6. 沥青质和胶质

沥青质和胶质含量一般用残炭值的大小来体现，有时也用 C_7 不溶物来表述这些对催化剂使用性能影响较大的杂环大分子。原料油中的残炭(CCR)含量与原料油的馏程、芳烃含量及沥青质含量有关，残炭含量虽然对产品收率影响较小，但是若原料残炭含量长期较高，会使催化剂结焦速度加快，催化剂的运转周期缩短。

沥青质是高沸点的多环分子，是一种主要的结焦前驱物，极易引起催化剂的迅速失活，即使是微量地增加沥青质含量，也会使催化剂失活速率大幅度增加，使得反应温度需要快速提高，缩短运转周期。此外，沥青质往往与其他毒物(如金属)结合在一起而存在。因此，必须严格控制原料油中的沥青质含量。

沥青质是高沸点的分子，进料干点高于设计值或原油蒸馏装置发生波动，容易导致夹带沥青质。控制沥青质含量的关键是，干点不能高于设计值和原油蒸馏装置具有良好的分离效果。

7. 金属

石油及其馏分中含有微量的多种金属元素，这些金属可以分成两大类：一类是钠、钾、镁、钙的水溶性无机盐，另一类(钒、镍、铜以及部分铁)是金属以油溶性有机化合物或其复合物、脂肪酸盐或胶体悬浮物形态存在于油中的重金属。

铁离子以两种形式存在于石油馏分中：一种以悬浮无机物的形式存在，这种形式的铁可以通过安装进料过滤器，使进入催化剂床层的铁粒子(如铁氧化物)减到最小；另一种是与烃类化合形成油溶性物质(如环烷酸铁)，不能用过滤方法除去，需要增加保护剂的体积。这些铁的来源也有两种，少量来源于原油本身，称作原有铁；而多数是由于与油接触的管道、储罐、加工设备的腐蚀而导入的，称为过程铁。随着沸点的升高，铁在石油中的含量逐步增高，大部分集中在重质油特别是渣油中。

铁离子对催化剂活性的影响较小，但是它很容易成为硫化物而沉积在催化剂床层表面。硫化铁沉积时主要沉积在催化剂之间或环状分布在催化剂表面，呈薄层状。不在催化剂上移动，只增加铁在催化剂表面的沉积厚度，并没有渗透到催化剂内部，其影响多在表面，对催化剂孔容影响较小。当沉积量达到一定程度，会使催化剂黏结在一起，在催化剂表面形成一层硬壳，导致床层压降增加和催化剂利用率降低，严重时迫使装置过早停工，更换催化剂(或撇头)。这种堵塞情况一般发生在反应器顶床层，为尽量避免出现此现象，需要保证反应器进料中金属含量在操作控制指标内。通常采用脱铁保护剂来延长主催化剂的运转周期。一般要求加氢装置进料中铁的含量小于 2μg/g，最好小于 1μg/g。

钙、镁、钠与铁有相似的特性，其对产品收率、性质以及催化剂的活性影响不大，高的钙、镁、钠金属含量也会导致催化剂床层表面的金属沉积。但由于钙、镁、钠等离子在原油后续加工中生成的可能性较小，油中的此类金属大部分来源于原油，因此只要操作好原油脱盐等工艺，基本上可以保证进料质量。

在加氢反应中，原料中的重金属会沉积在催化剂的微孔中，特别是镍、钒、铜，对催化剂有强烈的亲和力，并会使催化剂失活，能很快使催化剂中毒，缩短装置的运转周期。除定期分析进料中的金属含量，掌握进料性质外，必须在流程中设立进料过滤器，滤去大部分杂质，尽量防止进料中的金属进入催化剂床层。镍、钒、铜等重金属极易使催化剂中毒。重金属对催化剂的中毒作用的主要原因是，催化剂颗粒布满许多微孔，重金属不能通过这些孔道而只能沉积于催化剂表面，覆盖了催化剂表面活性中心，降低了催化剂的活性，同时也阻止了油分子进入催化剂的微孔内，降低了加氢反应的转化率。同时，镍、钒等金属是永久性毒物，不能通过催化剂再生恢复活性。因此，在催化剂经过一周期运转之后，即使通过常规的烧焦后，其加氢活性仍不能满足要求，必须更换因金属失活的催化剂。控制进料中的金属含量是保证催化剂运转周期的重要手段之一。由于重金属一般是与重质烃类分子化合(形成卟啉镍、卟啉钒)，因此严格控制进料的95%馏出点温度或干点，是控制重金属含量的主要方法。

此外，砷和硅也是加氢催化剂的毒物，催化剂上即使沉积少量的砷和硅，其活性也会大幅度下降。虽然到目前为止，对于进料中砷含量指标到底应控制在什么范围一直有所争议，但人们普遍认为催化剂上0.2%~0.3%的砷可以引起活性下降20%~30%。砷在加氢催化剂床层内不是均匀沉积的，沿催化剂床层，砷含量逐渐减少，当床层顶部催化剂由于中毒几乎完全失活时，下部的催化剂由于沉积的砷较少而活性仍然较高。硅主要由上游装置进入加氢原料油中的，如焦化装置注消泡剂引起焦化汽油、焦化柴油和焦化蜡油中含硅。加氢原料中的硅不容易完全脱除，即使是少量的硅沉积在催化剂上，也可以使催化剂表面孔口堵塞，催化剂活性下降，床层压降上升，装置运转周期缩短，并使得催化剂无法再生使用。

8. 氯

原料油中一般也会含有微量的有机氯化物，氯化物在加氢反应器中生成氯化氢。同时，如果新氢是重整装置所产氢气，也容易带来氯化氢。一方面，氯化氢对加氢催化剂的加氢-酸性功能进行调变，影响催化剂的选择性；另一方面，氯化氢和加氢反应中产生的氨化合生成氯化铵，这些物质容易在进料/反应流出物换热器沉积，降低换热效率，堵塞、冲蚀管道。

进料中带入极少量的氯化物，也可能引起奥氏体不锈钢材料的氯应力腐蚀，因为它们极易堆聚在管线和设备的低点、缝隙、导淋等处，形成很高的氯化物浓度，致使氯应力腐蚀的发生。因此，要经常分析进料和新氢中的氯含量，保证氯含量不超过设计值。

(二) 原料油的处理

1. 原料油的保护

原料油的保护主要是指防止油品在储存时接触空气。有研究表明，除了油中的芳香硫醇氧化产生的磺酸与吡咯发生缩合反应而产生的沉渣之外，烯烃与氧可以发生反应形成氧化产物，氧化产物又可以与含硫、氧、氮的活性杂原子化合物发生聚合反应而形成沉渣。因此，当含有芳香硫醇、烯烃、硫、氮等杂质的原料油与空气接触时，空气中的氧气将加速油中的不安定组分的缩合反应，生成大分子的聚合物及胶质等结焦前驱物，甚至沉渣。这些结焦前驱物很容易在温度较高的部位，如生成油/原料油换热器及反应器顶部，进一步缩合结焦，造成反应器和系统压降升高、换热效果下降等。因此，防止与氧气接触，是防止换热器和催化剂床层顶部结焦的十分必要的措施。

原料油的保护主要有两种方法，一种是惰性气体保护，另一种是采用内浮顶罐。惰性气体保护是用不含氧气的气体充满油面以上空间，使原料油与氧气隔绝。一般用氮气作为保护气，也可用炼厂的瓦斯气作为保护气。装置运转期间应对原料油保护气进行定期采样，分析氧含量。为较好地保护原料油，使其不被氧化，惰性气体的氧含量应低于5μg/g。

2. 原料油的脱水

加氢原料在进装置前要脱水。原料油中含水会造成多方面的危害。一是引起机泵抽空，进料流量不稳。加热炉操作波动，炉出口温度随之不稳，反应温度随之波动，燃料消耗量增加，产品质量受到影响。二是原料中大量水汽化后引起装置压力变化，引起系统压力波动，恶化各控制回路的运行。三是原料油带水对催化剂造成危害，高温操作的催化剂如果长时间接触水分，容易引起催化剂表面活性金属组分的老化聚结、活性降低、强度下降，催化剂颗粒发生粉化现象，堵塞反应器，造成反应器床层压降增大。

原料油脱水工作主要在原料罐区进行，可分为原料油中水的沉降和脱除两个过程。为了解决原料带水，原料油罐一般安排三个：第一个罐用于收油；第二个罐进行水、机械杂质的静止沉降并脱除；第三个罐用于出料，原料经此罐进入装置，三个罐进行切换操作。原料油罐的容积应保证罐中的原料油量可以维持装置正常操作时10h以上的加工量，以使得在此时间段内静止沉降罐中的水和机械杂质等能够有充裕的时间进行沉降并脱除。严禁在一个罐中边收料、边出料的方式操作，边进边出的操作方式极易使原料油中携带的水、机械杂质等物质来不及沉降，而且原来罐底的一些机械杂质也被搅动起来而带入装置。

另外，通常在装置内原料油进加热炉前设置有卧式脱水罐，操作人员也应定期检查液面计，并进行脱水工作。加氢装置催化剂的设计一般要求原料油中含水低于300μg/g。

3. 原料油的过滤

一般原料油中都带有一定量的机械杂质，特别是酸值高的原料油将腐蚀管道和容器，从而产生更多的机械杂质。这些杂质将沉积在催化剂床层中，导致反应器压降升高而使得装置运行周期缩短。因此，原料油在进入反应器前要先经过过滤，脱除其中的固体颗粒物。目前，加氢精制装置多采用自动切换的多列原料过滤器，固体颗粒杂质沉积在滤芯上，当压降升高到预先设定的差值时，差压开关启动过滤器的自动反冲洗程序，对滤芯进行反冲洗，并将原料油自动切换到另一列过滤器。反冲洗下来的污油进到装置的污油罐。一般滤芯选用的过滤精度为20~25μm。原则上，不容许原料过滤器走跨线直接进罐。

二、新氢组成

加氢过程是一个耗氢过程，需要不断向系统补充新氢。新氢中的其他组分（如C_1~C_4）不参加反应，这些轻烃溶解度也比较低，随着运转时间的延长，在循环气中积累，循环气中的氢气浓度不断下降，系统氢分压逐渐降低。循环氢纯度的下降，影响加氢反应。因此在循环氢纯度下降超过一定限度时，需要通过增加尾气的排放量来提高循环氢纯度，当然这会增加氢气的消耗。

一般加氢精制装置对补充氢中的一氧化碳和二氧化碳要求比较严格。一是因为新氢中的一氧化碳、二氧化碳在正常操作条件下虽然不会造成催化剂的永久性中毒，但是在反应过程中，一氧化碳、二氧化碳在镍或钴催化剂作用下，在加氢精制的反应温度下会与氢反应生成甲烷，使循环氢纯度明显下降，同时放出大量的热，使床层温升增大。二是一氧化碳、二氧化碳和氢气在催化剂中心发生竞争吸附，影响加氢活性中心的作用。三是在较低的温度下（149~204℃），一氧化碳还可能与催化剂上的活性金属反应生成羰基化合物降低催化剂活性，造成催化剂腐蚀。羰基镍剧毒易挥发，羰基镍的生成除造成催化剂的活性组分镍的流失外，对人身安全也带来威胁。因此在降温停工过程中，应该严格控制反应系统中的一氧化碳、二氧化碳含量。

加氢装置使用非贵金属催化剂，一般控制 $CO+CO_2$ 含量不大于 20μL/L。补充氢杂质含量控制指标如表 5-2 所示。

表 5-2　补充氢杂质含量控制指标

组分	O_2	$CO+CO_2$	Cl
控制指标	≤0.30%（摩尔）	≤20μL/L	≤1μg/g

三、冷凝水的注入

原料中的氮化物经过加氢后生成氨，氨可与氯化物和硫化物化合生成铵盐，铵盐在低温下会结晶生成固体物质氯化铵或硫氢化铵。这些固体物质会引起换热设备的堵塞和腐蚀。因此，一般在空冷器上游将冷凝水注入反应器流出物中，防止铵盐在低温下结晶而堵塞管道及冷却器管道，同时也可溶解部分硫化氢，减少分馏系统的负荷。铵盐和硫化氢溶解到水溶液中，通过高分的三相分离从底部排出。

冷凝水注入点流出物的温度应保持在 130~200℃，冷凝水应是无氧的，因为氧会与反应器流出物中的硫化氢或其他硫化物发生反应，生成元素硫而引起堵塞、腐蚀和无法从产品中分离等方面的问题。所以注水控制最严格的是氧含量，注水缓冲罐一般用氮气覆盖。

一般对注入水的要求：氯离子含量，最大 5μg/g；氧含量，最大 50μg/g；氨含量，最大 100μg/g；硫化氢含量，最大 100μg/g。

注入量过少，不能很好地溶解铵盐，还会导致设备腐蚀加剧。但是，如果冷凝水注入量过大，会降低生成油的温度，影响后面的换热器的换热效果，也加大了冷却器的冷却负荷（温差变小，流量变大），装置能耗增加。一般加氢装置冷凝水的注入量控制在 6%~10%（对进料）。

由于经过汽提的水几乎不含氧，因此用污水汽提的合格净化水优于蒸汽冷凝水或脱氧水。炼油厂为节约用水，可以考虑采用多种手段处理过的酸性水回用作为加氢精制装置的注水。但在此情况下，酸性水注入量占总注水量的比例不得高于 50%。

第三节　产品质量调节

一、汽油产品质量控制

汽油性能的优劣对于汽油发动机的动力性、经济性、可靠性及使用寿命等均有很大影响。对汽油的质量要求是：

（1）良好的蒸发性，保证发动机在冬季易于启动，在夏季不易产生气阻，并能较充分燃烧。

（2）抗爆性好，辛烷值合乎要求。保证发动机工作稳定、运转正常，不发生爆震，以充分发挥发动机功率。

(3) 安定性好，即诱导期要长，实际胶质要小，使汽油在长期的储存过程中不会发生辛烷值降低、酸度增大、颜色变深等质量变化，也不致生成过多的胶状及酸性物质。

(4) 抗腐蚀性要好，在储存及使用过程中不会腐蚀储油容器及发动机部件。

(一) 汽油的蒸发性及其评价指标

汽油由液体状态转化为气体状态的性能，称为汽油的蒸发性。我们知道，在发动机内，汽油经过化油器时被汽化，同一定比例的空气均匀混合后进入燃烧室被点燃燃烧。因此，汽油良好的蒸发性，可保证发动机在各种条件下易于启动、加速及正常运转。汽油的蒸发性越好，就越易汽化，在冷车或低温条件下就能使发动机顺利启动和正常工作。反之，若汽油的蒸发性差，会使汽油汽化不完全，难以形成具有足够浓度的混合气，不但使发动机启动性变差，而且混合气中有一些悬浮的油滴进入燃烧室中。这就将导致发动机工作不稳定、燃烧不完全，使油耗升高、排放增加。此外，没有完全燃烧的油滴，还会因活塞环密封不严而附于气缸壁上，破坏润滑油膜，甚至渗入曲轴箱内，稀释润滑油，增加机件的磨损。需要指出的是，汽油的蒸发性过强也是不合适的，一方面会使汽油在储运过程中轻质馏分损耗过多；另一方面则是在温度较高时，汽油在化油器以前的油道中，易于蒸发形成油气，使得油泵、输油管等曲折处或在油管较热部位产生气泡，阻滞汽油流通，使供油不畅甚至中断，造成发动机熄火(这种现象通常称为“气阻”)。在炎热季节、高原或是重载条件下工作的汽车，如使用蒸发性过强的汽油，就易产生气阻，造成行车故障甚至发生事故。因此，所用汽油的蒸发性应适中。

通常，用馏程与饱和蒸气压来评价汽油蒸发性。

1. 馏程

馏程是油品在规定条件下蒸馏所得到的，以初馏点和终馏点表示其蒸发特征的温度范围。馏程用来判定石油产品轻、重馏分含量的多少。汽油的馏程清楚地表明了它在使用时蒸发性能的好坏。

初馏点与10%馏出温度表示汽油中含低沸点轻质馏分的多少。当初馏点与10%馏出温度过低时，汽油蒸发性强，易产生气阻现象；过高时，汽油蒸发性差，冬季或冷车不易启动。GB17930要求汽油10%馏出温度不高于70℃。50%馏出温度是表示汽油的平均蒸发性，它能影响发动机的加速性。50%馏出温度低，汽油的蒸发性就好，发动机的加速性较好且工作稳定。GB17930要求汽油50%馏出温度不高于120℃。90%馏出温度与终馏点表示汽油中不易蒸发和不能完全燃烧的重质馏分的含量。这两个温度低，表示其中不易蒸发的重质组分少，能够燃烧完全。反之，则表明汽油中重质组分多，汽油不能完全蒸发与燃烧。这样，就会增大油耗，排污增加且工作不稳定，甚至会使未充分燃烧的燃油流入曲轴箱稀释润滑油，加剧机件磨损。因此，对汽油的90%馏出温度与终馏点均做了严格限制，GB17930中要求90%馏出温度不高于190℃，终馏点不高于205℃。

汽油的残留量指标表示汽油中最不易蒸发的重质成分与储存过程中生成的氧化胶状物含量的多少。残留量指标高，会使燃烧室及气门组件积炭增加，进气系统与化油器结焦严重，从而影响发动机的正常工作。GB17930中规定残留量不大于2%。

2. 饱和蒸气压

在规定条件下，油品在适当的实验装置中，气液两相达到平衡时，液面蒸气所显示的最大压力称为饱和蒸气压。饱和蒸气压用来评定汽油的蒸发强度。饱和蒸气压指标值高，说明汽油中轻质馏分含量高，其蒸发性好，使用时发动机产生气阻的可能性大，储运时轻质馏分损失的趋向大，但发动机启动性好。

（二）汽油的抗爆性及其评价指标

1. 汽油的抗爆性

抗爆性是指汽油在发动机中燃烧时，不发生爆震的能力，爆震是发动机工作时的一种不正常现象。汽油在发动机中正常燃烧时，火焰的传播速度大致在50m/s，气缸内温度与压力都呈均匀上升。但当使用抗爆性差的汽油时，燃烧情况就不同了。当混合气被点燃后，火焰前锋以一定速率扩散传播；火焰前锋尚未到达的那部分混合气，在气缸内高温、高压的作用下，生成大量的过氧化物。过氧化物是一种极不稳定的化合物，积聚量达一定值时，不等火焰前锋传播到，它就会自行分解，导致爆炸燃烧，形成压力冲击波，使气缸内产生清脆的金属敲击声。这种不正常燃烧现象就称为爆震。产生爆震的因素较多，除汽油牌号过低、发动机负荷过重及发动机过热外，发动机的压缩比也和爆震的产生关系极大。高压缩比发动机经济性好，但产生爆震的趋向明显增大。因此，应根据汽油机压缩比合理选用汽油，压缩比高，要求汽油的牌号高。爆震限制了发动机压缩比的提高，使发动机的经济性下降，长时间爆震还会使发动机过热，甚至使零件损坏。

2. 汽油抗爆性的评价指标

汽油抗爆性可用汽油的辛烷值来评价。辛烷值是代表点燃式发动机燃料抗爆性的一个约定数值，在规定条件下的标准发动机试验中，通过和标准燃料进行比较来测定，采用和被测定燃料具有相同抗爆性的标准燃料中异辛烷的体积百分数来表示。测定辛烷值的方法不同，所得值也不同，因此，引用辛烷值时，应指明所采取的方法。

马达法辛烷值与研究法辛烷值(辛烷值在100或100以下时)测定时，都是在标准条件下，把试样与已知辛烷值的参比燃料的爆震倾向进行比较。参比燃料是由异辛烷(辛烷值为100)和正庚烷(辛烷值为零)混合而成的。与试样中爆震强度相当的参比燃料中所含的异辛烷的体积百分数，就是该试样的辛烷值。研究法辛烷值与马达法辛烷值测定方法与设备基本相同，不同的只是测定时的标准条件不同。最主要的不同在于，马达法辛烷值以较高的混合气温度(一般加热至149℃)和较高的发动机转速(900r/min±10r/min)的苛刻条件为其特征所测得，一般用以测定在发动机节气门全开和发动机高速运转时汽油的抗爆性。而研究法辛烷值则以较低的混合气温度(一般不加热)和较低的发动机转速(600r/min±6r/min)的中等苛刻条件为其特征所测得，一般用以评定发动机由低速过渡到中速运行时汽油的抗爆性。

同一种汽油的研究法辛烷值一般要比马达法辛烷值高，可用下列关系式来近似换算两者的数值：

$$\text{马达法辛烷值}=\text{研究法辛烷值}\times 0.8+10 \tag{5-1}$$

研究法辛烷值与马达法辛烷值之差称为汽油的敏感性。

马达法辛烷值与研究法辛烷值都是在专门的单缸发动机上，在标准试验条件下而测得的，它们都不能全面反映车辆运行条件下燃料的抗爆性能。因此，提出了计算车辆实际运行条件下的抗爆性能经验关系式，即：

$$\text{抗爆指数}=(RON+MON)/2 \tag{5-2}$$

式中，RON为研究法辛烷值；MON为马达法辛烷值。

显然，抗爆指数所反映的是一般运行条件下汽油的平均抗爆性能。

由上述可知，汽油的辛烷值越高，它的抗爆性就越好，发动机的动力性与经济性就越能得以体现。

3. 汽油辛烷值的调整方法

组成汽油的化合物一般为烷烃、环烷烃、芳香烃与烯烃。烷烃、环烷烃的体积含量一般在50%以上，芳香烃含量不高于35%，烯烃含量一般低于15%。芳香烃与异构烷烃的热氧化安定性好，相对应的辛烷值可达100左右；环烷烃的辛烷值次之；烯烃又次之；正构烷烃辛烷值最低。不同的炼制工艺，所获汽油组分的辛烷值也不同。一般而言，用常压蒸馏法获取的直馏汽油组分含正构烷与环烷烃较多，异构烷烃、芳香烃和烯烃含量较少，所以辛烷值只有40~55；用热裂化和焦化法制取的汽油部分，因含有较多烯烃，辛烷值达50~60；催化裂化、催化重整和加氢裂化炼出的汽油组分含异构烷烃和芳香烃较多，其辛烷值高达70~90。另外，在汽油中调入改善辛烷值的组分或加入抗爆添加剂，如加入烷基化油、异构化油、苯、甲苯及工业异辛烷等，都能提高汽油的辛烷值。

我国汽油的构成比较单一，催化裂化汽油组分占汽油总量的75%~80%。由于环保法规的要求越来越严格，对汽油产品的直馏提出了更高要求。最显著的变化是硫含量、烯烃及芳烃限制值大幅度下降。这就需要对催化裂化汽油进一步加工以满足环保要求。汽油加氢脱硫技术的关键就在于，在降低硫含量的同时，能否避免由于烯烃的饱和而造成辛烷值的显著降低。目前，应用于催化裂化汽油加氢精制的有RSDS、OCT-M、RIDOS等工艺技术。

还有一个导致催化汽油加氢过程辛烷值损失大的影响因素是原料性质。原料性质特别是烯烃含量增高或烯烃组成发生变化，会对加氢过程汽油辛烷值损失造成很大的影响。我们应及时跟踪调整原料组成，稳定装置进料量，这样会进一步减少精制汽油辛烷值损失。

（三）汽油的安定性及其评价指标

汽油在其正常的储存与使用过程中，保持其性质不发生永久变化的能力，称为汽油的安定性。安全性差的汽油，在储存及运输过程中易发生氧化反应，生成胶状与酸性物质，使辛烷值降低、酸值增加。汽油中生成的胶质过多，会使发动机工作时油路易被阻塞，供油不畅；还会使积炭增加，导致散热不良而引起爆震和早燃，造成发动机工作不正常及油耗增加。

评定汽油安定性的指标主要有实际胶质与诱导期。

1. 实际胶质

实际胶质是指在规定条件下测得的汽油蒸发残渣中的正庚烷不溶部分。GB 17930—2013中规定汽油的实际胶质不大于5mg/100mL，但经过运输与储存，使用时往往要大于此值，一般允许不大于25mg/100mL。

2. 诱导期

诱导期是指在规定的加速氧化条件下，油品处于稳定状态所经历的时间周期。汽油的诱导期长，其氧化和形成胶质的倾向就小。GB 17930—2013规定汽油的诱导期不小于480min。

（四）汽油的防腐性及其评价指标

汽油成分中的各种烃类，都是没有腐蚀性的，而引起腐蚀的物质是硫、硫化物、有机酸、水溶性酸、碱等。由于汽油要与各种金属器件接触，如有腐蚀性，就会对储油容器及发动机机件产生腐蚀。所以在汽油的国家标准中，对汽油的腐蚀性有着严格的要求。汽油防腐性一般用硫含量、铜片腐蚀试验、水溶性酸或碱等指标来评定。

1. 硫含量

硫含量是指存在于油品中的硫及其衍生物(硫化氢、硫醇、二硫化物等)的含量，以质量百分比表示。汽油中含有的硫及硫的衍生物，遇到水或水汽时，会生成亚硫酸和硫酸等，在汽油燃烧的条件下，这种趋向更强烈。亚硫酸与硫酸对金属有着强腐蚀作用，燃烧后生成的硫化物污染环境。因此汽油质量标准中对硫含量的要求逐步降低，目前国Ⅴ标准规定汽油硫含量不得大于0.001%(质量分数)。

2. 铜片腐蚀试验

铜片腐蚀试验是指在规定条件下测试油品对于铜的腐蚀趋向的试验，它是检查汽油中是否含有游离硫和活性硫化物的。测定方法为：把一块已磨光的铜片浸没在一定的试样中，并按产品标准要求加热到指定的温度，保持一定的时间。待试验周期结束时，取出铜片，经洗涤后与腐蚀标准色板进行比较，确定腐蚀级别。腐蚀标准色板分为4级，1级为轻度变色，2级为中度变色；3级为深度变色，4级为腐蚀。各级变色及腐蚀标准中均有详细说明。规定汽油的铜片腐蚀(50C，3h)不大于1级。

3. 水溶性酸或碱

水溶性酸是指无机酸和低分子有机酸，水溶性碱是指氢氧化钠等。它们一般是在石油炼制过程中残留下来的，对金属有着强烈的腐蚀作用，汽油中不允许存在。

(五)汽油的清洁性及其判定指标

汽油的清洁性主要指汽油中是否含有机械杂质及水分。炼油厂炼制出的成品汽油中是不含机械杂质与水分的，但在储运及使用过程中，汽油不可避免地受到外界污染，使得机械杂质及水分进入汽油中。汽油中的机械杂质有可能堵塞化油器量孔及汽油滤清器，同时也会加剧化油器量孔、气缸活塞组件的磨损。汽油中的水分在冬季则可能冻结，严重时会堵塞滤清器或油路，甚至造成供油中断。另外，水分还有加速机件腐蚀、溶解抗氧剂、加速汽油氧化生胶等不良作用。

车用汽油质量指标如表5-3~表5-6所示。

表5-3　车用汽油(Ⅳ)主要质量指标

项　目		质量指标			试验方法
		90	93	97	
抗爆性：					
研究法辛烷值(RON)	不小于	90	93	97	GB/T 5487
抗爆指数(RON+MON)/2	不小于	85	88	报告	GB/T 503、GB/T 5487
铅含量[a]/(g/L)	不大于	0.005			GB/T 8020
馏程：					GB/T 6536
10%蒸发温度/℃	不高于	70			
50%蒸发温度/℃	不高于	120			
90%蒸发温度/℃	不高于	190			
终馏点/℃	不高于	205			
残留量/%(体)	不大于	2			

续表

项　　目		质量指标			试验方法
		90	93	97	
蒸气压[b]/kPa					GB/T 8017
11月1日至4月30日			42～85		
5月1日至10月31日			40～68		
胶质含量/(mg/100mL)	不大于				GB/T 8019
未洗胶质含量(加入清净剂前)			30		
溶剂洗胶质含量			5		
诱导期/min	不小于		480		GB/T 8018
硫含量[c]/(mg/kg)	不大于		50		SH/T 0689
硫醇(满足下列指标之一，即判断为合格)：					
博士试验			通过		SH/T 0174
硫醇硫含量/%(质)	不大于		0.001		GB/T 1792
铜片腐蚀(50℃，3h)/级	不大于		1		GB/T 5096
水溶性酸或碱			无		GB/T 259
机械杂质及水分			无		目测[d]
苯含量[e]/%(体)	不大于		1.0		SH/T 0713
芳烃含量[f]/%(体)	不大于		40		GB/T 11132
烯烃含量[f]/%(体)	不大于		28		GB/T 11132
氧含量/%(质)	不大于		2.7		SH/T 0663
甲醇含量[a]/%(质)	不大于		0.3		SH/T 0663
锰含量[g]/(g/L)	不大于		0.008		SH/T 0711
铁含量[a]/(g/L)	不大于		0.01		SH/T 0712

[a] 车用汽油中，不得人为加入甲醇以及含铅或含铁的添加剂。

[b]也可采用 SH/T 0794，在有异议时，以 GB/T 8017 测定结果为准。

[c]也可采用 GB/T 11140、SH/T 0253、ASTM D7039，在有异议时，以 SH/T 0689 测定结果为准。

[d]将试样注入 100mL 玻璃量筒中观察，应当透明，没有悬浮和沉降的机械杂质和水分。在有异议时，以 GB/T 511 和 GB/T 260 测定结果为准。

[e]也可采用 SH/T 0693，在有异议时，以 SH/T 0713 测定结果为准。

[f]对于 97 号车用汽油，在烯烃、芳烃总含量控制不变的前提下，可允许芳烃的最大值为 42%(体)。也可采用 GB/T 30519，在有异议时，以 GB/T 11132 测定结果为准。

[g]锰含量是指汽油中以甲基环戊二烯三羰基锰形式存在的总锰含量，不得加入其他类型的含锰添加剂。

表 5-4　车用汽油(Ⅴ)主要质量指标

项　　目		质量指标			试验方法
		89	92	95	
抗爆性					
研究法辛烷值(RON)	不小于	89	92	95	GB/T 5487
抗爆指数(RON+MON)/2	不小于	84	87	90	GB/T 503、GB/T 5487

续表

项　　目		质量指标			试验方法
		89	92	95	
铅含量[a]/(g/L)	不大于		0.005		GB/T 8020
馏程					GB/T 6536
10%蒸发温度/℃	不高于		70		
50%蒸发温度/℃	不高于		120		
90%蒸发温度/℃	不高于		190		
终馏点/℃	不高于		205		
残留量/%(体)	不大于		2		
蒸气压[b]/kPa					GB/T 8017
11 月 1 日至 4 月 30 日			45~85		
5 月 1 日至 10 月 31 日			40~65[c]		
胶质含量/(mg/100mL)	不大于				GB/T 8019
未洗胶质含量(加入清净剂前)			30		
溶剂洗胶质含量			5		
诱导期/min	不小于		480		GB/T 8018
硫含量[d]/(mg/kg)	不大于		10		SH/T 0689
博士试验			通过		SH/T 0174
铜片腐蚀(50℃，3h)/级	不大于		1		GB/T 5096
水溶性酸或碱			无		GB/T 259
机械杂质及水分			无		目测[e]
苯含量[f]/%(体)	不大于		1.0		SH/T 0713
芳烃含量[g]/%(体)	不大于		40		GB/T 11132
烯烃含量[g]/%(体)	不大于		24		GB/T 11132
氧含量/%(质)	不大于		2.7		SH/T 0663
甲醇含量[a]/%(质)	不大于		0.3		SH/T 0663
锰含量[a]/(g/L)	不大于		0.002		SH/T 0711
铁含量[a]/(g/L)	不大于		0.01		SH/T 0712
密度[h](20℃)/(kg/m^3)			720~775		GB/T 1884、GB/T 1885

[a] 车用汽油中，不得人为加入甲醇以及含铅、含镁或含锰的添加剂。

[b] 也可采用 SH/T 0794，在有异议时，以 GB/T 8017 测定结果为准。

[c] 广东、广西和海南全年执行此项要求。

[d] 也可采用 GB/T 11140、SH/T 0253、ASTM D7039，在有异议时，以 SH/T 0689 测定结果为准。

[e] 将试样注入 100mL 玻璃量筒中观察，应当透明，没有悬浮和沉降的机械杂质和水分。在有异议时，以 GB/T 511 和 GB/T 260 测定结果为准。

[f] 也可采用 GB/T 28768、GB/T 30519 和 SH/T 0693，在有异议时，以 SH/T 0713 测定结果为准。

[g] 对于 95 号车用汽油，在烯烃、芳烃总含量控制不变的前提下，可允许芳烃的最大值为 42%(体)也可采用 GB/T 28768、GB/T 30519，在有异议时，以 GB/T 11132 测定结果为准。

[h] 也可采用 SH/T 0604 方法测定，在有异议时，以 GB/T 1884、GB/T 1885 方法测定结果为准。

表 5-5　车用汽油(ⅥA)主要质量指标

项　目		质量指标			试验方法
		89	92	95	
抗爆性					
研究法辛烷值(RON)	不小于	89	92	95	GB/T 5487
抗爆指数(RON+MON)/2	不小于	84	87	90	GB/T 503、GB/T 5487
铅含量[a]/(g/L)	不大于	0.005			GB/T 8020
馏程					GB/T 6536
10%蒸发温度/℃	不高于	70			
50%蒸发温度/℃	不高于	110			
90%蒸发温度/℃	不高于	190			
终馏点/℃	不高于	205			
残留量/%(体)	不大于	2			
蒸气压[b]/kPa					GB/T 8017
11 月 1 日至 4 月 30 日		45~85			
5 月 1 日至 10 月 31 日		40~65[c]			
胶质含量/(mg/100mL)	不大于				GB/T 8019
未洗胶质含量(加入清净剂前)		30			
溶剂洗胶质含量		5			
诱导期/min	不小于	480			GB/T 8018
硫含量[d]/(mg/kg)	不大于	10			SH/T 0689
博士试验		通过			SH/T 0174
铜片腐蚀(50℃, 3h)/级	不大于	1			GB/T 5096
水溶性酸或碱		无			GB/T 259
机械杂质及水分		无			目测[e]
苯含量[f]/%(体)	不大于	0.8			SH/T 0713
芳烃含量[g]/%(体)	不大于	35			GB/T 30519
烯烃含量[g]/%(体)	不大于	18			GB/T 30519
氧含量/%(质)	不大于	2.7			SH/T 0663
甲醇含量[a]/%(质)	不大于	0.3			SH/T 0663
锰含量[a]/(g/L)	不大于	0.002			SH/T 0711
铁含量[a]/(g/L)	不大于	0.01			SH/T 0712
密度[h](20℃)/(kg/m^3)		720~775			GB/T 1884、GB/T 1885

[a] 车用汽油中，不得人为加入甲醇以及含铅、含铁和含锰的添加剂。

[b]也可采用 SH/T 0794，在有异议时，以 GB/T 8017 测定结果为准。

[c]广东、广西和海南全年执行此项要求。

[d]也可采用 GB/T 11140、SH/T 0253、ASTM D7039，在有异议时，以 SH/T 0689 测定结果为准。

[e]将试样注入 100mL 玻璃量筒中观察，应当透明，没有悬浮和沉降的机械杂质和水分。在有异议时，以 GB/T 511 和 GB/T 260 测定结果为准。

[f]也可采用 GB/T 28768、GB/T 30519 和 SH/T 0693，在有异议时，以 SH/T 0713 测定结果为准。

[g]也可采用 GB/T 11132、GB/T 28768，在有异议时，以 GB/T 30519 测定结果为准。

[h]也可采用 SH/T 0604 方法测定，在有异议时，以 GB/T 1884、GB/T 1885 方法测定结果为准。

表 5-6 车用汽油(ⅥB)主要质量指标

项目		质量指标			试验方法
		89	92	95	
抗爆性					
研究法辛烷值(RON)	不小于	89	92	95	GB/T 5487
抗爆指数(RON+MON)/2	不小于	84	87	90	GB/T 503、GB/T 5487
铅含量[a]/(g/L)	不大于	0.005			GB/T 8020
馏程					GB/T 6536
10%蒸发温度/℃	不高于	70			
50%蒸发温度/℃	不高于	110			
90%蒸发温度/℃	不高于	190			
终馏点/℃	不高于	205			
残留量/%(体)	不大于	2			
蒸气压[b]/kPa					GB/T 8017
11月1日至4月30日		45~85			
5月1日至10月31日		40~65[c]			
胶质含量/(mg/100mL)	不大于				GB/T 8019
未洗胶质含量(加入清净剂前)		30			
溶剂洗胶质含量		5			
诱导期/min	不小于	480			GB/T 8018
硫含量[d]/(mg/kg)	不大于	10			SH/T 0689
博士试验		通过			SH/T 0174
铜片腐蚀(50℃, 3h)/级	不大于	1			GB/T 5096
水溶性酸或碱		无			GB/T 259
机械杂质及水分		无			目测[e]
苯含量[f]/%(体)	不大于	0.8			SH/T 0713
芳烃含量[g]/%(体)	不大于	35			GB/T 30519
烯烃含量[g]/%(体)	不大于	15			GB/T 30519
氧含量/%(质)	不大于	2.7			SH/T 0663
甲醇含量[a]/%(质)	不大于	0.3			SH/T 0663
锰含量[a]/(g/L)	不大于	0.002			SH/T 0711
铁含量[a]/(g/L)	不大于	0.01			SH/T 0712
密度[h](20℃)/(kg/m^3)		720~775			GB/T 1884、GB/T 1885

[a] 车用汽油中，不得人为加入甲醇以及含铅、含铁和含锰的添加剂。

[b] 也可采用 SH/T 0794，在有异议时，以 GB/T 8017 测定结果为准。

[c] 广东、广西和海南全年执行此项要求。

[d] 也可采用 GB/T 11140、SH/T 0253、ASTM D7039，在有异议时，以 SH/T 0689 测定结果为准。

[e] 将试样注入 100mL 玻璃量筒中观察，应当透明，没有悬浮和沉降的机械杂质和水分。在有异议时，以 GB/T 511 和 GB/T 260 测定结果为准。

[f] 也可采用 GB/T 28768、GB/T 30519 和 SH/T 0693，在有异议时，以 SH/T 0713 测定结果为准。

[g] 也可采用 GB/T 11132、GB/T 28768，在有异议时，以 GB/T 30519 测定结果为准。

[h] 也可采用 SH/T 0604 方法测定，在有异议时，以 GB/T 1884、GB/T 1885 方法测定结果为准。

二、煤油产品质量控制

根据喷气发动机的原理，要求燃料能在高空低温、低气压下，一经点燃，便能进行连续、平稳、迅速和完全的燃烧。同时，喷气燃料还起到冷却航空液压油、航空润滑油和喷嘴及润滑柱塞式高压油泵的作用。为了保证发动机正常工作，要求喷气燃料(以下简称航煤)应具备如下性能：

对航煤在燃烧性能方面的要求：

(1) 良好的能量性能，具有较大的净热值和密度；

(2) 在不同工作条件下能很好地雾化和蒸发；

(3) 燃烧速度快和燃烧完全；

(4) 不生成积炭和腐蚀性燃烧产物。

为了保证燃料系统在高空条件下可靠运行，要求燃料：

(1) 低温性能好；

(2) 不产生气阻；

(3) 具有良好的热安定性；

(4) 对高压油有良好的润滑性；

(5) 不腐蚀金属；

(6) 良好的洁净度；

(7) 其他使用性能，如抗静电性闪点等符合要求。

(一) 航煤的燃烧性能

1. 燃料的雾化、蒸发性能

航煤在喷气发动机内燃烧，包括喷散、汽化和反应三个过程。

影响燃料喷射后液滴大小的因素是燃料的黏度、表面张力和喷嘴结构以及喷射压力。从燃料本身来看，黏度对燃烧的影响最大。黏度过大的航煤，液滴大，雾化不良，以致燃烧不均匀，不完全，同时低温流动性差，供油量减少；而黏度过小的航煤，喷射角大而射程近，火焰燃烧区宽而短，易引起局部过热。因此，规定20℃时的航煤黏度不能小于一定值(1.25cSt)。燃料的蒸发性能影响燃烧的稳定性和完全程度，不同烃类的燃烧完全程度不同，依次为芳香烃<环烷烃<烷烃。环数越多，越不易燃烧完全。由这一点出发，也应限制芳香烃特别是双环芳香烃的含量。通常，煤油型航煤用馏程的10%馏出温度表示蒸发的难易程度，用馏程的90%点控制重组分不能太多。

2. 积炭性能

航煤在正常燃烧时生成积炭的倾向尽可能地小，否则会引起一系列不良后果。积炭的形成与燃料的组成有密切关系。各族烃中，以芳香烃特别是双环芳烃形成积炭的倾向性最大，所以限制双环芳烃含量不高于3%。此外，馏分变重、不饱和烃含量增大和实际胶质含量高时，积炭生成的倾向性较大。燃料中如含有硫化物，易生成熔点高和硬度大的积炭，具有很强的腐蚀性，危害很大。

航煤规格中，烟点和辉光值是控制积炭性能的两个重要指标。烟点愈高，燃料生成积炭的倾向愈小。油品含芳烃量愈低，烟点愈高，积炭可能性愈小。一般规定航煤烟点不小于25mm。烟点通常只能反映软积炭生成的倾向性。燃烧室壁上硬积炭的生成与火焰辐射强度相关，而火焰辐射强度随火焰中炭微粒的增多而增强。燃料燃烧时火焰的辐射强度用辉光值表示，辉光值高的燃料，其火焰辐射强度小，一般规定航煤辉光值不得低于45。燃料的烃类组成中，其辉光值大小依次为烷烃>单环环烷烃>双环环烷烃>芳香烃。航煤的密度愈小，芳香烃含量愈低，则辉光值愈高。

（二）航煤的低温性能

航煤在高空的低温条件下工作，必须具备在低温下能顺利通过滤清器和用泵输送的性能。航煤在降温过程中开始出现结晶的温度称为结晶点。这种结晶会堵塞滤清器和油路，影响正常供油，甚至中断供油，造成恶性事故。

影响燃料低温性能的因素有两个。一个因素是燃料的化学组成，正构烷烃和芳香烃的结晶点较高，而环烷烃和烯烃的则较低；在同一族烃类，随沸点升高，结晶点增高。另一因素是燃料中含有微量溶解水，或呈细小液滴分散状或乳化状态。这些水的含量虽微，但在低温下成结晶析出，同样会堵塞燃料泵的过滤系统。

为防止航煤结晶，可以采用加热过滤器或预热燃料的方法。也可以加入乙二醇单甲醚、乙二醇单乙醚或0.5%～1.0%的异丙醇等防冰剂以防止冰晶的析出。

（三）航煤的腐蚀性

加氢法生产航煤时，由于加氢过程中脱除了原料中的有机硫，产生了含有腐蚀性的硫化氢气体。若硫化氢未能从产品中分离干净，产品中含有1～2mg/m^{3}的硫化氢，就可能导致航煤产品的银片腐蚀不合格，给平稳生产带来很大的困难。

1. 航煤腐蚀不合格的原因

在工业生产过程中，能够引起银片腐蚀不合格的因素主要包括以下几个方面：

（1）设备内部沉积物的影响。对于加工高硫原油的工厂，经过一段时间的运转，催化剂系统中沉积了大量的硫化铁杂质。遇到装置的紧急停工，再开工时，就会有部分硫化铁杂质被航煤夹带，影响银片腐蚀的合格率，但对装置平稳生产时的产品质量影响不大。

（2）分馏塔进料温度过低，会影响分馏效果，不利于硫化氢的解析，从而影响产品的质量。因此，适当提高分馏塔的进料温度，可以确保产品的银片腐蚀的合格率，具体操作温度同分馏塔的操作压力有关。

（3）高分罐和分馏塔回流罐的尾气排放不够，也会影响产品银片腐蚀的合格率。由于航煤加氢时的氢耗较少，加氢过程中氢分压变化不大，高分罐压力控制阀一直处于关闭状态，反应产生的硫化氢得不到及时的释放。循环氢中的硫化氢分压不断增加，使溶解于生成油的硫化氢数量增多，进而增加分馏塔的负担，影响分离效果，导致产品的银片腐蚀出现不合格。

（4）回流罐的温度及原料油性质的变化都可能影响到产品的银片腐蚀。

2. 航煤腐蚀不合格的处理

（1）排除设备内部沉积物的影响。在装置检修时要彻底清扫换热器、分馏塔的杂质，保证产品质量的稳定。

（2）在航煤加氢时高分压力控制阀应保持一定的开度，以降低循环氢中硫化氢的浓度。同样，适当增加分馏塔回流罐尾气排放量，也有利于将分馏系统中的硫化氢及时排出，降低回流罐中硫化氢的浓度，避免硫化氢在塔顶循环。

（3）原料油发生变化时要及时调整分馏塔的操作，尽量降低分馏塔的操作压力，控制好进料温度、塔顶及塔底的温度，从而保证航煤的银片腐蚀合格。

(四) 航煤的洁净性能

航煤的洁净度是极重要的性能，航煤洁净度不够是引起飞行事故的很重要原因。对航煤的污染物主要是水、表面活性物质和颗粒杂质等。为了保证喷气飞机的飞行安全，机场所用的加油车一般装有三级过滤器，以保证航煤的洁净程度。

(五) 航煤的安定性

航煤要求具有良好的储存安定性和热氧化安定性。影响航煤储存安定性的因素和汽油相同。所谓热氧化安定性是指燃料在发动机燃油系统中受温度和油中溶解氧的作用时，抗沉渣生成的能力。

为了得到热氧化安定性良好的航煤，其组成中的非烃类应最小，同时控制多环芳烃和混合烃(环烷芳烃)含量，尽可能避免含有烯烃，只允许含数量不多的单环芳烃，而以环烷烃和异构烷烃为主要组分。

最新的 3 号航煤的技术要求和试验方法见表 5-7。

表 5-7　3 号航煤的技术要求和试验方法

项　目		指　标	试验方法
外观		室温下清澈透明，目视无不溶解水及固体物质	目测
颜色不小于		+25	GB/T 3555
组成			
总酸值(以 KOH 计)/(mg/g)	不大于	0.015	GB/T 12574
芳烃/%(体)	不大于	20.0	GB/T 11132
烯烃/%(体)	不大于	5.0	GB/T 11132
总硫/%(质)	不大于	0.20	GB/T 1792
硫醇硫/%(质)	不大于	0.002	SH/T 0174
挥发性			
馏程			GB/T 6536
初馏点/℃		报告	
10%回收温度/℃	不高于	205	
50%回收温度/℃	不高于	232	
终馏点/℃	不高于	300	
闪点(闭口)/℃	不低于	38	GB/T 21798
密度(20℃)/(kg/m³)		775~830	GB/T 1884、GB/T 1885
流动性			
冰点/℃	不高于	-47	GB/T 2430
运动黏度/(mm²/s)			
20℃	不小于	1.25	GB/T 265
-20℃	不小于	8.0	
燃烧性能			
净热值/(MJ/kg)	不小于	42.8	GB/T 384
烟点/℃	不小于	25.0	GB/T 382
或烟点不小于 20mm 时，萘系烃含量	不大于(体)	3.0	SH/T 0181

续表

项　　目		指　标	试验方法
腐蚀性			
铜片腐蚀(100℃，2h)/级	不大于	1	GB/T 2096
银片腐蚀(50℃，4h)/级	不大于	1	GB/T 0023
安定性			
热安定性(260℃，2.5h)	不大于		GB/T 9169
压力降/kPa	不大于	3.3	
管壁评级/级	不大于	小于3，且无孔雀蓝色或异常沉淀物	
洁净性			
胶质含量/(mg/100mL)	不大于	7	GB/T 8019
水反应			GB/T 1793
界面情况/级	不大于	1b	
分离程度/级	不大于	2	
固体颗粒污染物含量/(mg/L)	不大于	1.0	SH/T 0093
导电性			GB/T 6539
电导率/(pS/m)			
水分离指数			SH/T 0616
未加抗静电剂	不大于	85	
加入抗静电剂	不大于	70	
润滑性			SH/T 0687
磨痕直径(WSD)/nm	不大于	0.65	

三、柴油产品质量控制

柴油是压燃式发动机(简称柴油机)的燃料。根据柴油机转速的不同，使用不同类型的柴油，转速为1000r/min以上的高速柴油机以轻柴油为燃料；转速为500~1000r/min的中速柴油机和小于500r/min的低速柴油机使用重柴油。

根据柴油机工作过程的特点，对柴油提出一系列要求。对于轻柴油来说，其使用性能概括起来有以下几个方面：

(1) 具有良好的雾化性能、蒸发性能和燃烧性能。

(2) 具有良好的燃料供给性能。

(3) 对机件没有腐蚀和磨损作用。

(4) 良好的储存安定性和过热安定性

(一) 柴油的雾化性能、蒸发性能和燃烧性能

1. 黏度

黏度是保证柴油的供油量、雾化状态、燃烧情况和高压油泵润滑的重要指标。

高速柴油机运行时，喷油时间每次只有0.001~0.002s。要在这么短的时间内使喷入的柴油在高温高压空气中进行汽化和自燃，必须使喷射的柴油雾滴直径在0.02~0.025mm范

围内，并使喷出的油滴能布到燃烧室的全部容积中，以保证燃烧完全。影响喷油雾化的主要因素是柴油的黏度。黏度过大，使油泵的抽油率下降，减少供油量，同时喷油的雾滴大，喷射角小，射程远，与空气混合不均匀。由于射程远，油滴可能大量落在气缸壁和活塞头上，导致燃烧不完全而形成积炭，使发动机的功率下降，耗油量增加。反之，黏度如果过小，雾化程度虽有所改善，但喷油的射程近而喷射角大，使得喷入的柴油集中在喷油嘴附近，不可能与气缸中全部空气混合，致使混合气中空气不足，燃烧不完全，发动机功率下降，耗油量增大，排气管排放黑烟。因此对柴油的黏度有着一定的要求。

柴油同时作为输油泵和高压油泵的润滑剂。如果柴油黏度过小，就不可能保证油泵的可靠润滑，从而增大磨损并可能引起油泵漏油，减少对气缸的供油量；黏度过大，也可能使油泵效率降低而减少供油量。总之，柴油黏度的过大过小都会使得发动机功率下降。

2. 轻柴油的蒸发性能

柴油的馏分组成对蒸发速度影响很大。馏分组成较轻的柴油，其蒸发速度快，有利于形成可燃混合气，使得燃烧速度增快。但是馏分太轻是有害的，因为馏分过于轻，其自燃点较高，不利于混合气自燃。在混合气开始自燃的瞬间，已经在气缸中积累了相当数量的燃料，所有已喷出的燃料同时开始自燃，使得压力突然增大，容易引起爆震。而使用太重的燃料，当燃料喷入气缸后，不能很快蒸发形成均匀的可燃混合气，导致在膨胀过程中还进行燃烧；同时未蒸发的油滴还会在高温下裂解，生成部分气体烃和难以燃烧的炭粒，使得积炭和耗油量增大。研究表明，柴油中<300℃馏分的含量对耗油有着决定性意义，<300℃馏分含量愈高，耗油量越小。国产轻柴油规格指标要求其300℃馏出量不得小于50%，350℃馏出量不小于90%~95%。

重柴油的要求不高，没有严格的规定馏分组成，只限制了残炭量。

3. 柴油的燃烧性能

柴油的燃烧性能用十六烷值作为衡量的指标，十六烷值也是关系到节能和减少污染的指标。

十六烷值表示与试油抗爆性相同的标准燃料中正十六烷的体积百分数。标准燃料是由人为规定十六烷值为100的正十六烷和十六烷为0的α-甲基萘按不同体积百分比混合而成的。例如，某柴油的抗爆性与含52%正十六烷的标准燃料的抗爆性相同，该油的十六烷值就等于52。

柴油的十六烷值影响着整个燃烧过程。使用十六烷值高的柴油，柴油机燃烧均匀，热功效率高，节省燃料；而低十六烷值的柴油，燃烧过程所发出的热量不均匀，增加了燃料消耗。柴油的蒸发性对发动机启动性的影响比十六烷值重要，而十六烷值高的柴油，蒸发性就差些。所以，评定柴油的启动性应将十六烷值与柴油的蒸发性结合起来综合评定。十六烷值过高的柴油，其分子量均较大，使柴油的低温流动性、雾化与蒸发均受影响，会使燃烧不完全，导致发动机功率下降、油耗升高及排气冒黑烟。因此，在选用柴油时不能单纯地追求高十六烷值。

最新的车用柴油指标(GB 19147—2016)要求和试验方法见表5-8。从表中的数据对比可以看出，最近三次产品质量升级主要对硫含量、多环芳烃含量以及十六烷值、密度等性质做出了更为苛刻的限制。

表 5-8　车用柴油的技术要求和试验方法

项　　目		国Ⅳ	国Ⅴ	国Ⅵ	试验方法
氧化安定性(以总不溶物计)/(mg/100mL)	不大于	2.5	2.5	2.5	SH/T 0175
硫含量/(mg/kg)	不大于	50	10	10	SH/T 0689
酸度(以 KOH 计)/(mg/g)	不大于	7	7	7	GB/T 258
10%蒸余物残炭/%(质)	不大于	0.3	0.3	0.3	GB/T 17144
灰分/%(质)	不大于	0.01	0.01	0.01	GB/T 508
铜片腐蚀(100℃, 2h)/级	不大于	1	1	1	GB/T 5096
水含量/%(体)	不大于	痕迹	痕迹	痕迹	GB/T 260
机械杂质		无	无	—	GB/T 511
校正磨痕直径(60℃)/μm	不大于	460	460	460	SH/T 0765
多环芳烃含量/%(质)	不大于	11	11	7	SH/T 0806
总污染物含量/(mg/kg)	不大于	—	—	24	GB/T 33400
运动黏度(20℃)/(mm^2/s)	不小于	3.0~8.0	3.0~8.0	3.0~8.0	GB/T 265
闪点(闭口)/℃	不低于	60	60	60	GB/T 261
十六烷值	不小于	49	51	51	GB/T 386
十六烷指数	不小于	46	46	46	SH/T 0694
馏程					GB/T 6536
50%回收温度/℃	不高于	300	300	300	
90%回收温度/℃	不高于	355	355	355	
95%回收温度/℃	不高于	365	365	365	
密度(20℃)/(kg/m^3)		810~850	810~850	810~845	GB/T 1884、GB/T 1885

第六章　加氢装置的应急处理

第一节　加氢装置的危险因素及安全措施

一、装置主要危险源及危害分析

加氢精制装置所用原料、产品多为易燃、易爆物质，装置火灾危险性为甲类。各物料在加工过程中处于高温、高压环境中，当环境温度超过其自燃点时发生泄漏，就可能引发火灾。加氢精制生产过程具有火灾爆炸危险性的物质特性如表6-1所示，表6-2为加氢生产过程中危害因素较大设备。加氢过程的主要危险是火灾、爆炸和毒物伤害，特别是火灾和爆炸，一旦发生这类事故，将会造成巨大的经济损失和人员伤亡。

表6-1　加氢精制生产过程具有火灾爆炸危险性的物质特性

介质名称	物态	性质	爆炸极限/%	闪点/℃	自燃点/℃	危险类别
氢气	气态	易燃易爆	4.1~74.2		580~590	甲
燃料气	气态	易燃易爆	3~13		650~750	甲
石脑油	液态	易燃易爆	1.4~7.6	<28	510~530	甲B
汽油	液态	易燃易爆	1.1~5.9	<-20		
干气	气态	易燃易爆	3~13			甲
航煤	液态	易燃易爆	1.4~7.5	>30	500	乙
柴油	液态	易燃易爆	1.5~4.5	45~120	350~380	丙A
原料油	液态	易燃易爆		>120		丙B
DMDS	液态	易燃	2.2~19.7	24.4	339	甲
二硫化碳	液态	易燃剧毒	1~50	30	90	甲B
硫化氢	气态	剧毒	4.3~45.5		292	甲
燃料气	气态	易燃易爆	3~13		675~750	甲

表6-2　加氢生产过程中危害因素较大设备

设　备	介　质	危　害
反应器	油气、氢气	高温泄漏时易燃易爆
塔、容器	石脑油、氢气	泄漏时易燃易爆
加热炉	油气、氢气、燃料气	泄漏时易燃易爆、噪声
换热器	油气、氢气	泄漏时易燃易爆
空冷器	油气、石脑油、氢气	泄漏时易燃易爆、噪声
压缩机	氢气、油气	泄漏时易燃易爆、噪声
油泵	石脑油、柴油、蜡油	泄漏时易燃、噪声
有硫化氢介质的设备	混有硫化氢的油、气、污水	泄漏时易中毒

二、加氢装置的安全措施

由于加氢装置在高温高压的操作条件下运行，处理的介质又是易燃易爆的氢气和烃类化合物，其中还含有对金属有腐蚀作用的氢、硫化氢。氢能破坏金属的晶格，有很强的渗透能力，使金属产生裂纹、鼓包、氢脆等现象；硫化氢可使金属产生应力腐蚀，生成的金属硫化物在流体的冲刷下脱落，结果会造成金属开裂、减薄甚至穿孔。高压设备或管道如果出现裂口、穿孔等情况很有可能引发喷射式泄漏性火灾、容器爆炸、蒸气云爆炸等严重后果。因此，加氢装置在设计、选材、制造、施工安装以及生产管理时必须充分考虑以上因素，配备可靠的安全防护措施来控制装置的正常运行。

(一) 加氢装置的安全设计原则

加氢装置在设计中采取的安全措施有：

(1) 采用先进可靠的工艺技术和合理的工艺流程。

(2) 根据有关规定，按装置的爆炸危险环境和火灾危险环境进行区域划分。

(3) 装置内带压设备设有紧急事故泄压排放系统，安全阀泄放的液体排入放空罐，排放的气体密闭排入火炬系统。

(4) 可燃气体的排放，进入密闭火炬系统。

(5) 对于生产中可能导致不安全因素的操作参数，设置相应控制报警仪表，如高压分离器设置高、低限液位报警。装置内主要机械设备设有联锁停车措施，加热炉燃料气管网上设有阻火器防止回火引起爆炸。

(6) 装置内可能泄漏可燃气体、硫化氢气体危险区域设置可燃气体、硫化氢气体检测报警仪。在中控室内设置可燃气体报警仪、火灾检测报警器。在变配电室设置事故通风设施。

(7) 装置内所有框架、管架 4m 以下立柱设有防火层，并设有消火栓、水炮、消防蒸汽管线、软管站及灭火器等消防设施用于火灾扑救。

(8) 在 DMDS 罐周围设置围堰，并在其作业场所附近设事故紧急淋浴设施和洗眼器。装置内危险部位设置警示牌，提醒操作人员注意。

(9) 高温管线(表面温度>60℃)选用适当的保温材料做隔热处理，在生产中可能引起操作人员烫伤的高温设备，采取隔热保护措施。

(10) 设置移动式小型灭火设备，包括推车式泡沫灭火器、手提式干粉灭火器以及移动式泡沫箱。

(11) 新建装置内的建筑物及大型框架设备采取相应的抗震、防雷、防静电措施。

(12) 新建装置的平面布置严格执行《石油化工企业设计防火标准》要求。将反应器、加热炉等危险性较大设备集中布置，加热炉位于全年最小风频的下风向，装置周围设有环形消防通道。建筑物间的距离符合防火及通风、采光有关规定。装置内设置检修及消防通道，保证消防车和急救车能顺利通往可能出现事故的地方。

(13) 设定必要的安全距离，将不同的危险设备或区域分隔，以便一旦某一设备或部位发生事故可减少其影响，降低损失，避免事故扩大。配备必要的消防和防护设施。

(14) 加热炉与催化加氢反应器的距离，按《石油化工企业设计防火标准》的要求，应不小于 4. 5m。燃料气分液罐排凝滞油有引起火灾的危险，因此凝液宜排入污油系统；否则，分液罐应布置在加热炉的下风侧，相距应不小于 6m。

(二) 加氢装置事故防范具体措施

任何事故均不是孤立的事件，而是一系列互为因果关系的原因事件相继发生的结果。导致事故发生的最直接原因是人的不安全行为和物的不安全状态。人的不安全行为是指人违反安全规则或安全原则，使事故有可能或有条件发生的行为，如人的误操作或违规操作导致危险物料泄漏等。物的不安全状态是指使事故发生的物体条件或物质条件，如可燃物与助燃物共存并遇明火而发生火灾，又如因制造缺陷或腐蚀损伤导致设备耐压失效引起爆炸。事故预防的核心是防止人的不安全行为，消除物的不安全状态，中断事故连锁的进程而避免事故的发生。

石油炼制过程中的危险主要来源于被加工石油及产品所具有的危险性，以及加工所需要的工艺条件。国内外炼油厂预防事故的基本策略大致相同，即在可预见的各种情况下，始终保持对危险物料和设备的安全控制。

1. 防止反应器超温的措施

催化加氢过程是一个放热反应，反应温度过高会产生更多的反应热。这些热量如果不能及时取走，又会使温度进一步升高，形成恶性循环，最终导致温度失控。其后果轻则损坏催化剂或反应器内部构件，重则导致反应器器壁损坏，甚至有破裂爆炸的危险。为避免反应温度失控，不管反应器采用冷壁结构还是热壁结构，均应采取如下主要措施防止反应器超温事故的发生。

(1) 保证反应器各催化剂床层间注入的急冷氢量。急冷氢的管道、阀门、法兰等应通畅完好。另外，循环氢压缩机系统(包括机组、密封、润滑油系统、动力供汽、供电系统、仪表检测等)应运行正常。

(2) 严格控制反应器入口原料的温度，要求原料泵、加热炉系统(包括燃料气、油系统)操作平稳。

(3) 反应器入口设置温度高报警和温度超高联锁，当温度报警后如果仍然控制不住，达到超高限时，联锁系统动作，停止加热炉加热。

(4) 催化剂床层的入口和出口要设置温度高报警，以便操作做出相应的调整。急冷氢的调节阀要选择适当，在正常运行状态下，该阀的流量系数为其额定流通能力的1/3以下，以保证当床层温度骤然升高时有足够的开度来保证急冷氢通过。

(5) 可靠的压力控制和紧急情况下的泄压措施。

2. 高压分离器的安全控制

催化加氢装置设置的反应加热炉、反应器(包括高压换热器)、高压空冷器和高压分离器组成了催化加氢装置的高压系统。高压分离器下游的低压分离器系统至分馏系统则组成催化加氢装置的低压系统。装置反应系统的压力是靠安装在高压分离器顶部出口管线上的压力控制调节器来保持稳定的，压力控制调节器的给定值不应随意改变，以确保反应系统压力控制稳定。

高压分离器与低压分离器之间设置有液位控制阀、减压截断阀阀组。在采用带有能量回收的加氢进料泵液力透平时，正常操作中，应保持高压分离器生成油去液力透平的流量稳定。高压分离器内的液体通过减压后进入低压分离器，气体则进入循环氢压缩机。如果液面过高，就可能使气体带液，从而危及压缩机的运行；如果液面过低，就有可能出现压空，高压气体就会窜入低压分离器，造成低压分离器超压甚至爆炸。因此，严格控制好高压分离器的液面是一项重要的安全防护措施。

（1）设置高低液面报警系统及联锁系统。高压分离器液面超高称为高压分离器窜油，指示灯亮，警报响，循环氢带油，流量波动，但没有影响到循环氢压缩机停运，还有可能采取措施处理故障；而如果液面超过高限达到高高报警范围，为避免循环氢压缩机因氢气严重带油而损坏，应设立联锁停压缩机措施。同时，安全联锁 0.7MPa/min 紧急泄压系统自动启动，装置按紧急停工处理。高压分离器液面过低称为高压分离器窜压，指示灯亮，警报响，低压分离器液面下降。高压分离器窜入的高压气体可能使低压分离器超压破裂，应联锁关闭高低压分离器之间的阀组，迅速采取措施进行处理，直至装置停工。当发生火灾事故时，则要启动紧急泄压系统。

（2）设置紧急泄压排放系统。反应器流出物经高温高压换热器直到冷高压分离器，整个过程均没有设置隔断阀。按《炼油装置工艺设计规范》(SH/T 3121—2000)的规定，如无隔断阀时，上游容器上已设置安全阀者，下游容器可以不设置。为此，在冷高压分离器处要设置安全阀，以安全控制整个反应系统，同时在冷高压分离器气体出口线上设置 0.7MPa/min 紧急放空/安全泄压排放系统。但由于存在高压分离器及其透平排出的物料会窜入低压系统的可能性，如现场无切换操作方式的装备，将构成安全隐患。高压分离器上除设液位控制外，其出口管线上应考虑设遥控隔离阀。

（3）压力排放装置的设置。对于高压分离器和低压分离器所设置的气体泄压排放系统——瓦斯管网、火炬排放管理，应当按照催化加氢装置的特点进行。进入高压分离器的物料为反应生成油、循环氢气和注入的洗涤水等，因此具有两相或三相的特点。顶部出口为气体；油、水(夹带少量气体)集中在容器的下半部。高压分离器顶部出口管道上有些设置有安全阀，以防止反应器、高压换热器、高压空冷器及高压分离器因超压而损坏。出口气体管道上还设置有压力控制调节器。在非正常情况下，安全阀动作时，或当启动 0.7MPa/min 安全放空系统时，泄压气体均排入气体瓦斯管网系统，再去全厂火炬系统。在正常情况下，高压分离器底部的含硫污水，排入装置酸性水系统回收处理，生成油要通过液位控制阀排往低压分离器。

3. 空冷器的设置与防腐

目前，国内干式空冷器的形式主要有水平式、斜顶式两种，对于催化加氢装置，基本上都是使用水平式干式空冷器。为减少占地面积、提高占地的利用系数，设备布置趋向于向高处发展。从生产安全角度来看，空冷器不应布置在操作温度等于或高于物料自燃点的可燃液体设备上方，也不应布置在输送、储存液化烃设备的上方，否则，应采用非燃烧材料的隔板隔离保护。

为了防止在反应过程中生成的硫化氢和氨在空冷器中形成铵盐结晶，导致管束的结垢和堵塞，需注水溶解铵盐。溶解了铵盐后的水溶液有相当强的腐蚀性，对冷却器和流出管造成腐蚀，国内外已有多起反应器出口冷却器及流出管线因腐蚀穿孔而发生爆炸或泄漏着火的事故，因此在生产、施工和设计中必须对此予以高度重视。在实际生产中主要采取如下措施：

（1）洗涤水宜用除氧水。洗涤水不能中断，同时控制注水量，保证总过水量的 25%在注水部位为液态，并控制高分水 NH_4HS 的浓度不超过 4%。

（2）保持冷却器中介质流速在设计选取的最佳范围内。

（3）应根据不同的运行工况和腐蚀介质采用合适的耐腐蚀钢材。如采用碳钢、SUS430、蒙乃尔、ALLOY800 合金钢等。空冷器的管箱中所有管子入口端加长 450mm、厚约 0.8mm

的不锈钢衬套。

(4) 多片管束组成的空冷器，入口物流应采用对称平衡分配方式进行配管搭配。各入口管在安装时要保持在同一平面上，以便物流分配均匀。尽量避免使用U形弯头。

4. 高压换热器

高压换热器是催化加氢系统压力最高的部位，其密封形式、垫片类型是安全设计的关键之一。

在生产运行中，高压换热器结垢问题都比较突出，曾经出现严重腐蚀导致泄漏的案例，影响装置长周期运行。为了减轻与防止原料换热器过早结焦，首先要经常仔细检查进料系统，确保空气没有与进料油接触的机会；其次要防止原料换热器的出口温度过高；最后是对油焦层做定期清除。按国外经验及国内对加氢进料换热器失效分析的结论，换热器不宜采用化学清洗的方法。酸洗浸泡会造成沉积层下以及换热器沟缝死区处杂质离子(尤其是氯离子)的积聚和浓缩，从而造成危害。换热器中的杂质宜用气体或蒸汽吹扫、高压水枪冲洗或机械方法(如有效的机械铲刮、刷除、喷砂等)去除。

5. 加热炉结构与炉型的选择

加热炉是催化加氢过程中的明火设备，而且介质的温度、压力都相当高；介质中的氢和硫化物含量高。这些因素可使加热炉的炉管结焦从而导致局部过热。因此对加氢加热炉型的选择、炉管表面热强度和管内流速的确定，都会对其安全运行有着重大影响。加热炉设计时应注意以下方面：

(1) 催化加氢的加热炉，尤其是重质原料的加热炉宜采用受辐射面较大、热强度较为适中的炉型，单排卧管双面辐射炉是一种较好的可供选择的炉型。

(2) 加热炉的辐射管的支承形式应充分考虑其在高温下变形、膨胀的特点，以保障加热炉长周期安全运行。

(3) 对于处理黏度大、有结焦倾向原料的加热炉，应在炉管壁最大热强度处设置管壁热电偶，用以监视管壁温度和判断管内结焦情况。

(4) 炉管出口是温度高、流速大的部位，在有腐蚀介质的情况下会产生比较严重的冲蚀，容易减薄，尤其是像弯头那样的一些部位，有必要实行重点监控。

(5) 加热炉出口温度应设置联锁系统，以便在紧急情况下可以迅速切断火源。

6. 机泵的设置

泵是最容易泄漏可燃气、液体的设备之一。目前采用的机械密封自冲洗结构，改善了端面密封性能，不泄漏，为长周期安全运转创造了条件。

反应进料泵、注水泵、贫胺液泵是高压泵，它们都有一个最低流量的限制以保护其不受损坏。当装置在低负荷下运行时要将一部分流量从泵出口返回原料缓冲罐，以保证通过泵的流量大于其最低流量的要求。因此有必要在泵出口设置低流量报警和低低流量安全联锁，一旦达到低低流量值时自行停泵。另外，反应系统在紧急停车时要求切断进料，可将此信号和该自保系统组成联锁。

7. 压缩机的设置与安全

1) 氢压缩机及其附属系统的安全保护

催化加氢装置一般配备补充氢压缩机和循环氢压缩机，提供反应用氢，这些压缩机是系统所需高压的压力源。氢压机由于流量大、压力高，因此既是高压设备，也是装置的大型转动设备。整套机组(包括附属配套系统在内)设备多，控制复杂，易发生各种各样的机械、设备、仪表故障，与装置的安全运行关系重大。

2) 氢压机震动的监控

离心式压缩机组转子或叶轮制造存在缺陷，因仪表指示假象、失灵引起密封油系统故障。误操作容易导致压缩机转子损坏等事故，多数表现为压缩机轴异常震动。因此，对压缩机组进行震动监控十分重要。

现有的监测系统已实现对大型旋转机械在线状态监测，并以离线方式诊断机组故障，对多个通道的震动信号进行连续 24h 的监测，还留有接入机组的工艺信号和储备容量。机组的监测信息以数字和模拟两种方式在加氢裂化装置监测站的显示屏幕上实时显示，操作管理人员能够随时了解机组的通频震动值、震动的频率成分、机组转速、各参数报警状态等信息。

利用监测网络上的计算机终端，高级管理人员也可对各机组的状态信息做功能更强大的管理，得到更多机组当前的详细报警情况、历史和实时的震动频谱、时域波形、轴心轨迹、各种震动参数趋势等信息，并可利用故障诊断专家系统对机组进行故障自动诊断，及时掌握机组的各种动态。系统中大容量的光盘可贮存机组数年的运行数据，管理人员可以很方便地调用、查看和比较这些数据。

对于往复式压缩机也采用了在线状态监测系统，其监测信号包括每个气缸内动态压力、进气和排气温度、气缸震动、基础震动、活塞杆下沉量及压缩机曲轴的旋转角度位置等。利用这些信号以及压缩机的结构参数，经过计算机的计算处理，可以得到压缩机的理论和实际 $P-V$ 图、$\lg P-\lg V$ 图和 $P-T$ 图等各种显示压缩机运行状态的图形，还可得到流量平衡、活塞杆负载、进气和排气损失等有用的参数，以便诊断气阀泄漏、活塞环泄漏、气阀损失过大、活塞杆磨损过大、活塞杆负载过大或不当、活塞松动或撞击、十字头撞击、十字头销磨损等故障情况，使补充氢压缩机能够更安全、平稳地操作运行。

3) 氢压缩机其他方面的安全

① 机组所处区域属含氢区域，所用的电气设备和仪表的防爆等级应与此相适应。

② 循环氢压缩机的轴端密封是安全运转的关键，也是易发、多发机械故障的部位。端面密封的选择应和其工况相适应：对入口压力在 12.0MPa 以上的压缩机，应首选油膜密封；干气密封可以在入口压力 12.0MPa 以下按实际情况使用；8.0MPa 以下的入口压力可以考虑选用机械密封。

③ 要正确选择压缩机的辅助系统，如入口过滤器、级间气液分离罐、级间冷却器、进出口缓冲罐、润滑及冷却系统等，以保障正常生产和安全运行。

④ 往复式压缩机在设计阶段必须进行配管系统管路震动的模拟分析，以选择适宜的缓冲罐、孔板、管线长度，以及系统中的重要元件，如冷却器、分离器等。

⑤ 润滑油系统的主油泵要设备用泵，原动机以一汽动一电动为宜。正常时运行汽动泵，电动泵备用。

⑥ 密封油高位油罐的液位高度控制密封油的压力，其安装高度应由制造厂规定，在设计安装和检修时不能随意变动。润滑油低油压停机联锁宜设三取二的方式。

⑦ 高位罐、油气分离器、脱气槽的低液面报警及低液面停机应有单独的液面开关。

⑧ 设置防喘振控制，将一部分气体从出口通过自动控制返回入口，以保证入口流量大于喘振值。

4）氢压缩机的监控保护和 ESD 系统配置及应急处理

除了对压缩机机组的轴震动进行重点监控外，还要对一系列的运行参数进行监控以保证机组的安全运行。这些参数包括轴瓦温度、汽轮机转速、润滑油及密封油压力等。它们和紧急停车系统(ESD)共同组成对机组的全面保护。停机的项目包括机组超速、润滑油低油压、密封油高位罐低液位、机组轴震动位移超标、机组外的工艺参数联锁系统动作、手动紧急停机。有的机组可能还包括轴瓦温度过高、汽轮机背压过高。在正常运行中，这个系统处于备用状态，因此必须时刻保持良好，同时要建立定期检测制度。ESD 系统不仅在机组出现问题时提供停机保护，以避免更严重的安全事故发生，同时它还能和工艺过程的相关参数联锁，成为装置安全保护的重要措施。

8. 瓦斯管网-火炬系统设置

催化加氢装置因工艺方法不同，其瓦斯管网-火炬系统设置不尽相同。安全阀泄压排放气体及放空系统(包括紧急安全泄压排放)的含烃气体，均排入密闭的瓦斯管网至装置内密闭放空罐再排至工厂火炬。从设备、管道排放的含硫气体(酸性气)必须集中送往脱制硫装置进行脱硫处理，未经处理的含硫气体，不得随意排放或排入火炬系统。富含 H_2S 的塔顶气体、H_2等也应先经脱硫，不宜直接排入瓦斯系统。部分设备安全阀泄压时排出的液体排放物，经液体放空线也排至密闭放空罐，再排至工厂污油罐回收利用。

装置内所有设备、管线、采样口排放的废油都经漏斗排至装置内的地下污油回收罐。污油罐中气体宜排至放空罐去火炬系统，回收的污油排至工厂污油罐。

对于非可燃气体或液体的排放，则视具体情况确定。如一些小型润滑油、封油透平泵，蒸汽排量小，可在装置附近排空；蒸汽排量大的，应进入低压蒸汽回收管网。而一些压缩空气、惰性气体罐安全阀放空可在设备顶部排入大气。非可燃气体，如空气、蒸汽、氮气，不论设备安全阀泄压放空还是吹扫放空，均不得排入放空管网；热值低于 8374kJ/m^3(标准)的可燃气体也不得排入放空油气系统。

9. 富含硫化氢气体、液体排放流程设置

大多数催化加氢的含硫化氢酸性气、含硫的酸性污水均排至全厂的硫回收装置附设的酸性气、酸性水部分，或独立设置的酸性气、酸性水装置进行处理，即含硫化氢的酸性气进入酸性气处理系统，用乙醇胺等类溶剂处理，富集硫化氢的气体再送去硫黄回收装置。含硫酸性污水则送至污水汽提系统，汽提出富含硫化氢气体(或同时回收氨)，再送至硫黄回收装置。处理后的净化水排至全厂污水处理系统，或者与脱氧水等混合再做催化加氢装置高压部分注水用。

在酸性水排放点可设置密闭式酸性水采样设施，含硫化氢酸性气体排放管道上可设密闭式气体采样设施。有些催化加氢装置还采用催化剂预硫化流程，因此，各反应器出口管道上也采用了密闭式气体采样设施。

为做到酸性水、酸性气体的密闭排放、密闭采样、密闭处理，应当从设计、施工及管理着手。按安全卫生标准设计，认真选择耐硫化氢腐蚀的设备、机泵、管道法兰、阀门及螺栓垫片；严格按设计及各种规范施工安装，为装置的安全、无泄漏生产运行创造条件；严格按照操作规程、安全卫生规程操作，巡回检查时应携带便携式硫化氢检测报警仪；在采样口采样时均应位于上风向，并有防护面具以及便携式硫化氢气体检测报警仪，且采样时尽可能高效，短时间停留；遇检测仪报警，采样人员及操作人员应迅速离开该区域，避免中毒；有中毒症状者，应立即采取中毒急救措施。

第二节 加氢装置事故处理原则

一、加氢装置事故处理总则

对生产装置而言，事故是不可能完全避免的，联锁系统始终保持良好状态和操作人员对事故预案的熟练掌握是处理事故的必要条件。当发生事故时，下列处理事故的原则和次序必须遵守，努力控制事故的影响范围，减少事故的损失。

（1）在任何事故发生时，首先要保证人身安全；保护设备，特别要保护循环氢压缩机、反应器、高压泵等关键设备；保护催化剂；防止加热炉结焦；尽可能维持正常生产和尽快恢复生产。

（2）当装置发生事故时，班长应在最短时间内查清事故原因，准确判断，及时汇报调度和通知相关技术人员。在任何事故发生时，必须严格执行公司各项生产管理规章制度，要做到沉着冷静、正确判断、果断处理、密切配合。

（3）事故处理时，由班长统一指挥，落实事故处理时的外部条件，按照最合理、最适合的事故处理预案进行处理，努力控制影响范围，减少事故损失，做到不超温、不超压、不蔓延、不跑窜。

（4）装置发生火灾时，首先判断起火部位，设法关闭相连阀门以切断着火源，控制火势；如果控制不住，威胁全装置安全时，则装置紧急停工。

（5）装置由于设备、管线故障而造成氢气、燃料气大量泄漏扩散时，应首先熄灭加热炉各火嘴，严禁车辆(包括消防车)进入现场，现场操作员迅速关闭相关阀门(严禁用铁制工具)，切断气源，如无法控制则装置紧急停工。

（6）任何有毒、有害(或导致窒息)气体发生泄漏，如硫化氢、燃料气、液化气等气体泄漏，都应及时汇报调度、气防站。必须2人以上佩戴空气呼吸器赶往现场，在判明泄漏点和危害程度的情况下，采取切断、隔离措施，如控制不了，则装置紧急停工。根据情况确定停工范围，并采取有效措施减少事故蔓延和扩大。

（7）下列应急措施必须经常检查，在任何情况下都应保持良好备用状态：

① 对讲机电力充足，良好备用；

② UPS(不间断电源)良好；

③ 紧急泄压阀良好；

④ 各种联锁自保系统信号通畅、良好；

⑤ 火炬系统分液罐排液干净；

⑥ 气柜有关联锁应正常投用，防止紧急泄压造成冲击。

二、反应系统事故处理原则

无论哪一种加氢工艺，反应部分都是其核心。反应部分主要设备集中了装置的高压设备和大型机组、机泵，包括反应器、高压冷换设备、高压分离器和加热炉；高压的转动设备——循环氢压缩机、补充氢压缩机、原料泵和循环油泵，连接这些设备的管道、阀门等。它们都处在苛刻的反应条件下运行，是催化加氢过程重点防护的部位。反应系统事故的处理原则是：

(1) 反应器床层温度达到 430℃时，或者正在发生、即将发生装置重大泄漏、着火、DCS 死机、UPS 电源供电失败而导致装置安全运转受到严重威胁和破坏的情况时，当班班长汇报调度并有权按紧急泄压处理。

(2) 一旦循环氢压缩机停运，应立即进行紧急泄压。反应系统泄压时速度不能过快，以免损坏设备及催化剂。

(3) 尽可能降低反应器床层温度，然后减少或切断进料。原料改界区外返回，停加氢注水。开大循环氢去脱硫跨线。

(4) 尽可能维持循环氢压缩机运转，保证反应器中催化剂床层有气体流动，防止催化剂结焦。维持尽可能大的循环氢量，加快冷却反应器。

(5) 装置在紧急泄压处理时，现场必须采取必要的防护措施，如打开高压法兰保护蒸汽等。

(6) 发现着火事故时，立即报火警。尽快切断火源，防止蔓延，高温临氢部位着火不得用水灭火，应用蒸汽、氮气进行掩护。

(7) 加热炉每个炉膛至少对称保留 2 个长明灯。

(8) 高压向低压减油，必须严防高压窜低压。

三、分馏系统事故处理原则

(1) 分馏系统在事故状态下要注意避免超压、超温、冲塔、机泵抽空等现象。

(2) 在分馏重沸炉进料大幅度降低时，导致炉管内的流速大大降低，分馏重沸炉应当降低火力，严防炉管结焦。

(3) 尽可能维持分馏系统的顶回流。

(4) 当分馏系统降温降量时，应及时切出汽包，防止蒸汽系统带水。

(5) 根据反应和分馏的操作情况及时将产品改走不合格线，以免污染产品罐。

第三节　加氢装置的紧急停工

一、紧急停工原因

在装置生产过程中，如遇到下列任何一种情况，严重威胁装置安全运行时，就应采取紧急停工措施，以尽量减少损失。一旦故障排除，装置应尽快恢复正常生产。

(1) 装置有爆炸或火灾等严重危及正常生产的情况。

(2) 遇到关键设备或管线严重漏油、漏氢气，无法维持正常生产。

(3) 加热炉炉管破裂造成火灾，不能再维持生产。

(4) 全面停电，在短时间内不能恢复供电。

(5) 发生停风事故，不能及时供风。

(6) DCS 失电短时间不能恢复。

(7) 发生高压串低压严重事故。

(8) 反应器床层飞温不可控制。

(9) 临氢系统超压而压力泄不下来。

二、紧急停工步骤

紧急停工的情况比较复杂，因此只能给出原则性停工和处理方案，当条件允许时，紧急停工步骤应尽量遵循正常停工程序，并根据具体情况做出相应处理。

(1) 反应、分馏加热炉立即熄火，关闭瓦斯控制阀组及炉前瓦斯各个阀门，炉膛通蒸汽吹扫。

(2) 关反应进料泵的出口阀，停反应进料泵。

(3) 停循环氢压缩机，停新氢压缩机，停注水泵。

(4) 开紧急放空阀泄压，如催化剂床层温度已处于可控范围内，关紧急泄压阀，改由废氢流控阀排放。如果催化剂床层温度较高，当临氢系统压力允许氮气补入时，向系统中充入氮气降温置换。

(5) 分馏炉视情况降温或熄火，分馏系统改内部循环或退油至不合格线出装置，停汽提蒸汽。

(6) 事故部位派专人监护、报火警，并通知有关部门。

(7) 坚守岗位，严密监视温度、压力、液位的变化情况，防止超温、超压、冒顶、高压串低压等事故发生。

需要注意的是在打开紧急泄压系统前要通知调度，保持火炬系统畅通；启用紧急泄压后，应防止与火炬(低压瓦斯)系统相连的其他低压设备(如原料罐等)超压，必要时关闭其压力分程控制的放空控制阀。

三、加热炉紧急停炉

对于各类油品加热炉，管道破裂泄漏会发生沸腾液体膨胀汽化着火爆炸的事故；而对于氢气加热炉，则存在喷射式火灾爆炸事故的可能。

加热炉在下列条件下需要紧急停炉：

(1) 工艺介质进料流量过低或中断；进料泵或进料管道故障；加热炉管内结焦；仪表失灵；燃料气大量带油；等等。炉管表面温度超过设计温度或炉管的进口压力高于操作压力，有可能导致炉管破裂。

(2) 加热炉内发生爆炸或着火，以及炉管破裂、燃烧不完全、燃烧系统设备或火嘴不完善及故障。

(3) 加热炉外壁金属温度过高。

(4) 反应温度超高或装置紧急停工。

加热炉事故紧急停炉程序：

(1) 首先关闭火嘴，切断所有燃料系统；随后停加热炉进料；最后关风机、电机、蒸汽吹扫加热炉及炉管内介质。

(2) 工艺介质进料不正常，加热炉管过热，炉壁金属表皮温度过高，应先减少点燃火嘴个数，查明原因处置。

加氢装置反应进料加热炉一般设有进料或循环氢气低流量和燃料压力与炉出口温度串级调节联锁系统。一旦循环氢低流量报警或中断，炉出口温度超高即可联锁切断燃料气系统。特别是当装置启动紧急泄压系统时，则通过联锁系统切断反应进料加热炉燃料气供应，以保护整个装置的安全。对于加氢装置分馏部分的油品加热炉或重沸炉，也可设置类似的调节联锁系统，实行单独停炉或安全系统联锁停炉。

四、装置紧急停工原则要求

（1）尽可能保持装置操作平稳，尽可能按正常停工步骤进行。

（2）防止超温超压事故发生，相对控制温度、降压速度。

（3）防止油、气的跑、冒、滴、串的情况发生。

（4）做好停工的指挥、联系、协调工作。

第四节　加氢装置公用系统事故处理

一、装置停电

（一）瞬时停电

瞬时停电原因：单路电源故障。

瞬时停电处理：

（1）发生瞬时停电时，立即去现场将停运机泵重新启动，恢复原来的运行状态，如恢复迅速，对操作无大的影响，产品走向不变；如操作波动较大，先将产品改去原料返回，待分析合格后，再改回产品罐。

（2）如重沸炉泵停运，会引发重沸炉联锁熄灭，应立即启运机泵，同时摘除重沸炉联锁复位后重新点主火嘴。迅速调整出口温度至正常。注意摘联锁前先关闭主火嘴手阀。

（3）有低流量联锁的泵重新启动时，应先将出口流控联锁及停泵联锁改旁路并复位后再启泵运转，调整流量至正常后投用相关联锁。

（4）进料泵晃电停运会触发反应进料加热炉熄灭，应先联锁复位后按开泵步骤启运，调整反应进料量至正常；然后反应进料加热炉停炉联锁复位后点主火嘴。注意联锁复位前先关闭火嘴手阀。产品先改去原料返回，合格后改去产品罐。

（5）SLHT 技术装置循环泵停运，若停一台泵，则提高另一台循环油泵变频，维持装置正常生产。若两台全部停运，反应加热炉联锁停炉，按恢复反应加热炉程序执行。

（二）装置长时间停电

装置长时间停电现象：

（1）现场及室内照明灭，装置声音锐减。

（2）DCS、FSC 系统报警，新氢压缩机、循环氢压缩机停运，所有空冷、机泵停。

（3）UPS 提供仪表备用电源 30min 左右，30min 后仪表电源停电，DCS 系统停电，显示器关闭，循环机仪表控制盘停电。

（4）现场控制阀回到起始位，即风开阀处于全关位置，风关阀处于全开位置。

（5）加热炉主火嘴熄火。

装置长时间停电处理步骤：

（1）现场确认加热炉主火嘴已灭火，关主火嘴手阀。开紧急泄压阀向火炬系统泄压，压力降至低于氮气压力时，循环机出口补入中压氮气，继续泄压置换。

（2）密切注视反应器床层温度不要超标，必要时开床层冷氢阀降温。如温度已处于可控范围内，停紧急泄压阀，改由废氢流控阀排放。

（3）关进料泵出口阀、进料流控阀上下游手阀；关注水泵、胺液升压泵出口阀，关流控上下游阀。

（4）低分油仍去分馏，反应系统间断向分馏系统甩油；停脱硫化氢塔底吹汽，塔前放空；分馏系统生成油尽量存在分馏塔内，如满塔，可将生成油减去不合格线。

（5）保持汽包液面，蒸汽改为炉后放空。

（6）停收原料油，维持原料罐液面，罐区原料油改界区外返回，并通知罐区停原料泵；立即通知上游相关装置投用外送柴油空冷、水冷，待原料柴油温度低于55℃以下时改去原料罐区。

（7）维持各塔器液面、压力，防止高压串低压事故发生，等待来电后恢复开工。

二、循环氢压缩机停运

循环氢压缩机停运现象：

（1）主控室和现场控制盘停机联锁报警。

（2）循环氢流量指示回零。

（3）循环机转速指示回零。

（4）反应器床层各点温度上升。

（5）反应进料加热炉主火嘴联锁熄灭。

（6）反应进料流控阀联锁关闭。

循环氢压缩机停运原因：

（1）机组本身原因造成循环机联锁停机。

（2）3.5MPa蒸汽中断。

（3）停电、停循环水、停仪表风等。

（4）循环氢压缩机入口缓冲罐液位高高联锁自动停车。

循环氢压缩机停运处理步骤：

（1）循环机停运，联锁关闭反应加热炉主火嘴瓦斯切断阀，主火嘴熄灭；联锁关闭反应进料流控阀，切断反应进料。外操立即到现场确认反应加热炉主火嘴已熄灭并关闭各火嘴手阀。

（2）手动打开紧急泄压阀，反应系统紧急撤压。新氢压缩机保持运转，新氢全量补入。密切监视反应器各床层温度点，若无明显上升，停紧急泄压，改为由废氢流控阀控制泄压速度。当系统压力降至氮气压力以下时，停用新氢，由循环机出口补入中压氮气系统置换。为防止后路超温，切断进料后，应开大床层冷氢阀，尽量降低反应器出口温度。若循环机短时间内能够恢复运行，可在反应温度处于可控时，尽量维持反应系统压力，以缩短开工时间。

（3）停收原料油，罐区来原料自界区改返回罐区，并联系罐区停原料泵。立即通知上游相关装置投用外送柴油空冷、水冷，待原料柴油温度低于55℃以下时改去原料罐区。关进料流控手阀，停进料泵。

（4）全开循环氢脱硫塔循环氢副线阀，停加氢注水泵，关注水流控及上下游手阀。

（5）分馏系统改短循环操作，产品柴油改去原料返回，低分油仍去分馏。

(6) 尽量保持胺液系统正常运转。

(7) 重点控制好高压容器如高分、循环氢脱硫塔等的液面及压力，防止出现高压串低压事故。

(8) 若循环机短时间内能够恢复，按开工步骤开工；若短时间内无法恢复，则按停工步骤进行停工处理。

三、原料油中断

原料油中断分两种情况，即原料油来量中断和反应进料中断。

(一) 原料油来量中断

原料油来量中断现象：

(1) 原料油进装置流量单路或两路指示回零。

(2) 原料油进装置压力指示降低或回零。

(3) 原料缓冲罐液面下降。

原料油来量中断原因：

(1) 罐区原料泵故障。

(2) 上游装置故障。

(3) 原料流控阀故障。

原料油来量中断处理：

(1) 联系罐区或上游装置了解原料中断原因，若属单路中断，可采取降低进料量或部分长循环操作，待来量恢复后改至正常操作。

(2) 若两路进料中断，短时间内能够恢复进料，可根据原料罐液面适当降低进料量或改长循环操作。

(3) 若12h内不能恢复供料，降低反应器入口温度15~30℃，装置改长循环操作。

(4) 若长时间不能恢复供料，按正常停工处理，待原料来量正常后恢复正常操作。

(二) 反应进料中断

反应进料中断原因：

(1) 反应进料泵故障。

(2) 进料流控阀故障。

(3) 反应进料流量指示报警开关故障引起进料流控阀联锁关闭。

1. 反应进料泵故障

反应进料中断现象：

(1) 系统停泵报警。

(2) 反应进料泵出口流量指示回零，反应进料控制阀联锁关闭。

(3) 反应进料加热炉瓦斯切断阀联锁关闭，主火嘴熄灭。

(4) 反应器入口温度迅速上升。

(5) 原料油缓冲罐的液面迅速上升。

反应进料中断处理：

反应进料泵故障引起反应进料中断后应迅速恢复反应进料。

(1) 将进料流控联锁改至旁路并复位，立即开启另一台高压进料泵，恢复反应进料。

（2）将反应进料加热炉主火嘴瓦斯切断阀联锁改旁路并复位，点反应进料加热炉主火嘴，尽快调整反应温度至正常。

（3）维持分馏系统正常操作。产品改去原料返回罐。维持好高、低分液面、界面及压力。控制好汽包自产蒸气压力、温度。产品合格后改去产品罐。

（4）现场检查确认高温高压系统有无泄漏。

如另一台泵也无法开启，则按紧急停工步骤处理：

（1）现场确认反应进料加热炉瓦斯切断阀已关闭，加热炉主火嘴已熄灭，关闭反应进料加热炉各主火嘴手阀，烟气改去烟囱；关闭进料流控阀上下游阀。

（2）循环机保持最大量运转，防止反应器床层超温，必要时打冷氢降温。视床层温度情况补入新氢，若温度下降较慢，可适当加大补入量，维持反应系统正常操作压力，多余新氢自废氢排放阀排放。

（3）分馏系统改短循环操作，低分油仍去分馏系统。

（4）停收原料油，罐区来原料自界区改返回罐区，并联系罐区停原料泵。立即通知上游相关装置投用外送柴油空冷、水冷，待原料柴油温度低于55℃以下时改去原料罐区。停原料增压泵，停注水泵，关泵出口流控上下游阀。

（5）尽量维持胺液系统运转。

（6）控制好各塔器液面及压力，防止出现高压串低压事故。

（7）当反应进料泵修复后，按开工步骤恢复开工；若长时间不能恢复进料，按停工步骤进行停工。

2. 进料流控阀故障及流量指示报警开关故障

进料流控阀故障及流量指示报警开关故障现象：

（1）DCS系统报警。

（2）反应进料量回零，进料流控阀关闭。

（3）反应进料加热炉主火嘴瓦斯切断阀关闭，主火嘴灭火。

（4）反应器入口温度迅速上升。

（5）原料油缓冲罐的液面迅速上升。

进料流控阀故障及流量指示报警开关故障原因：

（1）反应进料流控阀故障造成流量低低联锁。

（2）流量报警开关故障造成反应进料流量低低联锁。

进料流控阀故障及流量指示报警开关故障处理：出现此事故时，因反应进料泵仍保持运转，应尽快恢复反应进料并将生产调整至正常。

（1）迅速将反应进料流量联锁复位，手动开启控制阀，反应系统进油。确认事故原因并联系仪表维修人员到现场处理。如属控制阀故障，则开副线手阀来控制反应进料量。

（2）反应进料加热炉联锁复位，点反应炉主火嘴，尽快将反应温度调整至正常。

（3）尽量维持分馏系统操作，产品改去原料返回罐。化验分析合格后改去产品罐。

（4）仪表问题处理好，确认无误后，重新投用反应进料流量联锁。

四、原料油带水

原料油带水现象：

(1) 原料油与产品换热后温度下降。

(2) 反应压力上升，并有大幅度波动。

(3) 反应加热炉出口温度降低。

(4) 冷高分、冷低分的界位上升。

原料油带水原因：

(1) 上游装置操作不稳带水。

(2) 原料罐区带水。

(3) 原料输送管线内有水。

原料油带水处理：

(1) 立即向调度汇报并组织岗位力量进行事故处理。

(2) 如属常减压或延迟焦化装置来料含水，立即汇报调度和通知上游装置、罐区，切换为罐区进料，通知相关装置切水；如属罐区进料带水，联系调度和罐区，切换原料罐，通知罐区脱水，否则仔细检查装置内部是否有串水的情况发生，及时排除。

(3) 加强原料油缓冲罐的脱水。注意监控原料罐压力，保持压力稳定。

(4) 通过调整反应加热炉燃料气控制阀开度并改手动操作，关小燃料气控制阀，降低反应器入口温度比正常温度低 20~30℃，同时相应降低反应进料量。在降温降量过程中，配合检查加热炉燃烧情况，调节二次风门开度，保持火嘴燃烧正常。

(5) 在降温降量过程中，可视炉出口温度调整燃料气流量。控制好床层温度，防止无水时温度大幅度波动。

(6) 加强巡视原料升压泵、高压进料泵，避免泵抽空。

(7) 控稳冷高分、冷低分液位、界位，避免将水带入分馏系统。

(8) 增开热高分气空冷，加强切水。注意冷高分入口温度不能过低，以免影响循环氢脱硫塔的操作。

(9) 若反应进料带水严重可按新鲜原料来量中断处理。

五、新氢中断

新氢中断原因：

(1) 氢气管网来新氢中断。

(2) 新氢压缩机故障。

新氢中断现象：

(1) 新氢来量指示降低或回零。

(2) 新氢压力降低。

(3) 反应系统压力逐步下降。

(4) 新氢压缩机停机报警。

新氢中断处理：新氢来量降低或中断，应按下列步骤处理。

(1) 逐步将反应进料降至最低负荷，尽量维持生产。注意在进料过程中为防止炉温波动较大，适当提高炉前混氢量。

(2) 若系统压力不能维持，降反应器入口温度 10~30℃，产品部分或全部改长循环操作。

(3) 循环氢继续循环，尽量维持系统压力，如压力下降至循环氢压缩机的最低运行压力，系统充氮气维持操作。

(4) 若新氢能恢复，补新氢反应系统氢气置换，按开工步骤恢复开工，若长时间不能恢复，按停工步骤进行停工。

新氢机自停，迅速启动备用机，恢复生产。如备用机不能开机，应按以下步骤处理：

(1) 将反应进料降至最低负荷。

(2) 降反应器入口温度 10~30℃，装置改长循环操作，原料改界区外返回。

(3) 循环氢继续循环，尽量维持系统压力，如压力下降至循环氢压缩机的最低运行压力，系统充氮气维持操作。

(4) 维持好各塔、器液面待新氢机修复后恢复开工。

(5) 循环氢改走跨线，维持溶剂循环。

(6) 如果新氢长时间供应不上，联系调度装置停工处理。

(7) 对于 SLHT 技术装置，停机期间需调整二反和热高分顶流控阀，维持热高分和二反的压差，平衡热高分和二反液位。

六、停加氢注水

停加氢注水现象：

(1) 注水泵停泵报警。

(2) 注水流量指示回零。

(3) 冷高分界面下降较快。

(4) 高压空冷入口温度上升。

(5) 注水罐液位下降快并有报警，入口液控阀在自动时，阀位开度有逐渐增大的现象。

停加氢注水原因：

(1) 注水泵故障。

(2) 注水流控阀故障。

(3) 除盐水或净化水中断。

停加氢注水处理：

(1) 如注水泵故障停泵，应迅速摘除联锁并复位，立即启动备用泵，恢复加氢注水。如备用泵无法启动，关注水流控阀手阀。注意控制好高分界面。停泵期间适当关小循环氢脱硫塔副线，以保证循环氢纯度，必要时加大废氢排放量，反应系统适当降低进料量。

(2) 如属注水流控阀故障，摘除联锁并复位，立即启动注水泵，副线阀控制注水量，仪表处理好控制阀后投用。

(3) 当除盐水系统出现问题时，可联系调度加大净化水的供给量；当净化水中断时，可联系调度加大除盐水的供给量。

(4) 如果注水较长时间不能恢复，则按正常停工步骤装置全面停工。

七、停燃料气

停燃料气现象：

(1) 燃料气进装置压力指示降低。

(2) 燃料气进反应、分馏加热炉流量指示降低。

(3) 反应和分馏进料加热炉的炉膛温度降低，炉出口温度降低，甚至引起联锁停炉。

停燃料气原因：

(1) 燃料气压控阀故障。

(2) 燃料气管网停燃料气。

停燃料气处理：

(1) 发现燃料气压力低，应立即联系恢复供应。

(2) 如果燃料气管网供气正常，燃料气进界区压控阀故障，则打开燃料气进界区压控阀的副线阀，关闭压控阀的上下游手阀，手动控制，故障消除后投用该压控阀。

(3) 如果燃料气管网停燃料气，则进行如下操作：

① 以 30t/h 降低反应进料量。反应降温后，联系调度、罐区将产品柴油和石脑油改入不合格线。

② 确认反应和分馏进料加热炉主燃料气切断阀和长明灯切断阀关闭，关燃料气去反应和分馏进料加热炉总管手阀、主火嘴和长明灯手阀，停鼓风机和引风机。

③ 维持循环氢压缩机运转，保持反应系统氢气循环，等待燃料气恢复生产。

④ 随热源温度降低，将分馏重沸炉对流段 1.0MPa 蒸汽改为放空，关闭去蒸汽管网阀门，保证加热炉对流段有介质流动。关闭汽提蒸汽控制阀。

⑤ 随反应来油温度，及时调节硫化氢汽提塔、分馏塔操作。

⑥ 如燃料气及时恢复，按规程点炉升温，恢复操作；如燃料气长时间中断，装置按停工处理。

八、停 3.5MPa 蒸汽

停 3.5MPa 蒸汽现象：

(1) 循环氢压缩机转速骤降甚至停运，循环氢流量骤降。

(2) 3.5MPa 蒸汽管网压力、流量指示下降，随着循环氢压缩机停运，装置事故报警声响，相关联锁动作。

(3) 反应器床层温度上升。

停 3.5MPa 蒸汽处理：循环氢压缩机停后，按“停循环机事故”处理。

九、停 MDEA

停 MDEA 现象：

(1) 贫胺液罐液面指示下降。

(2) 贫胺液流量指示下降或回零。

(3) 胺液升压泵停运。

停 MDEA 原因：

(1) 胺液再生系统故障。

(2) 胺液升压泵故障。

(3) 贫胺液流控阀故障。

停 MDEA 处理：

（1）立即联系胺液再生装置查明原因，如能短期恢复，适当降低贫胺液量；如长时间不能恢复，则将循环氢脱硫塔切出。加大加氢注水量，视循环氢纯度进行废氢排放，故障消除后恢复正常操作。

（2）如胺液升压泵故障，立即将停泵联锁复位，启备用泵恢复操作。如无法启动，关泵出口手阀，控制好循环氢脱硫塔液面，防止高压串低压，同时加大加氢注水量，视循环氢纯度适当进行废氢排放，以保证循环氢纯度合格，待故障消除后恢复操作。

（3）若属流控阀故障，立即将胺液升压泵停泵联锁复位，重启胺液升压泵，流控阀改副线操作，控制阀故障消除后重新投用。

十、停循环水

停循环水现象：

（1）循环水进装置流量、压力指示降低或回零。

（2）机泵使用循环水冷却部位温度上升。

（3）各水冷器冷后温度升高。

停循环水处理：

（1）在确认循环水中断后，汇报生产管理部门、部门领导，装置立即做紧急停工处理。

（2）内操将反应炉、分馏炉温控改手动操作，关闭燃料气流控阀。通知外操到现场关闭反应炉、分馏炉燃料气流控阀及主火嘴阀门，同时关闭长明灯阀，停空气预热器，打开加热炉烟道挡板和风道快开门，炉膛吹入蒸汽降温。

（3）外操去现场停用所有运行泵，关闭出口阀。

（4）密切注视反应器床层温度不要超标。反应系统经废氢排放阀向火炬系统泄压，压力降至氮气压力以下时，循环机出口补入氮气，继续泄压置换。

（5）装置泄压后，内操要注意高分、低分的压力和液面，防止液面过高或被压空，防止高压串低压。将脱硫塔的原料气甩开，保持各塔液面不要被压空。

（6）停收原料油，原料改界区外返回，低分油改去原料返回，反应系统间断向不合格线甩油。

（7）启动所有塔顶空冷，保证塔顶冷后温度不超温，尽量维持塔顶回流泵运转。

（8）等待循环水恢复后按开工步骤开工。

十一、停净化风(仪表风)

停净化风(仪表风)现象：

（1）净化风压力指示降低或回零。

（2）当仪表风压力降至0.3MPa时，部分仪表控制阀失灵，现场开度与计算机指示不一致；当仪表风压力小于0.14MPa时，全部仪表控制阀失去作用，风开阀全关，风关阀全开。

（3）由于联锁作用，反应系统进料切断，加热炉熄灭，时间稍长，长明灯因瓦斯压力控制阀关闭后，也将因瓦斯压力下降而出现联锁。

（4）各罐、塔底液面因阀门关闭液位上升，回流罐因回流控制阀全开，导致回流罐液面抽空，通过瓦斯、废氢排放控制压力的各设备压力超压，通过补入气体控制压力的设备出现压力急剧下降甚至被抽空。新氢压缩机因级间返回全开，导致出口流量急剧降低。

停净化风(仪表风)处理：

(1) 当仪表风压力下降时，应及时联系调度，问清原因，要求尽快恢复正常供风，同时要求外操对装置现场仪表风压力低进行确认检查。立即向仪表风罐内串入低压氮气，维持仪表风罐压力，同时联系空压站提高仪表风压力。

(2) 若是由于仪表风线破裂而引起风压下降，则应安排外操将破损处切除，该供风区域按停工处理，其他部位尽量维持正常生产。

(3) 若由于供风系统问题，如无低压氮气，仪表风压力维持不住，风压继续下降，导致液面、压力、流量控制失灵，则按停工处理。

(4) 特别要控制好各高分液面、界面以及循环氢脱硫塔液面，防止将液体带入循环机入口缓冲罐。

十二、UPS 故障

UPS 是不间断备用电源(蓄电池)。UPS 的作用是：在主电路供电时，起稳压作用；在主电路故障或停电时，电路自动切换到 UPS，由 UPS 供电。UPS 一般能正常供电 20~30min。20~30min 后，UPS 放电完毕，计算机、仪表停电，室内计算机显示器关闭，现场一次表回零，控制阀风关阀全开、风开阀全关。压缩机仪表盘停电，压缩机停运。FCS 停电。一般 UPS 同时给 DCS、FCS、现场大机组仪表供电。

UPS 故障现象：UPS 板面指示灯灭，电池闪烁，发出报警声，同时事故信号至 FSC 系统报警。

UPS 故障处理：在 UPS 出现故障或主电路切换到 UPS 供电时，计算机报警总貌内都有报警，并且是高级报警，报警回路是“UPS”。此时，如主电路停电，仪表、计算机电源只能由 UPS 供电，要求在 30min 内按停电事故预案把事故处理完，使装置处于安全状态。如主电路未停电，因晃电或其他原因，计算机、仪表被切换成 UPS 供电，在确认 UPS 报警后，应立即通知电工人员到现场确认 UPS 运行状态，人工复位到主电路供电。如不能恢复主电路供电，装置同样按全面紧急停工处理。

十三、DCS 故障

当 DCS 因各种问题造成操作工无法看到操作画面进行调节时，一方面要迅速联系仪表处理，另一方面要马上报告生产调度和部门领导。更重要的是，各岗位要采取灵活有效的处理措施：

(1) 如果仅仅是几台 DCS 不能显示，可切换到其他屏幕操作。外操加强重要参数的检查校对。

(2) 如果发生 DCS 死机，操作系统崩溃，控制阀失灵，应立即采取紧急停工处理，按紧急泄压阀，熄炉，停进料，停循环氢压缩机和新氢压缩机。现场有专人监测高分的液面及压力，严防超压和反应器超温，要保持催化剂床层有气体流动。

十四、装置发生火灾

(1) 一旦发生装置着火，应立即判断火势和着火部位，若火势较小，用干粉灭火器灭火，用消防蒸汽掩护。若氢气或瓦斯着火，则不能急于灭火，防止闪爆，用水或消防蒸汽掩护重要部位，同时要防止硫化氢中毒。

(2) 若火势较大，危及设备或装置安全，马上按要求报火警，通知消防队，同时装置按紧急停工步骤处理。

(3) 切断反应进料，反应进料加热炉熄火，现场关闭各火嘴手阀。重沸炉熄火并关火嘴手阀，停反应高压进料泵，停循环机，反应系统紧急泄压。停补新氢，停新氢压缩机，关新氢进装置阀；停收原料油，原料改界区外返回，分馏产品尽量甩去不合格线，停运行机泵。关瓦斯进装置界区阀，低分气改火炬；系统撤压，循环机出口引入氮气置换。

十五、反应系统法兰大面积泄漏着火

柴油加氢反应系统一旦发生泄漏，将导致大量高压氢气、H_2S、高温柴油、汽油泄漏着火，严重时将形成爆炸性混合气体，事故危害极大。高温法兰面在泄漏着火后，不能用冷水扑救灭火，以防止法兰面大面积龇开。火灾扑灭后，如果泄漏没有得到处理，将导致大量的H_2S泄漏，引起更大的火灾，因此，必须慎重采取安全措施，防止事故扩大。事故后，应立即启动0.7MPa/min紧急泄压按钮，反应系统按紧急停工处理。立即拨打公司消防和气防急救电话，通知消防大队抢救，气防队进行H_2S中毒防护。如泄漏点可以靠近，应立即打开消防蒸汽、高压氮气进行初期火灾的扑灭和掩护。救火人员应戴好空气呼吸器并携带H_2S报警仪。

注意事项：事故处理过程中要防止事故扩大和H_2S中毒，不能用冷水直接喷淋反应器和高压换热器，只能用蒸汽和干粉灭火器扑救。

十六、含硫化氢介质泄漏

加氢装置富含硫化氢介质，一旦泄漏极易引发火灾爆炸及硫化氢中毒事故。

含硫化氢介质泄漏现象：

(1) 现场硫化氢报警仪高限报警。

(2) 泄漏部位压力、流量等工艺参数波动。

含硫化氢介质泄漏处理：

(1) 根据报警信息迅速确认泄漏点位置，明确泄漏点周围环境情况。

(2) 立即佩戴正压式空气呼吸器并携带便携式硫化氢报警仪，两人协同到现场确认漏点及泄漏情况。

(3) 根据泄漏情况采取相应措施，如泄漏不大，能切除的切除；如不能切除，联系相关单位处理，现场做好必要的防护措施。

(4) 如泄漏较多，又不能切除，通知相关操作人员，立即做相应停工处理。

(5) 以泄漏点为中心，现场蒸汽掩护，控制火源，拉警戒绳，禁止无关人员出入。同时汇报车间相关领导、调度、消防队气防站，通知下风向各单位，必要时通知调度封闭相关交通通道。

(6) 处理完毕后按开工步骤恢复开工。

含硫化氢介质泄漏注意事项：

(1) 所有进入泄漏现场人员应戴空气呼吸器，携带硫化氢报警仪。

(2) 对中毒人员施救时，严禁口对口人工呼吸。

(3) 人员疏散应根据风向标指示，撤离至上风口的紧急集合点，并清点人数。
(4) 施工人员疏散时，应检查关闭现场的用火源，切断临时用电电源。
(5) 对现场明火点或高温部位采取必要的遮挡、掩护措施，防止硫化氢气体发生爆炸。

第五节 加氢装置操作事故处理

一、高压换热器内漏

高压换热器内漏原因：
(1) 介质腐蚀冲刷导致管束穿透。
(2) 换热器进料温度大幅度波动。
(3) 换热器进料流量大幅度波动。
(4) 设备本身问题。
高压换热器内漏现象：
(1) 石脑油和柴油中硫、氮含量高，多次调整后仍不合格。
(2) 反应器床层压降减小。
(3) 反应耗氢量减少。
高压换热器内漏处理：
(1) 按要求把紧换热器紧固螺栓。
(2) 降低高压进料泵出口、反应系统压力。
(3) 控制换热器进料温度和流量稳定。
(4) 若处理后仍泄漏，则停工检修。

二、冷高分油水分离不好

冷高分油水分离不好的危害：冷高分油中带水，增加分馏系统的波动；水中带油，增加冷低分分离负荷，一旦出装置，含硫污水带油将给污水汽提装置带来波动。

冷高分油水分离不好的原因：
(1) 冷高分界位波动大。
(2) 注水量波动。
(3) 热高分温度高，导致重组分进入冷高分。
冷高分油水分离不好的现象：
(1) 轻烃带水。
(2) 酸性水带油。
(3) 界位出现报警。
冷高分油水分离不好的处理：
(1) 调整冷高分液控阀的开度，控稳冷高分液位。
(2) 调整冷高分界控阀的开度，控稳冷高分界位。
(3) 调整反应注水流控阀的开度，稳定高压空冷器前的注水量。
(4) 调整冷低分的压力、界位和液位，尽量维持平稳。

三、热高分串压至热低分

热高分串压至热低分的现象：

（1）热高分液位下降。

（2）热低分压力上升，严重时跳安全阀，甚至跳后压力也未见下降。

（3）系统压力下降。

热高分串压至热低分的处理：

（1）立即检查热高分的液位低低联锁是否动作，若动作失灵，检查液位控制阀是否关闭；若未关闭，现场手动关闭液控阀及前后手阀。待热高分液位上升后投用该液控阀，控制液位在正常范围内。

（2）立即将热低分压力降至正常操作压力。通知下游装置注意低分气脱硫塔压力，加强脱液，以防大量烃类进入低分气脱硫塔。

（3）联系仪表检查液控阀故障原因并修复。

（4）稳定平衡好分馏系统操作。

四、冷高分串至冷低分

冷高分串至冷低分的现象：

（1）冷低分液位突然上升，原来平稳的操作曲线产生波动，阀位大幅开大。

（2）冷低分压力指示上升，严重时跳安全阀，甚至跳后压力也未见下降。

（3）系统压力下降，冷高分液面空。

冷高分串至冷低分的处理：

（1）立即检查冷高分的液位低低联锁是否动作，若动作失灵，检查液位控制阀是否关闭；若未关闭，现场手动关闭液控阀及前后手阀。待冷高分液位上升后投用该液控阀，控制液位在正常范围内。

（2）立即将冷低分压力降至正常操作压力。通知下游装置注意低分气脱硫塔压力，加强脱液，以防大量烃类进入低分气脱硫塔。

（3）联系仪表检查液控阀故障原因并修复。

（4）稳定平衡好分馏系统操作。

五、冷高分排气带油

冷高分排气带油现象：

（1）冷高分液位偏高。

（2）循环氢流量指示上升。

（3）循环氢脱硫塔入口聚结器排液量增加。

冷高分排气带油原因：

（1）冷高分液面过高。

（2）反应产物冷后温度偏高。

冷高分排气带油处理：

(1) 将冷高分液位控制改为手动调节，开大液控阀，必要时可双液阀均打开，降低冷高分的液位。

(2) 加强对循环氢脱硫塔入口聚结器脱液，确保循环氢脱硫塔不带液。

(3) 增开反应产物空冷，调整反应产物水冷冷却水量，降低冷高分温度。

六、循环氢脱硫塔串压

循环氢脱硫塔串压现象：

(1) 富液闪蒸罐压力猛升。

(2) 系统压力下降。

(3) 循环氢脱硫塔液位下降。

循环氢脱硫塔串压处理：

(1) 将富液闪蒸罐压力控制阀改为手动操作，开大，降低富液闪蒸罐压力至正常。

(2) 检查循环氢脱硫塔的液位低低联锁是否动作，紧急切断阀是否关闭。若动作失灵，则手动切断自保阀。

(3) 将循环氢脱硫塔的液控阀立即手动关闭，外操关液控阀的上游阀，建立液面后，投用液控阀并调节正常。此时，可适当增大贫溶剂的进入量。

七、催化剂床层超温

催化剂床层超温原因：

(1) 反应进料加热炉出口温度超高。

(2) 原料量及性质突变，原料性质变劣，新氢中 CO、CO_2含量增加。

(3) 循环氢量减少使热量携带不出去。

(4) 急冷氢调节阀失灵。

(5) 反应原料在催化剂截面上分布不均形成局部过热而超温。

催化剂床层超温处理：

(1) 反应器内任一点温度异常，及时调节反应进料加热炉的出口温度及冷氢量，通过调整反应加热炉燃料气控制阀开度，降低反应炉出口温度，开大注冷氢量阀，控制下一床层入口温度，使床层温度回到正常状态。

(2) 打开混氢油/反应流出物换热器副线温控阀，增大换热器旁路流量，降低反应器入口温度。应注意在反应温度可控制的前提下，避免热高分入口温度超高。

(3) 检查循环氢压缩机系统工况，提高循环氢压缩机的转速，提高循环氢量，保证外来氢气的质量。

(4) 如果降低反应进料加热炉出口温度，增大循环氢和冷氢量后，床层温度仍超温，则装置紧急降量，或切断进料，炉子熄火，必要时启动紧急泄压阀，装置按紧急停工处理。

(5) 联系仪表人员对急冷氢控制阀进行检修。

(6) 若因原料性质变化引起，应降低进料量，并联系调度控稳原料油性质。

(7) 根据产品质量情况，联系调度、罐区将石脑油、柴油改入不合格线，防止污染产品罐。

八、反应器(床层)飞温

反应器(床层)飞温现象:

(1) 正常操作时，反应器床层任意床层温升超过正常值30℃且继续上升。

(2) 反应器床层任意点温度超过430℃且继续快速上升。

反应器(床层)飞温原因:

(1) 开工预硫化后，催化剂活性太高，未经初活稳定直接切换原料。

(2) 循环氢量突然减少使热量携带不出去。

(3) 原料油、新氢突然减少或中断使系统冷料少而打破平衡引发飞温。

(4) 原料油、新氢的组成发生突变造成反应热突增。

(5) 反应进料加热炉出口温度超高。

(6) 急冷氢调节阀失灵。

(7) 催化剂活性不稳，在某些点活性突增使反应加剧，局部过热引发飞温。

(8) 反应原料或循环氢在催化剂截面上分布不均形成局部过热而飞温。

反应器(床层)飞温处理:

(1) 当催化剂床层发生飞温，采取降温、降量、提高循环氢和冷氢流量仍不可控制，温度呈指数级上升时，立即向调度汇报并启动0.7MPa/min紧急泄压系统。

(2) 0.7MPa/min紧急泄压后，反应进料加热炉燃料气切断阀关闭，长明灯燃烧正常；确认0.7MPa/min紧急泄压阀是否打开，观察反应压力是否下降，当此泄压操作不起作用时，应立即现场打开紧急泄压阀进行泄压。泄压时注意反应器压差。

(3) 关闭加热炉两路主燃料气调节阀上游阀，关闭各主火嘴前手阀，同时停长明灯。

(4) 提高循环氢压缩机转速至最大，全速运转，全开各路冷氢阀。

(5) 加强现场高温高压临氢等法兰部位的巡检，同时在高压法兰的消防蒸汽进行排凝后投用这些部位的消防蒸汽。

(6) 全开热高分气空冷器，冷却循环氢温度。

(7) 当热高压分离器的液位降低至30%时，关闭液位控制阀及其上游阀，防止串压。注意控制好冷高分的液位、界位，当冷高分液位、界位降低至30%时，关闭液位、界位控制阀及其上游阀，防止串压。

(8) 打开循环氢脱硫塔副线阀，反应贫胺液泵联锁停泵。注意循环氢脱硫塔的液位，当液位低到40%时，关闭液控阀，要严防高压串低压。

(9) 严密监控反应器各床层温升及床层各温度点，如果反应器温度得到控制，可以停止泄压。如反应温度仍控制不住，继续将反应系统压力泄压，反应器入口温度控制在260℃左右，反应系统切断进料，维持循环氢压缩机运转。

(10) 将石脑油、柴油出装置改为去不合格线，关闭产品出装置手阀。

九、精制柴油泵抽空

精制柴油泵抽空现象:

(1) 泵出口压力波动大，电流下降，响声不正常，送出流量下降或回零。

(2) 塔底液面升高。

(3) 柴油出装置量波动。

精制柴油泵抽空原因：

(1) 塔底液面过低(指示失灵或误操作)。

(2) 进口管线故障如阀芯脱落，或过滤器堵塞。

(3) 操作不当，轻油压至塔底汽化。

(4) 前部操作不当生成油中夹带水，特别是在开工停工过程中，汽提塔温度太低，蒸汽被冷凝。

精制柴油泵抽空处理：

(1) 找准原因，分别处理，首先关小泵出口阀，尽量保持低流量运转。

(2) 如运行泵故障，则切换备用泵；若过滤器堵塞，开备用泵后停下的泵应清理入口过滤器。

(3) 在处理过程中，要尽量平稳泵出口流量，勿使流量忽大忽小，引起分馏塔操作波动。

(4) 提高分馏塔液位，提高分馏塔塔顶压力。

(5) 控制好冷低分的界位，不使水带入分馏系统中。

(6) 如果脱硫化氢汽提塔温度太低，应先停掉汽提蒸汽。如果分馏塔轻组分压入塔底，则应降低回流，适当提高塔底温度或降低塔压，将塔底的轻组分蒸发至塔顶。

(7) 联系调度并检查装置蒸汽发生器操作，防止汽提蒸汽带水、蒸汽分水器切水。

十、分馏塔回流泵抽空

分馏塔回流泵抽空现象：

(1) 塔顶回流温度升高。

(2) 回流流量减少或回零。

(3) 塔顶容器液面上升。

(4) 回流泵出口压力波动大，电流突降，响声不正常。

分馏塔回流泵抽空原因：

(1) 回流罐液面过低。

(2) 回流油温度太高，轻油汽化。

(3) 回流油太轻，汽化。

(4) 进口管线堵塞或阀芯脱落，或过滤器堵塞。

分馏塔回流泵抽空处理：

(1) 在寻找原因、对症处理的同时，迅速启用备用泵，尽快建立回流，如塔顶温度超高可适当降低重沸炉出口温度，同时降低塔顶空冷冷后温度至正常温度。

(2) 情况较严重时，迅速降低塔底温度，防止冒罐。

(3) 如操作波动较大，可将产品改不合格线。

(4) 开备用泵后，如原运行泵的过滤器堵塞，应加以清洗。

十一、分馏塔冲塔

分馏塔冲塔的危害：塔内液体大量返混，各塔盘气液传质与热量传递平衡被破坏，从而引起塔的分离效率降低，严重影响塔的正常操作。

分馏塔冲塔的现象：

(1) 塔底液面波动很大。

(2) 塔压波动大。

(3) 顶温波动大。

(4) 回流量过小，回流温度和回流罐液面波动大。

(5) 石脑油干点不合格。

分馏塔冲塔的原因：

(1) 塔顶回流中断，回流泵抽空或控制阀故障。

(2) 重沸炉出口温度失控，造成出口温度超高。

(3) 处理量太大，塔内负荷大，或塔盘吹翻油气走短路。

(4) 塔顶回流带水。

(5) 进料中汽油比例大，轻组分过多。

(6) 操作不当，轻油过多的压至塔底造成突沸。

(7) 分馏塔塔压突然大幅度降低。

(8) 分馏塔进料温度过高。

(9) 分馏塔塔底液位过高。

分馏塔冲塔的处理：

(1) 调整回流量，按工艺卡片的要求调整。

(2) 立即恢复塔顶回流。若是塔顶回流泵抽空，关小泵出口手阀，并调整 C-202 塔顶流控阀开度，控稳顶回流量。若泵过滤网堵或泵运行不正常，切换至备用泵，并联系维修人处理故障泵。

(3) 降低重沸炉出口温度、循环量，联系仪表修理温控表。

(4) 加强回流罐脱水。

(5) 联系调度、质管中心查明汽油混合比例，同时反应系统降低处理量。

(6) 若进料轻组分过多，则加强脱硫化氢汽提塔拔出轻组分操作，并控制好反应深度。

(7) 稳定分馏塔塔底液位。

(8) 一旦发生冲塔事故，则要联系调度将产品改不合格线出装置。

十二、循环氢脱硫塔胺液发泡

循环氢脱硫塔胺液发泡的危害：循环氢脱硫塔胺液发泡会导致循环氢压缩机入口分液罐带液频繁，带液大时易使循环氢压缩机产生液击，损伤压缩机，同时脱硫效果变差、胺液跑损严重。

循环氢脱硫塔胺液发泡的原因：

(1) 循环机转速过高。

(2) 贫胺液过脏。

(3) 贫胺液浓度过大。

(4) 贫胺液冷却器管程上水控制阀开得过大。

(5) 循环氢带液或者温度过高。

(6) 循环氢脱硫塔液位过高。

(7) 贫胺液流量过小。

循环氢脱硫塔胺液发泡的现象:

(1) 循环氢压缩机入口分液罐液位上升较快。

(2) 循环氢中硫化氢浓度上升。

(3) 循环氢脱硫塔差压波动很大。

循环氢脱硫塔胺液发泡的处理:

(1) 对循环氢压缩机入口分液罐进行脱液,防止液位高联锁循环氢压缩机,调整循环机转速,降低反应系统的循环氢量。对循环氢脱硫塔入口聚结器进行脱液。

(2) 联系溶剂再生装置改善反应贫胺液的质量,同时打开循环氢脱硫塔副线手操器,外操加强循环氢脱硫塔撇油。

(3) 调整循环氢脱硫塔液控阀的开度,控稳液位。

(4) 调整贫胺液冷却器管程上水控制阀开度,控制好贫胺液与循环氢温差。

(5) 调整反应产物出口温度,控制好循环氢温度。

(6) 开大贫胺液泵出口流控阀开度,增大循环氢脱硫塔的贫胺液量。

十三、循环氢压缩机喘振

循环氢压缩机喘振的危害:压缩机振动剧烈时,轴承液体润滑条件会遭到破坏,轴瓦会烧坏,转子与定子会产生摩擦、碰撞,干气密封元件将严重破坏。

循环氢压缩机喘振的原因:

(1) 循环氢压缩机入口流量低。

(2) 防喘振阀故障或卡涩。

(3) 循环氢压缩机转速过低。

循环氢压缩机喘振的现象:

(1) 压缩机振动剧烈。

(2) 循环氢压缩机入口流量和出口压力大幅度变化。

(3) CCS 画面出现一系列报警。

循环氢压缩机喘振的处理:

(1) 防喘振控制阀改手动,手动调整防喘振阀的开度。

(2) 调整循环氢压缩机转速,调整循环氢量。

(3) 调整系统压力稳定。

十四、高压系统压力超高

高压系统压力超高的危害:反应系统超压易造成系统设备超压、冷高分安全阀起跳、反应系统波动。

高压系统压力超高的原因:

(1) 新氢机一回一控制阀开度过小,补充氢流量增大。

(2) 原料大量带水。

(3) 新鲜原料变轻,硫氮含量低,反应耗氢下降。

（4）反应进料量降低。

（5）仪表或调节阀故障。

高压系统压力超高的现象：

（1）反应器入口压力、循环氢压缩机入口压力超高。

（2）补充氢量增大。

（3）反应进料量波动。

高压系统压力超高的处理：

（1）将一回一控制阀改手动开大，降低去反应系统补充氢的流量。

（2）打开大排放氢控制阀，降低系统压力。

（3）原料油缓冲罐切水，联系调度，加强新鲜原料的脱水或切罐。

（4）降低反应温度，稳定反应进料量。

（5）联系仪表处理，调节阀故障切至副线操作调节。

（6）压力超高，采取上述措施无效，可通知调度开紧急放空处理。

十五、防喘振阀突然打开

防喘振阀突然打开的现象：

（1）循环氢压缩机出口混氢流量表显示突然降低。

（2）反应进料加热炉出口、反应器入口及反应器床层各温度突然上升。

（3）高压换热器温度和压力大幅度波动。

防喘振阀突然打开的原因：

（1）检查CCS，确认循环氢压缩机是否在喘振区运行。

（2）检查防喘振阀是否故障。

防喘振阀突然打开的处理：

（1）立即向调度汇报并组织岗位力量进行事故处理。

（2）如循环氢压缩机出现喘振，从CCS上调整使防喘振阀逐渐关闭；如控制阀故障，现场手动逐渐关闭防喘振阀。在手动关闭防喘振阀时，一要保证防喘振工作点在安全工作区；二要根据反应系统温度、压力的变化，以反应进料加热炉出入口温度、高压换热器管壳程出入口温度、反应器出入口压力、床层温升为参照点来缓慢关小防喘振阀，进一步调整混氢量的大小，确保装置不会发生二次事故。

（3）联系仪表处理防喘振阀。

（4）检查反应进料加热炉主火嘴。如果没有熄灭，立即调节加热炉主火嘴瓦斯控制阀，降低反应器入口温度。

（5）立即开大冷氢阀，降低反应器床层温度，如发现催化剂床层温度有明显快速上升的趋势，可打开排废氢阀进行排放；温度仍然控制不住，则立即启动紧急泄压阀进行泄压，如果温度得到控制，可以停止泄压。注意温度不能降得太快。

（6）降低反应器床层温度后，相应地降低反应进料量。

（7）加大反应系统新氢补入量，通过开排废氢阀，保证反应器床层气体流动。

（8）分馏系统根据反应系统的降温降量相应调整操作，尽量保持产品质量合格。

（9）如操作参数偏离指标太大，联系调度将产品改入不合格线，防止污染产品罐。

十六、加热炉烟囱冒黑烟

加热炉烟囱冒黑烟的危害：浪费燃料，易使加热炉炉管和空气预热器热管系统结焦粉，从而降低这些部位设备传热系数，并且未燃烧的烟气易在炉膛顶部发生二次燃烧，同时未燃烧烟气排放大气后污染环境。

加热炉烟囱冒黑烟的原因：

(1) 加热炉炉管烧穿。

(2) 加热炉负荷突然增大而造成燃料消耗量剧增。

(3) 供风不足，加热炉抽力过小，过剩空气不足。

(4) 燃料气带油，组分变重。

(5) 瓦斯量开得过大，燃烧不完全。

加热炉烟囱冒黑烟的处理：

(1) 如炉管破裂严重，装置紧急停工处理。

(2) 稳定加氢进料量，调节烟道挡板和风门开度，保持炉膛负压和氧含量合格、炉子燃烧正常。

(3) 检查空气预热系统的运行，检查鼓风机和引风机运行是否正常，若鼓风机、引风机停运，打开自然通风门。若空气预热器投用，则调整鼓风机和引烟机入口蝶阀开度，保证炉膛足够的负压和供燃料完全燃烧的风量。

(4) 加强燃料气分液罐脱液，开瓦斯伴热线，联系调度，调整瓦斯组分。

(5) 内操将加热炉燃料气流控阀改手动操作，控稳燃料气流量。

十七、炉管结焦

炉管结焦原因：

(1) 由于操作不稳，火焰过长，局部过热。

(2) 各炉炉管内流量分布不均匀。

(3) 进炉流量中断或偏低。

(4) 原料性质变差。

炉管结焦现象：

(1) 炉管阻力大，各路进料压力升高。

(2) 炉膛温度上升。

(3) 分支炉管出口温差大。

(4) 炉出口温度下降。

(5) 严重时炉管发生剥皮，出现纹路，变为粉红色。

炉管结焦处理：

(1) 加强平稳操作，严格控制多火嘴，短火焰，齐火苗。

(2) 严格控制分支炉管进料均匀，确保各分支出口温度的均衡。

(3) 如进炉介质流量偏低，应降温操作。

(4) 如结焦严重，则汇报车间管理人员，按正常停炉处理。

十八、汽包典型事故

一般加氢装置汽包所产饱和蒸汽经重沸炉对流室加热后作为脱硫化氢汽提塔塔底吹汽，因此当汽包系统发生操作异常或事故时，要时刻注意以下两点：

(1) 在重沸炉未灭火的条件下，一定要保证对流室炉管内有流动介质，防止炉管干烧。

(2) 切勿将水带入脱硫化氢汽提塔塔底和蒸汽管网。

当发生以下情况时，应停用汽包：

(1) 汽包液位低于玻璃板液位计下引压管，不断加大给水及采取其他措施，但液位仍不见回升。

(2) 汽包水位超过最高警戒水位，采取紧急放水和切断汽包上水后仍不见水位下降。

(3) 给水系统故障不能满足要求时，可酌情降低或停止汽包系统发生蒸汽。

(4) 水位表或安全阀全部失灵。

(5) 汽包系统关键部位损坏，威胁人员安全及系统安全运行。

(一) 汽包满水

汽包满水的危害：蒸汽品质下降，会造成蒸汽带水，严重时会影响蒸汽管网。

汽包满水的现象：

(1) 汽包水位超高，水位报警器发出高报信号。

(2) 水位计内满水，颜色灰暗。

(3) 过热蒸汽温度下降。

(4) 排除排污因素，给水量明显超过过热蒸汽流量。

(5) 水满严重时，蒸汽管内发生水击，法兰向外冒汽。

汽包满水的原因：

(1) 给水控制阀失灵，供水装置故障。

(2) 液位表、蒸汽流量表或给水流量表指示不正确，使岗位人员判断失误，调整不及时。

(3) 负荷骤变，蒸汽发生器热源温度突然下降或流量突然下降，而给水量不变。

汽包满水的处理：当锅炉汽压及给水压力正常，汽包液位上升超过正常水位时，应采取以下措施。

(1) 汽包液控阀由自动改为手动，降低上水量。如控制阀失灵，改副线控制。

(2) 对现场液位计进行冲洗，确认实际液位，与 DCS 指示对照；若液位指示失灵，联系仪表人员进行处理。

经上述处理后，汽包水位仍上升并超过液位控制上限时，应采取以下措施：

① 切断汽包上水。

② 开间断排污阀放水，降低液面。

③ 锅炉发生满水事故，用外来 1.0MPa 蒸汽维持正常生产。

④ 水位恢复时，按正常规程恢复运行。

(二) 蒸汽发生器“干锅”

蒸汽发生器“干锅”的危害：汽包干锅造成蒸汽发生器温度波动大，过热蒸汽温度超高，严重时造成汽包应力损坏。需要注意的是，汽包干锅后严禁立即进水，防止水突沸引起事故。

蒸汽发生器“干锅”的现象：

(1) 蒸汽发生器发生管程出口柴油温度突然升高。

(2) 汽包液面指示液位指示回零。

(3) 汽包液面经“叫水”，水位低于现场玻璃板的可见部分。

(4) 汽包蒸汽温度上升，流量降低。

(5) 自系统来除氧水流量、压力降低。

蒸汽发生器“干锅”的原因：

(1) 除氧水中断。

(2) 控制阀故障。

(3) 设备本身故障。

(4) 排污阀没关或严重漏液。

(5) 蒸汽发生器热源温度突然上升，而给水量不变。

蒸汽发生器“干锅”的处理：

(1) 蒸汽发生器发生“干锅”事故时切不可轻易上水，否则易造成严重的后果。事故一旦发生，马上到现场，利用“叫水法”来确认汽包实际液面：打开玻璃板的下放空，看是否有水，若有水，则证明事故并不严重，可以上水，注意上水速度不能太快；若无水，切不可轻易上水，马上按下列步骤处理。

(2) 如果已经干锅，全关蒸汽发生器热源，改走副线，待冷却后重新补水至正常液位，重新投用。严禁在蒸汽发生器温度较高时进水，以免损坏设备。

(3) 立即引入管网 1.0MPa 蒸汽进重沸炉加热，维持汽提蒸汽流量。汽包蒸汽改消音器放空。

(4) 反应系统降量生产，重沸炉降温操作，分馏系统随反应系统降低负荷，逐步开大蒸汽发生器发生管程副线，直至全部切除。

(5) 问题处理完后恢复进水，逐步加大蒸汽发生器发生热路负荷。

(6) 反应系统调整进料量至正常。

(三) 汽包内汽水共腾

汽包内汽水共腾的危害：蒸汽温度急剧下降，蒸汽大量带水，严重时管道发生水击。

汽包内汽水共腾的现象：

(1) 汽包水位计内水位剧烈波动，模糊不清。

(2) 过热蒸汽温度急剧下降，严重时蒸汽管内发生水击，法兰处向外冒汽。

(3) 蒸汽和炉水含盐量增大。

(4) 水位报警器间断发出高水位和低水位报警。

(5) 汽包蒸汽压力、流量波动。

汽包内汽水共腾的原因：

(1) 炉水品质变差，没有及时排污或排污不正常，导致炉水内悬浮物或含盐量大。

(2) 给水中含油或加药不正常。

(3) 炉水位过高，负荷增加过快。

汽包内汽水共腾的处理：

(1) 首先降低蒸汽发生器热源量，注意控制好蒸汽压力、温度。

(2) 开大连续排污阀，同时加强锅炉上水，防止水位过低，加大间断排污量。

(3) 停止向汽包内加药。

(4) 维持汽包液位略低于正常液位。

(5) 联系取样化验，如炉水质量有问题，应及时采取措施，改善炉水质量。在换水过程中，始终注意汽包水位不得低于正常水位；当事故消除后，立即停止换水，冲洗汽包水位计。

(四) 蒸汽发生器内漏

蒸汽发生器内漏的现象：

(1) 给水流量不正常地大于蒸汽流量，严重时汽包水位下降。

(2) 蒸汽发生器管程出口压力上升，温度下降。

(3) 柴油含水量上升。

蒸汽发生器内漏的原因：

(1) 管板垫片失效。

(2) 管板胀口泄漏。

(3) 介质腐蚀冲刷导致管束泄漏。

(4) 换热器超压。

(5) 换热器进料温度、流量大幅度波动。

(6) 换热器单程受热。

蒸汽发生器内漏的处理：

(1) 立即向车间汇报，采样分析柴油中的含水量，确定泄漏量。

(2) 控制换热器进料温度和流量稳定。

(3) 精心操作，防止汽包干锅，造成换热器单面受热。

(4) 若泄漏量较大，切除蒸汽系统，柴油走蒸汽发生器跨线。自汽包压力控制阀后引入1.0MPa蒸汽，至炉顶改放空，防止炉管干烧。蒸汽发生器停工处理。

第六节 加氢精制装置的主要危险品

一、氢气

(一) 氢气特性

氢气是无色无臭的气体，不溶于水，不溶于乙醇、乙醚。相对密度(水=1)：0.0899，相对蒸气密度(空气=1)：0.07，熔点-259.2℃，沸点-252.8℃，饱和蒸气压13.33kPa(-257.9℃)，燃烧热241.0kJ/mol，临界温度-240℃，临界压力1.30MPa，引燃温度400℃，爆炸极限[%(体)]：4.1~74.1，最大爆炸压力为0.72MPa。

1. 燃烧与爆炸危险性

氢气是易燃易爆、有着特殊危险的气体，其特点为：

(1) 燃烧速度快。氢气爆炸速度与氢气浓度的关系近似高斯曲线，其定向最大传播速度(也称氢焰速度) V_{max}=167.7m/s；出现最大氢焰速度时的浓度值 D_{max}=33.5%。氢气在管道内的火焰速度受点火位置影响。在管道内设置阻火器的开口管道进行的火焰速度实验表明，当距阻火器的管道点火点达到 1.5m 后即发生爆轰，其在管道内的火焰速度可达到 2133m/s。闭口一端点火的火焰速度大于开口一端点火的火焰速度，是同样条件下丙烷和空气混合气体火焰速度的 20~30 倍。

（2）燃烧温度高，燃烧时发出青色火焰并产生爆鸣。燃烧温度可达 2000℃。氢氧混合燃烧的火焰温度为 2100~2500℃。

（3）熄灭直径小，仅为 0.3mm，最小点火能量为 0.019MJ。

（4）爆炸范围宽，其爆炸的上、下限范围为 4.1%~74.2%。

（5）爆炸威力大，最大爆炸压力为 0.74MPa。

催化加氢过程处在高温、高压下的临氢状态下，氢气一旦从系统中逸出，扩散的速度很快，并迅速与空气混合形成蔓延范围很广的爆炸性气体。这时只需很低能量的火源(如明火、静电火花等)就能引起燃烧甚至爆炸。所以对高温、高压的氢气泄漏燃烧必须迅速扑灭，否则，烈焰的烧烤会引起毁灭性的二次爆炸。做好氢气的防火灭火工作对催化加氢过程的安全至关重要。

2. 毒性

氢气在生理学上是惰性气体，为单纯性窒息气体，仅在高浓度时，由于氧分压降低，引起缺氧性窒息，在很高的分压下，可呈现麻醉作用。缺氧性窒息发生后，轻者出现心悸、气促、头昏、头痛、无力、眩晕、恶心、呕吐、耳鸣、视力模糊、思维判断能力下降等 缺氧表现。重者除上述表现外，很快发生精神错乱、意识障碍甚至呼吸、循环衰竭。

（二）氢气泄漏的防护

如氢气泄漏事故导致火灾，则只能采取泄压措施，装置停工。为了避免事故，任何时候都必须高度注意系统内的氢气泄漏问题，开工前临氢系统必须进行严格的气密。开、停工时系统空气的置换，均须按有关操作规程严格进行，防止发生氢气爆炸等重大事故。正常生产中，早期用可燃气检测报警器监视和发现生产装置中这些部位的可燃气体泄漏情况及系统环境中可燃气体的滞留，发出警报，即可及早采取措施排除故障，防止爆炸及火灾事故的发生，确保装置安全稳定运行。

1. 加热炉出口法兰的防泄漏措施

加热炉出口是加氢处理过程中氢气温度最高的部位，在氢气中可能还混有同等温度的油气，而且该处压力较高。一旦发生泄漏，高温、高压氢气-油气混合物会发生自燃，或因高速的气流喷出产生静电火花而引燃。因此，加热炉出口的法兰处是防止氢气泄漏的重点部位。

因燃料气系统仪表元器件的故障，燃料气压力过低、反应进料加热炉流量过低等情况都会导致自动联锁动作，造成加热炉熄火。由于加热炉出口管线上的 8 字盲板因为温度剧变，法兰与金属软钢密封环垫圈因膨胀系数不同而导致氢气泄漏。为防止此类事故的发生，应采取以下措施：

（1）仪表人员要加强对加热炉燃料控制系统和进料或混氢流量仪表元器件的维修保养，定期更换易老化、易损的元器件，避免自动联锁误动作的发生。

（2）对于临氢管线上安装的 8 字盲板，施工人员要认真检查法兰和垫片的质量，精心安装。开车时，在氮气冷态循环升压和氢气热态循环升压阶段，分别用肥皂水和便携式氢气检测仪检查法兰泄漏情况，确认无泄漏后才可转入下一开工工序。

(3) 从技术上减少因热胀冷缩造成的法兰泄漏现象。按工艺设计要求，对热态管线上的8字盲板应采取有效的保温隔热措施，以避免管线和8字盲板产生明显的散热及温差。

(4) 在加热炉出口8字盲板的法兰处，安装低压蒸汽环形保护圈管，管上钻有1~2mm的小孔。一旦发生泄漏，可打开蒸汽，喷出的蒸汽成雾状覆盖泄漏处，既可隔绝空气，又可降低漏出气体的温度和稀释氢气的浓度。

2. 其他部位的防泄漏设施

对临氢管线的易泄漏部位，应加强安全巡视检测和安装自动监测系统，在其上方设置强吸固定式可燃性气体检测探头，并可在控制室和现场监测、报警。监测器可与3~4个低压蒸汽保护圈阀联锁。如用人工测定时，要站在上风向，最好用长杆探头；当泄漏增大时，要立即停止检测工作，以防氢气突然着火而烧伤检测人员。

(三) 氢气中毒的急救措施

迅速脱离污染区至空气新鲜处。让中毒人员躺下，如果中毒人员呼吸微弱或呼吸停止，在保证气道通畅下，进行人工呼吸。如果可能，由受过训练的人员给予中毒人员医用氧气吸入。立即送医院或寻求医生帮助。

(四) 氢气着火的灭火措施

迅速撤离泄漏污染区人员至上风处，并进行隔离，严格限制出入。应急处理人员戴自给正压式呼吸器，穿防静电工作服，使用防爆工具。具体措施如下：

(1) 如果氢气压力低、火势小，可用浸了水的织物覆盖，使其既隔绝空气灭火，又能降低温度使火不再复燃。

(2) 如果氢气压力高、火势大，火灾危及电气设备、线路，首先切断电源。如果隔离起火的部位是安全的话，尽可能地关闭阀门，切断正在燃烧的氢气供应。要保证系统的压力为正压，禁止空气进入系统。

(3) 氢气设备起火，绝对不能关闭进气阀，因为这会使设备内产生负压，吸进空气引发爆炸。爆炸危险比大火严重得多。

(4) 如果氢气起火部位不能隔离，应适当关小进气阀，既降低压力又保持正压，用水来冷却降温。在氢气流切断之前不能灭火，允许氢气在控制下燃烧，把握住断气与灭火时机。

(5) 如有条件，可以引氮气通入氢气系统，逐渐加大氮气流量，渐渐减少进入系统内氢气流量。操作中要密切注意系统压力的变化和火焰的变化，直至火焰被熄灭。

灭火注意事项：用水喷淋保护去关闭阀门的人员；由于火场中可能发生容器爆破的情况，消防人员须在防爆掩蔽处操作。

二、硫化氢

在加氢装置的整个生产过程中，由原料到产品，大部分物流中都含有不同程度的H_2S，浓度值超过致命浓度($1g/m^3$)的几百倍到上千倍。这些介质一旦泄漏，对人的身体健康和生产及设备都有极大的危害。因此，加强对H_2S性质、危害及其防范措施的进一步认识是预防H_2S中毒的关键。国家工业卫生标准规定，车间空气中H_2S最高允许浓度为$10mg/m^3$。

(一) 硫化氢的理化性质

1. 物理性质

硫化氢是无色有臭鸡蛋味的毒性气体，分子量34.08，相对密度1.19，沸点-60.2℃，熔点-83.8℃，自燃点 260℃。溶于水，0℃时 100mL 水中可溶 437mL 硫化氢；40℃时，可溶 180mL 硫化氢。也溶于乙醇、汽油、煤油、原油中，溶于水后生成氢硫酸。

2. 化学性质

硫化氢的化学性质不稳定，在空气中容易爆炸。爆炸极限为 4.3%~45.5%(体积)。它能使银、铜及其他金属制品表面腐蚀发黑，与许多金属离子作用，生成不溶于水或酸的硫化物沉淀。

3. 火灾和爆炸性

硫化氢有毒且易燃，燃烧时呈蓝色火焰并产生二氧化硫，后者有特殊气味和强烈刺激性。硫化氢与空气混合范围在 4.5%~45.5%(体)，可引起强烈爆炸。由于其蒸汽比空气重，硫化氢会积聚在低洼或地面扩散，若遇火源会发生燃烧。硫化氢遇热分解为硫和氢，当它与氧化剂，如硝酸、三氧化氯等接触时，可引起强烈反应和燃烧。

4. 对环境的污染

全世界每年进入大气中的硫化氢估计有 1×10^8t，人为产生每年约 300×10^4t。硫化氢在大气中很快被氧化成二氧化硫，使得工厂及城市局部地区大气中的二氧化硫的浓度升高。这对人与植物会造成伤害，并且这也是形成酸雨的主要原因。水中含有硫化氢除了发臭外，对混凝土与金属有腐蚀作用。水中的硫化氢含量超过 0.5~1.0mg/L 时，对鱼类有害。

（二）硫化氢的危害

1. 不同浓度的硫化氢对人体健康的危害

不同浓度的硫化氢对人体健康的危害见表 6-3。

表 6-3　不同浓度的硫化氢对人体健康的危害

硫化氢浓度/(mg/m^3)	接触时间	毒性反应
0.035		嗅觉阈，开始闻到臭味
0.4		臭味明显
4~7		感到中等强度难闻的臭味
30~40		臭味强烈，仍能忍受，是引起症状的阈浓度
70~150	1~2h	呼吸道及眼刺激症状。吸入 2~15min 后嗅觉疲劳，不再闻到臭味
300	1h	6~8min 出现眼急性刺激性。长期接触引起肺水肿
760	15~60min	发生肺水肿，支气管炎及肺炎。接触时间长时引起头痛、头昏、步态不稳、恶心、呕吐、排尿困难
1000	数秒钟	很快出现急性中毒、呼吸加快、麻痹而死亡
1400	立即	昏迷、呼吸麻痹而死亡

在国家规定的卫生标准中，硫化氢在空气中最高容许浓度是 $10mg/m^3$，浓度越高，对人体危害越大。

人的嗅觉阈为 $0.012\sim0.03mg/m^3$，远低于引起危害的最低浓度。起初臭味的增强与浓度的增长成正比，但当浓度继续升高时，臭味反而减弱。在高浓度时，因很快引起嗅觉疲劳而不能察觉硫化氢的存在，故不能依靠其臭味强烈与否来判断硫化氢的危险浓度。

硫化氢经呼吸道吸收很快，在血液中，一部分被氧化为无毒的硫酸盐和硫代硫酸盐等经尿液排出，一部分游离的硫化氢经肺部排出，体内无积蓄作用。

2. 硫化氢对人体的毒作用

硫化氢对人体的毒作用主要为急性毒作用。硫化氢不仅是一种窒息性毒物，对黏膜还有明显的刺激作用，这两种毒作用与硫化氢的浓度有关。当硫化氢浓度越高时，对呼吸道及眼的局部刺激越明显。硫化氢的局部刺激作用，系由于接触湿润黏膜与钠离子形成的硫化钠引起的。当浓度超高时，人体内游离的硫化氢在血液中来不及氧化，则引起全身中毒反应。目前认为，硫化氢的全身毒作用是被吸入人体的硫化氢通过与呼吸链中的氧化型细胞色素氧化酶的三价铁离子结合，抑制细胞呼吸酶的活性，从而影响细胞氧化过程，造成细胞组织缺氧。由于中枢神经系统对缺氧最为敏感，因此其首先受到影响。当硫化氢浓度高时，则引起颈动脉窦的反射作用，呼吸停止。当硫化氢更高浓度时，直接麻痹中枢而立即引起窒息，造成“电击型”中毒死亡。

3. 急性硫化氢中毒的症状表现

轻度中毒是以刺激症状为主，如眼刺痛、畏光、流泪、流涕、鼻及咽喉部烧灼感、干咳和胸部不适、结膜充血、呼出气有臭鸡蛋味等，一般数日内可逐渐恢复。

中度中毒时，中枢神经系统症状明显，头痛、头晕、乏力、呕吐、共济失调等，刺激症状也会加重。

重度中毒时，可在数分钟内发生头晕、心悸，继而出现躁动不安、抽搐、昏迷，有的出现肺水肿并发肺炎，最严重者发生“电击型”死亡。

4. 硫化氢中毒的抢救和急救方法

硫化氢中毒的发生，一般来得突然，危害大，所以现场的抢救一定要得当，不能盲目蛮干，以避免更大的伤亡。首先，抢救人及进入现场救人必须戴好个人防护用品；抢救出的中毒人员要立即进行现场急救。现场急救是极为重要的救护措施，急救得法，抢救及时，可以避免死亡事故的发生。

现场急救原则：立即将病人移离中毒现场至空气新鲜处；发生窒息而心跳停止者立即施以胸肺复苏术；待呼吸恢复时给予吸氧，并及时送医院治疗。

5. 接触硫化氢作业的注意事项

加工含硫原油的炼油企业，由于生产装置的开停工、检修或抢修，正常生产中的脱水、采样及设备的泄漏等，均会使操作人员接触到硫化氢。为确保人身安全，应注意以下事项。

1）采样

（1）未脱硫的液态烃采样。在含硫原油的炼制过程中，未经脱硫的液态烃，其 H_2S 含量均超过人的致死浓度（大于 1000mg/m^3）。采样时必须做好防护，严格执行液态烃采样的有关规定。

要检查采样器是否完好，如果采样器破裂或发生其他意外，就会造成不可想象的后果。佩戴适用的防毒面具，应站在上风向，并要在装置操作工的监护下进行。在采样过程中，手阀应慢慢打开，不要开得过大。一些手阀受 H_2S 的腐蚀，较难打开，不要用扳手敲打阀门，避免发生意外。采样点应设在较空旷的地方，防止 H_2S 有害气体积聚。

（2）酸性气采样。酸性气的 H_2S 含量高达 62%～99%，其危险性比未脱硫的液态烃更大。有人曾用球胆采酸性气样时，对周围空气中的 H_2S 进行测定，其含量都大于 125mg/m^3。因此，对酸性气采样务必采取更有效的防护措施，执行未脱硫液态烃采样的安全防护规定。

做完分析后的酸性气余气，应在橱窗里排空或以碱液吸收，严禁到处排放。最好用针筒密闭采样，有条件时采用在线分析。

（3）高含硫污水采样。高含硫污水主要含有 H_2S、氨、瓦斯等有毒有害气体，水质含硫量为 1000~2900mg/L，如果采样时阀门开得过大，污水横流或洗瓶的污水乱倒，就会污染环境，影响职工身体健康，严重时造成 H_2S 中毒身亡事故。因此，采样时应采取必要的防护措施：佩戴适合的防毒面具，应站在上风向，并在装置操作工的监护下进行；手阀不能开得过大，以免污水溅出；置换的污水应排入地漏，不应乱排乱倒。

（4）脱水排凝。在含硫原油的炼制过程中，从原油到各种半成品、副产品均需脱水排凝，这些物料很多都带有 H_2S 等有毒有害气体，务必防患于未然。

酸性气脱水排凝：如前所述，酸性气含 H_2S 量是人的致死浓度的几百倍到上千倍。必须采用密闭脱水集中回收到一个容器中，再用泵把酸性水送到汽提装置中处理。如果有时确需敞开脱水，务必做到：佩戴适用的防毒面具，有专人监护，站在上风向；脱水阀与脱水口应有一定的距离；脱出的酸性气要用氢氧化钙或氢氧化钠与之中和，并有隔离措施，防止过路行人中毒；脱水过程中，人不能离开现场，防止脱出大量的酸性气。

液态烃的脱水排凝：输、贮液态烃的设备、容器、管线、液态烃的水洗脱硫醇，进加热炉的瓦斯罐、瓦斯管线，瓦斯进压缩机前均需要脱水。对液态烃脱水排凝，最好采取密闭方法，如果的确要敞开脱水，必须做到：佩戴适用的防毒面具，有专人监护，站在上风向；脱水阀与脱水口设计应有一定的距离；脱水过程中，人不能离开现场，防止脱出大量的酸性气；若长期敞开脱水，其下风向应设置固定式 H_2S 报警仪。

2）进入设备内部检修作业

需要进入设备、容器进行检修，一般都需经过吹扫、置换、加盲板、采样分析合格、办理进入设备容器作业许可证。有些设备容器在检修前，维修人员需进入排除油污、余渣。在清理过程中，设备容器会散发出硫化氢和油气等有毒有害气体，因此必须做好下列安全措施。

（1）制订施工方案。作业人员须经过安全技术培训，学会人工急救，学会防护用具、照明及通信设备的使用方法；佩戴适用的防毒面具，携带好安全带、通信头盔及其他劳保用品；进设备容器前，必须做好采样分析，根据分析结果确定施工中的安全措施；办理安全作业票。进设备、容器工作，一般不超过 30min。施工过程中，必须有专人监护，必要时应有医护人员、气防人员在场。

（2）进入下水道(井)、地沟工作。下水道含有硫化氢、瓦斯等有毒有害气体。进入前必须采取严密的安全预防措施，执行上述进入设备容器作业的安全防护规定。

控制各种物料的脱水排凝进入下水道。采用强制通风或自然通风，保证氧含量大于 20%。佩戴防毒面具，携带好安全带(绳)。办理进入设备作业许可证。进入下水道作业，井下要设专人监护，并与地面保持密切联系。

（3）设备、容器、管线有硫化氢物料的堵漏、拆卸或安装作业要求。严格控制带压作业，应把与其他设备管线相通的阀门关死，撤压。佩戴防毒面具，设专人监护。拆卸法兰时，在松动之前，不要把螺丝全部松开，严防有毒气体大量泄出。

（4）进入事故现场。当中毒事故或泄漏事故发生时，需要人员到事故现场进行抢救处理，这时必须做到：发现事故应立即呼叫或报告，不能个人贸然去处理。佩戴合适的防毒面具，有两人以上的监护。进入塔、容器、下水道等事故现场，需携带好安全绳，有问题应按联络信号立即撤离现场。

(5) 其他作业。生产装置由于操作的失误、机泵管线设备的腐蚀或密封不严等造成硫化氢的泄漏，污染环境，严重时会造成中毒伤亡事故。因此，必须遵守以下规定：严格工艺要求，加强平稳操作，防止跑、冒、滴、漏；装置内安装固定式的硫化氢测报仪；对有硫化氢泄漏的地方要加强通风措施，防止硫化氢的聚集；对有硫化氢的容器、管线阀门等设备，要定期进行检查更换；发现硫化氢浓度高，要先报告，采取一定的防护措施，才能进入现场和处理。

三、惰性气体

惰性气体通常是指氮气和二氧化碳。

(一) 氮气的特性

氮气为无色无臭而难溶于水的气体，相对密度为0.97，比空气略轻，不助燃，不易燃，不导电，化学性质稳定。

(二) 二氧化碳的特性

二氧化碳为无色无臭可溶于水的气体，相对密度为1.53，比空气重得多，可以像水一样从一处倒到另一处而不跑掉，不助燃，不易燃，不导电，化学性质稳定。

(三) 惰性气体毒害

氮气、二氧化碳本身并无毒性，进入惰性气体浓度很高的设备里，人员会由于缺氧而很快窒息，产生中毒。

(四) 预防措施

(1) 停工检修，凡惰性气体置换过的设备应当设法用空气置换几次，使氧含量不低于20%(体)。

(2) 需要进行检修的设备，事前应将上下人孔(法兰、阀门)打开，构成气体对流条件，保持自然通风良好。氮气吹扫过的系统必须将氮气入口加上盲板并打开上下人孔和排放口，且检查化验分析合格，办理进设备作业票，并要有人监护。

(3) 自然通风不良的设备，进入工作前应向设备内吹空气，或戴长管式防毒面具。

(4) 进入容器设备要系安全带，容器外面有人监护看守，并规定好联络信号，定时联络，以防意外。

(5) 加好必要的盲板。

(五) 注意事项

(1) 接到不正常信号或联络不通，看护人员要佩戴气防器具设法迅速将工作者从设备里救出移至空气新鲜的地方，情况严重时应立即联系气防站。

(2) 如抢救有困难，应立即联系医院抢救，严禁在未采取安全措施情况下单独抢救。

(3) 发生窒息，要立即进行人工呼吸，向医院打急救电话，并向调度或有关部门报告。

四、二甲基二硫(DMDS)

一般加氢装置所用的催化剂在出厂时或再生后的活性金属组分以氧化态存在，使用前需经预硫化处理。当采用器内预硫化的方法时，所用的硫化剂为二硫化碳(CS_2)或二甲基二硫(DMDS)化物(也称二硫化二甲基)。有鉴于CS_2的危险性，目前改用DMDS作为预硫化剂。与CS_2相比，DMDS有毒性小、沸点高等优点，使用较为安全。

纯的 DMDS 是一种具有特殊味道、无色或微黄色的液体，不溶于水，溶于乙醇和乙醚。

（一）分子结构和物理性质

DMDS 是一种呈灰黄色液体的有机硫化物，分子式为 $CH_3-S_2-CH_3$，沸点为 109.6℃，分子量为 94.2，密度为 $1.063g/cm^3$，沸点为 109.6℃，冰点为 84.7℃。DMDS 呈酸性，与强氧化剂反应放热，应避免与强氧化剂、铜及其合金、橡胶、塑料等物质接触。

（二）对人体的危害

（1）DMDS 是一种刺激物质，重复或长时间接触会刺激皮肤和眼睛。如皮肤和眼睛溅有或接触到 DMDS，应立即用清水冲洗。

（2）吸入 DMDS 蒸汽时会有头痛、呕吐等症状。

（三）预防中毒的措施

（1）采用密闭隔离的操作，废气排至瓦斯管网或火炬烧掉。

（2）进入密闭或通风较差的场所作业时，应采取安全措施如佩戴防毒面具等。

（3）采用携提式有毒气体测试仪进行检测，以提供准确有效的安全数据。

（4）进入密闭设备作业时，应采样分析合格，办理进入设备安全作业票，并设有专人监护。

（5）装填时，要戴化学眼镜，不要戴可触透镜；戴防护手套，穿防护服；戴供氧式防毒面具。

（6）贮存与处理：要存放在一个通风比较好的地方，空的器具应进行处理或用水封住，或用水冲洗、置换干净，不可让其裸露于空气中。

五、汽油

汽油是无色至淡黄色的易燃易爆带臭味的液体，属于麻醉性毒物。在常温下易挥发，空气中含汽油蒸气 1.3%~6.0%(体)时易引起爆炸。

汽油在空气中的允许浓度为 $300mg/m^3$，汽油中毒主要是由呼吸道吸入大量汽油蒸气所致，皮肤吸入很少。吸入的蒸气大部分从呼吸系统排出，部分则被氧化后经肾排出。

汽油中毒轻度的表现为头晕、头痛、无力、神志恍惚、步态不稳等症状，严重的表现为哭笑不定、坐卧不安、抽搐、痉挛或呈休克状。

生产、储存汽油的设备应防止跑冒滴漏，防止污染环境、毒害人体。进入储运油品的容器内工作，应先进行吹扫置换，分析合格后才能进入。如果发现有急性中毒者，应迅速移到空气新鲜处进行急救；如中毒严重应打急救电话，请医生抢救。

六、羰基镍

（一）理化性质

羰基镍是一种无色挥发性且毒性极强的物质，分子式 $Ni(CO)_4$，分子量为 170.7，相对密度 1.32，在 25.8℃下的蒸气压为 400mmHg，熔点为-19℃，沸点为 43℃。爆炸下限为 2%(20℃时)，$0.5 \sim 3mg/m^3$ 可嗅到烟煤味。液体与空气接触在 65℃下可自燃。溶于乙醇、浓硝酸及多种有机溶剂，不溶于稀酸及碱液，溶于水量极少，仅约 $200mg/m^3$。人员暴露于低微浓度能引起严重病害或死亡。安全允许浓度为 $0.001mg/m^3$。

（二）羰基镍的生成

对于临氢装置，羰基镍在正常操作或开、停工时形成的可能性很小，然而如果装置所使用的催化剂中含有镍，或原料油中的镍沉积在催化剂上，都可能形成羰基镍。其化学方程式为：$Ni+4CO \rightarrow Ni(CO)_4$。其中，CO 主要来源于制氢装置。在相同温度及浓度下，压力越高，越易生成羰基镍。一般开工或停工时，$Ni(CO)_4$有可能生成，因此必须严格控制新 H_2与 CO 浓度不大于 $10mg/m^3$。当停工使用 N_2保护，氮气中氧含量高，反应器床层温度也高时，其催化剂上的积炭可能形成 CO，从而生成 $Ni(CO)_4$。在打开反应器检查或卸催化剂前，必须测试 $Ni(CO)_4$是否存在，或其含量是否达到安全标准，否则将不允许打开反应器或卸催化剂。

（三）羰基镍的毒性机理

羰基镍是一种毒性极强的物质，它的最大安全浓度为 $0.001mg/m^3$，可以蒸气形式迅速由呼吸道吸收，皮肤也可吸收少量。进入体内的羰基镍，约有 1/3 在 6h 内由呼吸系统排出，其余以分子形式穿过肺泡，使肺泡和组织受到损害。吸收进入血液后主要分布在各器官，并逐渐分解成镍离子和一氧化碳。前者可与细胞内的核酸、蛋白质结合，逐步转移到血浆中，再与蛋白质结合，随尿液排出体外；后者可由呼吸系统排出。羰基镍在体内代谢、排出迅速，吸入羰基镍后 24h，体内仅存 17%，在 6 天内全部排完。实践证明，羰基镍在体内无明显的积聚作用。

（四）羰基镍中毒表现

羰基镍无刺激性气味，一次吸入大量羰基镍气体可造成急性中毒。急性中毒往往有早发症状和迟发症状。早发症状在吸入羰基镍 10min 左右即可出现反应，如头痛、头晕、恶心、心悸、胸闷、冷汗、手抖、下肢无力、步态不稳等，并可出现视力模糊、眼刺痛以及眼部不适等症状。以上症状往往在几小时内消失，获得暂时的缓解期。迟发症状表现为严重的肺部症状。患者突然出现明显的胸闷、气短、紫绀、咳嗽，并咳出大量粉红色泡沫痰；心动过速，两肺布满罗音，这些是肺水肿及弥漫性间质性肺性炎的表现，同时有发热、暂时性血压升高、心肌损伤等，严重者可在 4~13 天内死亡。X 线检查可见两肺弥漫性斑片状阴影，心影增大，白细胞明显增高，核左移，胞浆出现中毒颗粒，尿镍显著增高。据报道，羰基镍可引起肺癌，平均发病工龄为 27 年。

（五）预防羰基镍中毒的措施

（1）严格控制系统中 CO 的含量$<50mg/m^3$，并且在开停工过程中尽快通过 200℃左右的温度区域，以减少 NiCO 的生成。

（2）在卸废催化剂时，操作人员要严格执行劳保穿戴规定。

（六）羰基镍中毒后的急救

救援人员救治患者前必须做好自身的防护（戴空气面罩及穿防护衣），将患者迅速转移到新鲜空气处，给予氧吸入以维持呼吸，速请医生诊治。

急性羰基镍中毒应着重肺水肿的防治。有早发症状者，在其症状消退后，至少严密观察 24h，及早采取预防肺水肿的措施，如静卧保暖、可用少量镇静药物、吸氧、静脉滴注肾上腺皮质激素等。出现肺水肿时，应采取紧急措施，如正压给氧，消泡剂、脱水利尿剂、肾上腺皮质激素治疗等，同时进行驱镍治疗。例如，使用二已基二硫代氨基甲酸钠，可以与组织中的镍结合，形成一种无毒的络合物，由尿液排出体外。此外动物试验证实，右旋青霉胺和三乙烯四胺对急性羰基镍中毒也有解毒作用。

七、干气

（一）理化特性

干气在常温常压下为无色气体，有特殊气味，主要成分为甲烷，含少量乙烷，不含或很少含 C_3 以上组分。脱硫前，干气含有一定浓度的硫化氢，相对密度（水 = 1）约为 0.58（20℃）。

（二）燃烧与爆炸危险性

干气易燃，与空气混合能形成爆炸性混合物，遇明火有燃烧爆炸危险。

（三）毒性

吸入高浓度干气时，由于窒息和麻醉作用，可引起人在短时间内死亡，死因多为心脏停搏和呼吸麻痹。长期接触引起神经系统功能障碍，尤其是自主神经系统功能障碍。

（四）急救措施

救援人员在救治患者前必须做好自身的防护（戴空气面罩及穿防护衣），将患者迅速转移到空气新鲜的地方，让病人躺下休息并注意保暖，由受过训练的人员给予医用氧气吸入。如果呼吸微弱或呼吸停止，在保证呼吸道通畅下，进行人工呼吸，并立即将患者送医院或寻求医生帮助。

八、石脑油

（一）理化特性

石脑油为无色或浅黄色液体，不溶于水，易溶于芳烃、卤代烃、酮、酯。馏程一般不高于 220℃，相对密度（水 = 1）为 0.78～0.97，爆炸极限为 1.2～6.0[%（体）]，自燃温度 255～390℃。

（二）燃烧与爆炸危险性

石脑油蒸气与空气可形成爆炸性混合物，遇明火、高热能引起燃烧爆炸。其蒸气比空气重，能在较低处扩散到相当远的地方，遇火源会着火回燃。

（三）毒性

大鼠经口 LD_{50}>5000mg/kg，小鼠吸入 LCL_0：10600mg/m^3（6h）。较高浓度蒸气可刺激眼睛和抑制中枢神经系统，可引起眼和上呼吸道刺激症状。蒸气浓度过高，可引起呼吸困难、紫绀等缺氧症状。

（四）急救措施

迅速撤离泄漏污染区人员至安全区，并进行隔离，严格限制出入，切断火源。应急处理人员应戴自给正压式呼吸器，穿防静电工作服。尽可能切断泄漏源，防止流入下水道、排洪沟等限制性空间。将患者迅速转移到空气新鲜的地方。让患者躺下休息并注意保暖，给予氧气吸入。如果呼吸微弱或呼吸停止，在保证呼吸道通畅下，进行人工呼吸，并立即送医院或寻求医生帮助。

发生火灾时，消防人员须穿全身防护服，佩戴氧气呼吸器，在上风向灭火。小面积可用雾状水扑救。喷水冷却容器，将容器从火场移至空旷处。灭火剂可用泡沫、二氧化碳、干粉、沙土。处在火场中的容器若已变色或从安全泄压装置中产生声音，必须马上撤离。消防人员须在防爆掩蔽处操作，并佩戴氧气呼吸器。

九、甲基二乙醇胺(MDEA)

脱硫系统所用的脱硫剂采用一种叫甲基二乙醇胺的有机化合物，它是一种无色有臭胺味透明黏稠液体，密度为 0.99g/cm^3，熔点为-21℃，沸点为 247℃，折光率为 1.4694，闪点为 126.7℃，爆炸极限为 1.4~8.8[%(体)]，自燃温度为 410℃。其蒸气与空气可形成爆炸性混合物，遇明火、高热极易燃烧爆炸，放出有毒气体。呈碱性，其碱性随温度的提高而降低，易与水、酒精互溶，具有微毒性，主要表现在它具有轻微的腐蚀性，对人的眼睛和皮肤都有极大的危害。因此，如有胺液溅到眼睛或皮肤上，则立即用干净水冲洗以避免灼伤，严重者应立即送往医院做进一步治疗。

十、氨(NH_3)

(一) 理化性质

氨为无色气体，有刺激气味，在空气中呈白色，属于低毒物类。本品有强烈的催泪性和刺激性。液体氨的相对密度为 0.59，气体氨的相对密度为 0.76，熔点为-77℃，沸点为-33.4℃。蒸气压为 1013kPa(25.7)，自燃点为 649℃。氨极易溶于水，在 0℃时，1L 水能溶 1176L 氨气，亦溶液于乙醇、乙醚、有机溶剂。

(二) 燃烧与爆炸危险性

氨在空气中易变成碳酸氢铵，在氧气中易燃烧，火焰呈绿色。氨与空气混合体积比达到 15%~28%时，遇明火受热，易发生爆炸。

(三) 毒性

人对氨的嗅觉为 1mg/m^3，车间允许浓度为 30mg/m^3。氨主要是经呼吸道侵入人体。氨对人的上呼吸道、眼、鼻黏膜有刺激作用，高浓度时增强中枢神经系统兴奋，引起痉挛，通过三叉神经末梢的反射作用引起心脏停止和呼吸停止。氨高浓度时，即可发生急性中毒。长期吸入低浓度的氨，能引起慢性支气管炎。液氨可使人窒息。

氨中毒的发生大多是由意外事故造成的，如生产管道漏气、阀门破裂、爆炸等。

(四) 预防中毒措施

(1) 生产或使用过程中应采取密闭装置，局部装排风设备，加强现场的通风。

(2) 定期维护和检修，注意阀门和管道是否漏气。液氨泄漏时可以用雾状水吸收，控制污染区域扩大。

(3) 加强个人防护，接触氨时，必须戴防毒面具。

(4) 沾有氨的眼、手、皮肤等应用水大量冲洗，然后用肥皂水洗净，被灼伤的部位应在冲洗后到医院处理。

十一、催化剂

在催化剂装卸过程中，周围的环境存在大量催化剂粉尘，该粉尘含有毒金属化合物，它能危害到呼吸系统。进行催化剂装卸的工作人员必须佩戴口罩、防毒面具或供氧式防毒面具，避免吸入粉尘而中毒。另外，由于催化剂内有毒有害物质能通过皮肤吸收，在进行催化剂作业时，应穿戴好劳保用品，包括手套、密织套服等。

处理废加氢催化剂比新鲜催化剂有更多的危险性。硫化镍等全部是致癌物质，应采取小心谨慎的安全措施处理废料。

加氢处理过程由于存在高浓度硫化氢且有泄漏的可能性，所以防止硫化氢中毒是催化加氢装置工业卫生的重点。在催化加氢的过程中还有一些特殊的作业，例如催化剂的装卸、撇头，催化剂的预硫化等，这些作业中有的是在条件恶劣、有一定危险性的环境中工作；有的要用到 DMDS、CS_2，这类化学品属高度危害又极易燃的物质。这类作业都必须有可靠的安全防护措施来防止事故的发生。主要措施有：

(1) 加氢装置内，凡需进人的设备，均应用蒸汽、风或氮气进行一定时间的吹扫或置换。对大型设备吹扫须达 24h 以上。

(2) 在设备进人前，应从各不同点取样分析氧含量及其他气体成分，以确认设备内是否存在有害气体或瓦斯。

(3) 设备打开后，一般不允许立即进入，应将人孔尽量打开，以保证最大限度的对流通风，进入新鲜空气。

(4) 设备、容器进人检修前，必须两人以上操作，设备外留人防护，以防发生意外事故。

(5) 漏出有害于人体健康的气体，开口附近不要站人，特别是对面或下风口。

(6) 任何有毒场所工作，应保证环境通风良好。

(7) 需要在有害气体环境内工作时，应戴有防毒面具。防毒器具应经常检查，以确保使用良好。

(8) 发生中毒事故后，应先将患者送至有新鲜空气、通风良好之处，并立即通知医院急救。

第七章　加氢精制装置的操作优化

第一节　加氢装置的节能

在炼油生产过程中要消耗大量的能量。所谓能耗，是在生产过程中所消耗的燃料能量和蒸汽、电力、能耗工质(各种水、压缩空气)追溯至燃料的能量的总和。

在工艺过程中，能量主要是通过热和流动功两种形式予以利用的。多数炼油工艺过程都需将原料加热至某个温度，因而需要大量的能量。炼油过程几乎都是连续的生产过程，形成某压力下的连续流动的物流就必须对流体做功。因此，热和流动功是炼油用能的主要形式，在数量上占炼油用能的绝大部分。此外，化学反应过程或分离过程的产物与原料之间有化学能差，因而也要消耗一些能量，称热力学能耗。这部分能耗尽管在总能耗中所占的比例不大，但是绝对必要的。

虽然加氢过程繁简不同、能耗不同，但其用能过程均是不可逆的。过程中的传热、传质、流体流动、化学反应的能量利用和变化是用能分析的基础。影响过程能耗的因素有很多，能耗的大小是管理、技术和经济诸多因素的综合体现。

加氢反应是在高温、高压、临氢条件下进行的，它对进料和氢气有加热升温和升压的要求，消耗大量的燃料和动力，因此加氢装置是炼油厂中能耗较大的装置之一。据统计，在我国炼油厂几大主要装置(常减压、催化裂化、催化重整、焦化、加氢处理、加氢裂化)的总能耗中，加氢装置的能耗约占其中的30%。可见，显著降低加氢装置能耗是改善炼油经济性的重要环节。多年来，为提高加氢装置的运行水平，采取了一系列的改进措施。譬如高活性加氢处理催化剂的开发应用，降低了反应压力和反应温度，延长了运转周期；采用先进工艺和合理的换热流程，以及采用高效换热器，加强加氢过程反应热的回收利用等，有效地降低了能耗；通过加强工艺技术管理，提高了装置的开工率和负荷率。在这些因素的综合作用下，加氢装置的能耗有了大幅度的降低。

一、加氢精制装置能耗构成

加氢装置的用能与其他炼油装置用能基本相似，一般可以归纳为能量的转换和传输、工艺利用及能量回收三个环节。三者之间互相联系、互相影响。

(一) 能量转换和传输环节

进入体系的总能量 E_p 包括燃料化学能和部分电能等。通过加热炉、各类压缩机和泵等设备转换，E_p 中的一部分以热能和机械能的形式有效地供给工艺过程所需要的能量 E_u，当有汽轮机操作时还可直接输出一部分能量 E_B(入背压蒸汽)，同时不可避免地会有一部分直接损失的能量 E_W(如排烟损失、散热损失和无效动力能等)，如图 7-1 所示。

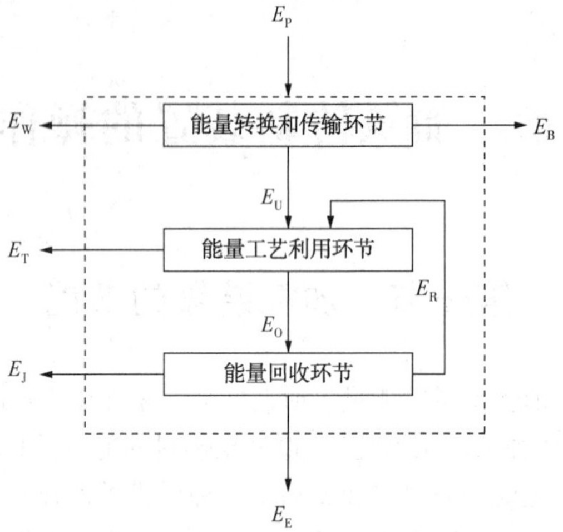

图 7-1 用能原理图

E_P—总供入能量；E_U—有效供入能量；E_B—转换输出能量；E_W—直接损失能量；E_R—回收循环能量；E_T—热力学能耗；E_O—待回收能量；E_J—排弃能量；E_E—回收输出能量。

（二）能量的工艺利用环节

能量的工艺利用环节是用能过程的核心。进入此环节的能量通过泵送、压缩、反应、分馏等各化工单元操作相应的设备完成其工艺过程。进入此环节的能量除了转换和传输环节有效供入的能量 E_u 外，还有回收环节回收的能量 E_R。在这一环节中，热力学能耗 E_r(产品带出与原料带入能量之差)是不能回收的，而剩余部分则有可能回收，称为待回收能量 E_O。

（三）能量的回收环节

能量的回收环节由包括换热器、蒸汽发生器、冷却器、余热回收设施等大量的传热过程回收的能量，以及液力透平从高压工艺物流减压回收功带动机泵的能量所组成。此处回收的能量有两部分：一部分是用于体系内部，成为工艺总用能的一部分的回收循环能 E_R；另一部分是用于体系外或用于转换环节的回收输出能量 E_E。未回收的能量则为以散热、冷却、物流排弃等方式排入周围环境的能量 E_J。

二、加氢过程能耗的特点

催化加氢反应是在高温、高压、临氢条件下进行的，其工艺装置主要包括催化加氢反应、油品分馏和氢气高压压缩等过程。装置用能的特点如下。

（一）总输入能多

加氢处理的反应压力一般为 2.0~8.0MPa，反应温度为 240~360℃，其进料和氢气升温及升压均需要供入大量能量。此外，为使反应过程保持一定的氢分压，除输入补充新氢外，在反应过程中还需要满足一定氢油比的循环氢量，以及相当部分为控制反应温度的急冷氢(循环氢)量，这些循环氢的升压输送也需要消耗循环氢压缩机的动力。循环氢量越大，能耗越高。

（二）升压用电在能耗中比例大

进料和氢气的升压由电动的进料泵和补充氢压缩机进行，加氢装置操作压力越高，所耗升压电量越大，可高达全装置总能耗的 30%~40%。

（三）化学氢耗量与反应苛刻度（或转化率）有关

加氢反应一般包括脱硫、脱氮、烯烃饱和、芳烃饱和、加氢裂化等化学反应。所有反应均耗氢，苛刻度大，氢耗大，补充氢压缩机压缩能耗也相应增高。

（四）可回收利用能数量大

耗氢量大，反应过程释放反应热也大，可供回收利用的热量也多。如提高热量回收率，则可降低加热炉输入能。不过反应热量大时，为控制反应器内温度，所需的急冷氢（循环氢）也多，相应地加大了循环氢压缩机的能耗。

（五）运转初期和运转末期用能有所不同

随着反应器的操作时间增长，催化剂活性逐渐下降，必须提高催化剂温度，以补偿活性的损失。此时裂化反应相应增加，反应热增大，有效回收的热量增加，能耗降低；同时，控制床层温度的急冷氢量有所增大，循环氢压缩机流量相应增大，能耗增加。此外，分馏部分能耗也由于运转初期和末期反应操作条件不同，造成产品收率变化而有所差别。因此，工程设计时要综合考虑运转初期和运转末期的用能。

（六）低温热多

高能级的能量输入装置后，通过加氢装置的一系列化学和物理过程，大量地转化成低温热，即150~200℃以下油品的热量以及排入大气的400℃以下烟气的热量等。利用好这部分热量，也是降低装置能耗的一个重要方面。

三、影响能耗的主要因素

（一）工艺条件对能耗的影响

当处理某种原料时，在催化剂确定后，影响加氢效果的主要工艺条件是反应压力、反应温度、氢油比和氢耗量等。这些工艺条件与能耗大小有着直接关系。

1. 反应压力

反应压力是加氢过程中最重要的工艺操作参数之一，直接影响催化剂的反应活性和稳定性以及产品的质量。所谓反应压力，实际上是指氢分压，它取决于操作总压力、循环氢中氢纯度、氢油比及原料油的汽化率。操作压力大小决定了补充氢压缩机和反应进料泵的出口压力。原料重、杂质多、产品质量要求高时，加氢的苛刻度增加，需要较高的反应压力（高的氢分压），为此就要升高补充氢压缩机和反应进料泵的出口压力。此外，反应系统压力升高了，注水泵的出口压力也需要相应提高。这些都会导致机、泵升压电耗的增加。

2. 反应温度

当原料油和反应压力确定后，反应温度就成了反应过程中最敏感的操作参数，调节反应温度可改变反应过程的苛刻度。适宜的反应温度是根据所加工原料性质、产品质量要求以及加氢苛刻度来确定的。反应温度的高低将影响到反应进料加热炉的热负荷。由于反应进料加热炉的燃料耗量是装置能耗的主要组成部分，因而其热负荷大小对装置能耗影响很大。

3. 氢油比

加氢系统操作中的氢分压与进入反应器的循环氢流量（可近似地用氢油比表征）有很大关系。提高循环氢气流量可降低催化剂表面油膜厚度，有利于氢的扩散，加快加氢转化反应速度，同时还可抑制缩合反应，减慢生焦反应速度，延长催化剂的运转周期。所以加氢过程的氢油比均大大超过化学反应所需要耗氢的数量。另外，大量的循环氢存在可以及时将反应热从系统中排出，使反应温度平稳且容易控制。但氢油比过大，将增加输送循环氢的动力，同时也使系统压力降加大，增大升压能耗。因此，从能耗角度出发，应综合考虑采用适当的氢油比。

4. 氢耗

在加氢反应过程中必须根据化学反应消耗的氢气量，以及溶解于反应生成油和机械漏损等的氢气量，不断地将新鲜氢气升压、加热、补充入反应器中，否则就不能维持系统中的氢分压，不能保证产品质量。在消耗的氢气中，化学反应耗氢占绝大部分，且与原料性质和对目的产品的要求有关。氢气的溶解损失则与分离器内的操作压力有关，操作压力高，溶解损失大。至于氢气的泄漏损失，在正常情况下基本上是恒定的。补充新氢的流量大小和反应器的操作压力决定了补充氢压缩机的升压电耗。

（二）原料对能耗的影响

加氢原料油的范围宽，产品灵活性大，液体收率高和产品质量好。但原料的好坏、目的产品的质量要求对需要的加氢反应操作条件有很大影响。

如前所述，处理直馏油品与二次加工油品的加氢装置，由于所要求的精制深度不同，其能耗有较大的差异。

当加氢装置所用的原料油较重时，其脱氮和加氢饱和反应需在较高的氢分压下进行。加氢过程的氢分压对产品质量具有决定性作用，一般氢分压越高，产品的含氢量越高，质量越好。此外，增加氢分压，可以促进加氢速度，防止或减少催化剂结焦，保持催化剂的较高活性，延长其使用寿命，特别是当加工重质原料时。因此，当原料油变重时，需要提高反应压力。

加氢反应苛刻度决定于原料性质、对目的产品的质量要求。苛刻度增加意味着提高加氢反应的压力和温度，增加耗氢量以及提高氢油比等。这样就必然增加原料油升压和增加氢气输送能量，从而导致增加动力能耗，同时也增加为提高反应温度的进料加热炉的燃料耗量。升压的电耗和燃料耗量是加氢装置能耗的组成部分，这两部分能耗的增加，势必造成装置能耗的增加。所以说，随着加氢装置原料变重，能耗将随之增加。

二次加工油品加氢过程释放大量反应热(一般反应温升 50℃以上)，能供换热的热量多，基本能补偿较高反应温度所需的热负荷，不至于过多影响反应进料加热炉热负荷。也就是说，直馏油品与二次加工油品加氢精制能耗的差别仅在于原料和氢气升压及电耗。但是对于二次加工焦化汽柴油加氢精制，由于要对加氢生成油分馏切割汽、柴油，还需增加分馏加热炉和分馏塔顶冷却等能耗。焦化汽、柴油加氢精制的能耗大于催化柴油加氢精制的能耗，也大于直馏煤油加氢精制的能耗。

加氢精制装置主要是由加氢反应、产品分馏和氢气压缩三个部分组成。有些炼厂从合理利用能量和便于操作管理出发，将循环氢脱硫或干气脱硫(包括脱硫溶剂再生)和含硫污水汽提并入加氢装置中。因此，加氢装置能耗的大小、构成与所采用的工艺流程和反应操作条件以及装置的组成有关。

四、降低能耗的措施

总的来说，加氢装置的节能思路与各种炼油装置基本相同，大致包括如下方面。

(1) 改进工艺流程和操作条件，降低工艺总能耗；

(2) 提高能量回收率，减少排弃能量；

(3) 提高能量转换效率，减少装置供入总能；

(4) 实现装置的热联合；

(5) 减少装置损失，加强设备和管线保温，减少热损失。

结合加氢装置的特点，可采取以下一些节能措施。

(一) 优化工艺流程

(1) 采用炉前混氢技术，提高换热的传热效率，减少换热设备，降低系统压降。

(2) 在反应系统采用热高压分离器流程，降低反应产物的冷却负荷及反应生成油分馏加热炉负荷。

(3) 加氢装置双剂串流程中，在精制反应器与裂化反应器之间设立反应进料加热炉的进料换热器，可回收部分热量，降低加热炉负荷，减少燃料耗量。

(二) 采用高性能催化剂

催化剂性能决定着加氢过程的反应压力、反应温度，也影响氢耗、目的产品的收率、气体产率和加氢反应热等。采用高活性、高稳定性的催化剂对降低装置能耗有着举足轻重的影响。

与老一代催化剂相比，国产新一代加氢处理催化剂有着更高的加氢活性和稳定性，可在较高空速、较低的反应温度和较低氢油比的条件下操作。这些都有利于操作能耗的降低。

(三) 充分合理利用反应热

加氢过程产生大量反应热。采用窄点技术进行换热网络计算，使换热流程优化匹配，充分回收反应热各温位热量，用来加热进料、氢气以及去下游分馏的加氢生成油或产生蒸汽，最大限度地减少冷、热公用工程用量，这是加氢装置节能的重要关键。

(四) 采用高效设备

(1) 采用逆向传热、不需考虑温差校正系数的U形管双壳程换热器，其优点是：换热效率高；更适用于温差小的传热过程；除可多回收热量外，与使用多台串连的单壳程换热器相比，反应系统压力降小，可减少循环氢压缩机的压缩能耗。

(2) 采用节能型电机，特别是大型节能电机。

(3) 尽量采用高效油泵。

(4) 采用卧管双面辐射炉型的反应进料加热炉。这种炉型的炉管接受双面辐射，其平均热强度比圆通炉大1.5倍，可以大大减少加热面积，缩小炉管总长度，弯头数量也少了，因而大幅度减少炉管压力降，降低压缩机驱动能耗。用于反应进料加热的双面辐射加热炉一般不在对流室敷设高压炉管，可在对流室安排其他工艺流体取热(如预热油品、空气或水蒸气等)，炉子综合热效率可达90%。

(五) 能量回收

在大型加氢装置采用液力透平回收从高压分离器减压排至低压分离器的工艺流体的压力能，用来带动反应器进料泵，约可回收60%能量。

(六) 回收利用低温热

在生产过程中，有很大一部分高品位能量变成了低品位(低温)能量，这些能量以各种形式排至环境而损失掉。这些低温热包括：

(1) 150~200℃以下油品的热量通过冷却排至环境。

(2) 压力在0.3MPa以下乏气和凝结水排入环境。

(3) 400℃以下的加热炉烟气排入大气。

以上这些热量合起来数量相当大，其利用程度对装置内的能耗有较大影响。

回收利用低温热的原则是采用原级利用措施，即按温位及热量进行匹配直接换热回收利用。这些措施包括：

(1) 预热原料，减少加热炉热负荷，节约燃料。

(2) 预热各种工业用水(包括软化水、锅炉给水等)，节约蒸汽。

(3) 用于生活供热，节约蒸汽。

(4) 上、下游装置的热联合。

(5) 用于轻烃装置作为重沸器热源。

(6) 预热加热炉用空气。

(7) 加热工艺及仪表管线伴热用水。

对以上低温热的利用程度，应根据其经济性评估决定。

五、加氢精制装置的氢耗

随着高含硫原油和重质原油加工比例的增大，以及原油加工深度和环境保护对油品质量要求的不断提高，加氢工艺得到越来越广泛的应用，加氢技术的快速发展使炼油企业对氢气的需求不断增加。在加氢精制装置的加工成本中，氢气成本所占比例达到40%以上，因此优化加氢精制装置操作，减少氢气消耗，降低氢气使用成本，已成为提高装置经济效益的关键。中国石化股份公司炼油事业部也把氢耗作为考核加氢精制装置的重要指标。

(一) 影响加氢精制装置氢耗的主要因素

在加氢过程中，向反应系统补充的新鲜氢气主要消耗在化学反应、溶解损失、设备漏损和废氢排放损失四个方面。

1. 影响化学反应氢耗的因素

油品的加氢精制过程是在一定的温度、压力和氢气存在的情况下，在催化剂的作用下，将原料中的硫、氮、氧等杂质加氢转化为易于除去的硫化氢、氨和水，以及烯烃、芳烃加氢饱和，从而得到符合质量要求的产品。加氢过程中参与反应的氢气即化学氢耗是加氢过程中总氢耗的主要组成部分，约占80%以上。化学氢耗与原料组成和反应深度密切相关，反应深度则取决于催化剂的性能和工艺条件。因此，原料性质、催化剂性能、产品质量要求和工艺操作条件是影响加氢过程化学反应氢耗的主要因素。一般来说，原料中杂质含量越高、产品质量要求越苛刻，化学反应的氢耗就越大。生产中操作苛刻度偏高，产品质量有一定的过剩，通过优化操作，在降低装置氢耗方面还是有潜力可挖的。

(1) 反应温度对氢耗的影响。反应温度直接影响到加氢过程的能耗和氢耗，温度提高会增加反应速率，可减少油品中硫、氮、氧等杂质含量，氢气消耗量随温度的升高而增加。若温度过高，将发生加氢裂化反应，使氢气消耗量大幅度增加，同时催化剂表面积炭速度加快。因此，只要生产出的油品符合质量要求，尽可能维持在最低的操作温度较为有利。反应温度是加氢精制反应过程中重要的工艺控制参数，反应进行的深度在很大程度上取决于反应温度的控制。所以，根据原料性质、催化剂性能等工艺参数选择适宜的最低反应温度，可以控制加氢反应深度，降低反应过程的氢耗。

(2) 反应压力对氢耗的影响。反应压力对反应深度的影响通过氢分压来体现，系统中的氢分压决定于操作压力、循环氢纯度及原料油的汽化率等。提高系统的氢分压，可促进加氢反应的进行，提高脱硫脱氮率，加快烯烃芳烃饱和速度，提高产品质量，同时可减少催化剂结焦，保护催化剂活性。但提高氢分压，芳烃饱和反应增多，使加氢过程的氢耗上升。反应压力对加氢脱硫和加氢脱氮的影响见图 7-2。

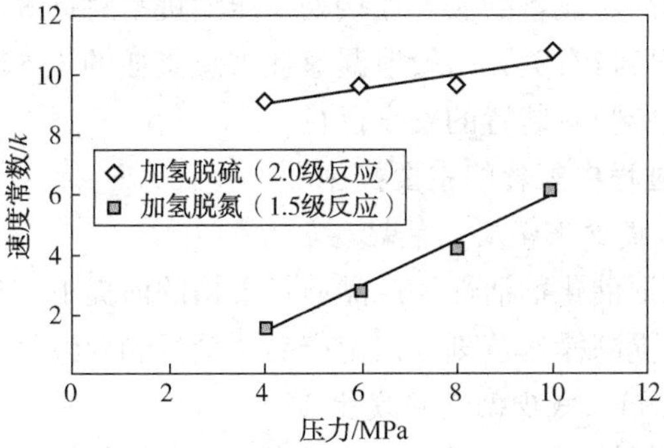

图 7-2 反应压力对加氢脱硫和加氢脱氮反应速度常数的影响

由图 7-2 可以看出，降低反应压力使脱氮率显著降低而对脱硫率影响不大，这是因为脱硫速度较高，在较低的压力时已经能够保证较高的脱硫率。因为该加氢装置对产品的主要要求是降低精制柴油中的硫含量，所以在操作中选择较低的反应压力，以减少不必要的芳烃饱和和脱氮反应。同时，降低操作压力还可以减少氢气的溶解损失和反应系统氢气的泄漏损失。

2. 影响溶解氢耗的因素

溶解氢耗是指在高压下溶于加氢生成油中的氢气，在加氢生成油从高压分离器减压流入低压分离器时随油排出而造成的损失。这部分的损失与高压分离器的操作压力、温度和生成油的性质及气体(含氢气)的溶解度有关。高压分离器操作压力增高，或操作温度增高时，氢气的溶解损失增大。在实际生产中，氢气的溶解损失还与容器内液体的停留时间及设备结构有关。

3. 氢气纯度对氢耗的影响

加氢反应过程的一个重要操作参数是氢分压，它由补充新氢与循环氢组成的混合氢中氢纯度来确定，循环氢的纯度受补充的新氢纯度和反应生成的轻烃量影响。新氢纯度低，说明其中含有较多的其他组分(如氮气、甲烷等)。这些气体不能全部溶解在生成油中，而是有相当部分积存在循环氢中，降低了循环氢纯度。为了维持循环氢纯度，只有采取排放一部分循环氢，并同时多补充一部分新氢的办法来解决。这就加大了加氢过程的补充新氢用量，所排放的循环氢即为氢耗中的排放损失。氢纯度对氢耗的影响见表 7-1。

表 7-1 氢纯度对氢耗的影响

补充氢纯度/%(体)	加氢处理氢耗/%(质)		
	直馏柴油	二次加工柴油	二次加工汽油
0.96	0.428	0.965	0.592
0.85	0.475	1.538	0.788

由表 7-1 可见，补充氢纯度降低，氢耗就会增加，这是在一定氢纯度下，为维持循环氢中氢纯度而排放废氢，增大了补充氢量的结果。氢气的升压需要动力，因此排放必然会造成装置加工费用增加，氢气消耗的同时生产成本上升，经济效益变差。所以生产中总希望补充氢纯度越高越好，这不仅能降低补充氢耗，而且可以降低加氢反应的操作总压。

4. 影响设备泄漏损失的因素

泄漏损失是指管道或高压设备的法兰连接处及压缩机密封点等部位的泄漏损失，漏损量的大小与设备制造和安装质量有关，一般泄漏氢耗占总氢耗的 1.5%～2.0%。设备泄漏不但消耗了宝贵的氢气，而且威胁着装置的安全运行。

(二) 降低加氢精制过程中氢耗的主要措施

1. 降低反应苛刻度，减少化学反应氢耗

在实际操作中，在保证催化剂活性和产品质量合格的前提下，选择尽量低的反应温度和操作压力，没有必要人为提高操作苛刻度而使产品质量过剩导致氢气消耗量增大。

2. 使用新型高效催化剂，减少副反应发生

催化剂活性提高、选择性好，加氢反应的温度下降，加氢裂解反应减少，反应中生成的轻烃减少，有利于提高氢纯度，加氢过程的氢耗也相应降低。因此可以说，催化剂性能不仅关系着产品质量的高低，同时影响着加氢过程的氢耗。

3. 合理回收装置的含氢气体

加氢精制装置在正常生产中副产含氢气体，其中氢含量高，具有极大的回收利用价值。

(1) 加氢精制装置高分排放气。一些加氢装置没有循环氢脱硫系统，为了提高循环氢纯度，不得不采用将一部分循环氢自高分排放至燃料气管网来提高氢纯度的方法。高分气中的氢气含量在 80%以上，排放氢气造成装置氢耗增加。可以新增一条高分排放气去制氢装置进料的管线，将高分排放气并入制氢装置进料，回收这部分氢气。

(2) 加氢精制装置低分排放气。加氢低分气体氢含量在 50%左右，烯烃含量比催化干气的低，是非常理想的制氢原料。将低分气体直接排放至燃料气管网造成了资源的浪费，可以将低分气送入制氢原料脱硫塔脱硫后作为制氢的原料回收。

4. 提高操作平稳率，尽量避免氢气放火炬

原料性质变化对加氢过程反应压力控制的影响较大，在调节新氢量不能及时稳定反应压力的情况下，必须调整尾氢排放量，这也对氢耗造成了一定的影响。在更换原料罐前，要对原料的化验数据进行分析。当原料性质变化比较大时，对原料进行必要的调和，在及时调整补充氢流量的同时，还可利用上游装置——催化重整和干气制氢装置系统控制参数以缓冲系统对氢气流量、原料性质的敏感程度，尽量减少操作压力波动带来的尾氢排放。

5. 提高补充氢的纯度，严格控制产品氢中 CO、CO_2含量

重整氢纯度较低，维护好重整装置的活性炭吸附罐，吸附剂失活后及时更换，以提高重整氢气纯度。同时，优化制氢装置操作，根据进料量及进料杂质的变化情况及时调整转化单元和 PSA 单元的操作，严格控制产品氢中 CO、CO_2的含量不超过 20μL/L。因为 CO、CO_2与氢气反应生成甲烷，甲烷的形成消耗了反应过程中的氢，显然甲烷化反应对加氢装置和供氢的制氢装置都是不利的，而且在经济上也是不利的。

6. 降低高分操作温度，减少氢气溶解损失

根据冷后温度及时调整空冷、水冷负荷，控制高分操作温度不大于40℃，从而减少氢气的溶解损失。

7. 加强设备检维修工作，减少氢气泄漏损失

由于在进油操作前，高压反应系统密封性试验合格，并且为防止厚壁容器和高温、高压法兰因受热、受力不均而产生泄漏，在开、停工过程中，严格按照操作规程控制升降温和升降压速度，并认真执行热紧，以减少设备泄漏的发生，漏损量应该是很少的。在正常生产中，主要的漏损出自氢气压缩机的运动部位，因为活塞式压缩机易损件较多，极易发生氢气泄漏，不仅氢耗增大，而且严重影响安全生产。因此，在实际生产中要精心维护设备，加强大机组仪表检测的准确性，根据仪表检测的数据或数据变化趋势图，对压缩机的运行状态进行分析，预测压缩机的运行状况，从而进行预防性维修；同时提高检维修质量，及时消除事故隐患，确保压缩机的正常运行，减少不必要的切换，尽量减少氢气的泄漏损失。在正常生产中，定期进行临氢系统闭灯检查，可及时发现氢气泄漏，采取处理措施。

氢气消耗的多少对加氢精制装置加工成本及效益影响很大，通过优化加氢精制装置的工艺条件，选择合适的反应深度，保持适当的循环氢纯度，选用活性高、选择性好的催化剂，对于降低加氢过程的氢耗具有重要作用。

第二节　加氢装置的污染源与环境保护

随着全球环境意识的空前高涨和环保立法的推动，炼油工业面临着日益严峻的挑战：一方面要生产符合环保法规要求的清洁产品；另一方面生产过程的污染排放必须符合严格的环保法规要求。加氢装置是生产清洁燃料的工艺设施，在生产过程中也要做到清洁生产。

一、加氢装置主要环境污染源

虽然不同加工流程中加氢处理的目的可能不同，原料也可能各异，但加氢过程中产生污染物的种类、形成过程、排放部位基本相同。

在加氢处理工艺中，污染物形成的典型过程为：原料中硫化物和氮合物在加氢反应中被转化为 H_2S 和 NH_3，并混合在反应产物中；在反应产物空冷器的操作温度下，一部分 H_2S 和 NH_3 化合为硫氢化氨，并为注入的脱氧水所溶解，在高、低压分离器底部以含硫含氨废水排出；气体中剩余的硫含在分离器分出的含氢气体中；生成油中残留的硫和氨在后续分馏塔或汽提塔顶回流罐分别随不凝气和含硫污水排出；原料中的重金属则沉积在催化剂上，随废催化剂排出。其他污染物为加热炉排出的燃烧烟气，机泵冷却产生的含油污水，压缩机、空冷器、机泵等产生的噪声等。

（一）污水

加氢装置产生的污水有两大类：含硫污水（俗称酸性水）和含油污水。

1. 含硫污水

含硫污水是为了溶解硫氢化氨而产生的，其中污染物的浓度取决于加氢原料油中硫氮含量和注水量的多少。为保证能充分溶解形成的氨盐，设计注水量（含硫污水量）一般按反应器进料质量的6%～25%选取，或按照高压分离器排出污水中硫氢化氨的质量分数不大于5%

来确定。因此可以推知，含硫污水中硫、氨化合物的总浓度一般不超过 50000~60000mg/L。为了节水和减少排水量，在满足工艺条件要求的前提下，无论在设计上还是实际操作中，都应尽可能减少注水量，以使含硫污水中硫、氨化合物浓度趋于最大化。

2. 含油污水

含油污水包括机泵冷却排水、地面冲洗排水、汽包排污、采样器排水、蒸汽冷凝水排放、设备放空、泄漏和清洗排水、办公及其他辅助设施排水等。在正常情况下，含油污水中污染物的浓度较低，COD 为 500~800mg/L，氨氮为 30~50mg/L，硫化物为 5~10mg/L，挥发酚为 10~40mg/L，石油类为 50~600mg/L。装置区的初期雨水并入含油污水，后期雨水排入清净废水系统，以减轻工厂污水处理的负荷。

(二) 废气

加氢装置排出的废气有工艺废气、烟气及装置设备的逸散性气体。

工艺废气包括从低压分离罐顶、脱硫汽提塔回流罐顶、循环氢脱硫等部位排放的含硫气体(俗称酸性气体)，为提高循环氢的纯度而从高压分离罐顶排出的废氢，以及从工艺设备安全阀排出的烃类气体与紧急放空气体。工艺废氢含硫化氢、氨气、氢气及烃类等多种污染物，其中以含硫为主，约占装置总硫的 80%。从高压分离罐顶排出的含氢混合气(含 H_2S)，经循环氢压缩机增压后可循环使用，根据工艺需要，也经常会部分排放至酸性气管网。从加氢工艺需要出发，为保持循环氢的含硫化氢浓度达一个平衡的上限值(指标为≤0.1%，但实际≥15%)，在加工高含硫原料油的催化加氢装置中要配设循环氢脱硫，从循环氢中脱除部分硫化氢。安全阀排气和紧急放空，应引至分液罐分液后，气体送瓦斯系统。

烟气是加热炉燃烧燃料所排放的废气，经充分回收能量后由烟囱高空排放。

加氢处理工业装置的以下部位和情况会对大气造成逸散性污染：

(1) 机泵、压缩机和阀门逸散的气体。

(2) 中间罐、成品罐逸散的气体。

(3) 用惰性气体装置空罐或设备时由容器或设备中排出的含烃气体。

(4) 从积聚在装置泄漏现场和易泄漏部位的土壤和地下水中散发出的气体。

(三) 废渣

催化加氢工艺过程产生的废渣主要是卸出的废催化剂、保护剂、瓷球。废催化剂中含有原来负载的重金属和使用中沉积的金属，属于国家规定的危险废物，一般处理是送废催化剂回收工厂或桶装深埋。

(四) 噪声

装置内的噪声源主要有压缩机及其相应的驱动机、机泵、空冷器及加热炉等。

二、加氢装置的主要污染控制措施

加氢装置的主要污染物是含硫污水和含硫气体，对含硫污水和含硫气体的处理是加氢过程污染控制乃至整个炼油厂污染控制的重要内容之一。本着污染物最小化、污染物资源化和污染物处理无害化的环保治理原则，利用汽提净化技术处理含硫污水，利用气体脱硫和硫黄回收技术处理含硫气体，是国内外炼油厂普遍采取的处理方法。

(一) 含硫污水的处理

含硫污水的处理是炼油厂污水处理的重要环节。含硫污水虽然只占全厂需处理污水量的几分之一，但因其污染物浓度高，对其处理的效果直接影响到净化水回用，以及后继的污水处理场的处理水平。某炼油厂调查表明，含硫污水汽提后的净化水氨氮含量占污水场总进水氨氮的52.7%，COD占总进水COD的37.2%。提高含硫污水处理效果，有利于净化污水的再处理或回用，可减少氨氮和COD负荷，是实现污水处理达标排放的关键。

1. 含硫污水的收集与输送

炼油污水处理的基本原则是“清污分流，分类处理”。含硫污水含有高浓度的硫、氮化合物，而且处理后可以回用，因此不能直接进入常规的污水处理场处理，应单独处理。含硫污水的收集和输送应遵循以下原则：

（1）从设备、装置排放的含硫污水应设独立的收集系统，不应进入一般污水系统。

（2）含硫污水应用密闭管道输送，不得采用明渠排放，以防止H_2S、氨等有毒有害气体从污水中释放，污染周围环境；存放含硫污水的贮罐罐顶放空应有处理设施。

（3）含H_2S污水的采样，应用密闭循环系统。

（4）含硫污水管理，不得埋地敷设，不得穿越居住区或人员集中的生产管理区。

（5）在含硫污水的排放口、采样口、管区附近和容易泄漏的场所，应用不易渗漏的建筑材料铺设地面，并设围堰，防止有毒液体渗入土壤中。

2. 含硫污水处理的典型工艺

含硫污水处理方法有空气氧化法和水蒸气汽提法。采用汽提工艺处理炼油含硫污水是普遍而有效的方法。含硫污水汽提装置一般采用单塔加压汽提或双塔汽提两种原则流程。单塔（或第一塔）工艺的汽提装置脱硫效率一般都在50%以上，汽提分出的塔顶气富含H_2S、CO_2，其中H_2S体积含量达60%~70%，CO_2体积含量为40%~30%，烃类体积含量为1%~3%。

单塔抽侧线（或第二塔塔顶）产出粗氨气，其中含NH_3 10%~15%（体）。粗氨气经变温变压多级分离和氨精制及脱硫措施，可制得99.6%以上纯度的液氨。塔底净化水的硫含量<1mg/L，氨氮含量<100mg/L（指标为<120mg/L），供其他炼油装置工艺注水回用或排放至污水处理厂。

由于加氢工业装置排出的含硫污水都富含H_2S和NH_3，所以与加氢装置配套多选用单塔加压汽提和双塔汽提的污水处理工艺。

含硫废水可视为一种硫化氢、氨和二氧化碳等多元水溶液，在水中以NH_4HS、$(NH_4)_2S$、$(NH_4)_2CO_3$、NH_4HCO_3等氨盐形式存在。这些弱酸弱碱的盐在水中水解后分别产生游离态硫化氢、氨和二氧化碳分子，并分别与其在气相中的分子处于平衡状态，因而该体系是处理好含硫废水和选择适宜操作条件的关键。影响上述三个平衡的主要因素是温度和分子比。由于水解是吸热反应，因而加热可促进水解作用，使游离的硫化氢、氨和二氧化碳分子增加。游离分子能否全部由液相装入气相，与其在液相中的浓度、溶解度、挥发度大小以及它们和溶液中其他分子、离子能否发生反应有关。二氧化碳在水中的溶解度很小，相对挥发度很大，与其他分子或离子的反应平衡常数很小，因而最容易从液相装入气相。而氨在水中的溶解度很大，且与硫化氢和二氧化碳的反应平衡常数也大，只有在一定条件下达到饱和时，才能使游离的氨分子从液相转入气相。水蒸气起到了加热和降低气相中硫化氢、氨和二氧化碳分压的双重作用，促进其从液相进入气相，从而达到净化目的。

我国采用的蒸汽汽提工艺有单塔、双塔两种类型。一般是单塔回收H_2S，双塔回收H_2S和NH_3，与加氢处理工业过程配套的单塔汽提必须加压抽侧线。塔顶分出的含H_2S气体可直接进入克劳斯制硫装置，侧线抽出氨，塔底为脱除 H_2S 和 NH_3 的净化水，可用于炼厂回注。汽提装置产出的氨气经三级分凝，纯度可达到99%以上，但尚有约1%的 H_2S 和其他杂质，须深度精制和脱硫。

经汽提后的净化水一般硫化物含量小于50mg/L，挥发酚含量小于300mg/L，氰化物含量小于20mg/L，氨氮含量小于100mg/L。净化水属于软化水质，几乎不含氧，比一般软化水好，应尽量回用于炼厂作为脱盐注水和加氢注水、富气洗涤水等，亦可排入污水厂再处理。

（二）含油污水的处理

含油污水的处理也遵循“清污分流，集中处理”的原则。

清污分流：含硫污水和含油污水应分系统处理至达标排放，其他废水也应根据水质分别处理，如把装置围堰外未受污染的雨水引入雨水系统，把围堰内污染物浓度较低的地面冲洗水、生活用水引入清净废水系统，把油罐切水、采样口污水等污油量较大的污水引入地下隔油罐进行预处理。有的企业采取装置内外双道围堰，加高非雨水型边沟沟壁并安装盖板等措施，目的也是加大清污分流力度，减少含油污水的排放，节省处理费用。

集中处理：在20世纪90年代后期设计或经改造的催化加氢工业装置中，一般都将低分、原料过滤器等切出的油和污水送至罐中集中处理，以解决污水含油问题。加氢装置车间污水排放指标可为含油量≤200mg/L。装置含油量严重超标的原油一般有：

（1）加氢深度不够，生成油与水轻度乳化，影响了油水分离。

（2）高低压分离罐容积偏小，油水分离时间不够。

（3）设备泄漏。

为使装置污水达标排放，可在装置增设预处理设施，可按装置或分区域对含油量高的污水进行预处理。例如，容器排放和设备泄漏的污油及少量的高浓度含油污水应先在装置内的隔油设施（地下污油罐）隔油后，再送污水处理场处理。污油罐收集的污油则用泵送到厂区大污油罐回收利用。乳化严重的含硫污水在汽提净化前首先进行除油及破乳预处理。

（三）废气的处理

1. 含硫气体的处理

在加工过程中，原油中的硫90%以上最终进入气态产物中。对含硫气体的处理是炼油生产不可缺少的重要过程。气体脱硫和硫黄回收是国内外炼油厂普遍采取的措施。实施这些措施不仅能回收可作为化工原料的硫黄，还能为炼油厂生产提供清洁的燃料气。因此，气体脱硫、硫黄回收连同含硫污水汽提一起组成炼油厂控制硫污染的主要手段。通过与加氢处理工艺的组合，可将90%以上原油携带的硫予以回收，避免其成为废气污染物排入环境。

硫黄回收装置作为处理含硫气体、减少污染的主要装置，其重要性不言而喻。为保证含硫气体的处理，要求硫黄回收装置能和其他生产装置有相同的运行周期和可靠性，否则一旦硫黄回收装置运行不正常甚至停运，将导致大量含硫气体短路排放，造成污染事故。为减少运行风险，国外的成功经验和普遍做法是，硫黄回收装置应保持过量的能力，一般在设计上并列设两套硫黄回收装置，每套的处理能力按总处理负荷的60%考虑，如果其中一套出现故障，可保证尚有60%的含硫气体能被处理。在世界原油平均含硫量继续增加、环保法规日益趋严的形势下，加工含硫原油的炼油厂和石化厂中硫黄回收装置的扩张性、灵活性显得更为重要。在新建硫黄装置时，要充分预见到将来扩展的需求，因此在规划建设时常常要留有充足的备用能力。建三套50%开工率的硫黄回收装置，在国外已不罕见。

2. 逸散性气体和恶臭气体的污染治理

逸散性气体虽然量少，有的还只是间歇性逸散，但此类气体含有 H_2S 等有害物质，必须加以重视。伴随着高含硫原油的加工，炼油厂低浓度的 H_2S 及挥发性有机硫恶臭污染日渐突出。利用微生物的生化代谢脱除工业废气中低浓度 H_2S 及恶臭污染物，是近年来发展起来的低成本、高效率脱臭工艺。

3. 加热炉烟气的处理

为了降低 NO_x 排放，加热炉应使用新型的低 NO_x 燃烧器。应加强监控加热炉热效率，以确保完全燃烧。炉子应配备连续型烟气分析仪以测量 O_2和 CO。

（四）废渣的处理

加氢工艺过程中产生的废渣主要是装置更换的废催化剂。由于加氢处理过程中的装置数量多，催化剂使用量大且性能各异，所以催化剂的使用、再生和废弃处理尤为重要。

从催化剂的制造、使用、再生到报废的整个生命周期中，要经历装剂、卸剂、运输、再生、重用回收和废弃处理等步骤。对每一个步骤都要采取措施，防止污染。

1. 装剂

装剂前应筛除碎粒和细粉，并注意不使催化剂破损，同时捕集较小的颗粒和粉尘，并使其在床层上均匀分布。

2. 卸剂

由于废催化剂有较高的活性和硫化状态的金属，卸剂时硫化铁和沉积的焦炭于空气中可产生自燃，故必须在氮气保护下操作。卸出的催化剂装入密封桶中运走。如果废剂需在现场过筛分离瓷球和过滤细粉，也需要在氮气保护下进行。

3. 运输

由于废催化剂遇空气的自燃性，须按危险品要求运输。

4. 再生与重用

由于废催化剂再生时释放 SO_x及其他影响大气环境的污染物，器内再生还存在烧毁催化剂和腐蚀设备的风险，故一般不主张在生产装置内器内再生，而在装置外进行器外再生。再生过程产生的废物应经过洗涤以减少污染物扩散至大气。器外再生的再生剂活性恢复均匀，再生后的催化剂一般装入装置生产条件要求不太苛刻的反应器。采用器外再生还可同期安排压力容器定期检查，减少生产停工时间。

5. 综合利用

对于贵金属废催化剂一般都要回收贵金属。而对于非贵金属废催化剂中的金属回收，出于经济考量，目前国内尚未引起重视。但出于保护环境的需要，凡是具有回收价值的非贵金属，应尽可能回收利用，以减少固体废物填埋量。工厂对可以回收的催化剂必须从购买起，就有清楚的记录和严格的规定。

6. 安全填埋处理

加氢处理过程中使用的催化剂多含有镍、锰或其他金属，大部分已列入国家划定的危险废物名录。因此，对此类废催化剂的填埋必须按照国家规定的安全填埋方式处理，如外委处理，受委托方需具有国家规定的资质。

(五)噪声的处理

操作装置内的设备和整个装置本身的设计应达到最大安全噪声水平。最大安全噪声水平通常由政府健康和安全组织事先确定。为了进一步降低噪声，应采取如下措施：

(1) 空冷器选用低转速、低噪声风机，噪声控制在90dB以下。

(2) 机泵选用低噪声增安型电机。

(3) 蒸汽放空装有消音器。

(4) 加热炉采用低噪声燃烧器，风道部分采用保温隔音材料。

(5) 凡易产生噪声的排放点均设置消音器。原料油泵、新氢压缩机配用大型电机设置消音罩。

三、环保技术注意事项

(1) 加强对设备管理和堵漏，定期检查是否存在挥发性有机化合物(VOC)的泄漏，并及时维修，杜绝跑、冒、滴、漏。

(2) 控制好机泵冷却水量，尽量减少含油污水排放量；机泵漏油，应及时联系钳工修理。

(3) 配合环保，对污染源排放进行采样或实测排污量，机泵含油污水含油量≯100mg/L。

(4) 地沟要定期清扫以防污泥垃圾堵住明沟，抹布、保温棉等垃圾必须放到垃圾箱内。废润滑油等要按规定回收，不得到处乱倒，落地油要清扫掉。

(5) 根据监测站的分析数据，对所管辖区域内工业卫生监测超标点进行整改。

(6) 定期对职工进行环保、工业卫生的教育，增强全体职工的环保意识。

(7) 日常要做好清污分流管理，在各种泄漏抢修、开工、停工、大检修过程中尤其要先切换好清污分流流程，避免造成跑油污染事故。

(8) 在装置开工、停工、紧急抢修时，需要进行环境危害因素分析与评估。

(9) 浮顶油罐是非固定排放的另一个重要来源。浮顶油罐的密封接缝应最小化，并定期检查。

四、环保法律法规的基本制度

(一)环境影响评价制度

环境影响评价制度是对拟建项目和开发活动对环境可能产生的影响进行预先评定和估价的法律制度。建设项目的环境影响评价工作，由取得相应资格证书的单位承担。国家根据建设项目对环境的影响程度，按照下列规定对建设项目的环境保护实行分类管理：

(1) 建设项目对环境可能造成重大影响的，应当编制环境影响报告书，对建设项目产生的污染和对环境的影响进行全面、详细的评价。

(2) 建设项目对环境可能造成轻度影响的，应当编制环境影响报告表，对建设项目产生的污染和对环境的影响进行分析或专项评价。

(3) 建设项目对环境影响很小的，不需要进行环境影响评价的，应当填写环境影响登记表。

(二)“三同时”制度

“三同时”制度是新建、改建和扩建的建设项目中防治污染和其他公害的设施必须与主体工程同时设计、同时施工、同时投产使用的法律制度。建设项目中防治污染的设施，必须与主体工程同时设计、同时施工、同时投产使用。防治污染的设施只有经原审批环境影响报告书的环境保护行政主管部门验收合格后，该建设项目方可投入生产或者使用。

（三）排污收费制度

排污收费制度是国家环境管理机关依照法律规定对排放污染物的单位和个人征收一定费用的法律制度。排放污染物超过国家或者地方规定的污染物排放标准的企事业单位，依照国家规定缴纳超标准排污费，并负责治理。水污染防治法另有规定的，依照水污染防治法的规定执行。征收的超标准排污费必须用于污染的防治，不得挪作他用。企事业单位向水体排放污染物的，按照国家规定缴纳排污费；超过国家或者地方规定的污染物排放标准的，按照国家规定缴纳超标准排污费。向城市污水集中处理设施排放污水、缴纳污水处理费用的，不再缴纳排污费。收取的污水处理费用必须用于城市污水集中处理设施的建设和运行，不得挪作他用。

（四）污染限期治理制度

污染限期治理制度是对现已存在的污染严重的污染源，由法定机关做出决定，令其在一定期限内进行治理并达到规定的治理目标的法律制度。对造成环境严重污染的企业事业单位，限期治理。中央或者省、自治区、直辖市人民政府直接管辖的企事业单位的限期治理，由省、自治区、直辖市人民政府决定。市、县或者市、县以下人民政府管辖的企事业单位的限期治理，由市、县人民政府决定。被限期治理的企事业单位必须如期完成治理任务。

限期治理的基本原则是：

（1）限期治理要以污染源调查为基础，以环境保护规划为依据，与环境综合整治、污染源集中控制、污染物总量控制相结合，解决突出的环境污染问题。

（2）限期治理要坚持强制与自觉相结合的原则。

（3）限期治理必须从国情出发，实事求是，先易后难，既要考虑环境保护的需要，又要考虑实际的可能性。

（4）限期治理必须坚持环境效益、社会效益、经济效益相统一的原则

（5）限期治理必须坚持“谁污染谁治理”的原则。

（五）污染事故报告制度

污染事故报告制度是因发生事故或其他突发性事件，以及在环境受到或可能受到严重污染，威胁居民生命财产安全时，进行通报和报告有关情况并及时采取措施的法律制度。

因发生事故或者其他突发性事件，造成或者可能造成污染事故的单位，必须立即采取措施处理，及时通报可能受到污染危害的单位和居民，并向当地环境保护行政主管部门和有关部门报告，接受调查处理。可能发生重大污染事故的企事业单位，应当采取措施，加强防范。造成污染事故的单位，在事故发生的48h内，必须向当地环境保护部门做出事故发生的时间、地点、类型和排放污染物的数量、经济损失、人员受害等情况的初步报告。事故查清后，应做出事故发生的原因、过程、危害、采取的措施、处理结果以及遗留的问题和防范措施等情况的书面报告，并附有关证明文件。

（六）防止污染转移制度

禁止引进不符合我国环境保护规定要求的技术和设备。任何单位不得将产生严重污染的生产设备转移给没有污染防治能力的单位使用。转移固体废物出省、自治区、直辖市行政区

域贮存、处置的，应当向固体废物移出地的省级人民政府环境保护行政主管部门报告，并经固体废物接受地的省级人民政府环境保护行政主管部门许可。禁止境外的固体废物进境倾倒、堆放、处置。国家禁止进口不能用作原料的固体废物，限制进口可以用作原料的固体废物。

第三节　加氢装置的优化生产

加氢装置的生产过程存在着数以百计的工艺操作和监测参数，很多操作参数之间相互联系而又相互制约。为保证装置安全、平稳、长周期、满负荷和高质量运行，提高自动控制系统的可靠性，确保安全生产，就必须对过程的有关质量操作参数在工艺的约束条件下进行优化控制。在装置生产过程中，通过一定的控制手段来实现这种控制要求，属于最优控制的范畴。

一、加氢装置的先进控制

先进过程控制的主要作用是提供更好的控制效果，并且能够适应复杂动态特性、时间滞后、多变量、有不可测变量、变量受约束等情况，在操作条件变化时仍有较好的控制性能。采用先进过程控制可使生产操作稳定、准确，可充分发挥装置的潜力。国际上一些著名的过程控制公司(如 Setpoint、DMC、ADERSA、Aspen、HHS 等)的先进过程控制软件包在几千个工业现场取得了成功运用，获得了巨大的经济效益。

(一) 加氢装置的操作和控制特点

一般的加氢装置的主要部分有反应部分、分馏部分、加热炉部分和机组部分，有的装置还有预处理部分和产品后处理部分等其他部分。

由于加氢装置的反应部分处于高温、高压的操作条件，所以控制系统首先必须保证安全、可靠、稳定、准确，具有超弛和安全保护的控制手段。正常操作时也要有一定的操作裕度。

加氢装置的过程控制以常规控制方案和成熟的控制方案为主，但是加氢过程机理复杂，相关变量多，很多过程变量及状态不可控，这都可能影响甚至严重影响装置的安全平稳生产。为实现加氢装置的安全平稳操作，将 APC 技术用于加氢装置的控制，取得了良好的成效。

(二) 高级控制

高级控制(Advanced Process Control)又称为先进控制，简称 APC。APC 种类较多，适用范围很广。一般常规控制和优化控制外的复杂控制都归为高级控制。常用的有计算变量控制、相对增益控制、前馈控制、解耦控制、纯滞后控制、预估控制以及应用现代控制理论的各种控制等。

随着计算机技术的高速发展，多变量预估控制(MPC)技术逐渐投入工业化应用，使装置的操作平稳，实现“卡边”操作、质量控制，收到了很好的经济效益，成为 APC 技术中较大规模成功应用的典范。

(三) 多变量预估控制

根据模型的多变量预估控制是高级控制的一种，近年来，在石油化工过程控制中应用得最为广泛和成功，影响最大，经济效益明显。

加氢装置的过程与其他石油化工过程一样，对象常常是多输入、多输出的，变量之间有关联和耦合。常规控制的方法是将对象分解成多个单输入、单输出的控制回路，很难获得令人满意的、稳定的、准确的控制效果。但是，多输入、多输出控制系统的实现，在技术上、方法上和装备上存在很多困难，单纯地采用某一种方法并不适用于石油化工过程控制的多种对象，也不具有普遍意义。多变量预估控制的商品软件也是或多或少地综合应用了多种控制方法，并在计算机技术发展进步的条件下才成功的。

多变量预测控制器与常规PID(比例积分微分)控制的一个重要的区别是，应用了区间控制的方法，而不是常规PID的定值控制。使操作人员明确和理解这个概念和方法，是多变量预估控制有效使用的关键。

对于每一个被控变量CV，都要设置一对上、下限，这是被控变量CV的约束条件。在约束条件的区间内，最终要求的产品质量指标都是合格的，这个区间也是控制器消除干扰、优化操作和加强鲁棒性的自由区间。

CV可分为两类，一类为约束变量，不超限即可；另一类为优化变量，可实现在限制区间内的优化控制，提高控制质量和产品收率。

对每一个控制参数MV，有时也要根据工艺设置约束幅值或变化率，调节量不应超过限值。

MPC控制器是以对象模型为依据，进行预测，用实际的测量值进行反馈修正。MPC控制的特点是多输入、多输出，控制对象扩大。常规控制是以单回路、单参数为主，用PID控制算法控制对象，稳定被控参数。而MPC控制以根据对象的数学模型预测被控参数的动向，综合运算，调整控制参数MV，使被控参数CV稳定，并对干扰变量的影响实现前馈控制，从而提高过程控制的平稳运行水平。很多常规PID控制不易解决的问题，MPC控制可以很好地完成控制任务。

(四) 加氢装置中的MPC控制器

在加氢装置中，根据装置的流程、工艺特点和操作关系，需设置多个MPC控制器。以加氢反应器的控制为例，加氢反应器是全装置的核心，高温、高压，操作条件苛刻。控制器主要变量见表7-2。

表7-2　加氢反应器的主要变量

参数名称	参数种类	参数名称	参数种类
装置进料	MV、DV	反应床层最高温度	CV
平均床层温度	MV	反应加热炉最高表面温度	CV
循环氢流量	MV	反应加热炉的炉膛温度	CV
循环氢温度	DV	各反应床层入口温度	MV
氢气与进料的比值	CV	各反应床层出口温度	CV
反应转化率	CV	各反应床层的冷氢流量	CV
航空煤油的烟点	CV	各反应床层的温度偏差	CV

加氢反应器的控制器和变量由反应深度和反应温度控制，根据装置实际流程，设置一个或两个控制器。具体的控制器变量，应根据实际流程情况和控制器软件产品的能力而定。

（五）工艺参数计算

MPC控制的另一个特点是，用质量参数作为被控参数，直接控制产品的质量指标，实现产品质量控制。但是，质量控制的重要条件之一是能够得到质量参数，即能够直接测量质量参数，或者可以通过计算间接得到质量参数。而质量分析仪表系统复杂，运行维护要求高，不容易操作。还有一些质量参数，目前还没有测量仪表可用，因此，质量参数的计算在MPC控制中显得非常重要。在有些场合，用计算的质量参数作为MPC控制器的被控参数，用质量分析仪表的测量值对计算参数进行校正。这样既保证了较可靠的质量参数参与控制，又减少了对分析仪表的依赖，是目前常用的方式之一。然而，也有的质量参数既无法计算，又无法测量，甚至是不可观测的，则只好用其他参数来间接代替。

1. 反应深度

控制反应深度的目的是控制产品的分布及其质量指标，表征反应深度的参数有油品的转化率和某产品的质量指标(如喷气燃料的烟点)。由于这些参数很难直接测量，所以常规控制是用与最终控制目标密切相关的、便于直接测量的参数作为间接的控制指标来进行装置的操作，如反应温度等。然而，间接控制参数与最终控制参数之间的函数关系非常复杂，并受到其他一些工艺参数的影响，远非单值线性函数，因此常常不能很好地反映最终控制目标。MPC直接采用最终控制参数作为控制目标，有利于提高产品的收率和质量。

产品的转化率和分布可以从分馏产品的流量计算而得。产品的质量指标的计算是非常复杂的，通常用专用的计算软件来计算，用实验室化验分析数据进行校正。

2. 分馏工艺参数计算

分馏部分的操作直接决定汽油或航煤、轻柴油的质量和收率。分馏塔的控制目的是保证产品质量，多出高价值产品，提高收率，提高经济效益。其质量指标根据工艺方案的设计通常有各抽出或侧线的产品的质量指标(不同的产品方案，质量指标不同)。

气液负荷计算的指标包括：石脑油的90%点；喷气燃料的90%点；喷气燃料的闪点；喷气燃料的冰点；柴油的90%点；柴油的倾点；轻柴油的闪点等。

分馏塔的产品分离是动态响应较慢的过程，在塔内，上升的气相与下降的液相进行传热和传质的过程，在每块塔板上，存在着物料平衡、能量平衡和相平衡。其中，物料平衡和能量平衡是相对快速的平衡，而相平衡主要取决于塔的取热负荷分配，直接影响产品性质。

由于产品质量指标的计算非常复杂，通常采用商品化的计算软件包，一般包括产品的恩氏蒸馏馏程、干点、闪点、冰点、倾点、雷德蒸气压等。不够时，还要根据工艺机理或实验数据编制计算程序。

（六）先进控制在加氢装置应用的经济效益

先进控制的经济效益通常有三个部分：提高处理量、增加产品收率、降低能耗。通常采用统计的方法进行分析。

用MPC控制器投用前后的生产统计数据，对物料平衡数据进行分析，这种方法直接与产品价格关联，比较直观，但应有足够长时间的生产统计数据才有代表意义。在一般情况下，MPC的投资回收期为6~9个月。

先进控制除经济效益的意义外，还有一些诸如平稳操作、减少波动，平稳、快速的过渡过程等潜在的生产操作效益。

二、PID 参数的整定

加氢装置采用 DCS 系统主要实现生产过程的自动化控制，DCS 系统在各类生产装置工艺过程中占有举足轻重的地位，它好比工艺生产过程的眼睛，是指挥和控制生产过程的大脑和神经中枢，是各类生产装置保证工艺指标、安全稳定运转、节能降耗、优化操作和改善生产管理的关键。DCS 能否发挥应有的作用和取得用户满意的效果，其中自控率是一项很重要的指标，调节系统能否投入自动，PID 参数整定至关重要。

调节器正/反作用的确定方法：

调节系统投自动时，往往是在控制方案确定后，最关键的是 P、I、D 参数如何整定。在整定调节系统的 P、I、D 参数前，要保证一个闭环调节系统必须是负反馈，即 $K_o \cdot K_v \cdot K_c>0$。图 7-3 为单回路 PID 调节系统方框图。

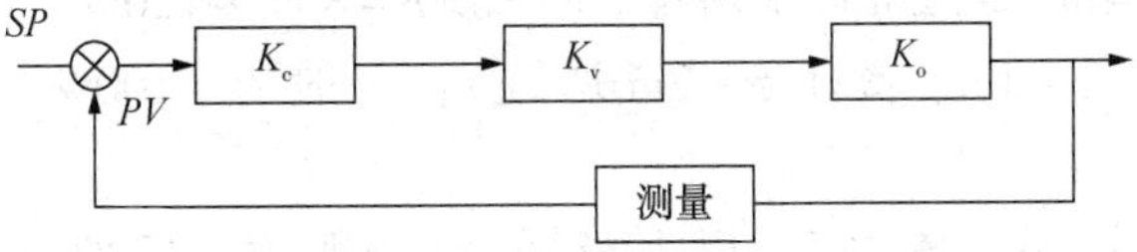

图 7-3 单回路 PID 调节系统方框图

调节对象 K_o：阀门、执行器开大，测量 PV 增加，则 $K_o>0$；反之，则 $K_o<0$。

调节阀门 K_v：阀门正作用(气开、电开)，则 $K_v>0$；阀门反作用(气关、电关)，则 $K_v<0$。

K_o、K_v 的正负由工艺对象和生产安全决定，根据 K_o、K_v 的正负和 $K_o \cdot K_v \cdot K_c>0$，我们可以确定 K_c 的正负。

调节器 K_c：若 $K_c>0$，则调节器为反作用；若 $K_c<0$，则调节器为正作用。软件组态中要设置正确。

在整定调节系统的 P、I、D 参数前，要保证测量准确、阀门动作灵活。在整定调节系统的 P、I、D 参数时，要求用户工艺操作密切注意生产运行状况，确保安全生产；在整定调节系统的 P、I、D 参数时，先投自动后串级，先投副环后主环，副环粗主环细，改变给定值 SP 或输出值 OP，给出一个工艺允许的阶跃信号，观察测量值 PV 变化和趋势图，不断修定 PID 参数，往往反复几次，直至平稳控制。

三、经验 PID 整定参数

在自动调节系统中，$E=SP-PV$。式中，E 为偏差，SP 为给定值，PV 为测量值。当 SP 大于 PV 时为正偏差，反之为负偏差。

比例调节作用的动作与偏差的大小成正比：当比例度为 100 时，比例作用的输出与偏差按各自量程范围的 1∶1 动作；当比例度为 10 时，按 10∶1 动作。也就是说，比例度越小，比例作用越强。比例作用太强会引起振荡；太弱会造成比例欠调，造成系统收敛过程的波动周期太多，衰减比太小。其作用是稳定被调参数。

积分调节作用的动作与偏差对时间的积分成正比，即偏差存在积分作用就会有输出。它起着消除余差的作用。积分作用太强也会引起振荡，太弱会使系统存在余差。

微分调节作用的动作与偏差的变化速度成正比。其效果是阻止被调参数的一切变化，有超前调节的作用，对滞后大的对象有很好的效果，但不能克服纯滞后，适用于温度调节。使用微分调节可使系统收敛周期的时间缩短。微分时间太长也会引起振荡。

经验法是简单调节系统应用最广泛的整定方法，是一种试凑法。它通过参数预先设置和反复试凑来实现。参数的预置值要根据对象的特性和仪表的量程决定。仪表量程大的 PID 参数要适当加强作用。对介质为流体(气体、液体)情况，经验 PID 整定参数参考如下。

(一) 对流量调节(F)

一般 $P=120\%\sim200\%$，$I=50\sim100S$，$D=0S$。

对防喘振系统：一般 $P=120\%\sim200\%$，$I=20\sim40S$，$D=15\sim40S$。

(二) 对压力调节(P)

一般 $P=120\%\sim180\%$，$I=50\sim100S$，$D=0S$。

对放空系统：一般 $P=80\%\sim160\%$，$I=20\sim60S$，$D=15\sim40S$。

(三) 对液位调节(L)

(1) 大容器(直径 4m、高 2m 以上塔罐)：一般 $P=80\%\sim120\%$，$I=200\sim900S$，$D=0S$。

(2) 中容器(直径 2～4m、高 1.5～2m 塔罐)：一般 $P=100\%\sim160\%$，$I=80\sim400S$，$D=0S$。

(3) 小容器(直径 2m、高 1.5m 以下塔罐)：一般 $P=120\%\sim300\%$，$I=60\sim200S$，$D=0S$。

(四) 对温度调节(T)

一般 $P=120\%\sim260\%$，$I=50\sim200S$，$D=20\sim60S$。

上述参数是经验性的东西，不是绝对的。另外在实践中，有时一个调节系统工艺过程对象或阀门(定位器)存在问题，也能靠改变 P、I、D 参数予以克服，使自动投入。投自动需要耐心观察、不断修正。实践中能否投入自动，最关键的是阀门(定位器)、执行器好用，动作灵活。

在一个串级调节系统(例如有 2 个调节器)中，整个内环(副调，其 $K_{o1}\cdot K_{v1}\cdot K_{c1}>0$)相当于主环的 K_v，它始终为正。P、I、D 参数整定的结果可观察曲线，一般为一阶特性即可(当然，理论上为二阶衰减特性)。

四、自动回路投入注意事项

装置在运行时，自动回路的投入应保证各工段的平稳运行，主要参数不能出现较大的波动，其他辅助设备的压力、液位、温度等参数也不能出现影响装置正常运行的过大波动。调试中有何影响及出现意外情况应及时处理，自动回路首次投入前应要求工艺操作人员将该部分工况尽量调至相对稳定状态。

若自动回路的组态在现场有改动，在投入自动前应仔细检查组态的信号流向及逻辑的正确性，信号切换部分要注意切换逻辑的时序问题。组态应做到自动回路至现场的出口有可做人工干预的简单逻辑部分，以便万一有组态错误可以人工停止自动回路对现场的作用。

投自动时可先将 PID 模块的比例带、积分时间的数值放大，将 PID 模块输出上限、输出下限放至 PID 模块当前跟踪输出值附近的一个可允许变动范围内，将 PID 模块输出变化率缩小。投入自动后，观察 PID 模块的动作方向是否正确，PID 模块输入偏差的变化是否在正常范围之内，确认后再将 PID 模块的几种输出限制相继放开，恢复其正常作用，再根据调节品质调节 PID 模块各项的参数。

第四节　加氢精制装置的长周期运行

延长装置的运行周期，对于企业降本减费而言，不仅最为直接、最为行之有效，而且是收效最为显著的方法。长周期运行有利于节约检修费用，减少停、开工损失，降低生产成本，还有利于提高企业综合管理水平，是增加企业经济效益、提升竞争力的有效途径。

长周期运行必须建立在安全、可靠的基础之上，通过主动、扎实的工作，提高人员素质，依靠科学，运用先进技术手段，全面提升各项管理水平来实现。安全生产与长周期运行并不矛盾，而是相辅相成的。安全生产是长周期运行的前提和保证，长周期运行必须建立在安全生产的基础之上，同时对安全生产又是有力的促进。

影响主要生产装置长周期运行的难点主要体现在两大方面：一是装置自身在工艺过程中出现的结焦、结垢、堵塞、腐蚀、泄漏等；二是配套公用工程在安全性、可靠性和稳定性方面存在的薄弱环节。

腐蚀、泄漏是制约长周期运行的主要难点。在炼油企业中，设备腐蚀问题较为突出，伴随加工原油的油种及其含硫、含酸量发生较大的变化。设备腐蚀的方式、机理和速度都呈现出新的特点，是威胁装置安全、长周期运行的重要因素。

结焦、结垢、堵塞也是制约长周期运行的主要难点，是生产装置工艺过程影响长周期运行的关键因素。在制约加氢装置长周期运行的影响因素中，催化剂床层结焦、换热器结垢是最为突出的问题。

长期的装置运行实践表明，设备出现故障与长周期运行没有必然的联系，某些装置发生非计划停工或安全生产事故的时候，其运行时间往往并不长，不少的故障和事故发生在装置检修或改造的停、开工过程中，或是管理工作出现疏漏的情况下。装置正常运行与计划检修或改造的停、开工过程相比，出现故障或事故的风险概率并不见得就大。关键是要有好的人员素质、过硬的职工队伍，还要有优良的设计、制造和施工建设质量，有科学、完善的管理。总之，关键在于是否做了扎实、有效的工作。科学、合理地安排装置的检修，没有非停不可的检修事项坚决不安排装置停车检修。在大修理念上，变定期大修为不定期“预知维修”“机会检修”，实行“滚动”的大修计划，要从思想上把长周期运行作为一种自觉、主动的追求。

一、优化原料配置，为装置长周期运行创造良好条件

为降低原油成本，一些炼油企业扩大采购范围，采购低价原油，安排加工原油品种比较多，使得装置原料切换频繁，对装置安全、稳定、长周期运行影响很大。

（一）加氢精制装置高氯含量原料油加工及应对措施

1. 氯化铵性质

氯化铵为无色结晶或白色颗粒性粉末，是一种强电解质，溶于水电离出铵根离子和氯离子，氨气和氯化氢化合生成氯化铵时会有白烟。无气味，味咸凉而微苦，吸湿性小，但在潮湿的阴雨天气也能吸潮结块。粉状氯化铵极易潮解，湿铵尤甚，吸湿点一般在76%左右，当空气中相对湿度大于吸湿点时，氯化铵即产生吸潮现象，容易结块。能升华(实际上是氯化铵的分解和重新生成的过程)而无熔点。相对密度为1.5274，折光率为1.642，易溶于水，

微溶于乙醇，溶于液氨，不溶于丙酮和乙醚。盐酸和氯化钠能降低其在水中的溶解度，其水中溶解度在20℃时为37.2g。加热至100℃时开始显著挥发，337.8℃时离解为氨气和氯化氢气体，遇冷后又重新化合生成颗粒极小的氯化铵而呈现为白色浓烟，不易下沉，也极不易再溶解于水。

2. 加氢精制装置原料油氯含量控制指标

一般按照原料中氯含量小于1mg/kg设计，如果原料中氯含量超过3mg/kg，设计时需要提高重点设备、管道的材质质量。因此建议加氢精制装置原料中氯含量依据设计值控制，即使放宽也不能大于3mg/kg。

3. 氯化铵结晶温度计算

计算氯化铵结晶温度，需要了解如下信息：系统压力、氮转化率、原料的摩尔流量、循环氢流量、原料中的氯含量。如果采用水相分析数据计算原料中的氯含量，还需要知道排出水流量。

下面是对某厂加氢精制装置的氯化铵结晶温度计算过程：

加氢精制装置反应流出物冷凝冷却系统实际操作工艺如下：反应流出物出反应器，温度为365℃，压力为5.7MPa。反应流出物首先经反应流出物与原料换热器换热，温度降为170℃；其次进反应流出物与低分油换热器换热，冷却至130℃；然后进反应流出物空冷器冷却至55℃；最后经反应流出物后冷器换热，温度降为45℃，进入冷高压分离器。其中，在反应流出物与低分油换热器前注水2000kg/h，在反应流出物空冷器前注水7500kg/h。循环氢流量设计值为69126m^3/h，实际值为85000m^3/h。

根据上述工艺条件，反应流出物冷凝冷却系统氯化铵沉积温度核算如下：

汽柴油加氢精制装置原料的加工量为125000kg/h，循环氢流量设计值(设计值条件)为69126m^3/h，实际值为85000m^3/h(实际值条件)；反应流出物的流量设计值为4221.47kmol/h，实际值为4950.13kmol/h，系统总压为5.7MPa。

加氢原料中氮含量平均为400mg/kg，氮的转化率平均为65%。据此计算加氢反应过程中生成氨的量为：

$125000\times0.0004\times0.65\times17/14=39.46$kg/h

氨的分压为：

设计值条件，氨的分压$=39.46\times7.5/(17\times4241.47)\times1000=3.12$kPa

实际值条件，氨的分压$=39.46\times7.5/(17\times4950.13)\times1000=2.67$kPa

根据图7-4氯化铵结晶热平衡数据，计算不同氯含量条件下的氯化铵结晶温度。

(1) 氯含量为1mg/kg。

氯化氢分压(kPa)：0.00460(设计值条件)，0.00394(实际值条件)。

氯化铵结晶温度：174.1℃(设计值条件)，171.2℃(实际值条件)。

(2) 氯含量为1.5mg/kg。

氯化氢分压(kPa)：0.00690(设计值条件)，0.00592(实际值条件)。

氯化铵结晶温度：177.8℃(设计值条件)，174.9℃(实际值条件)。

(3) 氯含量为2mg/kg。

氯化氢分压(kPa)：0.00920(设计值条件)，0.00789(实际值条件)。

氯化铵结晶温度：180.4℃(设计值条件)，177.6℃(实际值条件)。

(4) 氯含量为3mg/kg。

氯化氢分压(kPa)：0.01381(设计值条件)，0.01183(实际值条件)。

氯化铵结晶温度：184.2℃(设计值条件)，181.3℃(实际值条件)。

(5) 氯含量为7mg/kg。

氯化氢分压(kPa)：0.03222(设计值条件)，0.02760(实际值条件)。

氯化铵结晶温度：192.3℃(设计值条件)，189.3℃(实际值条件)。

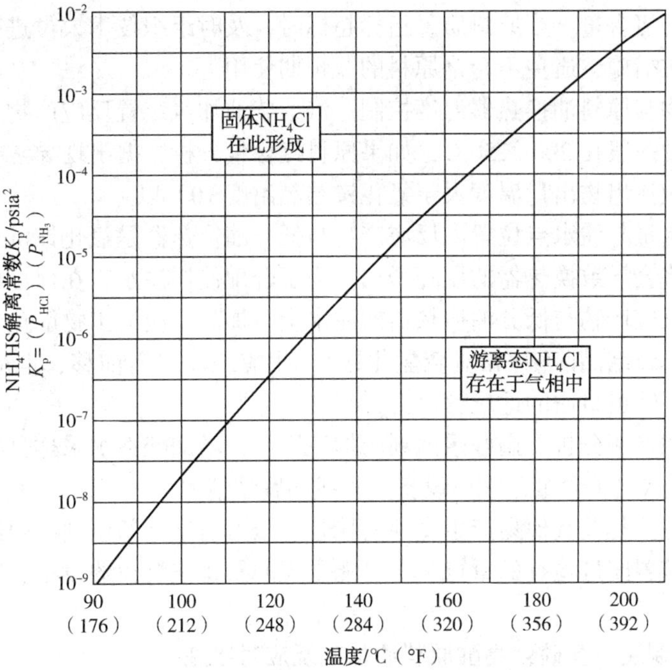

图7-4　氯化铵结晶热平衡数据

$K_p = P_{HCl} \cdot P_{NH_3}$(绝对压力)

4. 氯化铵结晶的危害

(1) 氯化铵结晶导致换热器结垢。原料油的有机氯化物在加氢反应器中生成氯化氢。氯化氢和加氢反应中产生的氨化合生成氯化铵，这些物质容易在进料/反应流出物换热器等低温部位沉积，降低换热效率。

换热器内管束结垢后换热效果下降。在原料进料温度和反应器出口温度基本不变的情况下，原料换热后的温度下降，换热效果差造成加热炉负荷大、能耗大，同时限制了处理量的提高。

(2) 反应系统压降上升。氯化铵在进料/反应流出物换热器等低温部位沉积，堵塞管道，造成反应系统压降升高。系统压差大造成压缩机负荷增高，耗电量增大，能耗增加，排气温度升高，对压缩机的长周期运行非常不利。

(3) 对装置设备造成腐蚀。进料中极少量的氯化物，也可能引起奥氏体不锈钢材料的氯应力腐蚀，因为它们极易堆聚在管线和设备的低点、缝隙、导淋等处，形成很高的氯化物浓度，致使氯应力腐蚀的发生。

5. 加工高氯原油的防护措施

一旦反应产物与原料油换热器出现氯化铵结晶导致堵塞，只有降温降量或停工处理，而且由于高温换热器及其管道一般选用奥氏体不锈钢，冲洗氯化铵结晶极有可能导致相关的设备、管道出现腐蚀问题。因此，应尽可能避免反应产物与原料油换热器出现氯化铵的结晶问题。

（1）控制原料油氯含量。要勤分析原料油中氯的分布及组成，确保原油氯含量、加工过程化学药剂氯含量满足常规加氢装置原料油氯含量 1μg/g 设计要求。另外，还要控制好重整氢气以及注水的氯含量。当原料质量指标超标时，及时组织技术人员进行评审，制定落实相应的纠正和预防措施，避免不合格原料的非预期使用。

（2）反应产物与原料油换热器温度控制。汽、柴油加氢装置反应产物与原料油换热器的反应产物出口温度一般在 200~250℃，如果原料氯含量分析数据出现异常，应核算氯化铵结晶温度，保证反应流出物出口温度大于氯化铵结晶温度 10℃以上。

（3）调整注水量与注水点位置。反应产物与低分油换热器是氯化铵沉积的重点部位，如果注水量不足，将会导致换热器的压降增加。为了合理使用注水，在保证压降不增加的条件下同时尽量减少反应产物与低分油换热器前注水量，提高反应流出物能量的利用。由于氯化铵结晶温度高，导致结晶前移（相对硫氢化铵），相应地注水需前移，但应考虑注水点前移后，高压换热器、管道材质的适应性。

（4）加强腐蚀检测分析。搞好缓蚀剂的加注工作、增加酸性水采样分析频次，通过监控酸性水的 pH 值及铁离子含量，掌握设备、管线的腐蚀情况。

对反应产物主流程及其他易产生腐蚀的接管、压力引出等部位列出明细，加强检查，并将这些部位作为装置闭灯检查的重点。对可能出现的氯化铵沉积的设备、管线部位进行测厚检查。

（二）加氢精制装置高硫、高酸原料油加工及应对措施

近年来，原油的重质化和劣质化日益严重，特别是原油的酸值升高，硫含量增加。由于国内原油供应满足不了市场需要，进口原油的数量逐年增加，大部分进口原油均是含硫、高硫原油和高酸原油。高硫、高酸原油的相对密度大，硫含量和重金属含量高，深度脱盐较为困难。加工这类原油能够造成设备腐蚀和催化剂中毒以及环境污染。加工高酸原油带来的腐蚀性问题主要集中在常减压蒸馏装置，而加工高硫原油带来的腐蚀性问题，贯穿于整个原油加工过程。

1. 高硫、高酸原油的定义

高硫高酸原油系指含硫量在 1%（质）以上和酸值在 0.5mgKOH/g 以上的原油。

石油酸是原油和石油馏分中各种酸性组分的总称，除了环烷酸外，还有脂肪酸、芳香酸、无机酸、硫醇、硫化氢、苯酚等化合物。石油及石油馏分中的石油酸首先会造成炼油设备的腐蚀，其次会影响产品的质量及腐蚀机械设备。

石油酸的数量用酸值表示，它是衡量原油腐蚀性的一个重要指标，酸值越高，原油的腐蚀性越强。原油的酸值是指用 KOH 对原油中的酸进行中和时，每克原油所消耗的 KOH 的质量，单位是 mgKOH/g，它是采用电位滴定法测量的。有关高酸原油酸值的界定，世界上没有统一的标准。由于当原油的酸值>1mgKOH/g 时，就会对原油的加工设备造成腐蚀，因此常常将酸值>1mgKOH/g 的原油称为高酸原油。目前，世界原油市场上价格比较便宜的高酸原油，其酸值大概在 2mgKOH/g。

研究表明，石油酸中环烷酸的腐蚀性最强，所以不能简单地将酸值理解为环烷酸的数量。酸值相同的原油，其环烷酸的浓度差别很大。因此，总酸值并不能很好地预测腐蚀。环烷酸在石蜡基原油中含量较少，一般存在于中间基和环烷基原油中。在石油馏分中，环烷酸主要集中在润滑油馏分中，而在轻馏分和减压渣油中的含量较低，但也有一些原油馏分的酸值随沸点升高而增加。对于常减压蒸馏设备，产生腐蚀的主要部位为炉管、蒸馏塔内件、热交换器、冷凝器、蒸馏塔的进油和回流部分、闪蒸塔、常压塔侧线、转油线、减压再沸塔、减压塔侧线、减压塔底及转油线。腐蚀最严重的部位在气液界面，蒸汽在金属表面形成液膜。

2. 加工高硫原料油的危害

随着高硫原油的加工比例逐步提高，加氢原料中硫含量将进一步增加。加工含硫原油后给加氢装置带来的腐蚀问题日趋严重，如不加强管理和监测，可能引发灾难性的事故。因此，在确保正常生产的同时，对出现的腐蚀问题要认真对待，及时分析原因，制定好预防措施，确保加氢装置安、稳、长、满、优运转。

加氢原料中硫含量增加，循环氢、脱硫化氢汽提塔顶气、液相中的 H_2S 含量也将进一步增高。因此，反应系统的临氢设备及管线、分馏系统的脱硫化氢汽提塔顶体系将遭受严重的 H_2S 腐蚀，特别是反应系统的高压空冷器、脱戊烷塔顶空冷器和水冷器。对同类装置调研的情况表明，加氢装置自加工高硫原油后，相继出现高压空冷管束泄漏、脱硫化氢汽提塔顶管线及空冷管束泄漏问题。

3. 加工高酸原油的危害

(1) 严重腐蚀设备。环烷酸的腐蚀与硫腐蚀不同。硫腐蚀是均匀腐蚀，容易检测，可以通过更换材质来解决；而环烷酸腐蚀是局部腐蚀或点蚀，不容易检测。另外，环烷酸腐蚀的影响因素较多。主要有油品的酸值、硫含量、温度、流速和流态、材质，还和环烷酸的种类及分子量大小有关。环烷酸腐蚀一般发生在 200~400℃的温度范围内，小于 200℃环烷酸不存在，大于 400℃环烷酸基本上被分解，分解产物一般是低分子有机酸。腐蚀与环烷酸的形态有关，与硫的数量与形态有关，与流体的流速、流体的状态、装置的各个部分所处的位置有关。

(2) 造成反应系统压降升高。环烷酸在石油炼制过程中，随原油一起被加热、蒸馏，并随之与沸点相同的油品冷凝且溶于其中。环烷酸与设备材料中铁发生反应生成环烷酸铁，而环烷酸铁是油溶性物质，溶解在油中随着油品流动，它经过混氢后很容易氢解并与硫化氢反应生成硫化铁。在高温下硫化铁很容易聚集起来促进结焦反应，导致换热器堵塞、压降升高。另外，硫化铁还会沉积在催化剂之间或环状分布在催化剂表面，但沉积量达到一定程度会使催化剂黏结在一起，在催化剂表面形成一层硬壳，导致床层压降增加和催化剂利用率降低，甚至会迫使装置过早停工，更换催化剂(或撇头)。为尽量避免出现此现象，需要保证反应器进料中金属含量在操作控制指标内。

4. 加工高酸原料油的应对措施

石油酸对炼油装置的腐蚀的认识由来已久。目前，解决高酸原油腐蚀工业化的办法仍然是和低酸原油混炼以及采用耐腐蚀的材料。

在加工高酸原油前，应对现有装置抗环烷酸腐蚀的能力进行全面调查。如果仅仅是偶尔加工高酸原油，或者虽然经常加工高酸原油，但数量很少，可以采用混炼或者添加防腐剂的方法。在这种情况下，对材料进行改质是不经济的。如果长期加工大量的高酸原油，则可对装置进行改造。特别是对一些对环烷酸敏感的部位，应从根本上解决问题。

（1）原油调和。原油调和是指，将高酸值和低酸值的原油混合到酸值低于环烷酸腐蚀发生的临界值以下。当原油中的酸值低于 0.5mgKOH/g 时，原油加工就不会对炼油设备产生明显的腐蚀。因此，将高酸值原油和低酸值原油混合后的酸值降至 0.5mgKOH/g 以下的原料油再进行加工，同时做好全流程的优化和平衡，使下游装置原料的酸值也控制在设计值以内，可以减缓高酸值原油对二次加工装置的影响。

（2）加工高酸原料油设备的选材。因为高硫低酸值原油、高硫高酸值原油在加工过程中腐蚀的表现形式是完全不同的，高硫低酸值原油在高温下主要是高温硫的腐蚀，选用设备材料以含适量的 Cr 为主；高硫高酸值原油在高温下主要是环烷酸的腐蚀，选用设备材料以 Mo 质量为 2%～3%的 TP316 不锈钢最为有效。因此，选材时要充分考虑加工原油的最大含硫量、最大酸值以及原油硫含量和酸值共同对设备造成的腐蚀。

加氢精制装置容器、塔、冷换设备、管线推荐材料见表 7-3、表 7-4。

表 7-3　加工高酸原油加氢精制装置推荐选材表——塔、容器

设备		材料	备注
加氢反应器		壳体：铬钼钢+TP309L+TP316L 堆焊层 铬钼钢+TP309L+347 堆焊层 内件：00Cr17Ni14Mo2 0Cr18Ni10Ti、0Cr18Ni10Nb	
高压分离器	温度<200℃	壳体：碳素钢 内件：00Cr19Ni10	接触湿硫化氢
	温度>200℃	壳体：铬钼钢+0Cr18Ni10Ti 铬钼钢+309Nb 堆焊层 内件：0Cr18Ni10Ti	铬钼钢按 Nalson 曲线选取
低压分离器	温度<200℃	壳体：碳素钢 内件：00Cr19Ni10	接触湿硫化氢
	温度>200℃	壳体：铬钼钢+0Cr18Ni10Ti 铬钼钢+309Nb 堆焊层 内件：0Cr18Ni10Ti	铬钼钢按 Nalson 曲线选取
循环氢脱硫塔		壳体：碳素钢 塔盘：0Cr13	接触湿硫化氢
脱硫剂再生塔		壳体：碳素钢+00Cr19Ni10 塔盘：0Cr13	
脱硫剂再生塔塔顶回流罐		碳素钢	
汽提塔		塔体：碳素钢+0Cr13Al(0Cr13) 塔盘：0Cr13Al(0Cr13)	
其他容器		碳素钢	

表 7-4 加工高酸原油加氢精制装置推荐选材表——冷换设备、管线

设备			材料	备注
氢气与馏出物换热器	氢气侧（壳程）	温度<200℃	壳体：碳素钢 折流板：碳素钢	
		温度>200℃	壳体：铬钼钢 铬钼钢+0Cr18Ni10Ti 铬钼钢+309Nb 堆焊层 折流板：0Cr18Ni10Ti	铬钼钢按 Nalson 曲线选取
	反应馏出物侧		管箱：铬钼钢+0Cr18Ni10Ti 铬钼钢+309Nb 堆焊层 管板及管束：0Cr18Ni10Ti	铬钼钢按 Nalson 曲线选取
原料油（无氢）与馏出物换热器	油进料侧（壳程）	温度<220℃	壳体：碳素钢 挡板：碳素钢	
		温度>220℃	壳体：碳素钢+00Cr17Ni14Mo_2 碳素钢+0Cr18Ni10Ti 折流板：00Cr17Ni14Mo2、0Cr18Ni10Ti	
	反应馏出物侧		管箱：铬钼钢+0Cr18Ni10Ti 铬钼钢+309Nb 堆焊层 管板及管束：0Cr18Ni10Ti	
原料油料（混氢）与馏出物换热器	油进料侧（壳程）	温度<200℃	壳体：碳素钢 挡板：碳素钢	
		温度>200℃	壳体：碳素钢+00Cr17Ni14Mo2 铬钼钢+309Nb 堆焊层 折流板：00Cr17Ni14Mo2、0Cr18Ni10Ti	温度在 200~220℃ 的换热器可以按 Nalson 曲线选取铬钼钢
	反应馏出物侧		管箱：铬钼钢+0Cr18Ni10Ti 铬钼钢+309Nb 堆焊层 管板及管束：0Cr17Ni14Mo2、0Cr18Ni10Ti	
原料油（无氢）线	<220℃		碳素钢	
	220~288℃		0Cr18Ni10Ti 00Cr17Ni14Mo2	
	>288℃		00Cr17Ni14Mo2	
原料油（含氢）线	<200℃		碳素钢	
	200~288℃		0Cr18Ni10Ti 0Cr17Ni14Mo2	温度在 200~220℃ 的换热器可以按 Nalson 曲线选取铬钼钢
	>288℃		0Cr17Ni14Mo2	
氢气管线	<200℃		碳素钢	
	>200℃		铬钼钢	铬钼钢按 Nalson 曲线选取

续表

设　备		材　料	备　注
加热炉	原料油	0Cr17Ni14Mo2	
	汽提塔	0Cr18Ni10Ti	
其他管道	<240℃	碳素钢	
	>240℃	Cr5Mo、0Cr18Ni10Ti	

注：表中所列316型不锈钢，要求Mo含量大于2.5%；接触湿硫化氢部位选抗氢致开裂碳钢，抗氢致开裂碳钢指具有低硫、磷含量，按NACE TM0284“压力容器及管线钢抗氢致开裂的评定”方法进行实验，其结果符合规定裂纹率要求的碳钢或碳锰钢。

(3) 加注缓蚀剂。加注缓蚀剂是指，在原油加工过程中，向易受腐蚀部位加注化学药剂，使其与环烷酸反应生成不腐蚀的油溶性产物，或者在设备表面形成保护膜。

缓蚀剂的防腐机理是将缓蚀剂引入发生腐蚀的地方。缓蚀剂与材质表面反应生成保护膜，这层膜将材质表面与物流中的环烷酸隔离开来。环烷酸腐蚀缓蚀剂品种主要分为磷系和非磷系两大类。相比之下，磷系缓蚀剂的效果更好。

(4) 加强关键设备的腐蚀监测工作。加工高酸原油引起的腐蚀取决于材质、流速、酸的类型和数量、原油混合的品种。炼厂在加工高酸原油时，一定要了解有可能产生酸腐蚀的地方，对这些地方的材质、操作温度、流动特征、观测的情况进行认真评价，还要分析原油环烷酸的含量、原油对原油加工设备侧线、下游装置的影响。在加工高酸原油时，一定要完善原油的腐蚀监控措施，以减少腐蚀失效的花费和风险。在最易腐蚀的地方，采用以下措施对腐蚀进行监控：腐蚀挂片，可采集数据的腐蚀探针，金属测厚或其他非破坏性试验，烃的金属分析，原油和侧线产品的TAN、环烷酸、硫分析。定期和适时做好设备腐蚀状态的测厚、检查工作，掌握设备管道的腐蚀规律，及时制定和采取防护控制措施，做好预防性的检修工作。

二、提高设备安全、稳定运行的可靠度

（一）做好静设备维护

随着炼油企业加工越来越多的高含硫、含酸原油，腐蚀问题已成为装置安全、稳定和长周期运行的主要障碍。为此，我们应从工艺操作和设备防腐等方面做好工作，并研究制定对策措施。

针对设备腐蚀问题，要重点抓好以下几项工作：一是从“源头”抓起，根据炼油企业的装置特点和设备、管线所能承受的最高含硫、含酸量，以科学的态度，合理确定采购原油的油种，并组织好原油的进厂，在分储、分炼、混炼的过程中控制好进装置原油的含硫、含酸量，尽可能均衡；二是优化装置运行，摸索和总结操作条件，对制约装置运行的“卡边”条件进行技术攻关，如优化缓蚀剂注入量、增设水冲洗等工艺手段，使装置不断适应不同加工油种；三是通过技术改造完善脱硫设施，控制好加热炉燃料和进入管网瓦斯的含硫量；四是强化设备、管道的防腐管理，做好材质普查和材质升级工作，提高设备抗腐蚀能力；五是认真做好重点装置、重点设备(部位)腐蚀环境的定期监测，坚持对设备、管线的定点、定期测厚，并对高温条件下测厚数据准确性进行研究，掌握腐蚀规律。

针对设备结焦、结垢问题，要从积极应用新技术、新工艺、新设备，采用新型助剂，狠

抓精细操作、平稳操作、优化操作等方面开展扎实的工作。此外，还要重视对设备运行动态数据的积累，准确把握结焦、结垢的发展趋势和成因，提早采取有效措施；要强化料管理和催化剂管理，从操作环节尽量减少焦的生成。

1. 高压换热器结垢原因分析

加氢装置原料油主要成分是烃，少量的氮、硫、氧等化合物，以及微量的金属离子。烃类中以饱和烃为主，同时含有一定量的烯烃、环烷烃及芳烃。它们从低温到高温，形成不同类型的油垢，是化学过程和物理过程的综合结果。通常将结垢物分为有机垢和无机垢。

形成无机垢的原因主要包括盐类物质的析出和杂质颗粒的沉积，可以由垢样的组成测试结果分析出来，其主要受原料油性质和流速的影响。

有机垢的形成是化学反应和物理过程的综合结果，形成有机垢的化学反应主要有自由基链反应、沥青质缩合反应、热转化反应和聚合反应。每克原料油中含几微克的氧，就足以引发自由基链反应。在换热升温过程中，原料油中的烷烃、烯烃、芳烃与氧发生反应，生成游离基聚合母体，并进一步聚合缩合。生成的附着力较强的高分子黏结体胶油垢，在换热器高温部位结垢，使得换热效果下降、能耗增加。

2. 解决换热器结垢问题的对策

(1) 物理清洗。通过人工方式对原料油换热器上的油垢进行清除，目前主要采取高压射流，即用小口径的喷嘴以高压水连续喷射，靠射流的冲击力除去换热器上面的焦油垢。在清洗过程中，根据换热器的结垢情况，选择不同角度和孔径的喷嘴，不断改变压力和流量来进行清洗。该法时间短、效果好，但受换热器结构的限制，有时留有死角。

(2) 有机溶剂清洗。可以对油垢进行清洗的有机溶剂种类较多，主要有混合烃类、卤代烃类和芳香烃类等。清洗机理主要是，依靠有机溶剂具有较强的溶解能力而达到对重油垢、焦油垢与焦炭垢的清除。

(3) 碱性水溶液清洗。众所周知，碱溶液可以和油脂发生皂化反应，故广泛应用于工业脱脂，常用的碱性物质有氢氧化钠、碳酸钠、磷酸钠等。

(4) 阻垢剂的应用。阻垢剂之所以能够抑制或减少化工设备和管线上的结垢，主要是阻垢剂具备了以下一些功能。

① 清净分散性：具有清净分散性的化合物，基本上含有亲油、极性、亲水的基团和表面活性的结构。阻垢剂以胶束状态分散于原料油中，与含氧化合物如羟基、羧基、羧基化合物形成胶囊，溶于原料油中，阻止这些化合物的进一步氧化和缩合，阻垢剂中的极性基团能在设备和管线的金属表面定向排列，阻止垢的沉积。

② 抗氧化性：在氧的存在下，受热、金属的催化作用，油品中的碳氢键受到破坏，发生自由基链反应，具有抗氧化性的阻垢剂能与被氧化的烃自由基大分子形成惰性分子，终止链反应，使之不能形成大分子聚合物，从而达到阻止有机垢形成的目的。

③ 阻聚性：阻止烃分子的聚合，减少有机垢的形成。

④ 金属钝化性：能在金属表面形成一层膜，抑制金属在油品中氧化和热转化时的催化作用。

⑤ 抗腐蚀性：在设备和管线表面形成保护膜，使之不受油品中酸性物质的腐蚀。

此外，阻垢剂还具有油溶性，对后续工艺和产品性质无不良影响，在使用温度下不分解，并且具有无毒等理化性质。使用阻垢剂方法简便，对减少加氢装置原料油换热器结垢效果明显，能够有效降低加氢装置反应加热炉热负荷，减少装置的燃料消耗，从而带来一定的经济效益，更为装置长周期安全运行提供保障。

（二）提高动设备运行水平

大型机组是生产装置的“心脏”，其良好的设备状况和运行状态是实现长周期运行的关键。为此，要进一步强化大型机组的设备管理、检维修管理和操作运行管理。

一是要严格执行大型机组联检、巡检、特护等各项规章制度；二是要坚持平稳操作，根据设备的实际承受能力，科学、合理地调整生产负荷，避免在超温、超压、超负荷状态下运行；三是要广泛采用在线状态监测和故障诊断技术，抓好数据采集及分析工作，提高监测诊断水平；四是要强化大型机组联锁保护系统的管理，提高控制系统和联锁保护系统的可靠性及投用率；五是要搞好润滑油、密封油系统的管理，进一步提高大型机组的运行管理水平。

三、延长催化剂使用寿命，提高催化剂使用效率

（一）延长加氢精制催化剂使用寿命的意义

加氢催化剂一般占到加氢精制装置投资的6%~10%。表7-5列出了部分加氢催化剂的使用情况调查，加氢催化剂寿命相差较大，催化剂使用寿命从几个月到几十个月不等。同一种原料、同一种催化剂、同一种加工工艺，不同的操作条件，催化剂的使用寿命也相差悬殊。延长催化剂使用寿命，相应延长了装置的运行周期，减少了装置开停工费用，减少了催化剂再生、撇头的费用，同时减少开停工等过程对设备的损害。

延长催化剂使用寿命，最直接的经济效益就是催化剂成本摊薄，降低了装置的辅助材料费用，使装置的操作费用降低。延长催化剂使用寿命，减少了固废排放量，也减少了催化剂再生、废催化剂处理等对环境的污染，这也是对环境保护的贡献。

表7-5　加氢精制催化剂使用寿命调查表

原料油	周期寿命		再生次数	总寿命/(t/kgcat)	统计数据的套数
	平均/(t/kgcat)	范围/(t/kgcat)			
直馏粗汽油	68	8.8~175	5	334	13
柴油	29	17.5~49	3.5	195	5
催化轻循环油	28.4		3	85.1	1
减压蜡油	24.2	21~27.3	2	52.5	2
焦化粗汽油	11.2	3.8~17.5	2.5	28.0	3

（二）加氢精制催化剂失活的原因

催化剂在使用过程中会逐渐失活。导致催化剂失活的因素有很多，包括积炭、中毒、烧结等。对于烃类参加的催化反应，由催化剂表面积炭引起的催化剂失活是其中最主要的原因。积炭失活是指原料及中间产物中的某些不稳定化合物在催化剂表面生成炭青质，覆盖催化剂的活性中心，引起活性降低或大量的焦炭堵塞催化剂的孔道，阻止反应物分子进入催化剂孔内活性中心。在加氢工业装置中，不管处理哪种原料，由于原料要部分地发生裂解和缩合反应，催化剂表面便逐渐被积炭覆盖，使它的活性降低。积炭引起的失活速度与催化剂性质、所处理的原料的馏分组成及操作条件有关。在积炭引起催化剂失活的同时，还可能发生另一种不可逆中毒。例如，金属沉积会使催化剂活性减弱或者使其孔隙被堵塞。

催化剂的活性随着催化剂上积炭量增加很快维持在一个稳定的水平，只有在末期催化剂上积炭突然增加到15%~20%时，催化剂的活性才会迅速下降。

(三) 影响催化剂寿命的原因

1. 加氢精制装置开停工过程对催化剂使用寿命的影响

(1) 催化剂储运过程。在催化剂的储运过程中，不适当的操作会造成催化剂破碎或吸水过多，从而对催化剂使用带来不利影响。

(2) 催化剂的装填过程。催化剂的装填很重要，装填方法影响催化剂的装填量及装置的处理能力。更重要的是，在装填过程中如果出现床层内催化剂疏密不均，很容易造成反应器内物流"沟流""短路"或催化剂床层的下陷，造成反应器内物流和反应温度分布不均、与催化剂接触时间不等的现象，直接影响到催化剂活性的发挥及催化剂的使用周期。

在每一个床层上端要留有一定的空隙，防止催化剂受热膨胀而被压碎。

(3) 催化剂的干燥过程。由于催化剂具有吸湿性，催化剂的吸水量一般可达催化剂质量的1%~3%，甚至达到10%。如果湿催化剂与进料油一起升温，容易造成催化剂的破碎，增加床层压降。因此，催化剂干燥对于保证催化剂活性、避免催化剂破碎而引起床层压降升高是十分重要的。

一般250℃恒温阶段的脱水量占总脱水量的80%以上，表明250℃是催化剂脱水的关键阶段。从干燥过程各阶段的脱水量可知，水量大部集中在高温的升温及恒温阶段，所以严格250℃恒温阶段的过程控制是有必要的。

由于氢气在150℃(也有说250℃，跟载体的形式和催化剂制备过程有关)时可能使催化剂氧化态的活性金属还原为单质，因此一般不应使用氢气作为干燥介质。

(4) 催化剂的预硫化过程。加氢催化剂的钨、镍、钴、钼等活性金属组分，使用前均以氧化物的形态分散在载体的表面。根据生产经验和理论研究，加氢催化剂的活性组分只有是硫化物形态时才有较高活性。因此，加氢催化剂使用之前必须进行预硫化。预硫化就是使其活性组分在一定温度下与 H_2S 作用，将氧化物转变为硫化物的过程。加氢催化剂的预硫化，有气相预硫化和液相预硫化两种方法，一般以无定形硅铝为载体的加氢催化剂多采用液相预硫化，而对于含有沸石的加氢催化剂多采用气相预硫化。因为沸石的酸性强，可能会因为硫化油发生裂解反应致使催化剂床层超温，并生成积炭而使催化剂活性下降。催化剂的硫化效果取决于温度、时间和 H_2S 分压。

预硫化的反应温度过高，存在金属氧化物有被氢气还原的可能，一旦出现金属态，这些活性组分转化为硫化态的速度非常慢。另外，MoO_3被还原成金属组分后，还会引起Mo烧结而聚集，使其活性表面缩小。在较低的预硫化温度下，硫化和还原反应同时进行，经硫化后的催化剂金属组分都是以硫化态形式存在的，活性最好。硫化温度与催化剂加氢脱氮反应、加氢脱硫反应活性的关系如图7-5、图7-6所示。

反应器催化剂床层被硫化氢穿透之前，严格控制床层温度不超过230℃，否则将有一部分氧化态金属被还原，致使硫化不完全；再则，还原反应与硫化反应将使催化剂颗粒产生内应力，导致催化剂机械强度降低。

对于低压(氢分压3.14MPa以下)加氢精制催化剂的液相硫化，随硫化温度的提高，催化剂的硫化完全，但催化剂表面积炭也同时增加，因此在300~400℃温度范围内液相硫化时应取一最佳硫化温度。液相预硫化由于有携带油的存在，伴随着携带油的裂解反应，在压力较低而温度较高时，会发生缩合反应直至生成焦炭，硫化效果变差。

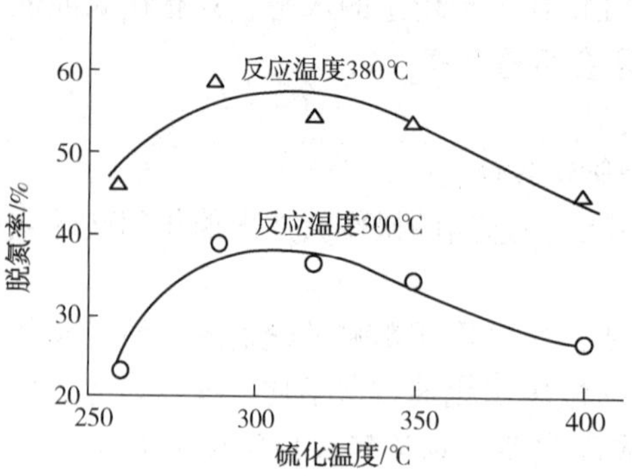

图 7-5 硫化温度与
催化剂加氢脱氮反应活性的关系

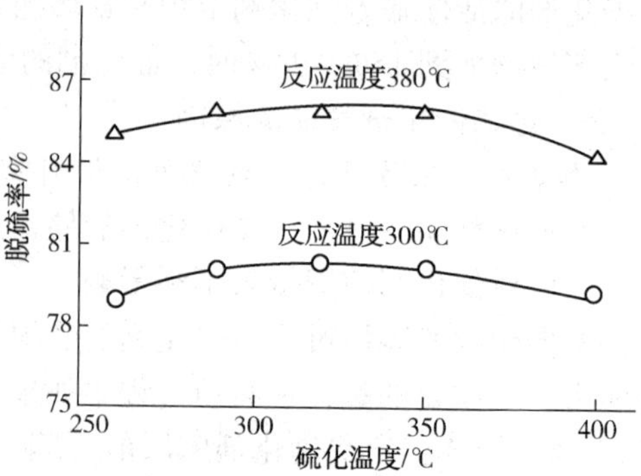

图 7-6 硫化温度与
催化剂加氢脱硫反应活性的关系

压力则是通过影响硫化过程中催化剂表面积炭的状况及硫化携带油的相态而影响硫化效果的。氢分压过低，虽然不会发生金属还原反应，但硫化后催化剂表面会有氧化物、硫化物混合晶体存在，致使活性变差。

(5) 催化剂的初活稳定过程。大量实验数据表明，加氢精制或加氢处理运转初期，催化剂活性是不稳定的，由较高活性逐步下降到一个稳定值。对工业应用有效的是催化剂的稳定值，而稳定活性的高低则与催化剂上的积炭量有关。刚刚经过预硫化具有较高活性的催化剂，如果与劣质原料油特别是二次加工的馏分油接触，则催化剂表面积炭速度会加快，积炭量增加，同时催化剂的活性下降。在初活稳定过程中，必须控制较低的反应温度，保证原料油性质，尽量使用直馏馏分油，减少初活稳定过程中积炭的生成。

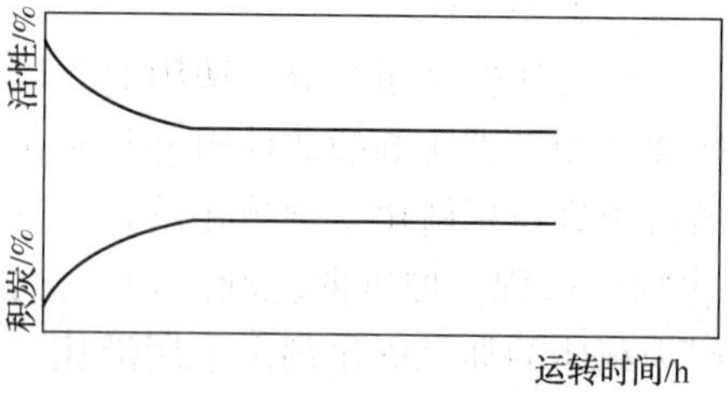

图 7-7 催化剂运转初期活性的
变化和积炭量的变化示意图

催化剂失活后，一般靠提温来弥补催化剂活性下降，以保证产品质量。催化剂保持较高的初始活性，可以维持在较低的反应温度，增加提温范围，延长催化剂运转周期。

图 7-7 所示是催化剂运转初期活性的变化和积炭量的变化示意图。

(6) 装置的升降温、升降压过程对催化剂的影响。在装置运转过程中，由于催化剂的表面和微孔中存有反应物分子，升降温速度和升降压速度过快会造成催化剂的破碎。升降压速度过快还会增加床层底部催化剂承受的压力。

(7) 停工过程对催化剂的影响。为减少催化剂活性损失，在停工过程中，当温度降到280~300℃时，应切换直馏煤油或柴油，然后再继续降低反应温度。要保证氢气循环吹扫的时间，尽量吹尽催化剂上的烃类残留物。

在非正常停工过程中，始终应注意避免催化剂处于高温状态，床层泄压速度不能超过设计允许的0.7MPa/min或2.1MPa/min，即使氢分压特别低也要尽量吹尽催化剂上的残留烃类，停工后保持床层存在一定压力的氮气。

2. 操作条件对加氢精制催化剂使用寿命的影响

1) 原料油性质

虽然加氢精制工艺具有处理较宽范围原料的灵活性，但进料性质变化大时会对反应器的操作有很大的影响。操作时应尽量保持进料性质符合要求，以确保催化剂能有较长的寿命。

原料油中含有一定量的水分，若进入反应器会造成催化剂活性下降，且有粉碎流失的危险。因此要加强入装置前和进装置缓冲罐后脱水，保证进入反应器时水含量低于0.03%。原料油中的不饱和烃、胶质等在室温下与空气接触易发生氧化缩合反应而结焦，进入反应器会造成催化剂床层压降上升。为防止原料油性质变化，应采用氮气或干气密封。原料中一定的硫化物可以抑制催化剂失活，但过多的硫化物对催化剂积炭反而有促进作用。

国外大量基础研究工作证明，原料油中含氮化合物参与结焦过程。从几种原料油在 $Co-Mo/Al_2O_3$ 催化剂上的结焦分析数据也可看出，在积炭中的C/N比显著低于原料油中的C/N比，说明大部分沉积物来源于含氮化合物。

加氢装置进料中 C_7 不溶物含量高时，易引起催化剂孔道堵塞，比表面积急剧下降，催化剂活性迅速降低。

存在于油品中的铅、砷、硅在催化剂表面沉积使催化剂活性减弱，加氢原料中的镍和钒则是造成床层堵塞的原因之一。特别要指出，催化剂上即使沉积少量的硅，也会造成催化剂活性的下降，使催化剂床层压降上升。含硅的催化剂再生后生成的二氧化硅也会使催化剂活性显著下降。

2）氢分压及循环氢的组成

在加氢过程中，需要维持较高的氢分压，因为高氢分压对加氢反应在热力学上有利，同时也能抑制生成焦炭的缩合反应。对于馏分油加氢精制，压力对催化剂表面积炭的作用更为明显，压力增加，积炭几乎呈直线下降。可见压力增加，相应氢分压增加，可有效抑制催化剂表面积炭前身物的形成，有利于延长催化剂的使用寿命。氢分压越低，催化剂失活速度越快。

为了保持金属组分以硫化物的形式存在，在反应气氛中需要有一个最低的比值，低于这个比值，催化剂活性会逐渐降低或丧失。

3）反应温度

反应温度越高，催化剂失活速度越快。当反应温度达到430℃以上时，裂化反应增加，催化剂表面积炭速度将明显加快。为了避免积炭速度过快以保持催化剂有一个合理的使用周期，一般在满足产品质量的前提下，控制在较低的反应温度下操作。

反应操作温度以控制反应器入口温度和床层最高温度为主。装置上最佳的反应温度是使产品性质达到要求的最低反应温度。

4）氢油比

增加氢油比，有利于减缓催化剂表面积炭速度，延长催化剂使用寿命。当然，氢油比过高会带来能耗高、压缩机负荷增大等问题，因此必须综合考虑采用合理的氢油比。

5）空速

空速增加，一般催化剂表面积炭速度加快。尤其是含氮量高的重质油，在高空速下，由于氮化物在催化剂表面的优先吸附，积累缩合成积炭的前身物，加剧催化剂活性的衰退。

空速过低也加快生焦，一是由于空速的降低造成加氢深度提高；二是原料油在炉管内停留时间延长，炉管内流速不够，造成炉管内结焦，生成类焦物质，当生产产生波动或加工负荷变化较大时，这些物质容易到达反应器内。

3. 催化剂再生过程对催化剂使用寿命的影响

催化剂再生的实质是焦炭和硫化物的燃烧。器内再生时，再生条件对催化剂活性的影响如下。

（1）再生介质。采用水蒸气再生时，催化剂活性恢复达 80%~85%，而氮气再生时活性恢复可以达到 90%~95%。水蒸气在高温下可使活性金属组分晶粒长大，直接影响加氢精制催化剂再生后的活性。对于 W-Ni 催化剂，用水蒸气作为再生介质时，再生过程中导致 WO_3 晶粒增大，并生成 $NiWO_4$ 结晶，明显影响催化剂脱氮活性的恢复，对脱硫活性影响较小，但仍比用氮气介质时影响大。

（2）再生过程的控制。再生温度是决定催化剂活性恢复程度的关键，在 500℃以下烧焦，加氢与加氢脱硫活性几乎可以完全恢复。烧焦温度由 500℃提高到 700℃，活性明显降低，主要原因是，高温下 Co^{2+} 向载体 Al_2O_3 晶体相扩散，生成不能硫化的 $CoAl_2O_4$ 尖晶石结构。而 MoO_3 在催化剂表面发生迁移，改变了原来的 Mo-Co 结构。到 800℃，则将发生 MoO_3 的升华流失。Ni^{2+} 的作用与 Co^{2+} 基本相似。失活加氢处理催化剂经再生后，飞温区域的催化剂已失去其原有结构，导致其活性组分也发生变化或流失而失去催化活性。当飞温区域温度超过 1100℃时，催化剂的结构发生了不可逆的变化而完全失活，以致无再生利用的可能。

催化剂再生过程大致可分为两个阶段，即主燃烧和净化燃烧。典型的再生主燃烧阶段，反应器入口温度为 330~360℃，净化燃烧阶段的床层最高温度为 425~440℃。在催化剂床层温度小于 380℃时，主要燃烧活性硫和低温炭；大于 380℃时，主要燃烧高温炭和固定硫。在主燃烧阶段，催化剂上大部分积炭和硫化物被烧掉。净化燃烧阶段温度通常要求小于 440℃，在此阶段进一步烧去残余硫和炭，使得氧化反应达到完全。

催化剂采用器外再生有许多优点，催化剂在专用设备中再生可优化再生条件。熟练的专门人员操作，能够使催化剂活性少受损失，再生催化剂质量稳定。对再生中产生的含硫氧化物气体，可以采取集中完善的环保措施，减少对环境的污染，避免含硫氧化物对加氢反应系统设备管线的腐蚀。可缩短停工时间，增加装置的经济效益。

（四）延长催化剂使用寿命的措施

与设计寿命相比，加氢精制催化剂的寿命受原料性质、反应温度、反应压力、氢油比等多种因素影响。原料性质的突然变差、反应温度和反应压力的大幅度波动、循环氢中断等都会使催化剂使用寿命受到影响。同时，开停工过程中升降温、升降压过程都直接影响催化剂使用寿命。

延长催化剂的使用寿命，一是减缓床层压降的上升，二是保持催化剂的脱硫脱氮活性。

原油重质化和劣质化的趋势加剧，导致加氢原料油质量变差。油中残炭、沥青质含量高是床层压降容易增加的潜在因素；酸值高，加工时易腐蚀常减压蒸馏装置的设备和转油管线，生成环烷酸铁等腐蚀产物。环烷酸铁进入加氢反应器中，生成硫化铁沉积在反应器顶部及催化剂床层空隙中。硫化铁在高温下有促进生焦的功能，使原料中的生炭物进一步聚合，转化为焦炭，并从原料油中析出，堆积在催化剂颗粒之间，最终引起沟流，产生热点，促使催化剂结块，反应器压降迅速上升达到允许极限，被迫停工处理。

1. 延缓加氢催化剂床层压降上升的途径

反应器出入口之间的压力降约为循环氢压缩机出入口之间的压力降，即系统压力降的 1/3，是装置系统压力降的重要组成部分。床层压力降增高将增加反应器内件的载荷，过高将破坏内件。加氢装置因反应器差压超标而导致装置运转周期极短，既增大了装置生产的不安全因素，也增加了装置操作费用。

床层允许的最高压力降受催化剂抗压强度的限制，对于床层底部的催化剂颗粒，其承受的总压即催化剂本身的自重以及穿过催化剂床层的压降所产生的合力。这个合力不能超过催化剂允许的抗压强度，否则将造成催化剂的粉碎。

1）床层压降的影响因素

固定床床层压降：

$$\Delta p=\frac{2f_{\mathrm{m}}G^{2}L(1-\varepsilon_{\mathrm{B}})^{3-n}}{d_{\mathrm{p}}\rho\varphi_{\mathrm{s}}^{3-n}\varepsilon_{\mathrm{B}}^{3}} \tag{7-1}$$

式中，Δp 为床层压降；d_{p} 为当体积直径；φ_{s} 为粒子的形状系数；G 为质量流速；f_{m} 为摩擦系数；L 为床层高度；ε_{B} 为床层空隙率。

滴流床压降 ΔP_{LG} 与床层单独通过液体时压降 ΔP_{L} 和单独通过气体时压降 ΔP_{G} 的关系为：

$$\lg\left(\frac{\Delta P_{\mathrm{LG}}}{\Delta P_{\mathrm{G}}}\right)^{\frac{1}{2}}=0.5\lg(1+x)^{2}+\frac{0.208}{(\lg x)^{2}+0.666} \tag{7-2}$$

式中，$x\equiv\left(\frac{\Delta P_{\mathrm{G}}}{\Delta P_{\mathrm{L}}}\right)^{\frac{1}{2}}$。

对于氢油比一定、原料油性质稳定的加氢装置，$\left(\frac{\Delta P_{\mathrm{G}}}{\Delta P_{\mathrm{L}}}\right)$在一定反应压力下为定值。因而$\lg\left(\frac{\Delta P_{\mathrm{LG}}}{\Delta P_{\mathrm{G}}}\right)^{\frac{1}{2}}$也就一定，此时床层压降 ΔP_{LG}与 ΔP_{G} 成正比。

对于某一装置来讲，床层压降仅仅与床层空隙率有关，而使床层空隙率增加的主要原因是机械杂质的增多、积炭的增加和催化剂颗粒损坏。

在设计条件下运转，一般来说，允许床层压力降约为 0.3MPa，超过这一限度，由于反应器压力降增加、循环氢减少将造成氢分压降低，从而使生成油质量变差或结焦速度加快。

反应器顶部有时会有各种来源的机械沉积物，这些沉积物通常沉积在催化剂颗粒之间的空隙中，导致床层压降过大。床层差压增大影响到装置的正常操作，经常表现为床层上部或第一床层压降升高较多，可以采取撇头的办法。

2）延缓加氢催化剂床层压降上升的措施

延缓加氢催化剂床层压降上升，主要通过减少进入床层的机械杂质、减少积炭的生成和催化剂颗粒损坏。

减少进入床层的机械杂质，主要途径是加强原料油的过滤，这样可以除去铁锈、焦粉、催化裂化催化剂颗粒等。同时要对原料油采用惰性气体保护，特别是对烯烃含量高的裂化产品，这样可以有效避免胶质类化合物的生成，减少换热器以及催化剂床层的结焦。

减少积炭的生成主要通过优化工艺参数来实现。需要避免的是，为达到过高的产品质量来提高反应温度，以及为减少氢耗而降压操作。要保证合理的氢油比，在事故处理过程中尤其要保证，当氢气中断时要及时停止进料，减少原料油和催化剂的接触。

在避免催化剂的永久失活的同时，延缓催化剂的积炭失活时间。积炭失活造成的结果一方面是要提高反应温度来满足一定的脱硫率、脱氮率，增加装置的能耗；另一方面，随着催化剂床层积炭的增加，床层压降增大，在造成装置能耗增加的同时，循环氢压缩机出口超压影响循环氢压缩机的工作。

避免催化剂颗粒损坏主要通过控制升降温、升降压速度来实现。在装置开停工和事故处理过程中，原则上升降温速度不大于25℃/h，升降压速度不大于0.05MPa/min，紧急卸压速度根据催化剂和装置设计要求不大于0.7MPa/min或2.1MPa/min。

在有些情况下，为适当延长运转周期，可以采用热氢汽提来降低床层压降。热氢汽提要尽可能达到反应器设计温度，使用大量新氢和循环氢进行汽提。热氢汽提不但可以驱除催化剂床层中的烃类，而且可以使反应器顶部床层中的硫积垢被氢还原，并破碎其积垢硬块，使床层压降下降。一般进行4h，即可取得预期的效果。

2. 保持催化剂脱硫脱氮活性的措施

保持催化剂脱硫脱氮活性，首先要保证原料性质的稳定，当原料性质变化较大时，可利用原料调和的方式。特别是对储存时间长的原料，要尽量使用新鲜原料进行调和，以降低进料中 C_7 不溶物，必要时可采用部分加氢产品循环的办法来改善原料性质。

在实际生产过程中，反应温度应控制在使产品性质达到要求的最低反应温度。作为调和组分的加氢产品，不应将产品质量指标提高得过于苛刻，必要时可采取提高加氢装置加工量以提高加氢产品比例来保证调和产品质量。这样为满足产品质量要求以及随着催化剂活性的降低，提高反应温度以满足生产要求的范围相对变大，相应延长了催化剂的使用寿命。

保持催化剂的脱硫脱氮活性，应该从催化剂干燥、预硫化、初活稳定等过程中获得较高的初始活性；在使用过程中，避免催化剂的永久失活，延缓催化剂的积炭失活时间；控制好再生过程对催化剂的影响，尽量采用器外再生。

在生产过程中，利用原料及产品质量分析数据以及生产数据，通过计算机录入整理出装置生产运行和催化剂状况运行趋势曲线，这对管理人员有效观察催化剂活性和床层压力降上升情况、掌握操作条件对催化剂活性及床层压力降的影响、合理安排生产方案、控制原料质量、预测催化剂寿命以及计划安排装置检修等都将起到积极的作用。

四、保证公用工程的质量控制和稳定供应

搞好公用工程的质量控制和稳定供应，是生产装置长周期运行的保障。搞好水、电、气、风的管理非常重要。

循环水被形象地比喻成炼油、化工生产装置的“血液”，其良好的水质是保证炼化企业为数众多的水换热器长周期运转的十分重要的前提条件。为此，要在设备、工艺、药剂选用、药剂配方和管理思路等方面上一个新的台阶，不断提升循环水水质管理的技术含量，大力推广先进技术及先进监测仪器、自动化加药系统、先进的水处理配方和先进的管理方法，加大对循环水系统的管理力度，健全水质管理机构和制度，强化水质监测，严格考核，责任到人。要针对各企业水源的水质特点，结合生产装置中各种水换热器的材质、结构和工艺运行参数等方面的特性，严格筛选药剂，搞好药剂配方和质量管理。特别重要的是，装置运行时间延长后，部分水换热器可能会出现腐蚀泄漏问题，要严密监测，及时发现异常，果断处理，避免造成循环水系统水质恶化。确保锅炉给水的质量合格率为100%，方能从根本上避免锅炉汽包氧腐蚀和蒸汽透平结垢，使动力锅炉、余(废)热锅炉以及蒸汽透平驱动的大型机组、关键机泵始终保持在良好的运行状态。

电气、仪表同样对生产装置的长周期运行至关重要。电气、仪表发生故障往往会引发大面积的停工，由此造成的经济损失也比较大。近年来，炼化企业的事故案例较多，这些案例

中供电安全问题尤为突出。伴随控制仪表的更新换代、自控水平的逐步提高，要使电气、仪表人员的知识和经验得到相应的提升，专业技能和维护水平得到应有的提高，以满足生产装置长周期运行的需要。同时，要抓好电气、仪表的机会检修，及时处理好平时发现的隐患；做好关键电气设备、仪表的备品备件工作，确保及时、快速地进行必要的抢修。在电气方面，要加强与外部供电部门的沟通和协调，针对电力供应不稳的问题分析原因，落实措施，尽可能保证外部供电的安全稳定；要优化调整企业内部电力配置，细化外部供电系统发生事故的应急预案，提高对外电网事故的抗干扰能力；要强化电气设备的定期检验、试验、维护以及电缆防火工作，建立科学的监督管理程序；加强电气的绝缘监督，发现问题及时处理，尤其要提高对异常气象条件下突发事故的紧急应变能力。在仪表方面，要认真抓好现场仪表，尤其是一些涉及关键参数的检测仪表、执行器的管理工作，努力提高自动化系统的稳定性、可靠性和准确性，同时要提高仪表的自控率和在线分析仪表的投用率。

五、确保检修质量，为长周期运行奠定基础

通过科学合理地安排装置检修时间和检修内容，并结合装置长周期运行的要求，在检修期间实施适当的技改技措项目，对制约长周期运行的关键部位进行必要的完善，为装置长周期运行奠定良好的基础。检修计划和具体检修项目的编制要根据装置实际运行情况，与技术改造相结合，与消除安全隐患相结合，与特种设备的检验周期相结合，与市场形势相结合。

要加强对检修全过程的组织、领导和管理，积极推行 HSE 管理、全面质量管理，积极采用新技术、新材料、新设备，依靠技术进步消除影响长周期运行的“瓶颈”，防止追求进度忽视检修质量；同时避免过度检修造成的费用浪费和时间延长，做到“安全、优质、高效、准时”地完成检修任务，实现一次开车成功。

参 考 文 献

[1] 李大东，聂红，孙丽丽. 加氢处理工艺与工程[M]. 2版. 北京：中国石化出版社，2016.
[2] 侯芙生. 炼油工程师手册[M]. 北京：石油工业出版社，1995.
[3] 林世雄. 石油炼制工程[M]. 3版. 北京：中国石化出版社，2000.
[4] 史开洪，艾中秋. 加氢精制装置技术问答[M]. 2版. 北京：中国石化出版社，2014.
[5] 艾中秋. 汽(煤、柴)油加氢装置技术问答[M]. 北京：中国石化出版社，2010.
[6] 汪燮卿. 中国炼油技术[M]. 4版. 北京：中国石化出版社，2021.